VOYAGES
EN FRANCE

4178-81. — CORBEIL. TYP. ET STÉR. CRÉTÉ.

ÉCONOMISTES ET PUBLICISTES CONTEMPORAINS

VOYAGES EN FRANCE

PENDANT LES ANNÉES 1787, 1788, 1789

PAR

ARTHUR YOUNG

TRADUITS, ANNOTÉS ET PRÉCÉDÉS
D'UNE NOTICE BIOGRAPHIQUE

PAR

M. H. J. LESAGE
MEMBRE DE LA SOCIÉTÉ D'ÉCONOMIE POLITIQUE

DEUXIÈME ÉDITION
AVEC UNE CARTE

TOME DEUXIÈME

PARIS
GUILLAUMIN ET Cie, LIBRAIRES
Éditeurs du Journal des Économistes, de la Collection des principaux Économistes,
du Dictionnaire de l'Économie politique,
du Dictionnaire universel du Commerce et de la Navigation, etc.
RUE RICHELIEU, 14

1882

VOYAGES EN FRANCE

PENDANT

LES ANNÉES 1787, 1788 ET 1789

CONSIDÉRATIONS GÉNÉRALES

SUR

L'AGRICULTURE EN FRANCE

CHAPITRE PREMIER

DE L'ÉTENDUE DE LA FRANCE

Les particularités que l'homme en général regarde comme des indices de l'importance d'un pays n'ont de valeur réelle qu'autant qu'elles contribuent au bien-être et à la prospérité de ses habitants. Ainsi, l'étendue, pour un royaume, n'a d'autre portée que de nourrir une population assez nombreuse pour n'avoir pas à craindre d'invasions étrangères. Quand un État dépasse cette limite, il tend à inspirer aux hommes qui le gouvernent des projets de conquête bien souvent plus pernicieux qu'une insuffisance apparente à protéger son indépendance nationale. La France sous Louis XIV en a été un exemple remarquable. La situation où se trouvait réduit son immense territoire par suite de l'ambition de ce prince était à peine préférable à celle de la Hollande en 1672 : toutes deux avaient même origine. De ces extrémités la France a plus certainement à redouter celle qui viendrait de l'orgueil d'un souverain avide de gloire que celle qui serait causée par l'agression de ses voisins. Les autorités sont peu d'accord sur l'étendue à donner à ce beau royaume : le maréchal de Vauban la suppose de 30,000 lieues carrées, soit 140,940,000 arpents ; Voltaire, de 130,000,000 d'arpents. Il faut toujours se défier des nombres ronds. Templeman donne 138,837 milles carrés géographiques de 60 au degré, mode de mesurer qui ne sert qu'à comparer entre eux les différents pays : le degré valant 69 1/2 milles, cela fait 119,220,874 $\frac{192}{360}$ acres. Paucton réduit son chiffre en arpents de France et il en obtient 107,690,000. L'*Encyclopédie*, à l'article France, lui assigne 100,000,000 d'arpents, en faisant remarquer que, d'après les cartes de Cassini, ce serait 125 millions. Un écrit récent (*l'Impôt abonné*, in-4°, 1789), calcule ce chiffre à 105 millions ; un autre (*Apologie sur l'édit de Nantes*) à 135,600,000. Aucun de ces nombres ne semble suffisamment exact pour donner une idée juste. L'autorité que je suis le plus disposé à admettre est celle de M. Necker (*Œuvres*, in-4°, p. 326), qui évalue cette surface (sans la Corse) à 26,951 lieues carrées, de 2,282 $\frac{2}{5}$ toises, ce que je trouve faire 156,024,213 arpents de Paris, ou 131,722,295 acres anglaises. Paucton, en couvrant la carte de petit plomb et en marquant avec le plus grand soin jusqu'aux moindres découpures, avait trouvé 103,021,840 arpents de 100 perches chaque, à 22 pieds la perche, soit 1,344 $\frac{4}{9}$ toises carrées à l'arpent, tandis que l'arpent de Paris n'en contient réellement que 900 : cela lui donnait 81,687,016 acres anglaises (1). Malgré le

(1) J'ai fait cette conversion en évaluant, avec Paucton, l'arpent de France à 1,0000 et celui d'Angleterre à 0,7929. (*Note de l'auteur.*)

crédit accordé ordinairement à cet écrivain pour son exactitude, je dois ici rejeter son témoignage en faveur de celui de M. Necker. Paucton, en adoptant son chiffre pour la France, donnerait 24,476,315 acres (1) à l'Angleterre, tandis que le relevé de Templeman à 60 milles au degré, qui est ici au-dessous de la vérité, lui assigne 31,648,000 acres anglaises, ce qui, à 69 1/2 milles au degré, ferait 42,463,264 $\frac{16}{36}$, différence plus grande que celle qui les sépare pour la France, que Paucton fait de 81,687,016 acres anglaises, en admettant 1 million en plus, et Templeman 88,855,680; ou à 69 1/2 milles au degré, 119,220,874 $\frac{192}{360}$.

Il serait inutile de chercher à concilier ces différences : j'adopterai donc le chiffre de M. Necker, ainsi que l'a fait l'auteur du *Crédit national* (2), 156,024,113 arpents de Paris, ou 131,722,295 acres anglaises. Pour la comparaison avec l'Angleterre, je prendrai celui de Templeman pour ce pays.

	Milles carrés.		Milles carrés.
Angleterre......	49,450	France..........	138,837
Écosse..........	27,794		
Irlande.........	27,457		
	104,701		

Calculé à 60 milles au degré, mais en prenant 69 1/2, ces nombres deviennent :

	Milles carrés.	Acres.		Milles carrés.	Acres.
Angleterre....	66,348	42,463,264	France...	186,282	119,220,874
Écosse........	37,292	23,867,016			
Irlande.......	36,840	23,577,630			
	140,480	89,907,910			

(1) C'est-à-dire 30,869,360 arpents royaux de 22 pieds à la perche. (*Note de l'auteur.*)

(2) M. JOBBÉ, in-8°, 1879. Il compte 27,000 lieues de 2,282 toises, 5,786 arpents de Paris à la lieue, soit en tout 156,225,720 arpents. Page 95. (*Note de l'auteur.*)

Il suit de là que la France, selon ces proportions, contient 29,312,964 acres de plus que le Royaume-Uni. Il faut remarquer que, comme la surface de la France a été prise des autorités les plus modernes et les plus correctes, d'où M. Necker a tiré son chiffre de 131,722,295 acres, conséquemment beaucoup plus exact que celui de Templeman, on doit supposer que ce dernier se trouve aussi au-dessous de la vérité dans son évaluation des Iles britanniques que dans celle de la France. En corrigeant d'après cette donnée, on aura les aires suivantes :

	Acres.		Acres.
Angleterre (1)....	46,915,933 (2)	France............	131,722,295
Écosse..........	26,369,695		
Irlande..........	26,049,961		
	99,335,589		

Je penche à regarder ces nombres comme aussi près de la vérité qu'on peut l'attendre raisonnablement de calculs fondés sur des données peu correctes (3).

(1) Notons ici que le docteur Grew a porté la surface de l'Angleterre avec le pays de Galles à 46,080,000 acres (*Philos. transact.*, n° 330, p. 266), ce qui semble confirmer que nous approchons de la vérité. (*Note de l'auteur.*)

(2) Ce chiffre est égal à 73,306 milles carrés. (*Note de l'auteur.*)

(3) Les recherches récentes donnent pour la France 53 millions d'hectares, pour l'Angleterre 34 millions. L'acre valant 2 hectares 47 ares, cette mesure se rapporte assez exactement aux chiffres de Young pour la France ; les autres sont exagérés.

CHAPITRE II

DU SOL ET DE L'ASPECT DU PAYS

Les géographes français modernes, dans une branche de leur science, à laquelle ils ont donné à bon droit le nom de physique, ont divisé le royaume en ce qu'ils appellent des *bassins*, c'est-à-dire en grandes plaines arrosées par les principaux fleuves et formées par plusieurs chaînes de montagnes, soit primitives comme ils les appellent, ou de granit, soit secondaires ou de calcaire et d'autres substances. Les principaux de ces bassins sont : 1° celui de la Loire et de ses affluents ; 2° celui de la Seine ; 3° celui de la Garonne ; 4° celui du Rhône et de la Saône. Il y en a également d'autres plus petits, mais de bien moindre importance. Le lecteur qui en voudra connaître le détail peut recourir à un mémoire de M. de la Métherie, dans le *Journal physique*, t. XXX.

Quant à la division géoponique ou des sols du royaume, la riche plaine calcaire du N.-E. appelle d'abord notre attention. Je l'ai traversée dans plusieurs sens, et voici, d'après mes observations, les limites que je lui assignerais. On peut dire qu'elle s'étend sur la côte depuis Dunkerque jusqu'à Carentan, en Normandie ; la partie septentrionale de cette province, qui forme promontoire à Cherbourg, étant d'une autre nature. La carte de M. de la Métherie indique une chaîne de montagnes granitiques dans ce promontoire. Je dois déclarer que je n'ai rien vu dans ce pays, pas plus qu'à Alençon, qui méritât le nom de montagne; rien que des collines, et encore peu considérables. Je puis poser cette limite à Carentan, car à partir de là jusqu'à Coutances, la terre est pauvre et rocailleuse, et reste telle malgré ses changements jusqu'à Brest. En revenant vers Caen, un peu au S. de la côte, on aperçoit le premier changement considérable depuis Calais, le terrain passe à un *stone-brash* rouge qui rétrécit beaucoup cette zone fertile. Du côté d'Alençon, à mon retour du Maine et de l'Anjou en Normandie, ce fut à Beaumont que je rencontrai pour la première fois de riches loams sur un fonds calcaire; à Alençon, je trouvai un sol magnifique que je ne perdis plus de vue, en avançant vers le N. Dans une autre direction, cette région s'étend à environ 10 milles au S. de Tours. Les collines de la Loire que j'ai mentionnées comme calcaires ne sont nullement fertiles; cependant sur quelques-unes le sol est riche et profond. Immédiatement au S. d'Orléans, commence la pauvre Sologne, mais bien que située sur un fonds de marne calcaire (1), elle est trop misérable pour entrer dans ce district. D'Orléans, comme de Fontainebleau à Paris, il n'y a pas d'exception à faire sauf le désert de grès, où s'élève la forêt royale de la seconde de ces villes. Suivant une quatrième direction, on s'y trouve dès Nemours et quelques milles au S., mais non pas de façon si marquée que dans les premiers cas. A

(1) A. Young s'est mépris sur la nature de ce sous-sol : la marne calcaire est justement ce qui y manque, et les grands travaux entrepris dernièrement n'ont pour but que de la mettre à la portée du cultivateur.

Croisière (la Croisière, près de Château-Landon), le voyageur rencontre la craie pour la première fois. En avançant au N.-E., on trouve d'excellente terre près de Nangis, alors en marchant droit au N., je pénétrai dans la fertile plaine de Brie. Quelques-unes des vallées qu'arrose la Marne sont bonnes, et selon ce que j'en ai vu, calcaires ; mais les collines sont pauvres. On peut classer la plaine de Reims dans le district qui nous occupe ; à partir de Soissons, vers le N., tout est excellent. Ces lignes renferment une des plus riches contrées que je croie que l'on puisse trouver en Europe. De Dunkerque à Nemours il n'y a pas moins de 180 milles en ligne droite. De Soissons à Carentan, on a aussi une autre ligne de 200 milles environ. D'Eu, sur la côte de Normandie à Chartres, il y a 100 milles, et quoique la largeur de cette superbe région vers Caen et Bayeux ne soit pas aussi considérable, elle n'en forme pas moins une proportion notable du royaume. Ce magnifique territoire comprend la plaine profonde, unie et fertile des Flandres et une partie de l'Artois ; l'industrie humaine n'est nulle part mieux récompensée. C'est un loam doux et friable, humide, décomposé, ayant 2, 3 et 4 pieds de profondeur; il se rapproche plus de l'argile que du sable et repose sur un fond calcaire. Par son origine maritime (car il y a peu de doute que toute la plaine de Flandre et de Hollande a été recouverte par la mer longtemps encore après que notre globe a eu pris sa configuration actuelle) il abonde en substances qui ajoutent à la fertilité résultant de tels composés, comme on le peut voir dans d'autres endroits. La décomposition de l'*humus* et son niveau absolu dans les Flandres, sont les particularités qui le distinguent des meilleures terres de cette fertile région de l'Europe. Toute la route de Paris jusque près de Soissons, et de là à Cambrai, traverse, sauf quelques collines peu étendues et de qualité inférieure, un loam sableux d'une admirable composition et d'une profondeur considérable. Le terrain des environs de Meaux doit être mis parmi les plus beaux du monde; on l'appelle *bleaunemeau;* il ressemble à une poudre impalpable, il contient en réalité peu de sable malgré son apparence; sa composition et sa friabilité sont admirables. M. Gibert m'informa qu'il a 18 pieds de profondeur à l'endroit où est creusé son puits, et qu'au-dessous s'étend une couche de marne blanche que l'on retrouve par tout le pays à différentes profondeurs. Cette marne a l'aspect d'une pâte consolidée. La partie qui traverse la Picardie est inférieure quoique excellente. Mais toute la terre labourable de Normandie comprise dans ces limites est jusqu'à une grande profondeur du même loam sableux et friable; celle de Bernay à Elbeuf a peu de supérieures, c'est un loam brun rouge, sans une pierre, profond de 4 à 5 pieds et reposant sur la craie. Quant aux pâturages de cette province, nous n'avons rien de semblable en Angleterre et en Irlande; je tiens la vallée de Limerick elle-même pour inférieure. Le fameux *pays de Beauce*, que j'ai traversé entre Arpajon et Orléans, ressemble aux vallées de Meaux et de Senlis, sans offrir toutefois autant de profondeur que le premier. Les limites que je viens de tracer sont celles de la plus grande fertilité, mais le calcaire et la craie même ont beaucoup plus d'étendue. A l'E. elles gagnent au delà de la Champagne; car je ne vis de grand changement que près de Sainte-Ménehould. De Metz à Nancy tout est calcaire, mais il n'y a pas de craie. J'ai trouvé le même terrain très abondant au S. de l'Alsace, et depuis Béfort jusqu'à Dôle, en Franche-Comté, toutes les pierres que j'analysai et toutes les carrières sur mon chemin étaient calcaires. Dans le Dauphiné, la Provence, etc., etc., d'immenses districts sont de semblable nature; je remarquerai donc seulement que la craie s'étend à l'E. jusqu'à Sainte-Ménehould, au S. jusqu'à Nemours et Montargis (1), d'un côté; de l'autre, tout l'Angoumois, une grande partie du Poitou et de la Touraine jusqu'à la Loire, sont formés par elle. Si j'avais poussé plus loin dans l'O., j'aurais vu probablement la craie de l'Angoumois et celle de la Loire se rejoindre. La majeure partie du cours de cette rivière est crayeuse, et l'ensemble calcaire. D'où l'on voit que la région de la craie est fort étendue en France, et ne comprend guère moins de 200 milles E. et O. sur à peu près autant, quoique de façon moins continue du S. au N.; elle renferme certainement les provinces les plus riches et les plus fertiles du royaume.

Le district qui vient après pour la fertilité, est ce que je crois pouvoir appeler la plaine de la Garonne. En venant du Limousin on y entre par Cressensac, en Quercy; il va toujours augmentant de valeur jusqu'à Montauban et Toulouse, où se déroule une des plus belles étendues de terre fertile que l'on puisse voir. Il se prolonge, en variant un peu, jusqu'aux pieds des Pyrénées par Saint-Gaudens, etc., présentant une surface unie quand on le regarde de la promenade de Montauban qui domine un des plus riches, comme un des plus beaux horizons que l'on rencontre en France. Cette plaine est toutefois fort irrégulière et très dé-

(1) Beaucoup plus loin, je le crois; d'autant plus que M. Townsend, en suivant une autre direction, la vit jusqu'à Auxerre où il la quitta. (*Voyage en Espagne*, vol. Ier, p. 46.) (*Note de l'auteur.*)

coupée, car le pays au S.-O. d'Auch à Bayonne est trop inférieur en qualité pour en faire partie ; à l'E., Mirepoix, Pamiers et Carcassonne, sont dans les montagnes, et d'Agen à Bordeaux, quoique le fleuve suive une des plus riches vallées du monde, la largeur de cette vallée n'est nulle part considérable. Le meilleur sol de cette division consiste ordinairement en un loam doux, friable, sableux, calcaire pour la plus grande partie et assez humide pour se prêter à toutes sortes de productions. Près de Cahors, c'est un calcaire blanc et un loam crayeux de même couleur ; près de Montauban, un loam blanc plus compacte. A Tonnance (Tonneins), sur la Garonne, il est rouge et paraît aussi bon à dix pieds de profondeur qu'à la surface.

Tous les gens que j'ai rencontrés en visitant Narbonne, Béziers, Pézénas, Montpellier et Nîmes, m'ont parlé de cette vallée comme du pays le plus productif de France. Les oliviers, la vigne et les mûriers lui donnent une grande valeur, mais quant au sol (ce qui m'occupe à présent), je le trouve, pour la plus grande partie, inférieur à ce que j'ai nommé plus haut. Le bas Poitou, selon les renseignements d'une personne qui y habite, est d'une fertilité qui le fait marcher de pair avec les sols les plus riches de France ; il s'étend sur 18 lieues dans un sens et 12 dans l'autre, soit 216 lieues carrées qui, à 5,786 arpents par lieue donnent 249,776 arpents. On y a défriché 100,000 arpents de marais très riches (1).

Étant aussi informé qu'à Nantes il y avait une belle région au S. de la Loire, du côté de Bourgneuf et de Machecoul, j'ai poussé jusque-là les limites de la bonne terre, comme on le verra sur la carte ci-contre.

(1) *Des canaux de navigation*, par M. DE LA LANDE, p. 391.

Il faut comprendre aussi dans cette classe la plaine étroite d'Alsace dont la partie fertile excède à peine 1,000 milles carrés. C'est la Flandre, bien qu'un peu inférieure; le sol est un loam sableux, riche, profond, à la fois friable et humide, de nature à porter en abondance toutes sortes de moissons. Un district plus renommé est celui de la Limagne d'Auvergne vallée unie, principalement calcaire, entourée de hautes chaînes de montagnes volcaniques. C'est certainement un des plus beaux terrains du monde. Il commence à Riom ; la plaine est là parfaitement unie, composée de loam calcaire blanc, que recouvre la véritable marne si bien mélangée avec l'*humus*, qu'il en résulte une fertilité merveilleuse. Les naturalistes français qui l'ont examinée lui assignent une profondeur de 20 pieds de terre provenant des débris de ce qu'ils appellent les montagnes primitives (granit) et volcanisées.

Le docteur Brès d'Issoire, en me montrant sa ferme située dans une partie moins bonne de la Limagne (la meilleure ne s'étendant guère au delà de 20 milles, de Riom à Vaires) (Veyre), me faisait observer que selon toute probabilité la rivière avait formé toute la plaine; car elle accroissait rapidement cette propriété et lui avait donné en peu d'années une profondeur très sensible, en faisant disparaître les galets sous une couche de limon sableux très riche. Il y a des naturalistes qui veulent, au contraire, que le tout ait formé un lac. Les montagnes des environs sont de nature diverse. La pierre blanche et argileuse de celles qui sont entre Riom et Clermont, est calcaire. Les terres volcaniques surpassent les autres en qualité, pourvu que ce ne soit pas du *tufa*, amas de cendres dont il n'y a rien à tirer. Les terres calcaires et argileuses donnent de bons résultats, les basaltes décomposés forment une argile excellente. La base de tous ces terrains est le granit. Les pierres sableuses calcaires et les terres calcaires argileuses qui la recouvrent sont dues, selon la théorie des physiciens français, à l'action des volcans. La fertilité des pays à cratères volcaniques a souvent été remarquée, surtout à propos de l'Etna : le même fait s'est souvent reproduit devant moi dans le trajet du Puy à Montélimart, où l'on voit, couvertes de magnifiques châtaigniers et de cultures, de hautes montagnes qui, si elles avaient une autre origine, seraient entièrement incultes ou au moins en grande partie.

J'ai fini la liste des régions de la France qui, à ma connaissance, méritaient d'être notées pour leur richesse extraordinaire : elles surpassent, comme nous le montrerons plus particulièrement dans la suite, 28 millions d'acres anglaises.

Revenons aux autres provinces. La Bretagne se compose en général de gravier ou de sable graveleux, souvent profond, sur un sous-sol de gravier tout à fait stérile et assez communément sur des rochers de grès. L'analyse de plusieurs échantillons ne m'a pas donné de calcaire, et comme j'ai vu à Morlaix un navire décharger des pierres de cette nature provenant de Normandie, je dois conclure à l'exactitude de ce que m'avait donné un coup d'œil général. Dans les deux provinces de Maine et d'Anjou, je n'ai vu que du gravier, du sable fin formant presque toujours du loam, et des pierres ; quelquefois un schiste imparfait reposant sur le roc et beaucoup de ce que dans l'O. de l'Angleterre on appellerait *stone-brash*, excellent fonds pour les navets. On y trouve la friabilité des meilleurs loams, mais il manque et de leur humidité et de leurs molécules fertilisantes. D'immenses étendues de ces deux provinces abandonnées à elles-mêmes, ne donnent que des bruyères, de la fougère, de l'ajonc, etc., mais leur composition ne diffère pas de celle des endroits cultivés; mises en rapport, elles donneraient tout autant. La Touraine vaut mieux, surtout au S. de la Loire, où un mélange d'excellents loams sableux et graveleux recouvre un fond calcaire ; au N. du fleuve elle ressemble assez à l'Anjou et au Maine et a de même des landes et des bruyères. La Sologne est la plus pauvre, la plus arriérée des provinces du royaume et un des plus singuliers pays que j'ai vus. C'est une plaine unie, sableuse ou graveleuse sur de la marne ou de l'argile, si imperméables à l'eau que les mares et les fossés étaient combles lors de ma visite. Il serait si aisé d'améliorer ce pays de la manière la plus certaine que la durée de sa misérable condition est une honte pour le gouvernement et les propriétaires. Le Berri est bien meilleur, quoique de même nature, mais on trouve de bons loams assez profonds près des carrières de Châteauroux et de celles d'où l'on tire du calcaire à Vatan. La Marche et le Limousin consistent en loams sableux friables, tantôt sur du granit, tantôt sur du calcaire. Il y a dans ces provinces des régions très fertiles et je n'en ai pas trouvé qui méritent le nom de stériles. On y distingue deux sortes de granit, l'un plus résistant et plein de particules micacées, à gros grains, contenant peu de quartz, durcissant à l'air en masses, mais tombant en poussière quand on l'y expose en petits morceaux : on s'en sert pour bâtir. L'autre se trouve en couches horizontales, mêlé à une grande quantité de feldspath ; on s'en sert pour empierrer les chemins, but qu'il remplit d'une manière incomparable. On m'assura à Limoges que le premier ne produit ni blé, ni vin, ni châtaignes, mais que ces plantes viennent bien sur le second. J'ai remarqué effectivement que ce granit et les chàtaigniers m'étaient apparus ensemble à mon entrée dans le Limousin, et que dans mon chemin sur Toulouse j'avais traversé une lieue de granit résistant sans voir un seul de ces arbres (1). La règle cependant n'est pas absolue, car sans dépasser le S. de Souillac, les châtaigniers y viennent sur le calcaire. Des deux Poitous, le bas a la réputation d'être le meilleur, surtout les pâturages de la côte. Le sol du haut Poitou est en général une couche mince de loam sur une mauvaise pierre de construction, une sorte de *stone-brash*, quelquefois calcaire ; on doit le mettre au dernier rang, quoiqu'il soit admirablement propre à certaines cultures. J'ai déjà dit que le peu que j'ai vu de l'Angoumois est de la craie ; le sol arable y est pour la majeure partie mince et pauvre. Les parties de la Guienne et de la Gascogne, en dehors de la riche vallée de la Garonne, doivent être regardées comme pauvres sous le rapport du sol. Les *landes* de Bordeaux, quoiqu'elles ne soient ni improductives, ni incapables de recevoir des améliorations, forment dans leur état actuel le plus mauvais des terrains de France. On m'a assuré qu'elles contiennent 200 l. c. ; le pied des Pyrénées est aussi couvert d'espaces incultes, qu'il faudrait beaucoup d'industrie pour

(1) Dans la Corrèze et les Cévennes, l'abondance de quartz dans le granit communique une grande stérilité au pays. Le roc dur ne fournit point de terre argileuse, il ressort presque partout à travers une mince couche de sable impropre à la végétation. Là tout est solitude : on fait souvent plusieurs lieues sans trouver d'habitation, et l'on ne rencontre que de loin en loin des châtaigniers improductifs. Dans quelques cantons privilégiés, comme au N. de Pompadour, le granit, presque entièrement feldspathique, donne une couche de terre végétale de plus d'un pied d'épaisseur, d'une admirable fertilité, aussi la végétation y déploie toute sa splendeur. Les châtaigniers et les chênes y acquièrent des dimensions généralement inconnues à ce pays, et les magnifiques prairies de Pompadour nourrissent les plus beaux bœufs du Limousin. — DUFRÉNOY et ÉLIE DE BEAUMONT. (*Explication de la carte géologique de la France*, t. Ier, p. 112.)

rendre profitables. Le Roussillon est en général calcaire, très souvent plat, très pierreux, sec et stérile ; mais les vallées irriguées sont d'une fertilité incroyable. La vaste province de Languedoc, une des plus riches du royaume par ses productions, ne se place pas très haut pour la qualité de son sol, il est bien trop rocailleux ; j'ose dire que les montagnes en occupent les 7/8es. J'y ai fait près de 400 milles, sans voir quelque chose que je puisse nommer une grande plaine, hormis celle de la Garonne, dont une partie relève de cette province (1). Beaucoup de montagnes sont mises en rapport par l'irrigation, comme je l'avais déjà remarqué dans la région volcanique du Vivarais (2). La Provence et le Dauphiné sont montagneux, à l'exception de quelques vallées et de quelques plaines charmantes, en proportion insignifiante avec le reste. De ces deux provinces, la première est très certainement, quant au sol, la plus sèche du royaume. Les rochers et le sable y abondent, et le cours de la Durance, qui en d'autres pays serait une superbe vallée, est tellement ravagé par les galets et le gravier, que l'on calcule, au chiffre le plus modéré, que 130,000 acres sont perdus qui, sans ces irruptions, eussent été les plus beaux du pays. Tout ce que j'ai vu est calcaire, et l'on me dit que c'est également la nature de la plus grande partie des montagnes de Provence. Vers Barcelonnette et dans les parties les plus hautes, les pâturages des versants nour-

(1) La riche vallée qui s'étend de Narbonne à Nîmes n'a, en général, que quelques milles de largeur, et on y rencontre fréquemment de grands espaces incultes. (*Note de l'auteur.*)

(2) Quelques parties des vallées sont cependant très-fertiles, et il y a peu de terrains en France plus beaux que celui que je rencontrai le long du canal du Midi, en allant de Béziers à Carcassonne. C'est un loam gras, compacte, quoique friable ; en quelques endroits il forme des mottes, dans d'autres, il tombe en poussière au moindre effort. (*Note de l'auteur.*)

rissent un million de moutons transhumans, outre de grands troupeaux d'autre bétail. Avec un tel terrain et sous un tel climat, il ne faut pas croire une contrée stérile parce quelle est montagneuse. Les vallées que j'ai visitées sont belles en général; celle du Rhône à Loriol, en Dauphiné, est très fertile, elle est formée d'une excellente argile sableuse ayant cinq et six pieds de profondeur, sur un lit de marne bleue, rempli de pierres. Plus au S. de Montélimart, à Orange, ce fleuve arrose des régions bien inférieures. La plaine au N. que nous avons traversée en revenant de la Savoie vers Lyon, se compose d'un bon loam rouge, profond, sur une couche de gravier. Le Comtat Venaissin ou district d'Avignon est un des plus riches du royaume. Son admirable irrigation suffirait à lui donner cette apparence, mais j'ai vu que le sol était un loam gras et profond mêlé d'argile blanche et de calcaire. Toute la côte de Provence est rocailleuse, sauf quelques points mieux partagés. Près d'Aix, toutes les terres sont calcaires, jusqu'à des argiles rouges et ferrugineuses. Cette province renferme un des districts les plus singuliers du royaume, la Crau, plaine pierreuse au S.-E. d'Arles, qui ne couvre pas moins de 350 milles carrés ou 224,000 acres. Elle est entièrement couverte de pierres rondes, dont quelques-unes sont aussi grosses que la tête d'un homme. Le sous-sol n'est pas du sable, mais semble plutôt un amas cimenté de pierres brisées, avec un petit mélange de loam. Le naturaliste qui a décrit cette province dit qu'elles sont calcaires, sansrien qui ressemble au silex, comme grain ou comme texture : dans quelques-unes, ce sont les molécules quartzeuses qui dominent, dans d'autres des particules métalliques (1).

(1) *Hist. nat. de la Provence*, in-8°, 3 tomes, 1782, t. Ier, p. 290.

La végétation y est très clair-semée, comme je le dirai en parlant du pâturage des moutons en France. Le Lyonnais est montagneux, et pour ce que j'en ai vu, pauvre, pierreux, rude et inculte. Près de Roanne, sur la route de Lyon à Moulins, sur la limite de la province et avant d'arriver à la plaine de gravier de la Loire, c'est le même terrain, appelé par M. de la Métherie la plaine calcaire de Montbrison.

L'Auvergne, quoique presque entièrement montagneuse, n'est pas pauvre ; le sol pour un tel pays passe en général la médiocrité, et les plus hautes cimes nourrissent de grands troupeaux de bétail que l'on exporte pour des sommes considérables. En outre de ses terrains volcaniques très variés, l'Auvergne est couverte de loams sableux et graveleux et de granit.

Le Bourbonnais et le Nivernais forment une vaste plaine arrosée par l'Allier et la Loire ; le gravier y prédomine, reposant, je crois, assez ordinairement sur un fond calcaire, mais à une profondeur considérable. Quelques parties sont sableuses, par conséquent meilleures que les autres ; il y a aussi de très bons loams sableux friables. L'ensemble, dans son état actuel de culture, doit être rangé parmi les plus mauvaises provinces du royaume, mais aussi susceptible qu'aucune de grandes améliorations par une exploitation différente.

La Bourgogne est très variée, comme je le vis en la traversant pour aller de Franche-Comté en Bourbonnais, en passant par Dijon ; c'est la meilleure partie : on y voit des loams sableux et graveleux, quelques bonnes vallées, quelques montagnes et quelques pauvres terrains granitiques.

La partie de cette province appelée Bresse est un pays misérable, où les étangs, formés sur un sol d'argile blanche ou de marne, couvrent, au dire d'un habitant (1), 66 lieues carrées de 2,000 toises, c'est-à-dire pas moins de 250,000 acres. On peut le croire d'après l'apparence de cette surface sur la carte de Cassini.

La Franche-Comté abonde en loams ferrugineux rougeâtres, en schistes, en gravier, en calcaire, fort commun dans les montagnes. Je noterai ici que tous les échantillons que j'analysai, dont quelques-uns venaient des carrières entre Béfort et Dôle, faisaient effervescence avec les acides. De Besançon à Orechamps, la roche calcaire vient affleurer à la surface, quelquefois couverte de loam rougeâtre. Il y a partout des forges. C'est un pays très capable d'être amélioré.

La Lorraine est pauvre ; de Sainte-Ménehould aux limites de l'Alsace je n'ai guère trouvé que des sols rocheux, portant des noms divers : la plupart, en Angleterre, seraient appelés *corn-brash;* c'est la surface brisée et triturée de pierres de constructions imparfaites, mélangées par le temps, la végétation des forêts et la culture, avec quelques loams et des débris végétaux ; il y en a beaucoup de calcaires. Ce n'est pas qu'il manque absolument de loams sableux profonds et friables ; mais la proportion n'en est pas assez considérable pour en faire mention dans un aperçu général. Je l'ai déjà dit, le trait caractéristique de la Champagne, c'est la craie ; il se trouve de grands espaces très misérables. La partie S. de Châlons à Troyes, etc., a reçu, à cause de sa pauvreté, le nom de *pouilleuse.* On connaît peu ici l'effet du sainfoin sur un terrain semblable.

J'ai achevé la revue des provinces de France, et je

(1) *Observations, expériences et mémoires sur l'agriculture*, par M. Varenne de Fenille, in-8°, 1789, p. 270.

dirai qu'en général, sous le rapport du sol, ce royaume est mieux partagé que l'Angleterre. La proportion des mauvaises terres est moins élevée que chez nous, et on n'y connaît pas les sables mouvants de Norfolk et de Suffolk. Les bruyères, tourbières, déserts non montagneux appelés *landes*, si fréquents en Bretagne, en Anjou, dans le Maine et la Guienne, valent mieux que nos *moors* du N., et les montagnes d'Écosse et du pays de Galles ne supportent point la comparaison, pour le sol, avec celles des Pyrénées, de l'Auvergne, du Dauphiné, de la Provence et du Languedoc. Un autre avantage inestimable, c'est que leur loam compacte n'est jamais si rebelle qu'en Angleterre, où la dépense de mise en culture absorbe un produit modéré. On ne voit pas des argiles comme celles de Sussex. En vérité, la petite proportion de ces argiles fortes dans ce royaume est surprenante.

ASPECT DU PAYS.

La principale cause des différences, sous ce rapport, est dans la présence ou l'absence de montagnes. L'idée et le nom de *montagnes* dans le langage commun en France s'appliquent à ce que nous appellerions *collines*; ce n'est que vers le S. que se trouvent réellement des districts montueux. Il faut aller à 400 milles S. de Calais pour rencontrer les monts d'Auvergne, qui se joignent à ceux du Languedoc, du Dauphiné, de la Provence, mais non avec les Pyrénées; car j'ai traversé tout le S. du Rhône à l'Océan, soit par des plaines, soit par des hauteurs insignifiantes. Les Vosges, en Lorraine, méritent peut-être ce nom, mais sans marcher de pair avec les hauteurs dont je viens de parler. Les inégalités du reste du royaume, suffisantes pour donner de l'attrait au paysage et accidenter la campagne, n'ont pas droit au même titre. Quelques-unes des régions montagneuses reçoivent un grand charme de la riche et luxuriante verdure des châtaigniers. Pour qui ne l'a pas vu, il est difficile de s'imaginer combien ils ajoutent de beauté au Limousin, au Vivarais, à l'Auvergne, partout enfin où ils sont communs. Sans nul doute les Pyrénées frappent plus que tout le reste; je les ai décrites assez longuement dans mon *Journal :* je me contenterai de dire ici que leur verdure, leurs forêts, leurs rochers et leurs torrents ont tous les caractères du beau et du sublime. Je n'ai rien vu dans les Alpes d'aussi agréable que les sites du Dauphiné septentrional, qui cependant le cèdent aux environs de Chambéri, si riches en tableaux. Selon ce qu'on en dit, la vallée de l'Isère est un enchantement perpétuel. Le Vivarais et une partie du Velay sont très pittoresques.

De tous les fleuves de France je préfère la Seine, qui partout est charmante. La réputation de la Loire a été faite sans doute par des gens qui ne l'avaient pas vue du tout, ou seulement plus bas qu'Angers, où elle mérite tous les *éloges*. Depuis cette ville jusqu'à Nantes c'est peut-être la plus belle rivière du monde ; sa largeur, ses îles boisées, le pittoresque, la culture ou la richesse de ses bords contribuent, avec l'animation due aux bateaux du commerce, à la rendre d'une suprême beauté. Pour le reste de son cours, c'est un torrent de sable roulant ses galets, au lieu d'eau, à travers la campagne, une chose plus laide que je ne l'aurais imaginé avant de la voir. La Garonne reçoit plus du pays qu'elle arrose qu'elle ne lui donne ; ses rives plates, couvertes de saules, en détruisent l'agrément. Je ne connais pas aussi bien le Rhône; là où je l'ai vu, c'est-à-dire depuis Montélimart à Avignon et ensuite à Lyon, il ne m'a pas produit l'effet de la Seine. Le cours de la Saône est marqué par de magnifiques prairies.

Pour la beauté générale du pays, je préfère le Limousin aux autres provinces de France. Les bords de la Loire au-dessous d'Angers, et ceux de la Seine à partir de 200 milles de son embouchure, lui sont supérieurs sans doute par leur rivière, leur trait principal, tandis que le charme du Limousin ne dépend pas d'un seul objet agréable, mais de la réunion de plusieurs. Les collines, les vallons, les bois, les enclos, les cours d'eau, les lacs, les fermes éparses, forment mille tableaux délicieux qui rehaussent partout cette province. Ces enclos, qui ajoutent tant au pittoresque, m'ont fourni des observations intéressantes; mais j'en traiterai spécialement à un point de vue de plus d'importance.

Les provinces dont je n'ai pas fait mention jusqu'ici, n'offrent pas des caractères assez particuliers pour attirer l'attention d'une façon plus précise. On trouve les beautés de la Normandie le long de la Seine, et celles de la Guienne sur les bords de la Garonne. La Bretagne, le Maine et l'Anjou ont l'aspect de déserts, et quoique certaines parties de la Touraine soient riches et agréables, la beauté n'est pas le partage du reste de la province. Les territoires fertiles de l'Artois, de la Flandre et de l'Alsace se distinguent par le profit qu'ils donnent. La Picardie est ennuyeuse. La Champagne, en général, pour ce que j'en ai vu, est fort déplaisante; presque autant que le Poitou. La Lorraine, la Franche-Comté et la Bourgogne ont l'air *sombre* dans leurs parties boisées; celles qui sont ouvertes manquent d'animation. Le Berri et la Marche vont sur le même rang. La Sologne mérite son épithète de *triste*. Il y a des parties de l'Angoumois assez riantes et par conséquent agréables.

Il peut être utile à ceux qui ne voient la France qu'en passant pour se rendre en Italie, de savoir qu'ils devraient débarquer à Dieppe, suivre la Seine jusqu'à Paris, prendre alors la grande route de Moulins, la quitter pour entrer en Auvergne, puis traverser le Rhône à Viviers en se dirigeant sur Aix et de là en Italie. En s'écartant ainsi du chemin tracé, les voyageurs souffriraient peut-être, par faute de bonnes auberges, mais ils en seraient récompensés par la vue d'un pays bien plus beau et bien plus remarquable que celui que traverse la route ordinaire de Dijon, qui est la plupart du temps le plus laid de France.

DU CLIMAT DE LA FRANCE.

Il n'y a peut-être pas en Europe un pays qui prouve comme la France toute l'importance du climat. C'est pour un royaume un avantage aussi grand que celui du sol ; et nous ne pouvons arriver à nous former une idée correcte de la prospérité et des ressources d'une contrée, si nous ne savons pas distinguer clairement ses avantages ou désavantages naturels des effets aléatoires de l'industrie et de la richesse. Ceux qui voyagent à la poursuite de la science, devraient s'appliquer d'abord à secouer les préjugés vulgaires que l'on trouve partout chez ceux qui, n'ayant pas voyagé eux-mêmes, ont bâti leurs imaginations sur des renseignements imparfaits.

La France peut se diviser en trois parties principales (1): 1° celle de la vigne, 2° celle du maïs, 3° celle des oliviers ; ce qui donne trois régions : 1° celle du N., où il n'y a pas de vigne ; 2° la centrale, où il n'y a pas de maïs ; 3° celle du S., où l'on trouve à la fois les oliviers, les mûriers, les vignes et le maïs. La ligne de séparation entre les deux premières, comme je l'ai observé moi-même, passe à Coucy, dix milles au N. de Soissons ; à Clermont en Beauvoisis ; à Beaumont, dans le Maine ; à Herbignac, près de Guérande, en Bretagne. Maintenant voici qui est remarquable : si vous joignez, par une ligne droite, Coucy et Herbignac, elle passera très près de Clermont et de Beaumont : le premier se tenant un peu au N., le deuxième un peu au S. Il y a des vignes à Gaillon et à la Roche-Guyon, un peu au N. de cette ligne ; il y en a encore près de Beauvais, point qui s'en éloigne le plus, selon mes observations ; mais cette distance est insignifiante, et le triste spectacle des vendanges de 1787 que je vis faire au milieu de pluies incessantes, est une preuve que c'est une culture dont on ne devrait pas se mêler. On me dit à Angers qu'il y avait peu ou point de vignes entre cette ville, Laval et Mayenne. Après avoir fait cette remarque sur la région des vignes en France, je voulus savoir s'il en était de même en Allemagne, parce que si cela tenait au climat, le fait devrait se trouver confirmé par la présence de vignes placées beaucoup plus au N. dans ce pays. C'est précisément ce qui arrive : d'après un auteur moderne (2), la vigne ne dépasse pas le 52° lat. N. : en France, cette limite est de 49° 1/2 lat. N., la question est donc résolue. Par conséquent, la ligne que

(1) Cette division est, à peu de chose près, celle qui a été suivie par De Candolle.

(2) *De la monarchie prussienne*, par M. le comte DE MIRABEAU, t. II, p. 158.

j'ai tracée pour la France peut être prolongée au delà et aura même valeur de l'un et de l'autre côté du Rhin. La séparation de la région du maïs n'est pas moins singulière ; à l'O. on rencontre cette plante pour la première fois en passant d'Angoumois en Poitou, à Vérac près de Ruffec ; en Lorraine, c'est entre Nancy et Lunéville. Ici se présente une autre particularité : en joignant entre eux ces deux points extrêmes, on a une ligne presque parallèle à la première ; mais elle n'est pas si continue dans sa partie moyenne, car en parcourant le centre, je ne trouvai pas de maïs au delà de Douzenach (Donzenac), dans le S. du Limousin, variation qui, du reste, n'affecte pas sensiblement le fait général. En revenant d'Alsace en Auvergne je m'en rapprochais plus à Dijon où l'on trouve cette culture. Il y a une raison évidente de son absence du Bourbonnais à Paris : la pauvreté du sol et la mauvaise exploitation de ces champs mis en jachère, puis semés de seigle qui ne rapporte que trois ou quatre fois la semence. Le maïs veut un terrain plus riche ou une meilleure culture. J'en vis quelques pièces près de la Flèche, mais leur apparence misérable indiquait que la plante était étrangère à ce climat. Afin de donner au lecteur une idée plus claire de tout ceci, j'ai joint à ce livre une carte, montrant d'un *coup d'œil* les zones de végétation ou de climat que l'on peut construire d'après les productions de la France. La ligne des oliviers suit presque la même direction que les autres. De Lyon au S., nous les voyons déjà à Montélimart ; en allant de Béziers vers les Pyrénées, nous les perdons à Carcassonne : maintenant la ligne de Montélimart à Carcassonne semble parallèle aux autres, d'où nous pouvons sûrement inférer qu'il y a une différence considérable entre l'E. et l'O. de la France, et que la partie orientale surpasse, pour la chaleur, l'occidentale de 2° 1/2 de latitude, ou sinon pour la chaleur, au moins pour la facilité de végétation. Ces divisions ne sont pas de purs accidents, mais le résultat d'un grand nombre d'expériences ; on s'en peut convaincre par l'aspect de moins en moins florissant de ces cultures, à mesure qu'elles se rapprochent des limites. En quittant l'Angoumois pour le Poitou, nous voyons le maïs de plus en plus languissant avant de cesser d'être cultivé ; au contraire, en venant de Nancy à Lunéville, je le remarquai dans les jardins, puis par petites portions dans les champs, puis enfin occupant la place d'une récolte usuelle. Je fis la même observation à l'égard de la vigne. Il est bien difficile de se rendre compte de ce fait : il semblerait, à n'en pas consulter d'autres, que le climat s'améliore en s'éloignant de la mer : ce qui est contraire à un grand nombre d'autres faits ; j'ai moi-même vu des vignes prospérer, exposées à l'air de la mer et presque sur la plage, comme à l'embouchure de la rivière de Bayonne et en Bretagne. Il faudrait des observations plus souvent répétées, et avec plus de soin qu'il n'est au pouvoir d'un voyageur d'en faire, pour éclairer entièrement ce sujet très curieux. Dans de semblables recherches, ce sont les faits généraux auxquels il faut s'attacher. On peut avoir de la vigne en Angleterre ; j'ai actuellement du maïs dans ma terre et j'en rencontrai à Paris ; mais là n'est pas la question : c'est de savoir si le climat est assez favorable à ces plantes pour que le fermier en fasse une culture ordinaire.

Le nord, quoique la vigne y donne peu de profit, cultivée pour le vin, diffère cependant beaucoup de notre pays pour la chaleur et s'en rapproche en même temps pour l'humidité. Les deux choses principales sont pour nous la quantité des produits et la richesse des pâturages. Quant à la chaleur, nous ne consultons ni le thermomètre, ni la latitude, mais les productions. J'ai traversé, à la saison des fruits, l'Artois, la Picardie, la Normandie, la Bretagne, l'Anjou, le Maine, et à chaque ville, ou mieux à chaque village, j'ai trouvé une abondance de prunes, de pêches, de cerises tardives, de raisins et de melons, que nous ne connaissons pas en Angleterre, même dans les étés les plus chauds. Les marchés de toutes les villes, même dans cette Bretagne si pauvre et si arriérée, en sont approvisionnés avec une profusion dont nous n'avons pas l'idée. C'était avec un vrai plaisir que je parcourais le marché de Rennes. Si un Anglais, sautant d'un ballon, ne voyait que cela de la France, en un moment il jugerait le climat entièrement différent de celui de la Cornouailles, notre province la plus méridionale, où les myrtes passent l'hiver au dehors, et de celui du Kerry, où l'arbousier est tellement acclimaté qu'il semble spontané, quoiqu'il ait été apporté d'Espagne par les premiers habitants du pays. Cependant je n'ai vu en Bretagne ni mûriers, ni maïs, et des vignobles seulement dans le petit coin dont j'ai parlé. Paris ne reçoit pas ses melons du sud, mais d'Harfleur, à l'embouchure de la Seine.

Pour l'humidité du climat, je puis citer les riches pâturages de Normandie, qui jamais n'ont été irrigués. Pendant trois semaines à Liancourt, à quatre milles seulement de Clermont, j'ai vu une pluie comme je n'en avais pas vu, à beaucoup près, en Angleterre. A ces grandes pluies, qui rendent si désagréable le nord de la France, se joignent les neiges épaisses et les gelées intenses, beaucoup plus fortes ici que dans le sud de l'Angleterre. On m'assure qu'il n'y a pas eu de froids remarquables dans le nord de l'Europe qui ne se soient fait plus sentir à Paris qu'à Londres.

La zone centrale, qui produit la vigne sans avoir

assez de chaleur pour le maïs, a, selon moi, l'un des plus beaux climats du monde. C'est là que se trouvent la Touraine, admirée au-dessus de tout par les Français, le pittoresque Limousin et le Bourbonnais, aux plaines salubres, plaisantes et agréables, le pays que l'on pourrait le plutôt choisir de toute la France, de toute l'Europe en tant que sol et climat. Là, vous êtes exempt de l'extrême humidité qui donne sa verdure à la Normandie et à l'Angleterre, et des rayons brûlants qui dans le sud détruisent cette verdure ; vous n'avez ni les ardeurs qui vous oppressent dans l'été, ni les gelées qui vous engourdissent en hiver, mais un air léger, pur, élastique, favorable à tous, hors à ceux qui tombent de langueur. Mais tout en faisant l'éloge de ces provinces du centre de la France, pour ce qui regarde l'atmosphère dans son état habituel, je dois garder le lecteur contre l'idée de les croire sans inconvénients ; il y en a, et de très grands et de très sensibles à l'agriculteur. Cette région, ainsi que celle des oliviers, est sujette aux orages, et ce qui est pis, à la grêle. Il y a deux ans, ce dernier fléau désola toute une zone de ce pays, en causant pour des millions sterling de dégâts. De tels ravages ne sont pas communs, autrement les plus beaux royaumes seraient ruinés ; mais il ne se passe pas d'année sans que des paroisses entières souffrent à un degré que nous ne nous imaginons pas et pour un total dont la proportion n'est pas insignifiante dans le produit général de la nation. Il résulte de l'article (1) de mon ami M. le docteur Symonds, sur le climat de l'Italie, que dans ce pays la grêle est un épouvantable fléau. J'ai entendu, dans le sud de la France, faire monter la somme de ces ravages pour quelques provinces au dixième de leur

(1) *Annales d'agriculture*, vol. III, p. 137

produit en moyenne. Peu de jours avant mon arrivée à Barbezieux, la grêle était tombée dans le domaine du duc de Larochefoucauld, en Angoumois, et dans quelques paroisses environnantes, ne laissant pas une grappe de raisin sur les ceps et meurtrissant ceux-ci de façon à éloigner tout espoir de récolte pour l'année suivante, et même la perspective d'un bénéfice pour celle qui viendrait après. Dans un autre endroit, le même orage tua toutes les oies et blessa si dangereusement de jeunes poulains qu'ils en moururent. On assure même que des hommes ont été tués, faute d'abri contre la grêle. Un taillis de deux ans, appartenant au duc, fut haché. On conçoit que toute récolte de grains ou de légumineuses soit en danger par de tels effets. A Pompinion (Pompignan), entre Montauban et Toulouse, j'ai vu un orage comme il n'en tomba jamais dans la Grande-Bretagne ; l'instant auparavant, les blés de cette superbe vallée avaient une magnifique apparence, mais l'imagination peut à peine se représenter le tableau de destruction qui suivit ; les plus belles récoltes n'étaient pas seulement abattues sur le terrain, mais couvertes de torrents de boue qui rendaient vain tout espoir de les sauver. Ces orages, de peu d'importance pour le voyageur et le gentilhomme habitant son château, sont de terribles fléaux pour le cultivateur, et d'immenses décomptes sur la masse de la production nationale.

Un autre fait de moindre importance, quoiqu'il mérite aussi qu'on y fasse attention, ce sont les gelées de printemps. Nous savons en Angleterre combien elles sont pernicieuses à tous les fruits, et même aux grandes récoltes. Vers la fin de mai 1787, je trouvai toutes les feuilles de noyer noircies par leur effet ; au S. de la Loire, et plus loin, à Brives, nous vîmes les premiers figuiers que nous eussions rencontrés enveloppés de paille pour les défendre des gelées de juin. Plus encore au S., à Cahors, le 10 juin, les noyers étaient noircis par leurs effets depuis une quinzaine; on nous dit que le seigle était quelquefois détruit par elles, et qu'aucun des mois de printemps n'est exempt de leurs attaques imprévues. Dans la partie N.-E., je trouvai en 1789 que les froids de l'hiver précédent avaient tué la plus grande partie des noyers en Alsace, et les arbres morts faisaient une étrange figure en été ; on les avait laissés dans l'espérance de les voir renaître, mais il y en eut bien peu qui revinrent. D'Autun en Bourgogne à Bourbon-Lancy, tous les genêts furent détruits. On se plaignait aussi des gelées de printemps dans d'autres parties du royaume. On disait à Dijon qu'elles viennent souvent tard et gâtent ou détruisent tout. Les pays voisins des Vosges se ressentent des neiges de ces montagnes : il en tomba en 1789 le 29 juin. Ceci rend la culture de la vigne très incertaine. Peut-être doit-on attribuer aux gelées de printemps le petit nombre de mûriers qui passent en France la ligne des oliviers? Le rapport de cet arbre est très grand, comme je le dirai plus tard; cependant les districts qui le cultivent sont en proportion insignifiante avec le reste du royaume.

On a en Angleterre la croyance que la rouille est due aux gelées tardives; quand je me trouvai dans un pays où le seigle est quelquefois détruit par ces gelées et où tous les noyers étaient brûlés, j'en profitai pour m'enquérir des causes de cette maladie, et je sus que dans quelques endroits, Cahors par exemple, le blé en est parfaitement garanti, alors que beaucoup d'autres plantes sont gravement attaquées, et nous rencontrâmes des cultivateurs dont les terres y sont si peu sujettes qu'à peine la connaissent-ils. Voilà qui semble bien contraire à nos suppositions. De même qu'on est en

France aussi exposé que nous aux gelées de printemps, on a également à souffrir de celles d'automne, et même à une époque plus hâtive. Le 20 septembre 1787, en suivant la rive gauche de la Loire, de Chambord à Orléans, il en vint une si piquante que les vignes s'en ressentirent, et pendant quelques jours déjà il avait soufflé un N.-E. assez froid pour nous obliger à ne sortir qu'avec un surtout; cependant le soleil était très brillant.

La zone des oliviers ne renferme qu'une très petite portion du royaume, et dans cette portion il n'y a pas une acre sur cinquante où cet arbre soit planté. Elle se distingue par plusieurs autres plantes. Ce sont, à Montélimart en Dauphiné, le grenadier, l'arbre de Judée, le paliure, le figuier et le chêne vert; à ces arbres je puis ajouter ce détestable animal, le moustique. En traversant les montagnes de l'Auvergne, du Velay et du Vivarais, entre Pradelles et Thuytz, je rencontrai en même temps le mûrier et les mouches, j'entends ces myriades qui sont la plaie des climats méridionaux. C'est le premier fléau de l'Espagne, de l'Italie et de la région des oliviers en France, non parce qu'elles vous mordent ou vous piquent, mais elles vous bourdonnent autour de la tête et vous harassent; elles vous entrent dans la bouche, les yeux, les oreilles, le nez; elles couvrent ce qui est sur la table, que ce soit des fruits, du lait, du sucre; elles attaquent tout, et si une personne n'est pas là exprès pour les chasser, il est impossible de prendre un repas. On les prend cependant avec une telle facilité et en telles quantités, soit au moyen de papier préparé, soit d'autre façon, que si on n'y mettait de la négligence, elles ne pourraient infester ainsi les maisons. J'habiterais cette contrée que, je le crois, je fumerais chaque année quatre ou cinq acres avec des mouches. Deux autres articles de culture méritent une mention, bien que leur importance n'en fasse pas une affaire nationale, ce sont les câpriers en Provence et les orangers à Hyères. Cette dernière plante est si délicate que l'on suppose qu'elle ne viendrait pas en plein air dans d'autres parties de la France. Le Roussillon, dans une position plus méridionale, n'en a pas un seul. J'allai à Hyères pour les voir, et ce fut avec peine que je les vis presque tous assez endommagés par les froids de l'hiver de 1788 pour qu'on les coupât, les uns ras de terre, les autres jusqu'au tronc. Un grand nombre d'oliviers étaient dans le même état, et beaucoup périrent sans retour. Nous vîmes ainsi qu'à l'extrême S. de la France, et dans des positions bien abritées, les gelées sont capables de détruire les objets de culture ordinaire.

Dans la description du climat de la Provence que j'ai faite d'après M. le président baron de la Tour d'Aigues, il me dit que certaines années la grêle ne brise pas les vitres, mais c'est un cas extraordinaire. La seule saison où l'on puisse compter sur la pluie avec quelque certitude, est celle des équinoxes; elle tombe alors avec violence. Elle est très rare en juin, juillet et août, et quand il en vient, c'est toujours peu de chose. Ces trois mois, et non pas ceux d'hiver, sont les plus difficiles pour les bestiaux : quelquefois on reste six mois sans une goutte d'eau (1). Il y a des gelées blanches en mars et parfois en avril. Les grandes chaleurs ne se font sentir ni avant le 15 juillet ni après le 15 septembre. La moisson commence le 24 juin et finit le 15 du mois

(1) Il était donc dans le vrai cet écrivain que l'on a critiqué pour avoir dit : *Telle est la position des provinces du midi, où l'on reste souvent six mois entiers sans voir tomber une goutte d'eau.* (*Cours complet d'agriculture*, t. VIII, p. 56.) (*Note de l'auteur.*)

suivant; la Saint-Michel se trouve au milieu des vendanges. Plusieurs années se passent sans neige et sans grands froids. Le printemps est la pire saison, à cause du terrible *vent de bise*, le *mistrale* des Italiens, qui, dans les montagnes, peut jeter un homme à bas de son cheval; elle est également malsaine parce que le soleil commence à gagner en hauteur et en force. Mais en décembre, janvier et février, le temps est vraiment enchanteur, le *vent de bise* souffle rarement alors, mais parfois aussi reprend sa violence. Le 3 janvier 1786, il y eut un coup de mistral si furieux, accompagné de neige, que des troupeaux furent chassés à quatre et cinq lieues de leurs pâturages; nombre de voyageurs, de bergers, de moutons et d'ânes périrent dans la Crau. Cinq bergers conduisaient 800 moutons à Marseille; trois d'entre eux périrent avec la presque totalité du troupeau (1). Pour rendre le séjour de ces provinces agréable, il faut éviter les grandes chaleurs de l'été. J'ai éprouvé à Carcassonne, Mirepoix, Pamiers, une telle chaleur pendant la dernière semaine de juillet et au commencement d'août, que tout exercice m'était impossible au milieu du jour; cela surpassait ce que j'avais ressenti en Espagne : impossible de se tenir dans une pièce où le jour pénétrât; il n'y avait un peu de bien-être que dans l'obscurité, et là même des myriades de mouches empêchaient de songer au repos (2). Il est vrai que ces chaleurs sont courtes; si elles duraient,

(1) *Traité de l'olivier*, par M. Couture, 2 tomes in-8°. Aix, 1786, t. Ier, p. 79.

(2) J'ai été fort surpris que ce savant distingué, feu M. Harmer, trouvât si singulier que les personnes parlant des climats méridionaux traitassent les mouches comme d'une affaire d'importance. S'il avait été avec moi en Espagne et en Languedoc dans les mois de juillet et d'août, il eût fini par n'y plus trouver tant de singularité. (*Observations sur divers passages de l'Écriture*, vol. IV, p. 159.) (*Note de l'auteur.*)

personne de ceux qui peuvent quitter le pays n'y resterait. Ces climats, désagréables au printemps et à l'été, sont délicieux en hiver. En Bourbonnais, en Limousin, en Touraine, il n'y a pas de *vent de bise*. On trouve, principalement sur les montagnes des environs de la Tour d'Aigues, les plantes qui suivent : *Lavendula*, *Thymus*, *Cistus rosea*, *C. albidus*, *Soralia bitumina*, (*Psoralea bituminosa*), *Buxus sempervirens*, *Quercus ilex*, *Pinus montana*, *Rosmarinus officinalis*, *Rhamnus cathartica*, *Genistis montis ventosa? Genista hispanica*. *Juniperus phœnicea*, *Satureja montana*, *Bromus sylvatica*, etc. Dans les guérets et les landes ce sont les *Centaurea calcitrapa* et *C. solstitialis*, les *Eryngium campestre* et *amethystinum*, qui dominent. On a semé en Provence le *Datura stramonium*, qui s'y est naturalisé. Les montagnes de Cavalero, à Fréjus, et celles d'Estrelles, ont les *Lentiscus*, *Myrtus*, *Arbutus*, *Lavendula*, *Cistus* et *Laurustinus*.

En envisageant au point de vue général le climat de la France, et en le comparant à celui de contrées en apparence moins favorisées de la nature, je puis remarquer que sa principale supériorité vient de ce qu'il permet d'affecter à la culture de la vigne une large portion de ce royaume. Cependant cette magnifique culture est décriée de la manière la plus injustifiable par quantité d'écrivains, les Français en tête, quoiqu'elle donne au cultivateur le pouvoir de tirer de pauvres roches presque perpendiculaires, et stériles autrement, autant de profit que des plus riches vallées. Il suit de là qu'en France on met au premier rang des espaces immenses qui, chez nous, resteraient incultes, ou serviraient au plus à former des garennes ou des parcours de moutons. Telle est la grande supériorité que son climat donne à ce royaume sur l'Angleterre ;

je traiterai plus à fond dans un autre chapitre de son étendue et de sa nature.

Le second avantage en importance et qui se borne à la zone du maïs et de l'olivier, c'est de pouvoir, grâce au climat, obtenir deux récoltes par an d'une grande partie des terres arables. Une moisson hâtive et la disposition de cultures impossibles sous notre ciel, lui donnent ce privilége inappréciable. Nous voyons en Angleterre abandonner pour quelques shellings, dès le milieu d'août, aux moutons, des guérets qui, sous un climat chaud, porteraient une seconde récolte propre à la nourriture de l'homme, comme le millet, le maïs quarantin (la cinquantina des Italiens), etc., etc., ou permettraient d'avoir dans une saison plus favorable les navets et les choux. J'ai vu dans le Dauphiné fleurir, le 23 août, du sarrasin semé après une récolte de blé. Je ne fais que le nommer ici, me réservant d'en traiter plus particulièrement à un autre endroit. Les mûriers pourraient avoir en France beaucoup plus d'importance qu'ils n'en ont à présent, cependant les gelées tardives leur sont un grand empêchement. Que l'on doive les regarder au point de vue de la grande culture comme convenables seulement aux climats du midi, cela ressort pour moi de ce fait que Tours est le seul endroit de la France, en deçà de la ligne du maïs, où je sache qu'on les cultive avec succès pour l'élève des vers à soie ; on a fait (et j'y reviendrai plus tard) des essais considérables pour les introduire en Normandie et dans d'autres provinces, mais en vain ; et à l'appui de ce premier argument en vient un second : qu'ils réussissent bien mieux dans la zone de l'olivier que partout ailleurs. Mais on ne peut douter un moment de la possibilité de leur extension. Dans notre route vers le S., nous ne les rencontrâmes qu'à Caus sade, près Montauban ; à notre retour nous ne les vîmes qu'à Auch ; il y en a quelques-uns plantés à Aiguillon, par le duc ; dans la promenade de Poitiers, plantés par l'intendant ; à Verteuil, par le duc d'Anville, essais qui n'ont trouvé d'imitateurs qu'à Auch. Mais à Tours il y en a un petit canton. Sur une autre route, on ne les voit plus après Moulins, où ils sont déjà peu nombreux. Le maïs est d'une autre importance ; quand je donnerai les assolements français, on verra que la seule bonne agriculture du royaume (excepté quelques districts très riches, mais peu étendus) est fondée sur la possibilité d'employer cette plante. Où il n'y a pas de maïs, il y a des jachères; où il y a des jachères, le peuple meurt de faim. C'est un trésor que les habitants doivent à leur climat de trouver dans une culture qui prépare la terre pour le froment et leur propre nourriture, et un fourrage qui engraisse leur bétail. L'énorme quantité de fruits qui, par toute la France, entre en proportion considérable dans l'alimentation du peuple, a de plus grandes conséquences qu'on ne le croirait à première vue. Pour balancer ces circonstances favorables, d'autres pays moins heureusement situés (l'Angleterre, par exemple) ont des avantages d'une tout autre nature et d'un très grand poids dans la pratique de leur agriculture. Cette humidité atmosphérique dont jouissent les provinces françaises au N. de la région des vignes, que l'Angleterre possède à un plus grand degré et l'Irlande encore plus, et que l'on reconnaît mieux par l'hygromètre que par le pluviomètre, joue un rôle décisif dans l'élève du bétail par le pâturage et l'adaptation des assolements à sa nourriture. Les fourrages artificiels, les navets, les choux, les pommes de terre, viennent mieux dans un climat humide. Il me faudrait trop de place pour développer ceci complètement, il suffit de le mentionner à l'adresse de ceux qui sont habitués à réfléchir sur ces matières. Tout bien pris en considération, quel est le climat le plus favorable à l'agriculture? celui de la France ou celui d'Angleterre? Je n'hésite pas un instant à préférer la France. J'ai souvent entendu soutenir le contraire, et non sans de bonnes raisons, mais je crois que cette opinion s'est formée plutôt en considérant l'état actuel de l'agriculture des deux pays que les propriétés réelles des deux climats. Nous tirons très bon parti du nôtre, et sous ce rapport, plus de la moitié des cultivateurs français sont encore dans l'enfance.

CHAPITRE III

DU PRODUIT DU BLÉ, DE LA RENTE ET DU PRIX DE LA TERRE EN FRANCE.

Nous n'avons pas en Angleterre l'avantage d'une mesure uniforme pour la terre ; il y a dans l'usage commun 3 ou 4 acres différentes ; mais la mesure légale du Royaume-Uni a gagné si rapidement du terrain, ces dernières années, que la plupart des comtés se sont débarrassés de cette peste des usages locaux, et que, même là où cet heureux changement n'a pas eu lieu, presque tout individu sait la proportion exacte de sa mesure avec celle de la loi, de sorte que les recherches agricoles en sont grandement facilitées dans ce royaume. En Irlande l'uniformité est encore plus grande, car il n'existe que la mesure irlandaise et celle de Conyingham, hors quelques comtés qui ont pris l'étalon légal. Pour le blé nous n'avons également à nous garder que contre les variations du boisseau, qui ne s'élèvent jamais beaucoup, sans compter que le boisseau légal de 8 gallons est connu partout et que le gallon lui-même est partout exactement le même. En Irlande on emploie sans exception le baril légal de 4 boisseaux. En France la diversité infinie des mesures passe toute idée. Elles diffèrent non seulement pour chaque province, mais pour chaque district, chaque ville presque, et cela aussi bien pour la terre que pour le blé. Ajoutez à ces sources de confusion l'ignorance générale des paysans, qui ne connaissent ni l'arpent ni le setier de Paris, les deux mesures le plus généralement reçues dans le royaume. Les connaissances du cultivateur français ne vont pas au delà de sa ferme et de son marché, il ne lit ni journaux ni revues où la diversité des mesures puisse attirer son attention une fois dans la vie. Quand même il serait plus instruit, comme il y a pour la terre deux étalons nationaux, nous ne pouvons nous imaginer la confusion qui en résulterait.

L'arpent de Paris et l'arpent de France sont également répandus, également autorisés, quoique leur valeur soit différente, et, ce qui est étrange à dire, ils sont souvent confondus par les écrivains d'agriculture français, comme j'aurai plus d'une occasion de le montrer, et même par des sociétés dans les mémoires qu'elles publient. Le nombre des dénominations de mesures est incroyable, sans qu'il existe un point de comparaison auquel on puisse les ramener ; il n'y a que le pied carré qui doive servir de commune mesure ; encore le pied lui-même varie-t-il, comme en Lorraine, où il ne contient que 10 pouces, plus une fraction. La monnaie vint accroître mon embarras dans cette province, ainsi que les mesures pour le blé et la terre, qui lui sont propres : la *livre* et le *sol* n'y ont plus la même valeur que dans le reste de la France. Les noms d'acre et de boisseau, en se répandant par toute l'Angleterre, ont amené à en rapporter le contenu à l'étalon commun ; en France il n'y en a pas. Faites 70 milles hors de Paris, dans quelque direction que ce soit, vous n'entendez plus parler par arpents et setiers, mais par *mines* de terre ; même à 30 milles de la capitale et un peu plus loin, vous serez perdu dans les *franchars* de blé et les *mancos* de terre. Le seul fil conducteur d'un emploi assez général et sur lequel on puisse se guider est tiré de la quantité de semence : on a souvent en France la même dénomination pour la mesure du froment ou du seigle et celle de la terre, comme setier, septerée ; quartier, quarterée ; manco ; boisseau et boisselée, etc. Elle implique généralement que la mesure de blé est la quantité de semence voulue pour la mesure de terre du même nom. Mais j'ai encore trouvé des exceptions à cette règle, de sorte qu'il faut de grandes précautions de la part du voyageur avant d'enregistrer un renseignement.

Quand à cette confusion on ajoutera l'ignorance presque universelle des paysans, qui souvent ne connaissent pas leurs propres mesures et donnent des indications complètement erronées, comme je m'en suis aperçu quand, choqué de la différence entre leurs données et l'évaluation que je m'étais faite au coup d'œil, je me suis adressé aux arpenteurs, le lecteur peut croire sur ma parole que les peines, les incertitudes et les ennuis que m'a coûtés le présent chapitre, en voyage et depuis mon retour, ont passé tout ce que je m'étais imaginé auparavant. Personne n'en peut connaître toute l'étendue s'il n'a éprouvé les mêmes difficultés dans de semblables recherches. Même après tout ce travail, je manquerais à la bonne foi si j'en donnais le résultat comme rigoureusement exact. Je suis certain qu'il n'en est pas ainsi pour quelques articles, pour plus peut-être que je ne le soupçonne ; ce que je puis assurer, c'est que les erreurs matérielles ne sont pas très nombreuses, et que le lecteur, dans un tel labyrinthe de difficultés, cherchera plutôt des résultats pratiques que cette perfection idéale impossible à atteindre pour un individu quel qu'il soit, pour un étranger plus que pour tout autre. Les écrivains français, dont j'avais tant de raisons d'attendre du secours, m'en ont peu ou point donné. Les tables comparatives de mesures dressées par M. Paucton nous conduiraient aussi souvent à l'erreur qu'à la vérité. En traversant les provinces, j'y ai trouvé cinq ou dix mesures diverses alors qu'il n'en avait indiqué qu'une, sans doute celle qui avait cours dans la capitale. On est surpris, en lisant des descriptions françaises de provinces, de n'y pas trouver la détermination de mesures dont le nom revient à chaque instant. De telles omissions n'ont pas d'excuses, car elles rendent le livre inutile non seulement aux étrangers, mais même aux Français des autres provinces (1). Mais si l'exactitude est difficile, pour ne pas dire impossible, à obtenir dans de semblables conditions, on a néanmoins la conscience que le lecteur trouvera ici ce qui a rapport à la question intéressante du produit, des rentes et du prix de la terre dans ce grand royaume, traité sur un fond de recherches plus vaste qu'on ne le trouverait dans aucun livre publié jusqu'à ce jour. Ma bibliothèque regorge de plus d'écrivains français touchant l'agriculture et les branches de l'économie politique qui ont rapport à ces questions, qu'aucune autre que j'aie vue ; cependant ces livres ne contiennent guère que des conjectures, des idées géné-

(1) Lorsqu'il parlait ainsi, l'auteur avait cependant, soit dans ses notes prises sur les lieux, soit dans les renseignements des savants français avec lesquels il était en rapport, des moyens plus sûrs d'arriver à la vérité que nous n'en saurions avoir maintenant. En présence de cette confusion dont lui-même n'a pu sortir, on a cru convenable de ne s'arrêter qu'aux nombres convertis en mesure impériale (étalon légal du Royaume-Uni) ; ce sont, du reste, les seuls importants, les seuls auxquels on puisse accorder de la confiance.

rales sans lien commun, des calculs sans données, surtout pour le produit brut du royaume. Dans une foule de ces conjectures, il y a chance pour qu'il s'en trouve s'approchant de la vérité, mais elles n'ont que peu de mérite et pas plus d'autorité qu'une œuvre de pure imagination. Ce n'est pas dans les bureaux d'une grande ville qu'il faut faire des recherches de cette nature; des livres et des papiers ne donneront pas de renseignements ; il faut voyager dans le pays ou se résigner à rester ignorant au milieu de dix mille volumes. Et voyager pour d'autres raisons, passer rapidement par les voitures publiques, aller de ville en ville ne donnera pas ces connaissances. Un homme n'y suffira pas davantage, non plus que deux, non plus que trois; il en faudrait plusieurs, payés par le gouvernement; car assurément c'est une affaire d'importance nationale, surtout pour l'assiette des impôts. Les législateurs qui ont paru jusqu'ici se sont mis à l'œuvre si aveuglément que partout, mais surtout en France, leurs efforts ne peuvent exciter que des mépris pour leur ignorance et de l'exécration pour leur injustice. Un enfant seul pourrait espérer de voir choisir des hommes convenables pour cette tâche et de les voir récompenser : dans tous les pays les gouvernements ont bien autre chose à faire. Aussi, dans l'absence de l'action publique, les efforts privés ne sont pas sans mérite, lorsqu'au milieu de tant de désavantages, ils se proposent un but d'une utilité incontestable.

DISTRICTS DE LOAM RICHE.

Picardie. — Tant d'écrivains français ont si fort vanté cette province pour son agriculture savante et prospère, que je l'ai parcourue avec soin afin de découvrir ce mérite. J'ai déjà dit, en parlant des sols, que celui-ci est ordinairement très bon; les exceptions, comme à Bernay et encore plus à Flixcourt, où le sous-sol de craie affleure à la surface, ne sont rien en comparaison de l'étendue des loams riches, meubles et profonds, reposant sur le calcaire. La nature du pays demande que j'en fasse deux divisions: l'une s'étend de Calais à la forêt de Chantilly, la seconde forme une région pauvre qui, bien que s'améliorant dans les environs de Paris, doit être examinée à part. De Calais à Boulogne et à Montreuil, la bonne terre se loue 24 livres le journal ou arpent de Paris, et celle de qualité inférieure 12 livres, cela fait 1 l. st. 5 sh. = 77 fr. 25 c. par hectare, l'acre anglaise (1) pour la première; loyer

(1) Partout où il est question d'acre, de quarter, de boisseau, de gallon, etc., c'est la mesure anglaise que l'on entend. (*Note de l'auteur.*)

Les évaluations dont on a fait usage pour la conversion des nombres donnés par l'auteur sont les suivantes:

1 livre sterling = 25 francs.
1 acre = 0,404671 hectare.
1 mille = 1,609 kilomètre.
1 quarter = 2,907813 hectolitres.
1 bushel = 36,347664 litres.
1 livre avoir du poids = 0,4534 kilogramme.
1 quintal ou 112 lbs. (cwt) = 50,78 kilogrammes.
1 schelling par acre revient à 3 fr. 09 c. par hectare.
1 liv. sterling par acre revient à 61 fr. 78 c. par hectare.
1 bushel par acre revient à 89 litres 82 centilitres par hectare.
1 livre avoir du poids par acre revient à 1 kilog 1204 c. par hectare.
1 quintal (cwt) par acre revient à 125 kilog. 500 gr. par hectare.
1 tonne par acre revient à 2,510 kilog. par hectare.

L'auteur prend la guinée de 21 sh. comme équivalent du louis de 24 l.; le premier traducteur, qui écrivait à quelques mois seulement de distance, fait ce louis égal à 1 l. st. ou 20 sh. seulement. Dans l'incertitude où jettent de semblables évaluations, il a paru plus sûr de s'arrêter à la valeur de la livre sterling communément admise (25 fr.).

supérieur à celui d'une terre semblable en Angleterre, sion le considére à part; mais en y ajoutant nos dîmes et nos taxes des pauvres dont le poids est si lourd, on obtient presque une identité. Près de Bernay, la valeur du sol tombe et avec elle la rente; elle varie de 8 à 12 livres. Inutile de mettre en regard la proportion par acre; j'ai déjà remarqué que 24 livres par arpent correspondent à 25 sh. par acre; 12 livres seront la moitié et 8 livres le tiers. Elle remonte à 24 livres à Ally (Ailly) le Haut-Clocher, où l'on compte la récolte de froment à 5 louis 1/2, quand le marché est haut, c'est 20 boisseaux par acre, soit 18 hectolitres par hectare; la même chose pour le blé de mars, produit misérable pour une semblable terre. A Flixcourt, la craie se montre à la surface, la rente descend à 5 et 2 livres; ce serait bien au-dessous de la valeur réelle, si on en savait tirer parti; cependant il y a du sainfoin dans le pays. Près de Clermont, la terre est bonne, les loyers hauts, et de là à Creil, en passant par Liancourt, s'étend une vallée d'une richesse extrême. A Picquigny, la rente se relève à 24 livres; mais à Hébécourt et Breteuil, elle n'est que de 15 à 16 livres. Les prix de Calais à Clermont ont assez de régularité : 24 livres pour la meilleure terre, 15 livres la moyenne, la craie de 4 à 8 livres. Le produit de la première est d'environ 24 boisseaux = (21 hectol. 55 à l'hectare) par acre, 22 en céréales de mars = 19 hect. 75 à l'hectare. En moyenne, la propriété territoriale en Picardie donne un intérêt de 3 0/0, qui s'élèverait à 3 1/2 et 4, si l'on achetait avec un peu d'attention et de bon sens. D'un autre côté, l'on m'a dit que quelques domaines ne rendaient que 2 1/2, mais ceci est rare. On se fait en général, en France, une très fausse idée de la bonne agriculture de cette province. M. Turgot n'était pas exempt de cette erreur, quand il la mettait sur le même rang que celle des Flandres (1).

Ile de France. — Aux environs d'Arpajon, les rentes varient de 15 à 24 liv. et 30 liv. pour quelques terres de premier choix; mais ici nous trouvons une autre mesure, car l'arpent du Gâtinais a 100 perches de 20 pieds ou 40,000 p. carrés. On peut prendre 24 liv. comme moyenne. En général, dans le Gâtinais, le bon terrain vaut 20 liv., et l'ordinaire 10; à 20 liv. c'est 16 sh. 9 d. par acre (51 fr. 75 par hectare). Le produit en blé est de 6 setiers de Paris ou 240 lbs par arpent, ce qui, si nous prenons en considération la mesure et la relation de la livre française à la nôtre, qui est de $\frac{10000}{9264}$, fait 23 boisseaux (= 20 hectol. 65 par hectare) par acre, 30 boisseaux (= 26 hectol. 94 par hectare) pour les céréales de printemps. Près d'Etampes, il y a des sables loués 3 liv. 10 s. et 4 liv. l'arpent, il n'y vient que du seigle; la bonne terre à froment des environs suit les prix déjà indiqués. De là, par Toury, jusqu'à la forêt d'Orléans, s'étend une partie de la grande plaine appelée le pays de Beauce, dont les écrivains français exaltent l'excellente culture. Elle reste, comme toute la Picardie, mise en jachère pour le blé, par conséquent mal cultivée, mais le sol étant un bon loam sur des marnes blanches, les jachères et les fumures y donnent de beau blé. J'ai sur le rendement les trois notes suivantes : 1° 5 setiers de Paris par arpent; 2° 21 mines de chacune 60 lbs; 3° 100 liv. et 50 liv. en blé de mars. La première donne environ 19 1/2 boisseaux (= 17 hectol. 52 par hectare) par acre; la deuxième, 22 (= 19 hectol. 75 par hectare), et la troisième se rapproche de la première; elles s'accordent assez bien entre elles et s'unis-

(1) *Lettres sur les grains*, p. 43.

sent à ce que j'en ai vu pour me faire porter la moyenne à 21 boisseaux (= 18 hectol. 87 l. par hectare) par acre. Je n'ai pas vu de blé de printemps d'apparence passable. La rente est de 15 à 18 liv. par arpent ou 15 sh. par acre (=46 fr. 35 c. par hectare). Au prix de 500 liv., on a des terres qui se louent 20 liv. par an (20 l. st. 18 sh. 9 d.) 1293 fr. 50 par hectare.

A mon retour à Paris, je traversai une autre partie de cette fertile région en allant d'Orléans à Fontainebleau. J'eus des renseignements à Shiloar (Chilleurs-aux-Bois), Denainvilliers, Malesherbes et la Chapelle-la-Reine : ils étaient presque uniformes. Loyer d'une bonne terre, 20 à 24 liv. (18 sh. 5 d. = 57 fr. l'hectare), d'une de qualité secondaire 14 liv. (12 sh. = 37 fr. par hectare), prix de 350 à 600 liv. Les notes sur le produit en blé n'ont pas la même uniformité : à Denainvilliers, 6 à 8 sacs de 250 lbs chacun, soit 30 boisseaux (= 26 hect. 95 par hectare) par acre, l'avoine de 4 à 10 sacs. A Malesherbes, on m'assura qu'on avait vu souvent le blé donner 25 mines de chacune 4 *boisseaux* de 25 lbs, c'est environ 43 boisseaux (= 38 h. 62 par hectare) ; mais on donnait 15 mines (= 23 hect. 16 par hectare) comme la moyenne ordinaire. A la Chapelle (la Chapelle-la-Reine) les bonnes récoltes sont de 80 à 100 boisseaux de 15 lbs chaque, ou 23 boisseaux (= 20 h. 65 par hectare) par acre, ou encore l'arpent donne 90 liv. vaillant de froment, 50 d'avoine. Après avoir passé la vaste forêt de Fontainebleau qui, on le conçoit, n'offre rien qui ait rapport au sujet qui nous occupe, je recommençai mes recherches à Meulan (Melun). Le territoire, aux environs et assez loin de la route, se divise en deux portions d'après ce qu'il produit : la terre à blé se loue 18 liv. l'arpent (15 sh. 2 d. = 46 fr. 85 l'hect.) et se vend 500 liv. (20 l. st. 18 sh. 4 d. =

1,292 fr. l'hect.) ; la terre à seigle se loue 6 liv. 15 sh. 2 d. = 16 fr. l'hect.) et se vend 220 liv. (8 l. st. 16 sh. = 543 fr. 65 l'hect.). L'arpent est, comme nous l'avons vu jusqu'ici, de 100 perches de 20 pieds. Le produit en blé est de 6 setiers (23 boisseaux = 20 hect. 65 à l'hectare), de même en avoine, c'est-à-dire, 3 doubles setiers. Un écrivain de nos jours établit le produit moyen d'une terre moyenne des environs de Paris à 200 gerbes par arpent, donnant 4 setiers. Traversé les environs de Paris en me dirigeant par Saint-Denis vers Liancourt. La fertile vallée qui s'étend jusqu'à Clermont, et dont j'ai déjà parlé comme labourable en partie, atteint 33 liv. la mine ou demi-arpent de 100 perches de 22 pieds ou 48,400 pieds, c'est 46 sh. l'acre (= 142 fr. 10 l'hect.) : il y en a au reste beaucoup à 35 sh. (108 fr. 10) et 25 sh. (77 fr. 25 à l'hect.). Les terres les plus communes valent 18 liv., les hauteurs pauvres de 3 à 5 liv. Le produit en blé de ces belles terres me fut donné comme de 16 à 18 quintaux (100 lbs), 17 font 24 1/2 boisseaux (= 22 hect. à l'hect.) par acre ; mais je n'accorde guère une rente si élevée avec un produit si ordinaire ; cependant, en voyant à l'automne la triste apparence des céréales de mars, j'inclinais à croire le calcul assez juste. L'avoine, dit-on, donne en moyenne 14 quintaux ; c'est en Angleterre le rapport d'une terre de moitié prix. En général, l'arpent vaut de 800 à 1,000 liv., soit 31 l. st. 10 sh. l'acre (= 1,946 fr. l'hectare) ; dans les qualités supérieures cela va bien plus haut. Les domaines rapportent de 2 1/2 à 3 1/2 0/0 net ; les plus considérables, qui ne se vendent pas aussi facilement, payent quelque chose de plus. Cette vallée fertile dépasse Clermont en se dirigeant vers Beauvais, car à Brane (Bresles) je trouvai de la terre louée 30 liv., et à Beauvais des jardins de 80 liv. la mine ; mais là les collines de craie occupent beaucoup de terrain. De là à Pontoise, les caractères sont à peu près les mêmes : les collines, que composent des loams reposant sur du grès, se louent 8 liv. l'arpent de 100 perches de 20 pieds, soit 6 sh. 10 d. l'acre (= 21 fr. 10 par hect.) ; mais les bons loams de Marenne (Marines) vont de 16 à 20 livres (20 liv. = 16 sh. 9 d. = 51 fr. 75 l'hect.), et produisent 6 setiers de blé (23 boisseaux = 20 hect. 65 à l'hectare). A Commerle (Cormeilles) le sol est meilleur ; les collines sont louées 12 liv., et il y a beaucoup d'excellente terre à 30 liv. (1 l. st. 5 sh. 1 d. = 77 fr. 60 l'hect.), où le blé rapporte 6 setiers et l'avoine 8. Le prix est de 4 à 500 liv. (= 20 l. st. 18 sh. 9 d. = 1,293 fr. 50 l'hect.) ; mais près de Pontoise, il atteint 800 liv. (600 liv. valent 25 l. st. 2 sh. 6 d. = 1,555 fr. 25 l'hect.). En revenant à Paris, je pris la route de Soissons à travers de beaux loams sableux. De la capitale à Dugny, la rente est de 40 liv. l'arpent de Paris ou 2 l. st. 1 sh. 7 d. (= 128 fr. 45 l'hect.) et le prix de 12 à 1,300 liv. (= 64 l. st. 18 sh. 10 d. = 4,012 fr. l'hect). A Dugny, rente 24 liv. (= 1 l. st. 5 sh. = 77 fr. 25 l'hect.) ; à Louvres et à Dammartin, elle tombe à 20 liv. (= 1 l. st. 9 1/2 d. = 64 fr. 25 l'hect.) et le prix à 700 liv. (= 35 l. st. 19 sh. = 2,220 fr. 95 l'hect.). Dans ce dernier endroit, la mesure est de 100 perches de 22 pieds. Il y a des loyers de 32 liv. (1 l. st. 2 sh. 4 d. = 69 l'hect. pour un prix de 1,000 liv. (= 35 l. st. = 2,162 fr. 25 l'hect.). Le blé rend 7 setiers, 24 1/2 boisseaux (22 hect. à l'hectare), moyenne médiocre pour un sol vraiment fertile, mis en jachère, et recevant tout le fumier. On se vante que le blé monte quelquefois à 12 setiers ou 42 boisseaux (37 hect. 72 à l'hectare) ; l'avoine donne 12 sacs. Nanteuil, rente 20 liv. (= 13 sh. 2 d. = 40 fr. 68 l'hect.) ; prix 5 à 600 liv. (= 19 l. st. 4 sh. 3 d. =

1,186 fr. 90 l'hect.) ; produit 6 setiers ou 21 boisseaux (= 18 hect. 86 à l'hectare), avoine 8 setiers. Vers Villers-Cotterets, la rente s'abaisse à 15 liv. (= 9 sh. 10 d. 1/2 = 30 fr. 50 l'hect.) ; le prix à 300 liv. (= 10 l. st. 3 sh. 8 d. = 629 fr. 10 l'hect.) ; le blé à 5 setiers (17 1 2 boisseaux = 15 hect. 71 l. à l'hectare). Soissons, rente 15 liv. (= 30 fr. 50 l'hect.) ; prix 400 liv. (= 1838 fr. 80 l'hect.) ; produit 5 septiers (= 15 hect. 71 à l'hectare). Coucy, collines et vallée, l'un dans l'autre, rente 12 liv. (= 24 fr. l'hect.), prix 350 liv. (= 733 fr. 95 l'hect.), Saint-Gobain, rente 12 à 15 livres.

Picardie. — J'y suis rentré par la Fère, sans retrouver l'arpent de la province. La mesure est de 80 verges de 22 pieds, 38,700 pieds. Maintenant elle varie presque pour chaque ville : à Saint-Quentin, on compte par setiers de terre, de 80 verges de 24 pieds, 46,080 pieds ; il se vend de 5 à 600 liv. ou 20 l. st. 1 sh. 1/2 d. = 1238 fr. 80 c. l'h. Ce qui produit ici une grande confusion dans mes recherches, c'est le payement de la rente en blé. Elle est ici de 4 à 7 setiers de 60 lbs chaque (quatre forment un sac) par setíer de terre. Supposons le blé comme il est maintenant, à 20 liv. le sac, c'est-à-dire 5 liv. le setier, la rente moyenne sera de 6 sacs ou 30 liv. le setier de terre. Dans quelques cas, cette rente est payée une fois pour tout le cours de la rotation : 1re année, jachère ; 2° blé ; 3° blé de mars ; les 30 liv. sont donc en réalité 10 liv. A la Belle-Anglaise, la rente est de 3 setiers de froment par setier de terre ; le produit est de 12 setiers sur de mauvaises terres, et de 20 sur les bonnes. Pour une ferme de 800 septiers, il faut 35 chevaux, 20 pour une ferme de 400 setiers. Cela fait évidemment l'équivalent d'un arpent, aussi bien que le prix noté ci-dessus, et s'accorde avec le produit. Nous avons donc ici la mesure de Saint-Quentin, de

46,080 pieds ; mais le setier de blé n'est plus, contre l'ordinaire, la quantité de semence nécessaire à un setier de terre. Jusqu'à Cambrai, le setier de terre produit, en moyenne, 6 sacs de blé valant actuellement 22 liv. le sac. La rente est de 5 setiers de chaque sorte de grains ; en supposant les prix actuels de 5 liv. 1/2 le setier de blé, et de 10 sous le boisseau de Paris ou 1 liv. 7 sous le setier d'avoine, cela fait 27 liv. 1/2 d'un côté et 6 liv. 15 sols de l'autre, en tout 34 liv. 5 s. Comme on paye pour la rotation de trois ans, cette rente est donc réellement de 11 l. 8 s., c'est-à-dire très inférieure à la bonté du sol et à son produit.

Flandres. — J'ai pénétré dans cette province par la route de Cambrai à Valenciennes ; les Français la réputent comme la mieux cultivée du royaume. La difficulté d'obtenir des renseignements croît à chaque pas ; il n'y a pas un fermier sur vingt qui parle français, et jusqu'à Valenciennes, la confusion des mesures, tant de capacité que de superficie, rend la plus grande circonspection indispensable. Il faut au manco de terre, un manco de semence en blé pesant 80 lbs ou le tiers du setier de Paris ; le prix actuel est de 7 l. 10 s., celui du sac de 22 l. 10 s. Si l'on sème comme nous le faisons, ce que je crois, d'après la précocité et la bonne apparence des jeunes plantes, le manco vaudrait les 2/3 d'un acre, mesure assez en rapport avec l'estimation faite au coup d'œil d'un champ que l'on me dit contenir six mancos. On me dit que la rente était de 5 à 7 mancos, selon l'espèce de grains, par manco de terre ; 6 ou 480 lbs de blé ou 2 sacs valent 45 liv. ; ajoutons 2 sacs d'avoine à 5 liv. 1/2 c'est 56 liv. pour 3 ans ou 18 annuellement, ou 23 sh. 7 d. 1/2 par acre = 73 fr. par hect. Cela se rapporte assez bien à la qualité du sol et aux autres particularités du pays. Dans les meilleures terres, la rente est de 8 mancos ou 1 l. st. 11 sh. 6 d. = 98 fr. 30 c. par hect. Entre Bouchain et Valenciennes, se termine le pays plus ou moins ouvert que j'ai traversé depuis Orléans. Au delà, on trouve des clôtures, et la différence s'étend sous d'autres rapports. Les fermes du pays ouvert sont en général étendues ; mais, dans les basses vallées des Flandres, elles se rapetissent et sont presque toutes mises en valeur par le propriétaire lui-même. L'agriculture suivie en Flandre forme une quatrième différence ; d'Orléans jusqu'à Valenciennes, la rotation est partout la même : jachère, froment, blé de mars. En Flandre, la terre porte une récolte chaque année. Toutes ces circonstances suffisent à tracer près de Bouchain la ligne de séparation entre les cultivateurs français et flamands. Il faut noter, comme un sujet curieux de réflexion pour qui s'occupe de la nature des gouvernements, que Bouchain est à quelques milles seulement du côté autrichien de l'ancienne frontière du royaume. La ligne de division fondée sur les quatre raisons ci-dessus rapportées, et menée entre la bonne et la mauvaise culture, répond donc assez exactement à l'ancienne limite des États de France et des Pays-Bas. Les conquêtes françaises ont, comme chacun le sait, porté leur domination bien au delà, mais sans effacer ces vieilles divisions. Il est remarquable de voir le mérite agricole former une frontière répondant non pas aux bornes actuelles de la politique, mais aux anciennes, et divisant le despotisme de la France, si hostile à l'agriculture, du libre gouvernement des provinces bourguignonnes qui l'encourageaient. On ne peut attribuer ce fait à la nature du sol, car il en est à peine un plus beau que celui de la plus grande partie de cette plaine vaste et fertile, s'étendant presque sans interruption des Flandres aux environs d'Orléans. C'est un loam gras, meuble et profond, sur un fond de craie marneuse, propre à supporter tous les soins de la culture flamande, mais laissé sans clôtures, déshonoré par d'exécrables jachères et n'offrant de régulier que l'absence de produit normal, de profit et d'améliorations. Près de Valenciennes, se voient les terres à chanvre de Saint-Amand : on en parle dans l'endroit comme étant les plus célèbres de l'Europe, et des renseignements pris dans différentes villes ont justifié cette opinion. Devant parler plus au long de ce sujet, je remarquerai seulement qu'un quartier de terre arable, contenant 100 verges de 20 p. ou 40,000 p., se vend 1350 liv., soit 56 l. 10. sh. 6 d., = 3492 fr. l'hect., et se loue, dans toute l'étendue de la ferme, 36 liv. ou 1 l. 9 sh. 9 d., = 91 fr. 90 c. l'hect. D'une autre source, je tenais 30 liv. (1 l. 6 sh. 3 d. 1/2 = 81 fr. 20 c. l'hect.) pour la moyenne de la rente, et 1200 liv. (50 l. 4 sh. 6 d. = 3102 fr. l'hect.) pour celle du prix. Le produit du quartier en blé est de 25 à 36 mesures de 50 lbs chaque. Comme la livre d'ici est presque égale à la nôtre, 30 de ces mesures font 24 boisseaux (21 hectol., 55 à l'hectare). Ce n'est pas un fort rendement, mais la terre est meilleure pour le chanvre que pour le blé. A Orchies, on divise la terre en centiers carrés de 100 pieds de côté, quatre desquels font un quartier, et quatre quartiers un bonnier ; c'est par conséquent la même mesure qu'à Saint-Amand. La rente moyenne est de 24 liv. le quartier, soit 1 l. 1 sh. = 64 fr. 90 c. l'hect. ; mais il y en a à 30 liv. (1 l. 5 sh. 1 d. = 77 fr. 50 c. l'hect.) ; le prix est de 1200 liv. (50 l. 5 sh. = 3102 fr. l'hect.). Le blé se mesure au boisseau de 36 à 40 lbs, dont 4 font un razier ou coup ; on ensemence un centier de terre avec un boisseau de blé de 40 lbs, c'est environ 152 lbs anglaises à l'acre ou 2 boisseaux 1/2 = 2 hectol. 24 l. à l'hectare. On sème donc aussi dru que nous le faisons. On ne le ferait pas en terrain si fertile, si toutes les récoltes ne se succédaient, ce qui les rend tardives. Aux environs de Lille, le quartier se loue 36 liv. ou 1 l. 10 sh. 2 d. 3/4 = 93 fr. 35 c. l'hect. ; quelquefois 24 liv. seulement (1 l. 1 sh. 1 d. = 65 fr. 10 c. par hect.); prix : 1200 liv. (50 l. 5 sh. = 3,102 fr. par hect.) Bailleul, rente, 24 liv. ; prix, 3120 liv. le bonnier ou 780 liv. le quartier, soit 32 l. 13 sh. 3 d. = 2,017 fr. 85 c. l'hect. A Montcassel, l'agriculture décline comme la qualité du sol, fait remarquable. Que l'excellente exploitation qui a causé mon admiration dans les parties riches de cette province ne se retrouve plus dans les parties pauvres, serait la preuve que ce phénomène, général en France, se ferait sentir même ici. En est-il de même dans les Pays-Bas autrichiens? Je me croirai toujours ignorant en agriculture tant que je n'aurai pas visité ce pays avec soin. De Lille à Montcassel, beaucoup de terres ne valent que 12 à 15 liv. le quartier (11 l. st. 3 d. 1/4 = 680 fr. 40 c. l'hect.) J'appris à Berg (Bergues) que sous ce nom on entend une mesure plus forte d'un cinquième que celles que nous connaissons jusqu'ici. La terre se vend 900 liv. ou 30 l. st. 2 sh. 8 d. 1/2 = 1,861 fr. 75 c. l'hect., et se loue 26 florins de 25 sous ou 1 l. st. 7 d. 1/2 = 85 fr. 35 c. l'hect. Ici s'arrêtent les notes de ce voyage, et, comme dans le suivant, je ne passai pas par les Flandres, j'ajouterai quelques observations sur cette province. Les notes suivantes donnent le prix et les rentes.

Prix		Rente	
Prix	1350 liv.	Rente	36 liv.
—	1200	—	30
—	1200	—	30
—	1200	—	36
—	780	—	24
	5,730		156

C'est à peine 2 3/4 0/0. Il faut savoir aussi que là-dessus le propriétaire doit défalquer ses propres contributions, en sorte qu'il ne retire guère que 2 0/0 de son capital. J'attribue ceci au nombre des petites propriétés et à la passion du peuple pour les acquérir. Cette passion conduit à donner pour la terre plus qu'elle ne vaut, haussant ainsi le prix de celles du reste du pays. Toute la province est pleine de villes riches, commerçantes et manufacturières; beaucoup de leurs habitants sont toujours disposés à convertir en biens-fonds leurs épargnes et à se faire cultivateurs en se retirant des affaires, cause puissante d'élévation du capital par rapport à la rente. On ne trouve pas, quant aux rendements, cette grande supériorité sur les autres provinces, que semblent impliquer celles du sol et de l'agriculture ; mais il ne faut pas perdre de vue, que dans le reste du royaume, une année de jachère et deux de rente, ainsi que tout le fumier de la ferme donnent une récolte de blé, d'où il suit que celle-ci, fût-elle moyenne dans les Flandres, donne plus de produit net au fermier que trois récoltes plus considérables en Picardie ou dans le pays de Beauce. Le froment n'est pas ici la principale ressource, le chanvre et le colza passent avant lui : les fèves, les carottes, les navets et d'autres plantes sont assez estimées pour couvrir le pays d'une grande variété de cultures chaque année ; où il n'en est pas ainsi, le rendement et le profit net seront toujours inférieurs. Mon second voyage commença par ce même district, en allant de Calais à Saint-Omer.

Picardie. — La Recousse, le prix de la terre la plus pauvre est de 2 à 300 liv. l'arpent de 100 perches de 18 p. (12 l. 19 sh. 9 d. = 802 fr. 35 c. l'hect.), mais la meilleure monte à 1000 liv. (51 liv. st. 19 sh. 1 d. = 3,209 fr. 65 c. et se loue 30 liv. En général, les loyers sont de 15 à 20 liv.

équivalant à ceux de 18 sh. 2 d. chez nous = 56 fr. 10 c. l'h. Une bonne récolte de blé, sur la meilleure terre, s'élève à 7 setiers par arpent, on la regarde comme extraordinaire : une moyenne est de 4 setiers 1/4 ou 23 boisseaux = 20 hect. 65 l. l'hect. ; l'avoine en donne de 8 à 10 ; les fèves donnent 8 septiers ou 41 boisseaux. Il est évident que l'on se ressent du voisinage de l'Artois et qu'on n'a plus affaire à la misérable jachère de la Picardie.

Artois. — Saint-Omer. Prix, 800 liv. dans la vallée, 600 liv. sur les hauteurs ; rentes, 15 à 18 liv. dans la vallée, 12 liv. sur les hauteurs. L'avoine rend 16 raziers de 120 lbs. pesant chaque. Environs d'Aire, prix des meilleurs terrains, 1500 liv., rentes, 30 liv. et même quelquefois 36 liv. En moyenne de 600 à 1000 liv. De Lilliers, (Lillers) à Béthune, une mesure d'Artois de bon froment vaut 200 liv., mais cela n'est pas général. Doullens, prix 600 liv., rentes 12 liv. Ici nous rentrons de nouveau en *Picardie*. Beauval, prix par journal, 700 liv. (25 liv. st. 19 sh. = 1,603 fr. 15 c. par hect.) Un bon blé produit dix raziers de 180 lbs. 31 boisseaux = 27 hectol. 85 par hect. De Poix à Aumale, les terres crayeuses se vendent 240 liv. (12 l. st. 9 sh. 4 d. = 770 fr. par hect.), celles de première qualité 500 liv. (25 l. 19 sh. 6 d. = 1,604 fr. 70 c. par hect.) ; on les loue 16 liv. (16 sh. 7 d. 1/2 = 51 fr. 35 c. par hect.).

Normandie. — Entré par Aumale dans cette province ; on y mesure la terre par acres de 160 perches de 20 pieds, soit 64,000 pieds carrés. Les sols arables se vendent ici 800 l. 21 l. st. = 1,297 fr. 35 l'hectare), et se louent de 24 à 30 liv. (14 sh. 10 3/4 d. = 46 fr. l'hectare). Le blé donne de 100 à 120 liv. (2 l. st. 12 sh. 10 d. = 163 fr. 20 c. l'hect.), l'avoine 60 à 70 liv. (1 l. st. 12 sh. 3 d. = 99 fr. 65 l'hectare). De Neufchâtel à Rouen, prix de la 1re qualité, 7 à 800 liv. (19 liv. st. 13

sh. 8 d. = 1,214 fr. 70 l'hectare). Les champs ouverts 400 liv. (10 l. st. 10 sh. = 648 fr. 70 l'hectare). Près de Rouen il y en a beaucoup à 1200 liv. (31 l. st. 10 sh. = 1,946 fr. l'hectare), et 40 liv. (1 l. st. 1 sh. = 64 fr. 90 l'hectare). On retire 3 0/0 des biens-fonds en Normandie. Traversé le pays de Caux en allant de Rouen au Havre. Yvetot : prix 1000 liv. (26 l. st. 5 sh. = 1,621 fr. 70 l'hectare), loyer 35 à 40 liv. (19 sh. 7 3/4 d. = 62 fr. 70 l'hectare). La Botte, rente de 30 à 50 liv. (1 l. st. 1 sh. = 64 f. 90 l'hectare). Au Havre, où j'ai eu l'occasion de bien m'assurer de l'état des choses, j'ai su qu'en moyenne, tout le pays de Caux est loué 50 liv. (1 l. st 6 sh. 3 d. = 80 fr. 30 l'hectare), les impôts en emportent 10 liv. (5 sh. 3 d. = 16 fr. 21) ; reste net au propriétaire 40 liv. (1 liv. 1 sh. = 64 fr. 90 c. l'hectare), le prix est de 1,200 liv. (50 l. st. 5 sh. = 3,102 fr. l'hectare), c'est environ 2 1/2 0/0. Le rendement de ces magnifiques terrains ne dépasse guère 30 à 40 boisseaux de 50 lbs par acre (30 de ces boisseaux en font 16 des nôtres), on le déclare extraordinaire quand il atteint 45 et 50 boisseaux ; celui de l'avoine est de 50. Quelle honte ! Ceci est pour le gros du pays, il y a çà et là des récoltes meilleures. Je dirai à ce propos que le pays de Caux est très manufacturier, les propriétés y sont peu étendues et l'agriculture ne vient qu'après la filature du coton, qui occupe toute la contrée. Partout où il en sera ainsi, soyons assuré que la terre se vend beaucoup au-dessus de sa valeur, car il y a pour l'acquérir une concurrence causée par d'autres motifs que le produit à en tirer ; tenons également pour certain que le sol sera mal cultivé et rendra peu en comparaison de ce qu'en tirent des cultivateurs ordinaires. Point n'est besoin de s'informer des rendements dans le pays de Caux ; ce que j'en vis me prouva par son état misérable quelle en était la malheureuse exploitation : c'est cependant à cette province que plusieurs personnes de Paris me renvoyaient pour me convaincre des immenses services rendus par l'industrie manufacturière à l'agriculture de tout un pays ; mais remettons ceci à plus tard. Remarquons seulement qu'en pareil cas, on doit tendre à convertir tout le pays en pâturages ; alors la manufacture même ne peut lui être nuisible ; et que l'on se souvienne toujours que ce n'est pas le prix de vente, mais le rendement de la terre, dont l'homme politique doit se préoccuper. Passé la Seine au Havre. De Honfleur à Pont-Audemer ; rentes de 20 à 40 liv. (13 sh. 1 1/2 d. = 40 fr. 55 c. l'h.). Entré dans les beaux pâturages du pays d'Auge, dont la vallée de Corbon est le plus beau, l'un des premiers du monde ; les plus hauts prix sont 2 à 3000 liv. (54 l. st. 13 sh. 3 d. = 3,377 fr l'h.), avec des loyers de 70 à 100 liv (1 l. st. 17 sh. 2 d. 1/2 = 114 fr. 95 c, l'h.). Au-dessous viennent 1200 liv. (26 l. st. 5 sh. = 1,621 fr. 70 c. l'h.), et 1500 liv. (32 l. st. 16 sh. 3 d. = 2,927 fr. 10 c. l'h.) ; il y a sur les versants de collines des terres de 1500 liv. qui se louent 50 liv. (1 l. st. 1 sh. 10 d. 1/2 = 67 fr. 60 c. l'h.) ; les bois ne dépassent pas 600 liv. (13 l. st. 2 sh. 6 d. = 810 fr. 85 l'h.). Visité sur la route de Lisieux à Caen un pré qui s'est vendu 3000 liv. (65 l. st. 12 sh. 6 d. = 4,054 fr. 20 c. l'h.). Dans la vallée de Corbon, réputée contenir les plus riches herbages de Normandie, ils se vendent jusqu'à 4000 liv. (87 l. st. 10 sh. = 5,405 fr. 60 c. l'h.) et se louent 200 liv. (4 l. st. 7 sh. 6 d. = 270 fr. 30 c. l'h.). Ces prix sont ceux de l'acre de 22 pieds la perche. Il naît souvent des erreurs par l'emploi d'une perche de 24 pieds qui donne 92,160 pieds carrés à l'acre : il faut y mettre une attention scrupuleuse. Loyer des terres labourables à quelques milles autour de Lisieux, de 30 à 50 liv. (17 sh. 6 d. = 54 fr. l'h.). de Caen à Falaise, 20 à 40 liv., en moyenne 25 liv. (10 sh. 11 1/2 d. = 33 fr. 85 l'h.). Argentan, loyer 35 liv. (15 sh. 2 d. = 46 fr. 84 c. l'h.). on ensemence une acre avec 5 boisseaux de froment de 40 lbs chaque, valant 110 lbs anglaises, et on retire 50 de ces boisseaux (18 des nôtres = 16 h. 17 lit. l'h.). Les biens-fonds rapportent actuellement (1788) 4 0/0 et se vendent vingt-quatre fois le revenu. Les bois donnent en général 20 liv. par toute la Normandie ; mais on les mesure, je crois, avec la mesure nationale et non celle de la province. Près d'Isigny les marais salants se louent 100 liv. (2 l. st. 3 sh. 9 d. = 135 fr. 15 c. l'h.), les terres arables, 50 à 60 liv. (1 l. st. 4 sh. 3 1/2 d. = 75 fr. l'h.) ; à Carentan, les marais salants 40 liv. la verge de 40 perches de 24 pieds (2 l. st. 18 sh. 4 d. = 180 fr. 20 c. l'h.), quelquefois 60 liv. (4 l. st. 7 sh. 6 d. = 270 f. 30 c.) ; les terres arables, 45 ou 50 liv. (3 l. st. 5 sh. 7 1/2 d. = 202 fr. 70 c.), en moyenne 30 à 40 liv. (2 l. st. 11 sh. 1/4 d. = 157 fr. 60 c. l'h.). Une ferme des environs payée 10,000 liv., se loue communément 400 liv. ; le prix est de 700 liv. (30 l. st. 12 sh. 6 d. = 1,892 fr. l'h.). A Nonant, on revient à l'acre de Normandie ordinaire ; il s'y trouve des terres labourables à 800 liv. (17 l. st. 10 sh. = 1,081 fr. 15 c. l'h.), louées 40 liv. (17 l. st. 6 d. = 54 fr. l'h.), mais le prix est en général de 5 à 600 liv. (12 l. st. 7 1/2 d. = 743 fr. 30 c.), et pour les herbages de 12 à 1500 liv. (29 l. st. 10 sh. 7 1/2 d. = 1,796 fr. 50 c. l'h.). Je suis rentré de nouveau dans cette province à Lessiniole (Lésigneul), en revenant du Maine ; le froment y rend de 20 à 40 boisseaux de 60 lbs (16 1/2 boisseaux d'Angleterre = 14 h. 82 à l'h.). Près de Bernay, une des plus belles terres à blé du monde n'est louée que 50 liv. (1 l. st. 1 sh. 10 1/2 d. =

67 fr. 60 c. l'h.) : elle donne en froment 250 à 300 gerbes de 6 par boisseau de 90 lbs. (37 boisseaux = 33 h. 23 à l'h.), mais la moyenne n'atteint pas cela. A Brionne, le loyer de la 1re qualité est de 60 liv. (1 l. st. 6 sh. 3 d. = 81 fr. l'h.), ici, comme à Bernay, le blé a donné de 45 à 50 boisseaux. Près de Louviers, le fonds de la vallée va de 50 liv. (1 l. st. 1 sh. 10 d. = 67 fr. 45 c. l'h.), à 80 liv. (1 l. st. 15 sh. = 101 fr. 10 c. l'h.). Une fois passé les terres pauvres sur la route de Rouen et les collines crayeuses de Vernon, à la Roche-Guyon, on retrouve l'arpent de Paris ; la bonne terre y vaut 600 liv. (31 l. st. 3 sh. 4 d. = 1,927 fr. l'h.), mais le plus souvent 400 liv. = 1,284 fr. 70 c. l'h. et se loue 20 liv. (1 l. st. 9 1/2 d. = 64 fr. 20 c. l'h.). Les domaines y rapportent en moyenne 3 à 3 1/2 0/0. Dans la riche plaine de Magny, la rente est de 20 liv., le rendement en blé de 8 setiers de 240 lbs dans les bonnes années et sur les meilleurs sols, plus généralement 6 setiers (31 boisseaux anglais = 27 hectol. 85 à l'h.). Traversé de nouveau le pays de Caux, de Rouen à Dieppe ; mes premières idées sur la rente et le prix de la terre dans cette célèbre région se confirment sur tous les points. Une observation avant de quitter la Normandie. On se trompe beaucoup en France sur le caractère agricole de ce magnifique territoire, qui forme plutôt un royaume qu'une province. Avant de l'avoir visitée, je me la représentais, d'après ce qu'on m'en avait dit, comme au dernier point de culture. On ne saurait trop louer les herbages, employés comme ils le sont avec le plus grand profit à l'engraissement des bœufs ; il n'y faut reprendre que la race des moutons mêlés aux bestiaux. Ils devraient être de plus grande taille et avoir une laine longue pour le peigne. Hormis cela, les herbages sont admirablement exploités, et le

capital ne semble pas faire défaut à leurs possesseurs. Mais quant au sol arable, je n'en ai pas vu un acre bien cultivé dans toute la province. Partout on rencontre soit une jachère morte et inutile, soit des champs si négligés, mal tenus et couverts de mauvaises herbes, que le sol ne pourrait donner tout ce que sa qualité implique. En général, il n'y en a pas de meilleur, et il rapporterait bien autrement. « Les meilleures terres de Normandie, dit M. Paucton (1), ne rendent guère que le sextuple ; les moins bonnes ou médiocres, le quintuple ; la plus grande partie, le quadruple. »

Ile de France. — Dans mon troisième voyage, je visitai, en allant de Paris à Guignes, un terrain nouveau pour moi : les rentes y sont de 15 à 20 liv. l'arpent de Paris (18 sh. 3 d = 56 fr. 35 c. l'h.). A Nangis, la terre de première qualité de terre à froment vaut 15 liv. (15 sh. 8 d. 1/2 = 48 fr. 50 c. à l'hect.), la moyenne 12 liv., la pire 8 liv. La première, dans une bonne année, rapporte 5 setiers de blé (25 boisseaux = 22 hect. 45 à l'hectare); la deuxième, 4; la troisième, 3. De Coulommiers à Meaux, rente 20 liv. (1 l. st. 9 d. 1/2 = 64 fr. 10 c. l'hect.). Dans ce district et celui de Neufmoustier, on mesure par perches de 22 pieds ou *arpent de France.* Rente 40 liv. (1 l. st. 8 sh. = 86 fr. 50 c. l'hect.); quand on loue de vastes étendues pour les petites fermes, elle s'élève à 50 liv. et même 60 liv. (2 liv. st. 2 sh. = 129 fr. 70 c. l'hect.). Je me suis laissé dire que quelques pièces de terre ont atteint 100 liv. (= 216 fr. 25 c.), le chiffre le plus élevé que j'aie vu en France pour la terre labourable; mais le terrain est un des plus beaux du monde. Les parties affermées à 40 liv. se vendent

(1) *Métrologie*, in-4°, 1780, p. 610. Ce passage confirme mes observations. (*Note de l'auteur.*)

15 à 1,600 liv. (54 l. st. 4 sh. 11 d. 3/4 = 3,339 l'hect.). A l'égard des rendements, le blé, dans de bons endroits, donne 10 setiers (35 boisseaux = 31 hectol. 43 à l'hect.) (1), on en a récolté 15 (52 boisseaux 1/2 = 47 hect. 15); mais la moyenne est de 7, en déduisant les dîmes (24 boisseaux 1/2 = 22 hectol. à l'hect.), bien au-dessous des facultés de ce sol, qui en Angleterre fournirait une moyenne de 32 boisseaux (= 28 hectol. 74 à l'hectare) au moins et sans jachère. J'estime les récoltes que j'ai vues chez M. Guibert à 36 boisseaux (= 32 hectol. 33 à l'hect.) par acre en moyenne. Mais quant au blé de mars, il est partout misérable, vu la qualité du terrain. Je n'en ai vu aucun qui donnât 40 boisseaux par acre, lorsque dans un bon assolement ce devrait être 80 boisseaux (71 hectol. 85 à l'hectare).

Ici s'arrêtent mes notes sur ce magnifique terrain de loams riches, la plus belle plaine de l'Europe, sauf la Lombardie, puisque toutes les plaines des Pays-Bas autrichiens et de la Hollande en dépendent. Je veux réunir sous un seul coup d'œil les taux de la rente, du prix et des rendements en blé; je ne parlerai pas du blé de mars, méprisable partout, excepté en Flandre, où on le cultive très peu. Moyennes (2) : rente 1 l. st. 3 sh. 10 d. (= 73 fr. 60 c. par hect.); prix 29 l. st. 13 sh. 10 d. (= 1,832 fr. 50 c. par hect.); rendement 23 boisseaux 1/2 (= 21 hectol. 10 par hectare). Moyenne de 26 données portant la rente et le prix : rente 1 l. st. 1 sh. 5 d. (= 66 fr. 15 c. par hect.), prix 31 l. st. 5 sh. (= 1,930 fr. 60 c. par hect.).

(1) On affirme que sur la ferme de Puiseux, près Meaux, M. Besnier a récolté 22 2/5 setiers (plus de 70 boisseaux). (*Recherches sur la houille d'engrais*, t. II, p. 5.) (*Note de l'auteur*.)

(2) Non compris les articles de 4 l. st. 7 sh. 6 d. et 80 l. st. 4 sh. 2 d.

PLAINE DE LA GARONNE.

Cette division, quoique moins étendue que celle que nous venons d'examiner, est une des plus riches du monde. Le sol en est excellent, sans égaler, à mon avis, les loams profonds de Bernay, de Meaux et des Flandres; mais sous le rapport du climat elle l'emporte de beaucoup sur la partie N. L'action de ce climat est telle que les produits de toutes sortes sont bien plus nombreux et de meilleure qualité, même sur les sols inférieurs, et que des espaces qui, dans le N., seraient abandonnés aux moutons ou boisés, couverts ici de vignes, rivalisent de richesse avec les endroits les plus fertiles des vallées. Comme je destine un chapitre à part à cette culture, je n'en parlerai pas ici, point essentiel que le lecteur devra garder devant les yeux en parcourant les différents chiffres que je vais rapporter.

Quercy. — Mesure de la terre, le cartonat contenant 19,100 pieds de Cressensac à Souillac, les pâturages se louent 30 liv. (2 l. st. 12 sh. 6 d. = 162 fr. 16 c. l'h); les terres arables, 10 liv. (1 l. st. 6 d. = 54 fr. l'h.); elles se vendent 400 liv. (35 liv. st. = 2,162 fr. 30 c. l'h.). En avançant vers la Dordogne, le cartonat s'élève à 30,000 pieds. Loyer de la terre arable, 10 liv. (11 sh. 3 d. = 34 fr. l'h.), quelquefois plus haut. A Pellecoy (Pelacoy), on compte par sesterées, qui se vendent de 200 à 300 liv.; mais cela monte à 1200 liv. pour les prairies dans la vallée. A Caussade, la rente d'un cartonat est d'un quartier de froment de 150 lbs, en comptant le froment à 20 liv. le setier de 240 lbs; cela fait 12 1/2 liv. (13 sh. 9 d. = 42 fr. 50 c. l'h). Vers Montauban, on retrouve l'arpent, quoique ce ne soit point la mesure usuelle du pays. Celui de 100 perches de 22 pieds se vend de 800 à 1,000 liv. (31 l. st. 10 sh. = 1946 fr. l'h.), et se loue de 35 à 40 liv. (1 liv. st. 6 sh. 2 1/2 d. = 80 fr. 95 c. l'h.). Pompinion (Pompignan), prix d'une terre ordinaire, 400 liv. (14 l. st. 8 sh. = 889 fr. l'h); d'une terre riche, 800 liv. (28 l. st. 16 sh. = 1,789 fr. 20 c. l'h.). De là à Toulouse, je traversai les plus beaux blés que j'aie jamais vus; semés sur une étendue considérable, ils promettaient de donner amplement 5 quarters anglais (= 35 hectol. 92 à l'h.) par acre en moyenne. De Toulouse à Nohe (Noé), l'arpent vaut 400 liv. (14 l. st. 18 sh. = 920 fr. 50 c. l'h.). A Ourrouze (Tourouse), les prairies valent 600 liv. le journal; quelques terres labourables, 100 liv. seulement. Dans mon retour des Pyrénées vers le N., je suis rentré dans cette riche province, entre Fleuran (Fleurance) et Leitour (Lectoure); j'y ai trouvé une nouvelle mesure, le cuzan, qui se vend 1000 à 1200 liv. Il y en a qui montent jusqu'à 3000 liv.; près de Lectoure, il atteint 3200 liv. Vers Estafort (Astafort), on mesure au sac : c'est la surface emblavée avec un sac de 145 lbs. Quand le terrain est bon, il se vend 600 liv. La vallée qui s'étend d'Astafort à Port-de-Leyrac contient beaucoup de terres de premier choix; elles se vendent 3000 liv. la carterée. J'ai eu une très grande peine à me faire une idée de la carterée, surtout parce qu'on ne sème pas d'une manière régulière, mettant en quelques endroits deux sacs de 145 lbs; dans d'autres 1 1/2 seulement. En comparant mes diverses notes avec la mesure d'Agen donnée par M. Paucton, je suis porté à donner à la carterée 70,000 pieds carrés : au prix de 3000 liv., ce serait 72 l. st. 5 sh. 9 d. = 4,465 fr. 80 c. l'h. Le froment y donne 33 sacs de 145 lbs

(40 boisseaux = 35 hectol. 92 à l'h.) sur le meilleur sol et dans les meilleures années. On nous a montré un champ qui donne 48 sacs (57 1/2 boisseaux = 51 hectol. 64 à l'h.). Dans cette réduction, je suis le poids du pays, qui n'est pas le *poids de marc*, mais le *poids de table*. Aux environs d'Agen, le prix est de 2000 liv. (48 l. st. 4 sh. 2 d. = 2978 fr. 25 c. l'h.); le rendement en blé, 30 sacs (36 boisseaux = 32 hectol. 33 à l'h.); en chanvre, 10 quintaux à 40 liv. le quintal. La terre à seigle, comme il y en a quelques-unes sur les collines, se vend 1000 liv. (24 l. st. 2 sh. 1 d. = 1,489 fr. 10 c. l'h.). A Port-Sainte-Marie, le prix moyen est 2000 liv. (48 l. st. 4 sh. 2 d. = 2,978 fr. 25 c. l'h.), à Aiguillon, pour la meilleure terre, 4000 liv. (96 l. st. 8 sh. 4 d. = 5,956 fr. 50 c. l'h.); il y en a beaucoup à 3000 liv. (72 l. st. 5 sh. 9 d. = 4,467 fr. 30 c. l'h.); le froment rend ici 20 pour 1. On m'a montré un petit champ qui deux fois s'est vendu 3000 liv.; je mesurai avec soin en marchant et lui trouvai 3600 yards carrés, ce qui met l'acre anglaise à 155 l. st. 17 sh. 3 1/2 d. = 9,629 fr. l'h.; mais il est proche de la ville, quoiqu'on n'en fasse pas un jardin : il a souvent donné 20 sacs de blé de 125 lbs, environ 49 boisseaux = 44 hectol. à l'h.).; le produit est de 60 pour 1, car on n'y sème qu'un tiers de sac, un boisseau pour une acre anglaise = 89 litr. 82 à l'h. A Tonneins, le prix d'un journal, qui, selon M. Paucton, est à l'arpent comme 0,9516 à 1, varie de 1000 à 1200 livres (80 l. st. 4 sh. 2 d. = 4,955 fr. 15 c. l'h.). A Lamotte-Landron, la plus mauvaise terre du pays vaut 400 liv. le journal (20 l. st. 6 d. = 1,237 fr. 10 c. l'h.). Le relai, suivant nous, apportait une nouvelle mesure, peste habituelle du pays; elle est de 150 perches de 15 pieds, ou 33,750 pieds. Le taux général est de

1000 liv.(50 liv. st. =3,089 fr. l'h.); souvent 1,500 liv. (75 l. st. = 4,633 fr. 50 c. l'h.). On emblave avec un sac de 140 lbs, formant environ 2 3/4 boisseaux = 2 hectol. 47 h. à l'h.); donnant de 16 à 20 sacs (43 boisseaux = 38 hectol. 62 à l'h.), le labour exige la journée d'une paire de bœufs. En marchant vers Langon, la terre la plus pauvre vaut 500 liv. (25 l. st. = 1,544 fr. 60 c. l'h.); la moyenne, de 1000 à 1500 liv. (62 l. st. 10 sh. = 3,611 fr. 25 c. l'h.) On emblave le journal avec un sac et on en récolte 20. A Castres, le prix du journal de 30 toises sur 7 est de 300 liv. (56 l. st. 15 sh. 7 1/2 d. = 3,861 fr. 25 c. l'h.). Après avoir traversé Bordeaux et la Garonne, sur la route de Cubsac, le journal change de nouveau; il est à l'arpent de France comme 0,6218 à 1, et se vend, pour le labour, 500 liv. (27 l. st. 17 sh. 2 d. = 1721 fr. l'h.); il rapporte 8 sacs de blé, de 180 lbs chaque (31 boisseaux = 27 hectol. 84 à l'h.) pour 3/4 de sac de semence. Cavignac, terre riche vendue à 1600 liv. (89 l. st. 4 sh. 11 1/2. d. = 5,513 fr. 60 l'h.); mais il y en a de mauvaise qui ne dépasse pas 100 liv. (5 l. st. 11 sh. 6 1/2 d. = 344 fr. 55 c. l'h.). A partir de là commence un nouveau district; il ne sera pas mal à propos de nous arrêter un moment et de passer en revue les notes que nous a fournies cette région de fertilité extraordinaire, établissant d'abord que ce qui la caractérise, ce sont les vignobles, et que si nous ne les faisons pas entrer dans nos calculs, ils ont néanmoins une immense influence sur les résultats, rendant les sols les plus pauvres presque égaux à ceux de première qualité. Moyennes : prix, 51 l. st. 10 sh. =3,181 fr. 60 c. l'h. ; rendement, 37 boisseaux = 33 hectol. 23 l. à l'h. (1).

(1) Abstraction faite des articles de 155 l. st. 17 sh. 3 d. et 5 l. st. 11 sh. 6 d., et aussi du rendement de 57 1/2 boisseaux. (*Note de l'auteur.*)

On aura remarqué la rareté des indications de loyers en argent ; cela vient de ce que les terres sont tenues par des métayers, et aussi de ce que les petites propriétés sont excessivement nombreuses près de la Garonne ; ce dernier fait donne également la raison de quelques-uns des prix que nous avons vus. La terre se vend toujours au delà de sa valeur lorsqu'il y a une grande concurrence pour en acquérir de petites parcelles, comme nous l'avons déjà reconnu et comme nous aurons occasion de le reconnaître encore. On peut se faire une idée, d'après ces prix, de la fertilité prodigieuse du terrain. Il m'a été affirmé à Aiguillon que plusieurs pièces ont produit ce qu'à vue d'œil j'ai estimé, pour le blé, à 9 l. st. par acre = 556 fr. par h. ; pour le chanvre, à 15 l. st. = 926 fr. 50 par h., sans qu'il entre d'autres récoltes que celles-là dans l'assolement : 1° chanvre, 2° blé. La moyenne des douze renseignements pris dans les 50 ou 60 milles entre Port-de-Leyrac et Castres est de 70 l. st. l'acre anglaise = 4324 fr. 45 l'h. Je penche à croire que, pour le voyageur qui ne s'écarte pas de la grande route, l'aspect le plus florissant de la France est le trajet de Bordeaux à Montauban et à Toulouse. En sortant de la noble cité bordelaise, qui compte peu de rivales au monde pour la beauté et le commerce, on voit de chaque côté de la magnifique Garonne, animée par le commerce intérieur, une des plus fertiles vallées de l'Europe ; les montagnes qui la bordent sont couvertes des vignobles les plus productifs peut-être qu'il y ait au monde ; les villes y sont nombreuses et puissantes, la campagne n'est qu'une ville, et un soleil bienfaisant dorant toute cette scène vient lui donner de la vigueur. Qui n'a pas contemplé cette scène n'a pas vu ce qu'il y a de plus beau en France. La Flandre, toute fertile qu'elle est, a le climat nébuleux du N. et n'offre partout qu'un coup d'œil plat et *sombre*, et, hors le chanvre, ses productions sont loin d'offrir la même valeur.

Plaine d'Alsace. — J'y suis entré par Wiltenheim (Wiltheim), où la mesure est de 100 verges de 22 pieds, valant de 1500 à 2000 liv. (61 l. 5 sh. = 3784 fr. l'hect.) : les bonnes récoltes de blé sont de 12 sacs de 190 lbs. (33 boisseaux = 29 hectol. 64 à l'hec.). On cultive beaucoup de pavots comme en Flandre et en Artois, ils rendent 6 sacs à 30 liv. le sac (6 l. st. 6 sh. = 389 fr. 20 c.). Au coup d'œil, je mets la récolte de l'année à 3 quarters 1/2 par acre (= 25 hectol. 14 par hectare) pour le blé et à 5 pour l'orge (= 35 hectol. 92 par hect.). D'ici à Strasbourg s'étend une des plus riches plaines que l'on puisse voir, couverte de magnifiques moissons. La terre, hors des environs immédiats de cette ville, sans arbres, mais destinée à former des jardins, se vend 2000 liv. l'arpent de 24,000 p. (138 l. st. 5 sh. 1 d. = 8541 fr. 10 c. l'hect.). La terre labourable, et il ne paraît pas qu'il y en ait d'autre, vaut de 600 à 800 livres (48 l. st. 9 sh. 9 d. 1/2 = 2995 fr. 60 c. l'hect.) : elle donne en blé 4 sacs de 180 lbs. (20 boisseaux = 17 hectol. 96 par hect.), ce qui n'est rien pour un tel sol, en orge et en fèves 6 sacs. On sème (60 lbs.) 100 lbs. de blé et 50 lbs. de fèves. Les biens, comme en général, partout où la propriété est très divisée, ne rapportent que peu d'intérêts 2 1/2 à 3 0/0. Vers Benfelt le prix s'élève à 1200 liv. (58 l. st. 6 sh. 8 d. = 3503 fr. 75 c. l'hect.), et la rente à 24 (1 l. st. 3 sh. 4 d. = 72 fr. l'hect.), ceci en moyenne et l'un dans l'autre, l'intérêt n'est guère que de 2 1/2 0/0. A Schelestadt, prix moyen pour la terre arable, 300 liv. (14 l. 11 sh. 8 d. = 909 fr. 95 c. l'hect.), mais il y en a à 1000 liv. (48 l. st. 12 sh. 2 d. 1/2 = 3,008 f. l'hect.), rendement en blé, 5 sacs de 190 lbs. (25 boisseaux = 22 hectol. 45 par hect.) ; en orge, 6 sacs, = 27 hectol. 65 par hect. ; en fèves de 6 à 8 = 36 hectol. 90 à l'hect. ; en maïs de 5 à 6. En somme la plaine d'Alsace, bien que son sol soit excessivement fertile et bien cultivé, n'est pas aussi fructueuse que la Flandre, avec un meilleur climat, ni que les rives de la Garonne : il faut cependant tenir compte que je ne suis pas allé où on cultive le chanvre, partie très renommée pour son abondance, j'y aurais probablement trouvé la terre plus productive. En moyenne, on peut mettre la bonne terre à 50 liv. sterl. l'acre = 154 fr. 45 l'hect.

Plaine de Limagne. — Au milieu des montagnes de l'Auvergne, qui sont pour la plupart volcaniques, s'étend une petite plaine unie que quelques naturalistes français pensent avoir été le fonds d'un lac, tandis que d'autres la croient, avec plus de probabilité, le don de l'Allier qui la traverse. Lui et ses affluents auraient apporté, des hautes montagnes où ils prennent naissance, le limon qui compose ce magnifique terrain, jusqu'à une très grande profondeur. On me montra quelques endroits où on pouvait, pour ainsi dire, suivre de l'œil les eaux dans l'exhaussement de leur lit, par des couches successives de limon qui de mémoire d'homme avaient formé un terrain solide. Rien de merveilleux qu'une plaine de cette nature soit d'une fertilité extraordinaire ; on me la donna comme la région la plus fertile de France, et c'est pour moi une question de savoir si ce renom n'est pas justifié. J'y entrai par Riom, de là à Montferrand, la terre labourable se vend 1000 à 1200 livres la septerée de 800 toises (64 l. st. 3 sh. 4 d. = 3964 fr. 10 c. l'hect.) ; quelques-unes ont été à 4000 livres ; à Clermont, la moyenne est de 800 liv. (46 l. st. 13 sh. 4 d.) = 2883 fr.

l'hect., mais elle est souvent dépassée. Des prairies près de cette ville valent 1500 livres l'arpent de 600 toises, (116 l. 13 sh. 4 d. = 7,207 fr. 50 c. l'hect.), la moyenne est de 1,200 livres (98 l. st. 6 sh. 8 d. = 6,074 fr. 90 c. l'hect.) ; rente 50 liv. (3 l. st. 17 sh, 9 d. 1/2) = 240 fr. 30 c. l'hect., celle de la terre arable 30 à 40 livres (2 l. st. 14 sh. 7 d. 1/2 = 168 fr. 75 c. l'hect.). Rendement en blé de 7 à 10 fois la semence. rien absolument, quand on considère la beauté du sol : cela me fut expliqué plus tard en quelque sorte. Les meilleures terres étant trop riches pour ce grain et donnant trop de paille, on les ensemence en seigle, ne faisant du froment que sur les terres inférieures ; l'orge rapporte quinze fois la semence. De Vertaison à Churiet, (Vertaison à Sarlièvc) prix 2400 livres les 800 toises (140 l. st. 12 sh. = 8,686 fr. l'hect.). Issoire et ses environs : bonne terre labourable, 800 livres la septerée de huit cartonats de 150 toises chaque, 43,200 p. (31 l. st. 2 sh. 4 d. = 1922 fr. 35 c. l'hec.) ; qualite tout à fait inférieure 400 liv. (15 l. st. 11 sh. 1 d. 1/2 = 961 fr. l'hec.) ; jardins arrosés et chènevières, 2000 livres (79 l. 5 sh. 9 d. 1/2) = 4898 fr. 40 c. l'hect. ; prairies arrosées, 1200 liv. (46 l. 13 sh. 5 d. 1/2) = 2,883 fr. 40 c. l'hect. ; mais si elles sont bien closes et qu'il y ait des pommiers, 2, à 3,000 liv. (97 l. st. 12 sh. 3 d. = 6,030 fr. 35 c. l'hect.). Le setier de froment est de 8 cartonats de 32 lbs. chaque ; pour le blé, on sème 6 de ces cartonats (173 lbs) et on en récolte 48 (23 boisseaux = 20 hectol. 65 à l'hect.) ; pour le seigle, 6 également et on en récolte 60 (29 boisseaux = 26 hectol. à l'hect.) ; pour l'orge 8, récolte 64 ; pour l'avoine 8, récolte 80 (c'est environ 72 de ces mesures par acre ou plus de 36 boisseaux = 32 hectol. 33 à l'hect.). On a 8 bœufs de travail pour 100 septerées de terre. Dans cette plaine, qui, par parenthèse ne reste jamais en jachère, il faut tenir bien compte du prix de vente de la terre. La culture y est si mal entendue, et j'y vois de si pitoyables labours que, j'en suis convaincu, les récoltes ne sont pas la moitié, le tiers même de ce qu'elles devraient être, excepté en ce qui regarde les prairies, les chènevières, les jardins et les vignes, dont la tenue est excellente, et où le sol produit selon son entière puissance. Le prix est fort élevé, on peut calculer à 60 liv. sterl. la moyenne pour la meilleure terre labourable. Une circonstance relative à la Limagne, qui demande qu'on y fasse attention, c'est son isolement de la mer, de la navigation intérieure, de toute grande ville (1), et même de toute manufacture un peu considérable, car celles d'Auvergne ne valent pas qu'on en tienne compte. Il y a des conclusions politiques à tirer de ce fait, que l'agriculture s'y soutient seule, sans le secours de ces agents, que l'on suppose nécessaires pour donner de la valeur aux terrains. Il serait sans utilité de s'arrêter à des observations générales sur ces quatre districts fertiles de France : cependant je ne les veux pas laisser avant d'avoir noté les ressemblances qui les unissent, tout éloignées et séparées qu'elles soient l'une de l'autre.

Dans le chapitre du produit général en France, la proportion relative de ces plaines est comme il suit : district du N. E. 57, de la Garonne 24, d'Alsace 2, de Limagne 1 à peine. Je ne les cite pas ici afin d'en tirer une moyenne du tout, les données ne me paraissent pas assez étendues pour cela ; mais, afin de prémunir le lecteur contre la croyance que la portion de la

(1) J'ai lu quelque part que l'on envoyait des pommes à Paris ; cela peut être, mais peu importe pour ce que j'avance, car c'est un de ces approvisionnements faits à grands frais pour les demandes de luxe.

(*Note de l'auteur.*)

plaine de la Garonne donnée dans ce tableau avec le chiffre 24, soit de la valeur de 51 l. st. 10 sh. (= 3,181 fr. 60 c. l'hect.) par acre. Ma route dans cette partie, en suivant les bords du fleuve, était tracée dans les endroits les plus riches dont le sol s'élevait bien au delà de la moyenne dans une étendue aussi vaste que celle représentée ici par le nombre 24. Ce n'est pas la même chose pour le N. E. Là il a plus d'égalité, on peut y prendre pour moyenne générale 30 l. st. (= 1,853 fr. 35 c. l'h.) l'acre, tandis que 51 l. st. 10 sh. (= 3, 181 fr. 60 c. l'h.), n'est une moyenne que pour les meilleures parties de la vallée de la Garonne. En Alsace c'est 50 l. st. = 3,089 fr. et en Limagne 60 l. st. = 3,706 fr. 70 c. l'h. Quand l'on vient à considérer que ces plaines, en y comprenant le bas Poitou, se montent à 28 millions d'acres, c'est-à-dire un cinquième de plus que l'un des royaumes d'Écosse, d'Irlande ou de Portugal, ce fait doit donner une haute idée de la fertilité naturelle de ce noble royaume, aussi bien que de la richesse intérieure qui maintient ces immenses étendues à un prix si élevé.

RÉGION DES BRUYÈRES.

Je dois nécessairement donner au lecteur une explication sans laquelle il se formerait une opinion très erronée, d'après les notes suivantes : c'est à tort que l'on a donné le nom de bruyères aux pays dont je vais parler. La quantité de sols stériles couverts de bruyères (*erica vulgaris et cinerea*) est immense, mais l'impression s'en accroît par le sombre tableau de terres autrefois cultivées, qui, après leur épuisement ont été abandonnées à la végétation spontanée. Dans ces pays la rente n'atteint pas sa moyenne réelle, non plus que le prix et le rendement. Conversez avec qui que ce soit, vous verrez que toujours on se rapportera à la terre actuellement en culture, qui dans bien des endroits n'a jamais cessé de l'être, et dont la valeur n'a rien de commun avec celle du reste du pays. Quelquefois, non sans peine, je suis arrivé à des notions précises du prix juste des terres incultes, mais je les réserve pour un chapitre à part, très important, très digne d'attirer l'attention de qui veut cultiver les endroits les plus profitables à l'agriculture en France. La Normandie, malgré sa fertilité générale, a un grand district vers les côtes de l'O. qui, bien que supérieur à la Bretagne, a avec elle plus de rapports qu'avec les riches herbages que nous avons décrits, je l'y joindrai donc. On y pénètre avant Valognes sur la route de Cherbourg. A Carentan il y a encore quelques beaux pâturages, mais après le sol change entièrement. Rente : 5 à 6 l. st. 8 sh. = 24 fr. 70 c. l'h. ; pour la bonne terre, 15 liv. (1 l. st. 1 sh. 10 d. = 67 fr. 45 c. l'hect.). De Carentan à Pery (La Périne), 5 à 10 liv. (10 sh. 11 d. 1/2 = 33 fr. 85 l'hect.). De Coutances à Granville, 12 liv. (17 sh. 6 d. = 54 fr. l'h.).

Bretagne. — C'est par Dol que j'y suis entré. Le prix de la bonne terre est de 5 à 600 liv. (19 liv. st. 12 sh. 9 d. 1/2 = 1,213 fr. 30 c. l'hect.) le journal de 2 vergées normandes ou 46,080 p. ; celui de la mauvaise, pourvu qu'elle soit cultivée, 300 liv. (101 st. 18 sh. 9 d. = 675 fr. 70 c. l'hect.); rente de la 1re 25 liv. (18 sh. 2 3/4 d. = 56 fr. 30 à l'hect.), rendement en blé 20 boisseaux de 72 lbs. (20 boisseaux = 17 hectol. 96 à l'hect.). De Hédé à Rennes, loyer d'une terre médiocre 10 liv. (7 sh. 4 d. 1/2 = 22 fr. 80 l'hect.). il y en a de 20 et 30 liv. (10 sh. 2 d. 3/4 = 56 fr.

30 c. l'hect.), elles se vendent alors pour 25 ans de revenu et rapportent 5 0/0. Rennes et les environs immédiats, loyer 50 liv. (1 l. st. 16 sh. 5 d. = 112 fr. 50 c. l'hect.); plus loin, en moyenne, 12 liv. (8 sh. 9 d. = 27 fr. l'hect.) environ, mais quelquefois 30 liv. (1 l. st. 2 sh. 1 d. = 68 fr. 20 c, l'h.). Les landes se cèdent pour toujours à raison de 10 sols. Pour le froment on sème 5 boisseaux de 40 lbs. (166 lbs. = 186 kil. par hect.); pour le sarrasin, un boisseau et demi qui en rapporte 32. Tout près de Saint-Brieuc des pièces de terrain fort riche se vendent 2 et 3,000 liv. (91 l. st. 10 sh. 5 d. = 5,654 fr. l'h.) et se louent de 80 à 100 liv. (3 l. st. 5 sh. 7 d. 1/2 = 202 fr. 70 c. l'hect.), le blé y rend 90 boisseaux de 40 lbs (50 boisseaux = 44 hectol. 91 l'h.). A quelque distance de la ville, prix 300 liv. (10 l. st. 18 sh. 9 d. = 675 fr. 70 c. l'hect.), loyer 12 liv. (8 sh. 9 d. = 27 fr. l'hect.). A Morlaix, on loue la terre en bon état de 20 à 30 liv., mais les espaces incultes se donnent par-dessus le marché. On me dit à Brest que dans le Léonnais et le Trécorois, la terre en rapport ne se loue guère au delà de 12 à 15 liv. (9 sh. 7 d. = 29 fr. l'hect.); mais certaines parties valent 20 et 24 liv. (15 sh. 10 d. = 48 fr. 90 c. l'hect.). Les 3/4 de la Bretagne sont incultes, dans ces évêchés qui forment la partie la plus fertile de la province, on ne cultive que la moitié du sol. Rosporden, prairies au milieu des landes, louées 24 liv. (17 sh. 6 d. = 54 fr. l'hect.) et vendues de 6 à 700 liv. (24 l. st. 13 sh. 11 d. = 1,525 fr. 55 c. l'hect.), mais aussi les terres cultivées ne dépassent pas 100 à 150 liv. (4 l. st. 11 sh. 1 d. = 281 fr. 35 c. l'h.).

A Quimperlé on ne connaît pas le loyer à tant le journal; toutes les fermes se louent d'un bloc et l'un dans l'autre. Dans le voisinage de Mussilac (Muzillac), les meilleures prairies valent 1,500 liv. (65 l. st. 12 sh. 6 d. = 4,054 fr. 20 c. l'hect.) : c'est incroyable dans un pays où pour 10 sous, on peut avoir des landes capables de porter du sainfoin et d'autres fourrages. Auvergnac : le froment donne 8 setiers de 240 lbs. (26 boisseaux 1/2 = 23 hectol. 80 à l'hect.), mais, dans les meilleures conditions, la moyenne n'est que de 5 (14 hectol. 87 à l'hect.) ; la prairie vaut 1,200 liv. (43 l. st. 15 sh. = 2,702 fr. 80 c. l'hect.), mais la terre labourable 400 liv., pas davantage : les biens-fonds rapportent 5 0/0, quelquefois plus. Les 24/39 de la Bretagne sont incultes. Arrivé à la grande ville de Nantes, près de laquelle les loyers sont de 60 liv. (2 l. st. 3 sh. 9 d. = 135 fr. 15 c. l'hect.) ; un peu plus loin ils ne sont que de 20 à 30 liv. (18 sh. 3 d. = 56 fr. 40 c. l'hect.). Avant d'en finir avec cette province de Bretagne, je noterai qu'elle présente sous tous les égards un caractère singulièrement original. Les rendements qu'il ne faudrait pas calculer d'après ces notes, mais bien d'après un coup d'œil général, sont pitoyables, et les loyers assez élevés, ainsi que l'immense valeur mise à des parcelles d'excellente terre comme à Saint-Brieuc, et partout du reste aux prairies, forment trois preuves suffisantes de l'état misérable où se traîne l'agriculture dans toute cette province. Exceptons-en Saint-Pol-de-Léon, où se font remarquer les traces d'un esprit plus industrieux. Mais le seul fait d'une province à moitié abandonnée et livrée à 10 sous le journal de près de 5 perches anglaises (Roods), tandis que la mer l'entoure presque entièrement, que les ports de commerce y abondent, que la marine royale y compte Brest et Lorient, qu'on y trouve une grande ville comme Nantes, un centre d'affaires comme Saint-Malo, l'une des plus grandes manufactures de toile de l'Europe, tandis qu'elle jouit de libertés et de priviléges d'impôts plus qu'aucune autre province du royaume ; ce fait, auprès d'avantages palpables qui, suivant nos idées, devraient produire la plus grande activité, forme un tableau d'exploitation méprisable qui n'a pas d'égal dans le royaume. La *triste* Sologne, toute désolée qu'elle est, lui est supérieure à mes yeux. Il faut bien garder cela en mémoire quand on examine les conditions de la terre en Bretagne : mais je développerai les causes de ce contraste plus au long en essayant de remonter aux principes qui ont régi l'agriculture française.

Anjou. — Il y a peu de différence entre cette province et la précédente, la proportion des landes et bruyères y est immense, mais elle n'a pas, dans la région que j'ai traversée, un aspect si sombre et si désolé. Près d'Angers et de Mignianne, les mesures sont l'arpent d'Anjou de 100 cordes, de 25 pieds, ou 62,500 pieds, et plus communément le journal de 80 de ces cordes ou 50,000 pieds. On emblave avec 8 boisseaux de 28 lbs (172 lbs par acre = 192 k. 70 par h.), qui en rendent 48 (17 boisseaux = 15 h. 26 à l'h.). A Duretal, la terre à seigle vaut 100 liv. la boisselée. De là au Mans il y a une telle prédominance de landes que je rejette au chapitre des terres incultes ce que j'aurai à en dire.

Gascogne. — Il ne faut pas se livrer au détail de l'examen de ce pays avant d'avoir fait observer que la plus grande partie se trouve située au pied des Pyrénées, formée d'espaces montagneux incultes, coupés çà et là de riches vallées en plein rapport. Les prix, comme dans beaucoup d'autres occasions, se rapportent plus à ces dernières régions qu'aux premières : c'est à elles que s'appliquera par excellence le terme de terres, le reste étant donné par-dessus le marché, quand on le loue. Ainsi, les prix peuvent donner une apparence très élevée lorsque la dixième partie à peine du pays est cultivée. Dans la fameuse vallée de Campan et près de Bagnères, on mesure par journal de 700 cannes, la canne contient 8 pannes de 8 pouces chaque. La terre cultivable se vend sur les montagnes 3 ou 400 liv. (30 l. st. 12 sh. 6 d. = 1,882 fr. l'h.), entre Bagnères et Lourdes, elle tombe à 240 liv. (21 l. st. = 1,297 fr. 35 l'h.); le maïs donne 40 liv. (3 l. st. 10 sh. = 216 fr. 25 c. l'hect.) par journal. La terre qui le porte se loue 15 liv. (1 l. st. 6 sh. 3 d. = 81 fr. 10 c. l'hect.) et se vend 300 liv. (26 l. st. 5 sh. = 162 fr. 70 c. l'h.), payant ainsi 5 0/0. A Lescu (Lescure), l'arpent dans la vallée vaut 500 liv. De Pau en Béarn à Monens (Moneins), un arpent semé de 4 mesures de 36 lbs chaque se vend de 3 à 400 liv., cela fait environ 15 l. st. 8 sh. 3 d. l'acre anglaise (= 652 fr. 15 c. l'h.). De Navarreins à Sauveterre, on se sert du même moyen de mesure par la quantité de semence ; le froment donne 40 mesures, qui, si mon calcul est vrai, font 24 boisseaux par acre anglaise ; en général 27 (16 boisseaux anglais = 14 hect. 37 à l'h.). Le maïs, pour une demi-mesure mise à 2 pieds de distance en tous sens, en rend 60 ; le prix actuel (1787) est de 54 à 55 sous ; mais il varie ordinairement entre 18 et 30 sous. Dans la vallée un arpent se vend 500 liv. (21 l. st. 17 sh. 6 d. = 1,351 fr. 40 c. l'h.) ; mais près des villes 800 liv. (35 l. st. = 2,162 fr. 25 c. l'hectare). De Saint-Palais à Anspan (Hasparren) s'étendent de vastes communaux couverts de fougères dont les paroisses se défont; après que les propriétaires les ont mis en valeur, ils se vendent 300 liv. (26 l. st. 5 sh. = 1,621 fr. 70 c. l'h.). A Saint-

Vincent, dans les landes, passé Bayonne, j'ai eu de la difficulté à préciser l'arpent. On sème 4 mesures de seigle de 36 lbs chaque ; et une bonne paire de bœufs laboure deux arpents par jour, ce qui dans ce sable léger et avec leur charrue à double versoir s'accorde bien avec la quantité de seigle semé. On me montra enfin un jardin qui contenait juste un arpent, je le mesurai en marchant et le trouvai de 3,366 yards carrés, d'où il paraîtrait qu'on sème le seigle excessivement serré. Les bois de pins se vendent 60 liv. l'arpent (3 l. st. 16 sh. 1 d. = 235 fr. l'h.) ; ils sont très mauvais ici, il ne faudrait pas croire par là que ce prix soit la moyenne dans les landes de Bordeaux. De grandes étendues sont de beaucoup supérieures à ce que l'on voit ici ; bien plantées, elles rapportent de 10 à 20 sh. (= 30 fr. 90 c. à 61 fr. 80 c. l'h.) par acre, et se vendent de 10 à 20 l. st. (= 617 fr. 80 c. à 1,235 fr. 50 c. l'h.), plus communément 12 à 13 l. st. (= de 741 fr. 35 c. à 803 fr. 10 l'h.), la terre cultivée 120 liv. (7 l. st. 12 sh. 2 d. = 470 fr. l'h.). Le maïs donne 30 mesures par arpent ou 43 mesures par acre ; le seigle également (26 boisseaux = 23 hectol. 35 par h.) ; mais c'est une très bonne récolte. Tartas : terre enclose et cultivée, 300 liv. (18 l. st. 18 sh. 10 d. = 1,170 fr. 20 c. l'h.), première qualité 400 liv. (= 1,560 fr. 30 c. l'h.) ; mais c'est rare. Saint-Sever : 500 liv. (31 l. st. 10 sh. = 1,946 fr. l'h.). Il en est toujours ainsi quand un pays comme celui-ci est en général abandonné, et le peu qui s'en cultive, au contraire, fort riche, on le vend comme si l'on se trouvait dans un district entièrement cultivé. Aire : l'arpent emblavé avec 240 lbs ou 2 sacs contenant chacun 4 mesures de 30 lbs, se vend 1,000 liv. ; en supposant que cette quantité corresponde à 150 lbs par acre, c'est 27 l. st. 16 sh. 10 d. (= 1,720 fr. l'h.). Plaisance : 600 liv. (= 1,032 fr. l'h.). De tous ces prix, il ressort que dans les districts de bruyères et de landes, les terres cultivées et améliorées, ou celles d'une fertilité naturelle sont toujours devant tous les yeux. Mais ce n'est certainement pas la dixième partie du sol qui est dans ce cas; car le trait général du pays ce sont les terrains incultes, dont nous nous occuperons plus tard. Moyennes : rentes 16 sh. d. (= 50 fr. 20 c. l'h.), prix 19 l. st. 18 sh. 4 d. (= 1,098 fr. 80 c. l'h.).

On fera attention que pour obtenir ces moyennes, je rejette les notes obtenues de Saint-Brieuc à Musilac (Muzillac) et à Campan; elles passent de beaucoup trop le reste pour être employées, les conditions où elles se trouvent faisant exception. On peut accepter 20 l. st. (= 1,235 fr. 60 c. l'h.) comme prix de l'acre mis en rapport, et quand on songe aux immenses solitudes, généralement d'aussi bonne qualité, aisément capables d'une égale production et louées à perpétuité 5 d. l'acre (= 1 fr. 30 c. l'h.), on s'étonne de l'ignorance des gens en fait de défrichement et de culture améliorante ; c'est, en réalité, de toutes les branches de l'agriculture la moins étendue en France. Le peu que j'ai de renseignements sur la vente à tant d'années de revenus, me donne 25 en moyenne. L'intérêt de l'argent placé en biens-fonds est 5 0/0, le rapport du rendement à la semence en blé et en seigle 6 pour 1, enfin en prenant la moyenne de Dol, Saint-Brieuc, Rosporden et Lourdes, endroits où l'on connaît et le prix et la rente, ces moyennes sont 11 l. st. 7 sh. (= 83 fr. 40 c. l'h.), pour la rente ; de 34 l. st. 11 sh. 2 d. (= 2,135 fr. l'h.) pour le prix de la vente, le revenu brut du propriétaire ne monte pas à plus de 5 0/0.

RÉGIONS MONTAGNEUSES.

Les mêmes observations s'appliquent au cas présent, car, bien que les provinces de Roussillon, de Languedoc, d'Auvergne, de Dauphiné et de Provence soient les plus montagneuses de France, les routes suivent toujours les vallées, et, quand elles s'en détournent pour franchir les plus hautes de ces chaînes comme dans le Velay et le Vivarais et quelquefois en Provence, lorsqu'on demande le prix de la terre, c'est toujours à des endroits, relativement fertiles, que la réponse se rapporte ; endroits ayant là plus de valeur que dans les meilleurs pays. Il y a aussi cette cause d'erreur, que les eaux d'une vaste étendue de montagnes étant dirigées, par une irrigation bien entendue, sur des vallées resserrées, la prodigieuse valeur qu'elles ajoutent à ces terrains, conduit, si l'on n'y prend garde, à des moyennes chimériques, si on en fait l'objet de généralisations.

Roussillon. — De Bellegarde à Perpignan, une mesure de terre labourable arrosée, se loue 50 livres et se vend 1200 livres. La mesure est à l'arpent de Paris, comme 15 est à 11, ce serait donc 880 l. pour cet arpent (50 l. st. 1 sh. 10 d.) = 3,094 fr. 60 c. l'hec. et le loyer (1 l. st. 11 sh. 6 d.) = 107 fr. 30 c. l'hec. A Pia, la terre arable arrosée se vend 1000 liv. (32 l. st. 1 sh. 3 d.) = 1980 fr. 80 c. l'hec. ; la bonne terre non arrosée, 600 l. (19 l. 4 sh. 8 d.) = 1188 fr. 20 c. l'hec. ; celle de la vallée non arrosée se loue 30 liv. (18 l. st. 10 d.) = 58 fr. 20 c. l'hec.

Languedoc. — A Caussan (Creissan) on emblave la sesterée avec 96 lbs. de semence. M. Paucton donne

$\frac{3979}{10000}$ comme le rapport de cette sesterée à l'arpent de France ; 19,158 p. c'est 192 lbs. par acre = 215 k. par hec. J'ai vu à Béziers une ferme de 250 sesterées vendue 70,000 liv. ou 250 liv. par sesterée (21 l. st. 17 sh. 6 d.) = 1351 fr. 40 c. l'hec. A Carcassonne, le septier de froment est de 150 lbs., on en a 6 par septerée sur une bonne terre. La septerée d'ici contient 1024 cannes de 8 pans ou 25,000 p. : c'est donc un produit de 23 boisseaux par acre anglais = 20 hectol. 65 par hect. Les années extraordinaires donnent 10 septiers. Cette province passe pour beaucoup plus fertile qu'elle ne l'est. M. Astruc dit, à son propos : « *Je ne prétends point parler ni du blé, ni de la laine; ces deux articles sont portés dans le Languedoc à peu près au plus haut point où ils puissent aller* (1). « Belle raison de n'en parler pas davantage, pour l'auteur d'une histoire naturelle de la province ! A Narbonne, la laine est bonne, mais le blé mauvais. Un autre écrivain approche de la vérité, quand il dit : « Si nous en exceptons ce qu'on appelle la plaine de Languedoc, les vallées et les basses Cévennes, le reste de cette province, c'est-à-dire, la moitié est la plus ingrate, la plus stérile des contrées que je connaisse (2) »

Auvergne. — A Brioude et aux environs, la septerée de montagne contient 1800 toises et se vend de 50 à 80 l., elle contient 64,800 p. ou 2 arpents de Paris; la terre médiocre en culture vaut 1000 liv. (29 l. st. 3 sh. 7 d. = 1,802 fr. 65 c. l'h.) le setier de 1,600 toises ; celle de premier choix se vend 2,000 liv. (66 l. st. 14 sh. 4 d. = 4,121 fr. 65 c. l'h.) la mesure de 1,400 toises. Quel chaos que celui-ci : des mesures différentes selon

(1) *Mém. pour l'hist. nat. de la prov. de Languedoc*, in-4°, 1737. (Préface.)

(2) *Hist. nat. de la prov. de Languedoc*, par M. GENSANE, in-8° 4 tomes, 1777. Tome IV, p. 193.(*Note de l'auteur.*)

la qualité des terres ! A quelque distance de la ville, la bonne terre se vend 500 l. (16 l. st. 13 sh. 7 d. = 1,030 fr. 40 c. l'h.) et la médiocre 200 liv. (5 l. st. 16 sh. 8 d. = 360 fr. 40 c. l'h.). A Fix, la septerée contient 1,800 toises et vaut 800 liv., quand le sol est bon, mais l'un dans l'autre 400 liv. (10 l. st. 7 sh. 9 d. = 461 fr. 70 c. l'h.), loyer. 10 liv. = 16 fr. l'h. ; rendement 30 liv. = 48 fr. l'h., par conséquent intérêt de 2 1/2 0/0, mais il faut se rappeler que peu de gens louent des terres si chères, elles restent entre les mains de leurs propriétaires. A Pradelles, la mesure change de nouveau, 4 cartonats font un journal et se vendent 300 liv., mais si le sol est mauvais 30 liv. seulement, près de la ville le prix s'élève à 1,000 liv. Un homme fauche et une paire de bœufs laboure un journal par jour. A Villeneuve de Berg, le froment rend le quadruple de la semence dans les bonnes années. La mesure se vend 400 livres.

Dauphiné. — Montélimart. La mesure est la septerée que l'on emblave avec un septier de froment de 103 lbs. En supposant la manière d'ensemencer la même que dans tout le midi de la France, la récolte qui est de 8 pour 1, monterait à 23 1/2 boisseaux = 21 hectol. 10. lit. l'h. La bonne terre labourable et arrosable de la vallée vaut 400 liv. (27 l. st. 19 sh. 11 d. = 1727 fr. l'h.); non arrosable, 200 liv. (13 l. st. 19 sh. 6 d. = 863 fr. 35 c. l'h.) ; de qualité inférieure, 150 liv. (10 l. st. 9 sh. 7 d. = 647 fr. 40 c. l'h.). Loyers : 24 liv. (1 l. st. 13 sh. 3 d. = 102 fr. 70 c. l'h.) ; 18 liv. (77 fr. l'h.) ; et 3 liv. (12 fr. l'h.), selon les qualités. Intérêt 4 0/0.

Provence. — On rencontre à Avignon la même difficulté qu'à Montélimart pour la détermination de la mesure en usage, je prendrai encore la quantité de semence pour base. Le *salma* de blé pèse 400 lbs, mais la livre n'est pas ici le poids de marc, auquel elle est dans le rapport de $\frac{8,375}{10,000}$, cela fait donc 477 lbs. Le salma sert également pour la terre, mais la semence ne peut aider à le déterminer. Le sol arable vaut de 1200 à 3000 liv. près de la ville ; le froment y rend 8, 10 et 12 fois la semence. On se sert pour les prés de l'*Eymena*, qui donne une tonne de foin. A Lisle, les terres labourables se vendent 400 liv. l'Eymena, planté de mûriers ; sans eux 200 et jusqu'à 120 liv. De là en passant par la Crau, à Aix, où l'on mesure par carterée de 600 cannes de 8 pans ; le pan ayant 9 pouces 3 lignes, cela revient à 21,600 pieds c. Terre labourable, 600 liv. la carterée (47 l. st. 5 sh. = 2919 fr. l'h.). Intérêt 4 0/0. La Tour-d'Aigues, mesure : la somma de 1400 cannes 50,400 pieds c. Terre labourable, de 2 à 500 liv., moyenne 400 liv. (13 l. st. 6 sh. 10 d. = 824 fr. 20 c. l'h). On emblave avec 8 panneaux de 32 lbs soit 256 lbs, sur un bon sol ; mais comme on se sert ici du poids de table, c'est effectivement 220 lbs poids de marc (167 lbs = 187 kilog. par h.). Chose extraordinaire, on ne sème que le quart de cette quantité dans les mauvais terrains. On regarde comme un bon produit 8 pour 1, comme mauvais, 4, la moyenne est de 5 (14 boisseaux = 12 hectol. 57 l. par h.), preuve d'une agriculture misérable. Lorsqu'au lieu de la charrue, ils se servent de la houe, et remuent mieux et plus profondément le sol, on obtient 7 et 8 pour 1 (20 boisseaux = 17 hectol. 96 l. par h.). La meilleure acquisition ne rapporte pas au delà de 4 0/0. A Marseille, le célèbre abbé Raynal m'assura qu'il tenait de plusieurs cultivateurs, connaissant bien la France, que la moyenne générale de rendement ne va pas au delà de 4 1/2 pour 1. En revenant d'Italie, j'ai appris à Lyon que cette province ne rend que le quadruple de la semence, et que la terre arable n'y a que la moitié de la valeur des prairies. Et comme dans cette ville je suis voisin de la petite province de Bresse, qui relève de la généralité de Dijon, j'ajouterai, d'après les renseignements de l'ingénieux savant M. Varenne de Fenille, que la mesure commune de cette province est, pour la terre, la coupée de 6250 pieds, que l'on emblave avec une coupée de 22 lbs, d'une valeur ordinaire de 2 liv., mais qui dans ces dix dernières années a atteint 45 sous. Le rendement ordinaire est de 5 pour 1, mais le maïs rend au moins 12 pour 1. Je remarquerai, en terminant, que la plus grande partie de ces provinces montagneuses ne paie aucun loyer, et ne donne d'autre produit que le pâturage d'été des bestiaux, dont le montant est très négligeable (1). Il y a peut-être en Languedoc les 7/8 de la surface couverts de montagnes ; en Provence, la moitié en plus ; en Auvergne, les 3/4 ; les 2/3 en Dauphiné. Ces immenses étendues abondent, il est vrai, en charmantes vallées, mais celles-ci ont peu de largeur, et les pentes cultivées ne forment qu'une proportion insignifiante du tout, auprès de ce qui reste inculte. Ces immensités, sans propriétaires, sans haies pour les clore, servant en général de communaux aux paroisses, n'ont d'autre prix que celui qu'en donnent quelques individus qui les achètent, et que je rapporterai au chapitre des terres incultes. Leur valeur ne mérite pas de trouver place ici. Des seigneurs propriétaires des mêmes droits les vendent ou les donnent en fief à meilleur marché encore. Le voisinage de ces montagnes donne aux terres des

(1) Sous ce rapport, les meilleures montagnes dont j'aie entendu parler sont celles commençant à Colmars et à Barcelonnette, qui, couvertes d'un beau gazon, nourrissent en été une immense quantité de gros bétail et de moutons.

vallées une valeur extraordinaire. Le foin et la paille sont, en France, presque la seule nourriture d'hiver du gros bétail et des moutons. Cette misérable économie fait attacher aux prés un prix qui, dans une meilleure exploitation, tomberait probablement de moitié. Pour la même raison, les terres arables sont très chères. Plus les fermiers peuvent maintenir de bétail l'été dans les montagnes, plus leurs terres cultivées ont de valeur. — Moyenne. Rente 17 sh. 7 d. = 54 fr. 30 c. l'h. Prix 21 l. st. 7 sh. 7 d. = 1320 fr. 80 c. l'h.

La moyenne donnée ici est celle de la terre mise en rapport, principalement celle des vallées dans ce district montagneux. J'ajouterai que l'intérêt des acquisitions varie de 2 1/2 à 4. La moyenne est environ 3 1/2, peut-être 3 3/4 0/0. Les rendements en froment et en seigle, à proportion de la semence, vont du quadruple au décuple, mais ceci dans les vallées arrosées seulement. La moyenne est du quadruple au quintuple. Enfin, je noterai qu'en choisissant dans le Roussillon, le Languedoc et le Dauphiné les renseignements donnant à la fois et le prix d'achat et la rente, je trouve les moyennes suivantes : Rente 1 liv. st. 3 d. = 62 fr. 55 c. l'h. Prix d'achat 22 liv. st. 4 d. = 1360 fr. 15 c. l'h.

RÉGIONS PIERREUSES.

Lorraine. — Sainte-Ménehould, bonne terre arable, pour 250 à 300 liv. le journal de 21,384 p. (21 l. st. 11 sh. 4 d. = 1332 fr. 35 c. l'h.); il y a des parties qui ne vont pas au delà de 10 liv. 15 sh. (= 46 fr. 35 c. l'h.). De même jusqu'à Brahan (Brabant-en-Argonne); mais dans les environs de cet endroit des fermes entières se vendent sur le pied de 80 liv. (6 l. 6 sh. = 389 fr. 20 c.

l'h.). Verdun, bonne qualité, 300 à 500 liv. (31 liv. st. 10 sh. = 1946 fr. l'h.); sur les collines, 10 et 20 liv. (1 liv. st. 2 sh. 9 d. = 70 fr. 30 c. l'h.). Mar-le-Tours (Mars-la-Tour), terre labourable, 400 liv. (31 l. st. 10 sh. = 1946 fr. l'h.). Sur la route de Metz, la mesure devient de 22,575 p., suivant un renseignement ; de 480 perches de 8 pieds 2 pouces, suivant un autre, qui donne ainsi 31,680 p. ; le blé se mesure par franchards de 42 lbs. L'incertitude de ces mesures a rendu inutiles bien des renseignements que j'avais obtenus. A Metz, où la mesure est de 22,575 p., le froment donne, sur les meilleures terres, 5 1/2 pour 1, c'est-à-dire qu'un quartier de semence de 5 liv. 15 sous en produit 5 1/2, où 31 liv. 12 sous ; sur les terres médiocres, ce n'est que 3 1/2. Les terres labourables valent 150 liv. (11 liv. st. 4 sh. = 691 fr. 90 c. l'h.). Les biens donnent net 3 1/2 ou 4 pour 100, et se vendent pour 24 ans de revenu. Pont-à-Mousson, autre mesure : 300 verges de 10 pieds de 10 p. chaque, soit 16,200 pieds. J'enregistre les chiffres tels qu'on me les a donnés, mais quelques-uns me semblent extraordinaires ; je ne puis cependant entretenir de doutes, mes autorités étant les meilleures du pays. Mauvaise terre arable dans la plaine, 300 liv. (24 liv. st. 13 sh. = 1522 fr. 80 c. l'h.), en convertissant non seulement la mesure, mais la monnaie, car 31 liv. d'ici n'en font que 24 de France) ; qualité médiocre 500 liv. (40 l. st. 12 sh. 1 d. = 2,508 fr. 46 c. l'h.) ; premier choix 1,000 liv. (79 l. st. 12 sh. 2 d. = 4,918 fr. l'h.). Le meilleur rendement en blé est de 7 quartiers de 130 lbs. ; la moyenne, 4 (23 boisseaux = 20 hectol. 65 par h.). Je tiens d'une autre personne que pour les rendements, le meilleur est de 10 quartiers (= 51 hectol. 60 par h.); le médiocre de 7 (=36 hectol. 14 par h.); le plus mauvais de 3

(= 15 hectol. 50 à l'h.) ; mais comme cela nous donnerait une moyenne de 40 boisseaux (= 35 hectol. 92 par h.), je rejette ces données et m'en tiens à celles qui précèdent. On m'a adressé à une douzaine au moins de personnes en France, s'occupant d'agriculture qui ne savaient pas la mesure du pays où elles vivaient et ne pouvaient la découvrir si par accident l'arpenteur était absent ou ne résidait pas dans la ville. Rentes dans la plaine, de 30 à 50 liv. (31 l. st. 3 sh. 10 d. = 1,942 fr. 40 c. l'h.) intérêt des biens territoriaux, de 3 à 3 1/2 0/0. A Nancy, l'arpent contient 19,360 p. ou 250 t. de 10 perches. Terres arables, 500 l. (33 l. st. 17 sh. 6 d. = 2,092 fr. 75 c. l'h.) ; les prix extrêmes sont, 700 liv. et 250 liv. (16 l. st. 8 sh. 9 d. = 1015 fr. 50 c. l'h.). Les domaines soumis à des redevances féodales honorifiques donnent de 3 à 3 1/2 0/0, les autres qui en sont libres, 5. Comme je trouvais encore des difficultés à Lunéville pour déterminer la mesure, je parcourus une pièce que l'on me dit égale à un journal et la trouvai contenir 1974 yards ou 15,620 pieds français. Près de forts villages, la terre monte à 300 liv. (24 l. st. 17 sh. 10 d. = 1,537 fr. 75 c. l'h.). Le prix commun est de 124 liv. (10 l. st. 7 sh. 3 d. = 639 fr. 15 c. l'h.). Une bonne récolte de blé est celle de 3 razeaux de 180 lbs. (la livre étant au poids de marc comme 0, 9309 à 1, c'est 23 boisseaux (= 20 hectol. 65 à l'h.) ; deux razeaux (15 boiss. 1/2 = 13 hectol. 82 à l'h.) en sont une médiocre, 1 1/2 (11 1/2 boiss. = 10 hect. 33 l. à l'h.)forment la plus mauvaise. Haming (Héming), la terre cultivable vaut de 100 à 200 liv. le journal (12 l. st. 8 sh. 11 d.) = 768 fr. 90 c. à l'h. et se loue 10 liv. 8 sh. 9 d. (= 27 fr. l'h.).

Alsace. — Béfort. Première qualité, 600 liv., moyenne, 250 l. le journal de 800 toises (14 l. st. 11

sh. 4 d. = 899 fr. 90 c. l'h.). On emblave avec 4 quartiers de 42 lbs. chaque (224 lbs. = 250 kil. par h.) qui produisent de 13 à 16 quartiers (14 1/2 de ces quartiers valent 12 boisseaux anglais = 13 hectol. par h.). Prix commun du sac 16 liv. ou pour 4,64 liv. L'orge vaut moitié moins, 32 liv. Le produit total de la rotation ordinaire de trois ans, 1°. jachère, 2°. froment, 3°. blé de mars, est de 96 liv. Loyer, 11 liv. (12 sh. 3 d. = 37 fr. 85 c. l'h.) A Isle (L'Isle-sur-le-Doubs), le journal contient 4 quartiers de 90 perches, à 9 p. chaque, c'est 29,160 p. La terre en général se vend de 240 à 400 liv. (18 l. st. 5 sh. 9 d. = 1,129 fr. 80 c. l'h.). Rendement en blé : 12 à 20 quartiers de 40 lbs. (15 boisseaux 1/2 = 13 hectol. 92 l'h.)

Franche-Comté. — Le journal de Besançon est de 360 perches de 9 p. 1/2 ou 33,507 p. On a de très mauvaise terre arable à 50 l. (2 l. st. 11 sh. 10 d. = 160 fr. 10 c. l'h.), de très bonne à 1,500 liv. (77 l. st. 15 sh. = 4,803 fr. 30 c. l'h.), entre ces extrêmes à 500 liv. (25 l. st. 18 sh. 4 d. = 1,601 fr. l'h.). Rendement en blé de 2 à 5 mesures de 40 lbs. (de 36 à 50 lbs) par *œuvre* ou 1/8e de journal, à 3 c'est 20 boisseaux (= 17 hect. 96 par h.). Intérêt, rarement à 4 0/0 sur les montagnes, et près de la Suisse 2 1/2 seulement. Orchamps, riche vallée, le journal vaut 700 liv. (36 l. st. 5 sh. 8 d. = 2,241 fr. 50 c. l'h.). Tout ce que j'ai vu de la Franche-Comté est misérablement cultivé : des jachères très communes et avec cela un pauvre froment et les rares exceptions n'ont pas grand mérite. La culture du maïs serait une bonne chose, mais il est trop mêlé de chanvre, et n'est ni propre ni en bon état.

Bourgogne. — Environs de Longeau. Mesure : Journal de 360 perches de 9 p. ou 28,800 p. Prix moyen 600 liv. (34 l. st. 19 sh. 2 d. = 2,159 fr. 70 c. l'h.). Le blé se mesure par 32 lbs., un journal rend 50 fois cette quantité dans les meilleures conditions (41 boiss. = 36 hect. 82 par h.), 30 est le chiffre moyen (24 boiss. = 21 hect. 55 par h.) ; le maïs rend 40 mesures (32 boiss. = 28 hect. 74 par h.); on y récolte en outre de 10 à 35 mesures de haricots = de 7 hect. 18 à 25 hect. 15 par h.) ; l'orge 35 mesures = 25 hect. 15 par h. Dans les environs de Dijon, où le journal est la même chose que l'arpent de Paris, les terrains arables valent de 200 liv. (10 l. st. 7 sh. 9 d. = 641 fr. 70 c. l'h.) à 600 liv. (31 l. st. 3 sh. 3 d. = 1,925 fr, 15 c. l'h.). La moitié en blé appartenant au propriétaire dans le métayage est de 5 mesures de 45 lbs. (5 boiss. = 4 hect. 49 à l'h.). La terre donne cependant plus du double, car il faut déduire certains frais, comme dîmes, moisson, battage, avant de prélever cette moitié. A Nuits, le journal de terre arable descend à 3 et 400 liv. (18 l. st. 3 sh. 6 d. = 1,122 fr. 80 c. l'h.). Il m'a été impossible dans cette région d'éviter les erreurs venant de ce que les renseignements que l'on me donnait se rapportaient bien plus à de bonnes terres, en culture depuis longues années, qu'à une moyenne générale. Dans le chapitre du produit du royaume, qui embrasse toute espèce de terres, cette région n'a pas un rang élevé ; c'est au contraire la plus mal cultivée. Après les régions de bruyères, la Sologne, le Bourbonnais, le Nivernais, je ne connais rien de pis : de grands espaces sont incultes; ceux que l'on cultive, sont négligés, cependant il y a de riches vallées, bien unies, bien arrosées, et capables de donner de beaux produits, même avec une mauvaise exploitation. D'immenses étendues, en Lorraine, sont maudites par ce fléau des communaux, plus général ici que dans les autres provinces. Là où ils existent il ne peut y avoir de bonne agriculture. Le bon duc de Lorraine, le souverain le plus sage et le plus bienveillant de son époque, semble rien n'avoir rien fait sous ce rapport; et ainsi la province continue à être comme par le passé la plus pauvre de la France. C'est un mauvais signe quand vous voyez compter la solde des troupes comme un bienfait. A entendre les gens du pays, la Lorraine, sans ses garnisons, la Franche-Comté, sans ses forges, seraient désolées : marque certaine que la culture est mal entendue et surchargée de bras ou plutôt de bouches inutiles. Moyenne — Prix d'achat; (21 l. st. 10 sh. 2 d. = 1,328 fr. 75 c. l'h.); rendement, (18 boisseaux = 16,16 hectol. par h.). En calculant ces moyennes, je mets de côté les avantages dus au voisinage de Besançon. Je dois ajouter ici, comme je l'ai fait avant, que la terre dans ce district se vend à 24 ans de revenu, et rapporte de 2 1/2 à 5, en moyenne 3 3/4. Moyenne des renseignements donnant à la fois le prix et la rente : Rente, 1 l. st. 8 sh. 3 d. = 87 fr. 25 c. l'h. Prix, 35 l. st. 10 sh. 9 d. = 2,195 fr. 45 c. l'h.

RÉGIONS CRAYEUSES.

Sologne. — La Sologne n'est pas sur un sol crayeux, mais comme en plusieurs endroits j'ai vu de très bonnes marnes argileuses, et que les abords de cette province sont tous calcaires, je me crois fondé dans ma classification, malgré ce qu'a dit M. d'Autroche (p. 24), qu'il n'y a pas de pierres calcaires dans ce district. On y entre, en venant d'Orléans, par La Ferté-Lowendahl. La misère y est générale, l'agriculture à son point le plus bas, et partout cependant il y a de quoi la rendre florissante. Entre ces deux villes, un espace de dix milles s'étend plat et sablonneux, dont le premier mille, à partir d'Orléans, a seul reçu quelques soins ; le reste est cultivé sans intelligence ou abandonné aux bruyères. On n'y récolte que du seigle et en quantité insignifiante ; c'est une satire pour le royaume qu'on jette de la semence sur un pareil terrain. L'arpent de France se loue 4 liv. (3 sh. = 9 fr. 25 c. l'h.), mais on donne par-dessus le marché un pacage à moutons bien plus étendu : 4 1/2 liv. = 10 fr. 40 c. l'h. près de La Ferté : tout cela est tenu par des métayers. La Motte-Beuvron, 400 liv. pour 150 mines de terrain, 3 mines faisant 2 arpents ; ce n'est pas tout à fait 4 liv. (1). Mais il y a là-dessus bien de ces misérables pacages. Pauvre récolte de seigle et de sarrasin : les fermiers regardent l'année comme favorable pour cette dernière, qui, j'en suis sûr, ne produira pas 2 quarts anglais par acre (14 hectol. 37 l. par h.). Nonant-le-Fuzelier, même pays, même agriculture, le seigle n'y donnera pas cette année au delà de 1/2 à 1 quarter par acre (de 3 hectol. 56 l. à 7 hectol. 11 par h.). La Loge, même pays, inculte pour les neuf dixièmes. Il y a un seigle de printemps, tenant lieu de nos récoltes de printemps, qui ne réussit pas à l'automne. On le sème en mars ou avril ; cependant ce seigle est récolté une semaine seulement après l'ordinaire ; son rendement n'est pas tout à fait si grand. Le sarrasin donne de 7 à 12 septiers par septerée, le septier pesant, rempli de seigle, 120 lbs. C'est 10 boisseaux (8 hectol. 98 l. par h.) pour deux (1 hectol. 79 l. par h.) de semence par acre anglais. Le seigle rend 3 pour 1. A Salbris, de la terre fraîchement mise en valeur donne 12 boisseaux de seigle de 13 lbs. par mesure de terre dont 12 font une septerée, soit 12 septiers de 156 lbs. ; en avançant, le seigle produit

(1) Erreur : cela fait juste 4 liv. par arpent, ou 8 fr. 70 c. par hectare.

3 septiers la septerée; comme la septerée vaut environ un acre, la récolte est de un quarter anglais par acre (7 h. 18 l. par h.). Je dirai de la Sologne en général qu'un auteur de la province a calculé son étendue à 250 lieues carrées ou un million d'arpents (1), et que la rente nette, quand le propriétaire ne fournit pas le cheptel, n'est que de 20 à 25 sols par arpent, l'un dans l'autre. Un autre écrivain dit que les plus mauvaises terres s'y vendent 110 liv. l'arpent de Paris (5 l. st. 14 sh. 3 d. = 352 fr. 90 c. l'h.) (2). Il entend les terres cultivées, je suppose, car certainement les landes n'ont jamais eu ce prix. Je crois tout cela également, après avoir vu cette région, et il n'y a pas au monde de satire plus sanglante contre l'agriculture d'un pays! Le gouvernement et la noblesse ont même part au blâme. J'ai rarement vu une contrée aussi susceptible d'amélioration; car, si le sol est du sable ou du gravier, partout il recouvre de l'argile ou des marnes argileuses.

Saintonge. — Passé par cette province dans mon retour vers le N. A la Graulle, la mesure est de 32 carreaux de 18 p. carrés chacun, soit 10,368 p. Elle se vend 10 liv. (1 l. st. 12 sh. 4 d. = 99 fr. 85 c. l'h.), à cause de sa détestable qualité; les meilleurs terrains vont à 30 liv. (4 l. st. 17 sh. = 299 fr. 60 c. l'h.). A Rignac, le sol étant gras et de bonne qualité, se vend 600 liv. (31 l. st. 3 sh. 10 d. = 1927 fr. 25 c. l'h.) l'arpent de Paris, qui est la mesure ordinaire de Xaintonge. Rendement en blé : 10 sacs de 150 lbs (32 boisseaux = 28 hectol. 74 l. par h.), dans les meilleures circonstances; en moyenne, 7 1/2 (24 boisseaux = 21 hectol. 55 l. par h.). A Barbezieux, on fait deux froments

(1) *Mémoire sur l'amélioration de la Sologne*, par M. D'AUTROCHE, in-8°, 1787, p. 4. (*Note de l'auteur.*)

(2) *Crédit national*, p. 114. (*Note de l'auteur.*)

de suite : le premier donne 12 à 15 boisseaux du pays par journal ; le deuxième, 8 ou 9 ; c'est une preuve suffisante de la barbarie des cultivateurs.

Angoumois. — Le journal y est à celui de France comme 0,674 est à 1, c'est un peu plus que l'arpent de Paris. A Petignac, la bonne terre se vend 400 liv. (20 l. st. 16 sh. 9 d. = 1287 fr. 30 c. l'h.), mais la mauvaise, on entend par là la craie, se donne pour rien, ou pour peu de chose, si on en achète d'autre avec. A Roulet, l'arpent est d'un journal et demi de 200 carreaux de 12 p. chaque, soit 28,800 p. Le maïs produit ici 30 à 40 boisseaux pesant chacun 45 lbs (38 boisseaux = 34 hectol. 13 l. à l'h.); le blé, 25 boisseaux la première année (26 boisseaux = 23 hectol. 35 l. à l'h.), mais la seconde, pas au delà de 16 (17 boisseaux = 15 hectol. 27 l. à l'h.); ces données sont prises sur les meilleures terres seulement, les autres produisent beaucoup moins. A Angoulème, le froment donne par journal 12 boisseaux de 78 à 92 lbs. La terre forte se vend 200 liv. (11 l. st. 12 sh. 9 d. = 718 fr. 95 c. l'h.). A Verteuil, le journal est de 200 carreaux, chacun de 12 p. c. Comme à Roulet, la terre se vend 300 liv. (17 l. st. 10 sh. = 1081 fr. 15 c. l'h.) ou de 20 à 25 ans de revenu ; rente 12 liv. (14 sh. = 43 fr. 25 c. l'h.). On emblave le journal avec plus d'un boisseau de blé de 80 lbs (90 feraient 120 lbs par acre anglais), rendement, 5 (10 boisseaux = 8 hectol. 98 l. par h.). A Caudac, le froment produit 3 sacs par journal, le sac vaut 2 boisseaux, le boisseau 70 à 80 lbs (11 boisseaux = 9 hectol. 88 l. par h.) ; le maïs, 4 1/2 sacs (16 1/2 boisseaux = 14 hectol. 82 l. par h.). Je remarquerai sur l'Angoumois, en général, que la seule manière de bien réussir dans cette province serait de s'entendre à la culture du sainfoin et des navets ; on n'y a pas idée de cette dernière ; quant à l'autre, quoiqu'elle ne soit pas absolument inconnue, on s'y livre si peu, qu'il n'y en a pas un acre là où il devrait y en avoir mille. Quand les terrains crayeux sont exploités selon la routine ordinaire de France, comment s'étonner si l'on n'obtient que d'aussi mauvaises récoltes? Cette province ne produit pas, en moyenne, le quart de ce que donnerait une étendue semblable en Angleterre.

Poitou. — A Ruffec, on fait blé sur blé, la première récolte est de 12 à 16 boisseaux de 80 lbs, la seconde de 6 à 3, la troisième, 9. A Coute-Vérac (Couhé), c'est 12 boisseaux par journal, sur de la terre qu'on vend 100 liv. Pendant plusieurs milles, jusqu'à Poitiers, la campagne paraît aussi mal cultivée qu'elle est *sombre*, c'est une des plus tristes que j'aie vues en France. Les rendements sont fort bas, si j'en juge par l'état des guérets, et par les quelques renseignements, ou plutôt les quelques mots que j'ai recueillis ; ils n'atteignent pas la moitié de ce qu'obtiendrait une culture un peu meilleure. A Clain, la mesure est la boisselée de 16 chaînes carrées de 10 p. chaque, soit 25,000 p., donnant 12 à 18 boisseaux de 32 lbs en seigle (13 boisseaux = 11 hectol. 67 l. l'h.). La même mesure de terre se vend à la Tricherie 60 à 90 liv. (4 l. st. 18 sh. = 302 fr. 70 c. l'h.); à Châtellerault, 60 liv. (3 l. st. 18 sh. 9 d. = 243 fr. 25 c. l'h.). Le seigle produit 10 boisseaux (8 boisseaux = 7 hectol. 18 l. par h.). En avançant, le terrain s'améliore un peu, il se vend 100 liv. (6 l. st. 11 sh. 2 d. = 405 fr. 15 c. l'h.) et rapporte de 12 à 14 boisseaux de seigle.

Touraine. — A Beauvais, les loams se vendent 100 liv. l'arpent ; la craie, moitié seulement. Le froment sur sainfoin produit 80 boisseaux, mais 20 seulement après jachère. Je suis tellement indécis sur la valeur de l'arpent et du boisseau, que je ne donne pas de réduction ; on m'a dit pour le premier qu'il se composait de 100 chaînes de 12 p. A Montbazon, l'arpent de 100 chaînes de 25 pieds carrés chaque ou 62,500 p. vaut de 3 à 8 liv. la chaîne, ou 300 à 800 liv. l'arpent (14 l. st. 16 sh. 7 d. = 916 fr. 12 c. par h.). Le froment rapporte 50 gerbes de 1 1/2 boisseau chacune (16 boisseaux = 14 hectol. 37 l. par h.). On coupe les orges à présent, il n'y en a pas 2 quarts anglais par acre (14 hectol. 37 l. par h.). A Tours, les grandes propriétés donnent 5 0/0, les petites, rien que 3 1/2. Amboise, l'arpent 200 liv. ; Blois, la meilleure terre, 300 liv. (15 l. st. 12 sh. 4 d. = 964 fr. 80 c. l'h.). Il y a 12 boisselées dans un arpent, emblavées avec un boisseau de 10 lbs (157 lbs = 175 kil. 500 par h.).

Sologne. — La partie que nous voyons maintenant n'a pas si mauvaise apparence que l'autre où nous avions passé d'abord. A Chambord, l'arpent est de 1600 toises, la rente de 24 liv. (14 sh. = 43 fr. 24 c. l'h.), mais pour les meilleurs sols ; les rendements sont faibles en général, hors celui des vignes. Près d'Orléans, il y avait quelques sarrasins qui ne donneront pas au delà de 5 ou 6 boisseaux anglais l'acre (4 hectol. 49 l. ou 5 hectol. 38 l. à l'h.). Rente des sables 8 liv. (4 sh. 2 d. = 12 fr. 90 c. l'h.).

Champagne. — Château-Thierry ; les terres labourables de la vallée se louent 12 liv. l'arpent (8 sh. 2 d. = 25 fr. 20 c. l'h.), mais les collines valent et rendent beaucoup moins. Toutes les récoltes que je vois sont misérables, cependant le sol est un bon loam. Près de Mareuil, les fermes se louent au tiers franc, donnant au propriétaire, par cette division, 20 à 24 liv. par arpent (16 sh. = 49 fr. 42 c. l'h.). La terre se vend à 30 ans de revenu et rapporte 5 0/0. A Épernay, l'intérêt général des biens territoriaux est de 3 0/0. Les marnes crayeuses de la vallée, à quatre milles environ avant Reims, ne portent guère de froment, mais beaucoup de seigle ; par parenthèse, la récolte la plus propre que j'aie vue cette année en France, à moins que les pauvres n'aient sarclé les guérets pour nourrir leurs vaches. Prix 200 à 250 liv. l'arpent de France (7 l. st. 16 sh. 7 d. = 483 fr. 70 c. l'h.). Dans le pays entre la Loge et Châlons, il s'en est beaucoup vendu à 30 liv. l'arpent (1 l. st. 1 sh. = 64 fr. 90 c. l'h.) ; à 6 liv. même (4 sh. 2 d. = 12 fr. 90 c. l'h.) ; de grands espaces se louent moins de 20 sous (8 d = 2 fr. l'h.), et on en laisse beaucoup aux mauvaises herbes, comme indignes de culture, qui, mis au sainfoin vaudraient 3 guinées l'acre = 194 fr. 60 c. l'h. A Ove (Auve), les misérables terrains de craie se vendent 48 liv. le journal (18 sh. 4 d. = 56 fr. 66 c.); rien n'est plus triste que les rendements. A l'égard de la province tout entière, je noterai ici, que l'assemblée provinciale, dans son rapport sur l'ensemble, a constaté que la Champagne contenait 4 millions d'arpents, loués 20,000,000 de liv., et produisant brut 60 millions ; ceci met le produit à 15 liv. (10 sh. = 30 fr. 90 c. l'h.), et la rente à 5 liv. (3 sh. 6 d. = 10 fr. 80 c. l'h.): évaluations qui montrent que l'on suppose comme improductives d'énormes étendues, car le rendement des vignobles et des terres bordant les cours d'eau est considérable. La terre se vend en Champagne, comme ailleurs, selon l'intérêt qu'on s'attend à en retirer; en conséquence, les prix suivent la culture. Là où la terre est tenue par un *métayer*, la rente dépend du rendement ; or, tant que l'agriculture (hormis ce qui touche aux vignes) sera dans un état si misérable, le propriétaire ne peut raisonnablement espérer que le maigre revenu actuel. Il y a des changements inouïs à faire dans cette contrée par les prairies artificielles, les navets et les moutons ; la stupide ignorance des propriétaires, les préjugés qu'ils rapportent de l'armée comme tous les Français, les rendent indignes de pitié, ils n'ont que ce qu'ils méritent, mais le sort des paysans excite à bon droit la compassion.

En somme, les pauvres provinces de la craie doivent être regardées comme les plus mal cultivées de France, et il ne faut pas s'en étonner ; la véritable exploitation de ces terrains dépend de trois choses : les navets, les fourrages artificiels et les moutons, dont pas une n'est plus connue ici que chez les Hurons. C'est le point décisif. Moyenne : rente, 6 sh. 9 d. = 20 fr. 85 c. l'h. ; prix 9 l. st. 1 sh. 5 d. = 560 fr. 40 c. l'h. ; rendement, 13 1/2 boisseaux = 12 hectol. 12 lit. par h.

La terre se vend en moyenne à 25 ans de revenu, et rapporte 4 0/0 du capital engagé. Les rendements sont de 4 pour 1, pour le froment et le seigle. Je n'ai que deux notes donnant à la fois le prix et la rente, La moyenne est de 10 sh. 4 d. pour la rente = 31 fr. 90 l'h. ; 12 l. st. 13 sh. 3 d. pour le prix = 782 fr. 25 c. l'h.

Selon ce calcul, l'intérêt serait de 4 0/0 environ, et il faut observer en outre que la rente n'est pas nette, le propriétaire doit en déduire ses vingtièmes.

RÉGION DES SABLES GRAVELEUX.

Bourgogne. — C'est à Autun que se trouve la ligne de séparation entre les divers terrains pierreux de cette province, dont la surface est élevée, et la plaine de gravier où coule la Loire. La mesure est la boisselée, espace ensemencé par un boisseau de seigle de 40 lbs : à 160 lbs par acre anglais = 180 kil. par hectare, la boisselée vaudrait 9600 p. de France. Quant à la rente, on n'en peut rien savoir de précis sans des détails que les propriétaires seraient fort embarrassés de donner, car les prairies, les pacages, les bois sont donnés au fermier par-dessus le marché, et il partage le seigle et le bétail avec le propriétaire. Quant aux prix, le seul renseignement que j'aie pu obtenir d'une personne que j'aurais cru bien informée fut que, un domaine produisant 500 boisseaux de seigle, avec les pâturages, pacages et bois en proportion, selon la coutume du pays, vaudrait 30,000 liv. A Luzy, dans une bonne année, le seigle donne 5 à 6 pour 1. Tout le pays, depuis Autun jusqu'à Bourbon-Lancy, est un sol de granit ou de gravier, ne paraissant rien porter que de mauvais seigle.

Bourbonnais. — A Chavanne on sème un boisseau de seigle de 20 lbs sur une boisselée de terre donnant, dans une bonne année, de 5 à 6 pour 1. Il se trouve à vendre ici un bien composé de trois fermes tenues par des métayers qui donnent 3,000 liv. par an ; on en demande 80,000 liv., mais on l'aurait pour 60,000. C'est un placement à 5 0/0. A Moulins, l'arpent contient 8 boisselées de 168 toises carrées chaque, ou 48,384 p., 6,048 p. par boisselée. La bonne terre arable vaut 150 à 200 liv. l'arpent (5 l. st. 19 sh. 10 d. = 370 fr. 15 c.) l'hect. ; mais il y en a de si mauvaise qu'on la cède à 12 liv. (7 sh. 10 d. = 24 fr. 20 c. l'hectare). Tous les achats rapportent 5 0/0. On sème 160 lbs de seigle par arpent (140 lbs), et on obtient quatre ou cinq fois cette quantité. Dans les environs il y a un bien à vendre, qui rapporte 10,000 liv. par an, et dont on demande 300,000 liv. ; mais le bois, etc., donnés en sus, le reduisent à 250,000 liv. Il rapporterait net 4 0/0, par le misérable produit de 3 1/2 ou 4 l. (2 sh. 6 d. = 7 fr. 70 c. l'h.) l'arpent, que le propriétaire prélèverait comme sa moitié, qu'à l'exemple de ce qui se fait aux environs, il ne gagne qu'en fournissant tout le bétail des fermes. Mettons le prix d'achat à 250,000 liv. (10,937 l. st.), la rente annuelle à 10,000 liv. (437 l. st.), à 2 sh. 6 d. l'acre anglais, cela fera 3496 acres à 3 l. st. 2 sh. 6 d. chaque. Le rendement annuel est de 5381 boisseaux de seigle à 20 lbs (à 55 lbs anglaises le boisseau, cela donne 2150 boisseaux, qui, à 3 sh., font 322 l. st. 10 sh.), 5 pour 1 de la semence. A La Palisse, le seigle donne 4 pour 1. La plaine graveleuse s'étend jusqu'à Neufmoutier.

Nivernais. — Tout ce que j'ai vu de cette province ressemble au Bourbonnais pour le sol, la culture et le rendement; le seigle est également presque la seule récolte, mais il y a un peu plus de variété, car l'avoine succède quelquefois au seigle, et on trouve quelques terres à froment. La plaine de gravier de la Loire, qui renferme ces deux provinces, commence au S. à Roanne en Lyonnais (Forez). Je dirai en général de cette région graveleuse que c'est une des plus aisées à améliorer que j'aie vues. Il y aurait beaucoup à faire au moyen d'une culture bien entendue pour tenir des moutons, le bétail le mieux adopté à ces provinces. J'ajouterai que rien n'est plus mauvais que la race actuelle ; de la paille de seigle au lieu de navets pour nourriture d'hiver en donne une raison suffisante.

Il n'y a pas plus pauvres que les métayers du Bourbonnais, et les propriétaires sentent les effets de cette misère d'une façon que l'on croirait devoir leur ouvrir les yeux sur leur position réelle. Ils reçoivent environ 2 sh. 6 d. par acre = 7 fr. 70 c. par h. en moyenne, non pas seulement pour la terre, mais encore pour les risques que court le bétail dont ils la garnissent. Ainsi ils ont les plus grandes chances de pertes sans le gain qui en résulte, car l'ignorance des métayers est telle qu'on attendrait vainement d'eux aucune amélioration.

Si, dans une semblable situation, les propriétaires ne se chargent pas de leurs fermes, assez du moins pour prouver aux métayers qu'elles peuvent porter d'autres récoltes, c'est qu'ils sont aussi apathiques que ceux-ci, et leur misère est un juste châtiment de leurs préjugés et de leur indolence. — Prix moyen : 3. l. st. 3 sh. 4 d. = 195 fr. 65 c. l'h.

Je croirais assez que la rente moyenne de toute cette région avec le métayage est d'environ 2 sh. 6 d. l'acre, dont il faut déduire l'intérêt du cheptel en bétail à cornes, moutons, chevaux et porcs, qui s'élève assez haut. Mais, de l'autre côté, le bois, les buissons, quelques prairies toujours sous la main, les vignes, les nombreux étangs, le loyer des moulins, etc., font plus que balancer cette déduction, et portent peut-être le produit à 3 sh. l'acre = 9 fr. 25 c. l'h., et quelque chose de plus. L'intérêt sera donc 4 1/2 0/0 environ. Le rendement en seigle est de 5 pour 1, selon les calculs les plus approchés.

RÉGIONS DE LOAMS DIVERS.

Berry. — En venant de la *triste* Sologne vers cette province on voit le sol s'améliorer en même temps que les produits, qui continuent cependant à être peu abondants et bien inférieurs à ce qu'ils devraient être. Quelques lieues avant Vierzon, où finit la forêt du comte d'Artois, le seigle et le sarrazin donnent de 5 1/2 à 6 septiers par septerée de terre ; l'orge un peu moins, c'est-à-dire 5 ou 6 pour 1. Un fermier occupe

50 sesterées de terre pour 150 livres ; le boisseau de seigle est de 15 lbs ; 12 font un septier de 180 lbs, quantité de semence qui met la sesterée de 5 verges anglaises au moins au-dessus de l'acre. Le froment et l'orge donnent 5 à 6 septiers. Vers Vatan, le sol s'améliore beaucoup ; le froment donne 3 1/2 septiers de 204 lbs, le boisseau étant de 17 lbs. On sème un septier par sesterée, quels que soient la terre ou le grain dont il s'agisse. Sur la bonne terre, le métayer livre la moitié du produit ; sur la médiocre, un septier par sesterée. La rente est donc égale à la semence, et le propriétaire n'a rien sur les jachères. Il le mérite bien. Le froment, dans les meilleures terres, ne donne que 5 à 6 pour 1. A Vatan je parlai avec un fermier qui, pour 30 sesterées de terres labourables et 6 de prairies, paye 600 liv. et 18 septiers de grain, chacun de 12 boisseaux valant aujourd'hui 25 sous. Il a 2 bœufs, 6 chevaux, 8 vaches et 700 moutons. Son loyer total est donc de 37 l. st., ce qui paraît ridicule à côté de la quantité de bétail qu'il tient ; mais cela me semble être simplement une redevance féodale due au seigneur, la propriété réelle étant au fermier. Il me dit que sa ferme contenait 36 sesterées, sans compter les bois et les pacages où se nourrit son bétail. A Argenton, le blé produit 5 ou 6 boisseaux de 25 lbs par boisserée, dont 8 font une sesterée ; l'avoine et l'orge, 3 boisseaux. Plus loin, on emblave la boisserée avec un boisseau de 25 lbs. De toutes ces données sur le Berry nous pouvons conclure en gros, par la quantité de semence, 180 lbs, 204 lbs, 200 lbs, que l'arpent, le journal ou la sesterée équivalent à peu près à l'arpent de France, et que les rendements respectifs, 1122 lbs, 1180 lbs, 1096 lbs, font en moyenne 2 quarts anglais par acre = 14 hectol. 37 lit. par h. M. Dupré de Saint-

Maur dit que les *terres médiocres* se louent en Berry 15 s. l'arpent (1). Cela a bien haussé depuis.

La Marche. — Près de Boismandé la terre est trop sableuse pour produire autre chose que du seigle, et encore bien maigrement ; j'en ai vu qui ne donnait pas un quart anglais par acre = 7 hectol. 18 lit. par h. Cependant ce sable est bon, mais on le met en jachère. Rendement : 8 boisseaux de 25 lbs par boisserée. A la Ville-au-Brun il donne 5 boisseaux par boisserée sur les bonnes parties ; en général, 3 seulement. Le septier est de 8 boisseaux, et la sesterée ou arpent, de 8 boisserées. On dirait, à ces proportions, que le Berry s'étend jusque-là.

Limosin. — Dans cette province, la sesterée est de 625 toises ou 21,500 pieds carrés. On y sème 4 quartiers de 28 lbs (218 lbs) = 244 kil. 200 gr. par h. Le seigle donne 4 pour 1, mais il y en a beaucoup qui rend au plus la semence, par suite de la misère et de la mauvaise culture. A Limoges, on m'informa que toute la province, en moyenne, ne rend que 6 pour 1 de toutes sortes de grains ; cela ne doit faire que 4 1/2 pour le froment (2). Le prix des terres s'est beaucoup accru ; elles se vendent à 33 ans de revenu, et donnent 3 0/0. Prix commun : 100 liv. (7 l. st. 8 sh. 9 d. = 459 fr. 50 c. l'h.) De Limoges à Saint-Georges, le pays est bien supérieur à La Marche ; il y a partout un peu de blé, et les récoltes sont assez bonnes. La terre arable vaut 100 liv. la sesterée ; à Donzenac, de 100 à 150 liv. (9 l. st. 5 sh. 11 d. = 574 fr. 30 c. l'h.) Dans cette région, le

(1) *Essai sur les monnaies.*

(2) Dans le *Cahier de la noblesse de Limoges*, on assure que le sol est le plus ingrat du royaume, et ne donne que 3 net pour 1. Mais c'est une exagération. P. 4. Dans le *Cahier de la Noblesse de Blois*, p. 26, on avance que la proportion du produit des terres d'Angleterre à celles de France et de 48 à 18. Mais sur quelle autorité se fonde-t-on ? (*Note de l'auteur.*)

prix moyen est de 7 l. st. 8 sh. 9 d. par acre = 459 fr. 50 c. l'h. Le produit, 14 boisseaux = 12 hectol. 57 à l'h.; la proportion à la semence 5 pour 1, et l'intérêt des acquisitions, environ 4 0/0.

Récapitulation générale.

PRIX DE LA TERRE.

	l. st.	sh.	d.		fr.	c.	
District du N.-E.........	29	13	3	=	1832	50	l'hectare.
Plaine de la Garonne.....	51	10	0	=	3181	60	—
Alsace...................	50	00	0	=	3088	90	—
Limagne..................	60	00	0	=	3706	70	—

Il me faudrait trop de place pour déduire complétement les raisons qui me font, en réduisant les étendues, prendre 33 l. st. = 2,038 fr. 70 c. l'h. comme moyenne des nombres qui précèdent.

	l. st.	sh.	d.		fr.	c.	
Région des bruyères.....	19	18	4	=	1230	40	l'hectare.
— des montagnes....	21	07	7	=	1320	80	—
— des pierres.......	21	10	2	=	1328	75	—
— de la craie.......	9	01	5	=	560	40	--
— du gravier........	3	03	4	=	195	65	—
— diverses..........	7	08	9	=	459	50	—

Moyenn. ramenée à l'étend. et en nombre ronds, 20 liv. = 1235 fr. 55 c. l'h

RENTE.

	l. st.	sh.	d.		fr.	c.	
Région du N.-E.........	1	3	10	=	73	60	l'hectare.
— des bruyères....	0	16	3	=	50	20	—
— des montagnes..	0	17	07	=	54	30	—
— de la craie......	0	6	09	=	20	85	—
— du gravier......	0	3	00	=	9	25	—

Ce tableau est trop incomplet pour en tirer une moyenne quelconque; le mode le plus satisfaisant de connaître la rente est d'avoir recours aux notes contenant à la fois le loyer et le prix d'achat. Voici quels ils sont en moyenne :

	RENTE.					PRIX.				
	l.st.	sh.	d.	fr.	c.	l. st.	sh.	d.	fr.	c.
Loams du N.-E.............	1	1	5	(66	15)	31	5	0	(1930	60)
Bruyères..................	1	7	0	(83	40)	34	11	2	(2134	95)
Montagnes.................	1	0	3	(61	55)	22	0	4	(1360	15)
Pierres...................	1	8	3	(87	25)	35	10	9	(2195	45)
Craie.....................	0	10	4	(31	90)	12	13	3	(776	10)
Gravier...................	0	2	6	(7	70)	3	2	6	(198	05)

Moyenne : Rente 18 sh. 3 d. (56 fr. 30). — Prix : 23 l. st. 3 sh. 10 d. (1432 fr. 75), soit 3 l. st. 18 sh. °/. ou 3 fr. 90 °/..

D'après ceci, nous pouvons nous hasarder à fixer la rente bien et justement proportionnée au prix de 20 l. st. l'acre (1235 fr. 55 c. l'hectare) ; à 15 sh. 7 d. (46 fr. 30 c. l'h.). M. Papillon de la Tapy calcule qu'en moyenne les terres qui se vendent 520 livres l'arpent donnent un *produit* de 7 livres 11 sols (1), par lequel je crois qu'il entend la rente ; c'est 1 1/2 0/0. Je ne le cite que pour montrer ce que valent les calculs fondés sur de simples suppositions.

PRODUIT.

	Boiss. p. acre.	Hectol p. hectare.		Boiss. p. acre.	Hect. p. hectare.
Loams du N.-E.........	23 1/2	21,11	Montagnes...	18	16,17
— de la Garonne...	37	33,23	Pierres......	18	16,17
— de l'Alsace.......	26	23,35	Craie........	13 1/2	12,13
Loam moyen (2).........	25	22,95	Gravier.......	12	10,78
Bruyères...............	19	17,07	Divers.......	14	12,57

Moyenne en ramenant à l'étendue de chacune des régions : 18 boisseaux (16 hectol. 17 lit. par hectare).

QUANTITÉ DE SEMENCE.

		Lb.p.acre.	kil.p.hect.
Flandre......	Orchies.......	153	171,420
Normandie...	Falaise........	110	123,245
Guyenne.....	Landron.......	160	179,260

(1) *Tableau territorial de la France*, in-folio, p. 9.

(2) Dans le calcul de cette moyenne, je donne 30 comme produit de la Garonne, puis je lui assigne la proportion convenable à son étendue. (*Note de l'auteur.*)

		Lb.p.acre.	kil.p.hect.
Guyenne.....	Cubsac........	169	189,250
Alsace........	Strasbourg....	100	112,000
—	Béfort.......	224	251,000
Auvergne....	Issoire........	173	193,800
Bretagne.....	Rennes.......	166	186,000
Anjou........	Angers........	172	192,700
Languedoc...	Creissan......	192	215,100
Provence.....	Tour-d'Aigue..	167	187,100
Angoumois...	Verteuil.......	120	134,450
Orléanais....	Blois.........	157	175,900
Bourbonnais..	Moulins.......	140	156,850
Limousin.....	Limoges......	218	244,260

Moyenne : 161 lbs par acre (180 k. 385 par hectare.)

PROPORTION DU PRODUIT A LA SEMENCE.

Loam.........	8 pour 1	Pierres.......	4 pour 1
Bruyères......	6	Gravier.......	5
Montagnes....	5	Divers.........	5

La moyenne peut être fixée à 6 pour 1.

On a peine à concevoir par quelle misérable exploitation on arrive à d'aussi pauvres récoltes ; mais, comme la jachère domine partout excepté sur les terres les plus riches, on peut les considérer comme le tableau exact des conséquences de cette pratique absurde. Les écrivains français mettent encore plus bas le produit du royaume. M. Quesnoy ne le donne que de 5 pour 1 sur les bons sols, et M. l'abbé Raynal, de 4 1/2 pour 1, en moyenne générale.

INTÉRÊTS DU CAPITAL ENGAGÉ.

Loams du N.-E....	3	Pierres...........	3 3/4
Alsace.............	2 3/4	Craie.............	4
Bruyères..........	5	Gravier..........	4 1/2
Montagnes........	3 3/4	Divers............	4

Moyenne : 3 3/4.

Embrassant le tout maintenant d'un coup d'œil, nous pouvons conclure :

Que le prix moyen de toute terre cultivée du royaume est de 20 l. st. (= 1235 fr. 55 c. l'h.) par acre anglais;

Que la rente de ce qui se loue est de 15 sh. 7 d. = 48 fr. 15 c. l'h.;

Que le produit moyen du froment et du seigle est de 18 boisseaux = 16 hectol. 17 lit. par h.;

Que la récolte est le sextuple de la semence;

Que la terre paye 3 3/4 d'intérêts (1).

(1) En m'aidant des travaux publiés par M. Block et de ses excellents conseils, je suis arrivé aux chiffres suivants pour les moyennes actuelles présentées par la France et l'Angleterre.

Prix de la terre.........	France........	1,166 fr. 66 c. l'hectare.
	Angleterre....	1,633 33 —
Rente ou fermage... ...	France........	35 fr. sans les impôts,
		45 fr. avec les impôts.
	Angleterre	49 fr. par hectare. Idem.
Produit en céréales.....	France....	14 hectol. 73 lit. par hectare.
	Angleterre.	21 hectol. par hectare.
Rendement..............	France....	6 pour 1 de la semence.
	Angleterre.	10 pour 1.
Intérêt payé par la terre	France....	3 %.
	Angleterre.	Probablement de même.

Peut-être trouvera-t-on le rendement moyen de 21 hectolitres par hectare bien mince en comparaison d'autres données, mais ainsi que le dit fort bien M. Block (*Des charges de l'agriculture*, page 86, § 31) : « Il y a eu tendance à exagérer ce produit moyen. » Les Anglais le faisaient par amour-propre national ; les étrangers, afin de stimuler leurs compatriotes. On était un peu fortifié dans cette tendance par l'usage de visiter les plus grandes, les plus belles fermes du pays. On ne voyait que celles-là : « Seules elles fournissaient et fournissent encore les exemples qu'on a besoin de citer des deux côtés de la Manche. » M. Block aurait pu ajouter que, parmi ces grandes et belles fermes, il en était de certaines qui, loin de donner du profit, s'adressaient à d'autres ressources que celles de l'agriculture, pour prolonger leur existence. Le temps en a fait disparaître quelques-unes, mais il en reste encore. Les fermes expérimentales, très utiles lorsqu'elles se donnent sous leur véritable nom, le sont beaucoup moins quand elles prétendent donner des résultats économiques satisfaisants. La science ne peut avancer qu'à force de

OBSERVATIONS.

Je dois d'abord prémunir le lecteur contre la supposition que ces proportions soient applicables au territoire de la France tout entier; j'en ai retiré les landes comme les vignobles, les jardins, tous les endroits d'une fertilité extraordinaire. Le prix de 20 l. st. par acre, et le loyer de 15 sh. 7 d. sont ceux des terres cultivées, en général. J'ai rejeté les friches, les pacages à moutons, ce qui, en un mot, ne donne aucun profit. Mais, quand nous parlons de rentes, il ne faut pas oublier que la plus grande partie de la France n'est pas louée pour de l'argent comptant, mais pour la moitié, le tiers du produit, et que dans les provinces centrales et méridionales, ainsi que dans celles du Nord, où on a noté des rentes, il est probable que pour un cas de semblable fermage, il y en a vingt de métayage.

Ceci servira à expliquer en grande partie l'élévation de la rente en comparaison de l'état de l'agriculture. En Angleterre une telle exploitation ne fournirait pas à cette rente, mais en France, où le propriétaire est obligé de fournir le cheptel, cette élévation est plus apparente que réelle, car il doit se payer non-seulement de l'intérêt de sa terre, mais encore de l'intérêt de l'argent qu'il y met tous les jours. Ce qui favorise encore ces hauts prix, en comparaison de ceux de l'Angleterre, c'est la franchise de la taxe des pauvres, à laquelle il faut ajouter les modestes proportions des dîmes. En réfléchissant sur les travaux qui précèdent, on a quelque raison de croire que les personnes dont

sacrifices ; il faut qu'on le sache, c'est les rendre mille fois plus lourds que de les dissimuler.

j'ai obtenu mes renseignements en divers endroits du royaume avaient en vue plutôt la récolte brute que le produit net. Les deux comptes de rente et le prix d'achat donnent comme recette brute 3 l. st. 18 sh. pour 100 ; si l'on en déduit les 2 vingtièmes et les 4 sous par liv. de la taxe du propriétaire, il restera environ 3 1/2 pour 100, d'où il faudrait encore déduire les pertes imprévues et l'intérêt du cheptel. Il semble donc que 1 ou 3 1/4 au plus, net, est ce qu'on peut tirer de ces comptes, tandis que les renseignements donnent 3 3/4. Ces petites différences trouveront toujours place dans de semblables recherches, fondées comme elles sont sur les renseignements dus à tant de personnes différemment douées pour le savoir et l'exactitude.

Afin de juger mieux de ces particularités si intéressantes d'arithmétique politique, il sera nécessaire de les comparer avec les faits analogues en Angleterre ; par cette méthode on distinguera mieux leur valeur véritable. Quant à l'Angleterre, on peut déjà noter une ressemblance singulière, c'est-à-dire sa proche ressemblance avec ce royaume-ci sous les deux rapports du prix et de la rente. La rente du sol cultivé chez nous, en rejetant les pacages à moutons, les garennes et les landes, serait probablement, si l'on pouvait s'en assurer, très peu au dessus de 15 sh. 7 d. par acre = 48 fr. 15 c. par h. C'est au moins ce que me font croire diverses raisons trop longues pour être exposées ici. Je n'en ai aucune en vérité pour donner ce chiffre comme exact ; mais je le calculerais placé entre 15 et 16 sh. Maintenant 15 sh. 7 d. à 26 ans de revenus, ce que je crois être le prix actuel de la terre chez nous (1790 et 1791), font 20 l. st. 5 sh. 2 d. = 1,251 fr. 50 c. l'h. Les deux royaumes sont donc sur le pied d'égalité à cet égard. L'intérêt de 3 3/4 payé en France par la terre surpasse celui qu'elle paye en Angleterre, et qui ne dépasse pas 3, peut-être 2 3/4 pour 100. Si l'on trouvait extraordinaire que la terre se vendît aussi cher en France qu'en Angleterre, il ne manque pas de raisons pour se l'expliquer. En premier lieu, le produit net sur les biens territoriaux est plus grand. Il n'y a pas de taxe des pauvres, et les dîmes sont bien plus modérées, comme je l'ai déjà fait remarquer. Les réparations, qui chez nous emportent de telles déductions, sont insignifiantes chez nos voisins. Mais, ce qui tend, comme toutes ces causes, et plus encore peut-être, à produire cet effet, c'est le nombre des petites propriétés. J'ai touché plusieurs fois ce point dans le cours de cet ouvrage, et son influence se fait sentir par tout le royaume. Les épargnes de la classe pauvre en France sont converties en terre ; on ne connaît pas cet usage en Angleterre, où les mêmes épargnes sont prêtées sur gages ou mises dans les fonds publics. Voilà ce qui cause là-bas une concurrence pour les terres, qui, fort heureusement pour notre agriculture, n'a pas lieu ici.

Quant au sujet suivant, le produit par acre en grains, la différence sera grande certainement : en Angleterre, le produit moyen en froment et en seigle (le premier entrant pour les 19/20) est de 24 boisseaux = 21 hectol. 56 l. par h., bien supérieur aux 18 boisseaux = 16 hectol. 17 l. par h. que donne la France, et formant une proportion de 12 pour 1 de semence au lieu de 5 pour 1. Mais ici la supériorité est encore plus grande qu'elle ne paraît dans les chiffres que nous achevons de poser ; le blé anglais surpasse tellement l'autre en netteté de terre, de déchets, de graines de mauvaises herbes, etc., que ce n'est pas 24 à 18 qu'il faudrait donner comme proportion, mais 25 et même davantage = 22 hectol. 45 l. à 16 hectol. par h. Il n'y a pas en France une aire planchéiée pour battre, et le meunier n'y peut mettre le grain à la meule sans des nettoyages préalables. Une autre remarque plus importante, c'est que le blé dans la plus grande partie de notre royaume succède à d'autres récoltes préparatoires, tandis que le blé de France est semé sur jachère avec tout le fumier de la ferme. Ce qui devrait donner un grand avantage aux Français, le climat, si supérieur au nôtre, fait ressortir encore mieux la différence : leurs blés de mars sont à faire pitié et ne méritent pas la comparaison avec les nôtres. Tandis qu'en France le froment et le seigle sont regardés comme les soutiens de la ferme et du fermier, ces récoltes devraient l'emporter de beaucoup sur celles d'un pays où leur rôle n'a pas tant d'importance. Enfin notons que le sol de la France est généralement bien meilleur que celui de l'Angleterre (1). Qu'avec tant de circonstances favorables le produit moyen du premier pays soit dans une telle infériorité, c'est déjà fort remarquable, mais que 18 boisseaux de froment et de seigle et une malheureuse céréale de printemps donnent une rente aussi élevée que nos 24 boisseaux aidés d'un excellent blé de mars, c'est un contraste frappant qui mène à l'explication de cette différence. Elle vient beaucoup de la misère des gens de la campagne en France. Les institutions politiques et l'esprit du gouvernement ayant eu, depuis des siècles, une tendance à l'abaissement des classes inférieures pour favoriser les autres, les fermiers dans la plus grande partie de la France se sont confondus avec les paysans, et, pour ce qui regarde la richesse, ils ne sont guère au-dessus des jour-

(1) Dans le cahier de la Noblesse de Blois, page 26, on avance que la proportion du produit des terres d'Angleterre à celles de France est de 48 à 18. Mais sur quelle autorité se fonde-t-on ? (*Note de l'auteur.*)

naliers. Ces pauvres gens sont des *métayers* qui n'ont, pour tenir une ferme, que leur travail et leurs outils ; encore ceux-ci sont-ils plus que ne peut donner leur misère. Le propriétaire pourrait mieux s'acquitter de fournir le cheptel, mais, entraîné par la dissipation, souvent loin de sa ferme, pauvre, comme les gentilshommes de campagne dans bien d'autres pays de l'Europe, il ne met pas dans sa ferme de bétail au delà du strict nécessaire : de là doit suivre inévitablement un résultat malheureux. On ne trouvera pas étrange la pauvreté des fermiers en examinant les taxes auxquelles ils sont sujets ; leurs tailles et leur capitation, lourdes par elles-mêmes, le sont encore plus par l'arbitraire qui préside à leur distribution ; sous leur empire, la prospérité et une exploitation habile ne seraient que le signal de nouvelles vexations. Un tel système ne tirera jamais du sillon des fermiers à leur aise. Avec de semblables fermiers et une semblable culture, pourquoi s'étonner de ce que la terre ne rende que 18 boisseaux ? Des tenanciers n'ayant guère à offrir que leurs bras sont bien plus à la merci du propriétaire que s'ils avaient quelque richesse ; ils ne se contenteraient pas, dans leurs entreprises, d'un profit moindre que l'intérêt de leur capital ; en conséquence, le propriétaire n'en tirerait pas une rente aussi forte que de *métayers* qui ne demandent que leur vie. Ainsi, dans la répartition du produit brut, le propriétaire français prélève la moitié ; le propriétaire anglais n'en prélève, sous la forme de rente seulement, qu'un quart à un dixième, en général un quart à un sixième : sur quelques terres très rares il prélève un tiers. Rien de plus simple que les principes sur lesquels tout ceci est fondé. Le fermier anglais a droit non seulement à se soutenir lui et sa famille, mais encore à l'intérêt de son capital, dont le produit futur de la ferme dépend autant que de la terre elle-même.

L'importance d'un pays qui donne 25 boisseaux par acre au lieu de 18, est prodigieuse; mais on se trompe en disant 25, car la supériorité des récoltes de printemps en Angleterre (orge et avoine), est double de celle du blé et du seigle et me justifierait de mettre dans la proportion des produits en grains de la France et de l'Angleterre, comme 28 est à 18 (comme 25 hect. 15 à 16 hect. 17 par hectare), sans qu'il y ait d'exagération, j'en suis convaincu. Dix millions d'acres produisent plus de grain que quinze millions, par conséquent un territoire de cent millions d'acres fait plus qu'égaler un autre territoire de 150. C'est dans des faits pareils que nous devons chercher l'explication du pouvoir de l'Angleterre, qui l'a fait se mesurer avec un royaume comme la France qui la surpasse tellement en population, en grandeur, en avantages naturels; c'est une leçon pour tous les gouvernements qui veulent acquérir de la puissance, d'encourager les efforts de sa seule véritable base, l'*agriculture*. En augmentant la quantité des produits de la terre dans un pays, on y voit se répandre tous ces bienfaits attribués à une population nombreuse, mais que l'on doit bien plutôt rapporter à une grande consommation, puisque ce n'est pas le nombre des citoyens, mais leur aisance et leur bien-être qui constituent la prospérité nationale. La différence de production en grains entre la France et l'Angleterre est si grande, que l'on devrait être surpris de voir des écrivains politiques s'étonner de ce qu'un territoire naturellement si peu considérable, que celui des Iles-Britanniques comparé à la France ait pu égaler la puissance de celle-ci : cependant ce sentiment fondé sur l'ignorance est très commun. La surprise la plus grande aurait dû être plutôt de voir que cette différence ne fût pas plus grande en faveur de notre pays avec sa supériorité de production en grains. Mais il faut tenir compte d'autres articles qui donnent une explication ; les vignes sont dans ce royaume l'objet d'une culture immense, et donnent tous les avantages et même de supérieurs à ceux qu'on retire de la culture assidue des grains dans notre pays. Le maïs a aussi beaucoup d'importance chez nos voisins ; il ne faut pas non plus oublier les oliviers, les mûriers, la luzerne ; les beaux herbages de Normandie et les diverses cultures des riches conquêtes des Flandres, de l'Alsace, d'une partie de l'Artois, ni celles des bords de la Garonne. Sur toute cette étendue, et elle n'est pas peu de chose, la France possède une agriculture égale à la nôtre ; et c'est en secondant la fertilité de la nature dans ces régions, en soignant les plantes propres au sol, que l'égalité s'est rétablie dans les ressources des deux nations ; sans cela la France avec tous les dons de la nature, ne serait qu'une puissance de second rang devant la Grande-Bretagne. Afin de mieux entendre comment la grande différence de produit entre les récoltes des deux pays peut affecter l'agriculture des deux royaumes, il faut noter que notre fermier récoltera autant de grains dans une rotation où le blé et le seigle ne reviennent que rarement, que le fermier français dans la sienne où ils sont au contraire fréquents.

ROTATION ANGLAISE.		ROTATION FRANÇAISE.	
1 Navets................	»»	1 Jachère................	»»
2 Orge..................	»»	2 Froment..............	18
3 Trèfle................	»»	(= 16 hect. 17 l. par h.)	
4 Froment............	25	3 Orge ou avoine........	»»
(22 hectol. 45 lit. par h.)		4 Jachère................	»»
A reporter..........	25	*A reporter*..........	18

Report	25		*Report*	18
5 Navets	»»		5 Froment	18
6 Orge	»»		6 Orge ou avoine	»»
7 Trèfle	»»		7 Jachère	»»
8 Froment	25		8 Froment	18
9 Lentilles ou fèves	»»		9 Orge ou avoine	»»
10 Froment	25		10 Jachère	»»
11 Navets	»»		11 Froment	18
	75			72
(= 67 hectol. 36 lit.)			(= 64 hectol. 67 lit.)	

L'Anglais, au bout de onze ans, a 3 boisseaux = 2 hectol. 69 l. par hectare de plus que le Français. Il a en outre trois récoltes d'orge, de lentilles ou de fèves qui lui donnent deux fois autant de boisseaux par acre, que les trois récoltes de printemps de son voisin. Il gagne de plus trois récoltes de navets et deux de trèfle ; la première valant 40 sh. l'acre = 123 fr. 55 c. l'hectare, la 2e, 60 sh. = 185 fr. 50 c. l'hectare, en tout 12 l. st. = 741 fr. 35 c. l'hectare. Quel énorme avantage. Plus de blé, presque le double de grains de printemps, et en sus 20 sh. par acre et par an = 61 fr. 80 c. par hectare, en navets et en trèfle. Allons plus loin, la terre du fermier anglais, par la fumure due à la consommation sur place des navets et du trèfle, s'améliore sans cesse, celle du Français reste stationnaire. Faisons un compte du tout.

SYSTÈME ANGLAIS.

	l.st.	sh.	d.	fr.	c.	
Blé, 75 boisseaux à 5 sh.	18	15	00	1,158	35	par hectare.
Trois céréales de printemps, à 32 boisseaux, soit 96 boisseaux à 2 sh. 6 d.	12	00	00	741	35	—
Trèfle, 2 récoltes	6	00	00	370	70	—
	36	15	00	2,270	40	—
Par an, par acre	3	6	10	206	45	—

SYSTÈME FRANÇAIS.

Blé, 72 boisseaux à 5 sh......	18	00	00	1,112	00	—
Trois céréales de printemps, à 20 boisseaux, soit 60 boisseaux à 2 sh. 6 d.........	7	10	00	463	35	—
	25	10	00	1,575	35	—
Par an, par acre.....	2	6	4	143	10	—

Mettons que le système français donne 20 boisseaux de récoltes de printemps, tandis que je n'en accorde que 32 à l'anglais, je suis sûr de favoriser considérablement le premier ; car je crois que leur produit en Angleterre est double de celui qu'elles donnent en France. Mais enfin, prenant les choses comme ci-dessus, voicila proportion de 36 sur une ferme qui s'améliore, contre 25 sur une qui reste stationnaire, c'est-à-dire qu'un pays de 82 millions d'acres donne autant qu'un autre de 119 millions, c'est-à-dire dans la proportion de 36 à 25.

CHAPITRE IV.

DES ROTATIONS EN FRANCE.

Il n'y a pas de fait qui établisse d'une manière plus évidente la différence entre les connaissances actuelles, soit théoriques, soit pratiques, en agriculture, et celles des siècles précédents, que la succession bien établie des récoltes sur le même terrain. A côté de lui, tous les autres faits tombent dans l'insignifiance. Si c'en était ici le lieu, je croirais utile de dévoiler la surprenante ignorance ou la négligence de la plupart des écrivains qui ont ou omis ou traité de façon grossièrement erronée un sujet si essentiel à toute bonne exploitation (1). Les plus grandes améliorations, les efforts les plus courageux du cultivateur dans d'autres branches de son art, ne sont rien si celle qui nous occupe n'est convenablement entendue, et une nation ne trouve de richesse et de prospérité dans la mise en valeur de son territoire qu'en tant que ses agriculteurs se conforment à ces premiers principes. Comme la distinction entre un bon fermier et un mauvais repose plus sur ce point

(1) Il est singulier que jusqu'en 1768, autant que j'en puis juger d'après ma collection, qui est assez considérable, il n'a pas paru un seul ouvrage où ce sujet fût traité avec une attention convenable, donnée aux règles pratiques, maintenant si bien connues. (*Note de l'auteur.*)

que sur tout autre, de même celle entre les pays bien ou mal cultivés se résout toujours par des effets dus à la rotation. Ce sujet est d'une telle importance qu'il demanderait une longue dissertation pour le bien apprécier ; quant à présent, je ne puis qu'indiquer les misérables rotations pratiquées en France, et montrer brièvement jusqu'à quel degré on doit leur attribuer les erreurs et les manquements de l'agriculture de ce royaume comme de tout autre. La meilleure méthode sera de suivre, dans cet examen, l'ordre des terrains qui en ont fourni la matière.

RÉGION DES LOAMS RICHES.

La rotation usuelle dans la Picardie, l'Ile-de-France, la Normandie et une partie de l'Artois est celle-ci : 1° jachère ; 2° blé ; 3° récolte de printemps ; les quelques différences qui s'y trouvent sont peu importantes. Dans les Flandres et le reste de l'Artois, la culture est excellente, les récoltes se suivent sans jachère : on concevra aisément, d'après leur rotation, la supériorité des fermiers entre Lille et Valenciennes : 1° blé, puis navets, la même année ; 2° avoine ; 3° trèfle ; 4° blé ; 5° chanvre ; 6° blé ; 7° lin ; 8° colza ; 9° blé ; 10° fèves ; 11° blé.

OBSERVATIONS.

De cet immense territoire, le plus riche, le plus fertile de la France, il n'y a que le petit district formé par les conquêtes récentes des Flandres et d'une partie de l'Artois qui soit bien cultivé. Il suivrait de là que les institutions du gouvernement français n'ont pas été favorables à l'agriculture ; nous en trouverons la confirmation dans l'Alsace, autre territoire bien cultivé, et dû aussi à la conquête. Quand nous voyons les loams les plus beaux, les plus profonds et les plus riches du monde, comme ceux qu'on trouve entre Bernay et Elbeuf, dans le pays de Caux, la Normandie et les environs de Meaux, soumis à la rotation barbare d'une jachère, suivie d'un froment, puis d'une récolte de printemps, d'un produit misérable, tout se résumant en une récolte de froment, nous pouvons dire que dans un tel pays l'agriculture en est encore au dixième siècle. Si l'on cultivait alors, ce devait être de cette façon. La campagne, dans quelques parties de ce district du N.-E.. étant ouverte et les propriétés très mêlées, on s'explique très bien le système qui y est suivi; mais ce n'est qu'une réponse partielle à mon objection, car il y en a de très grande étendue, bien closes, dans lesquelles le fermier pourrait varier sa rotation à son gré; aussi voyons-nous, à Dugny, M. Cretté abandonner les jachères. Les lumières et les connaissances manquent plutôt que le pouvoir, et la preuve la plus claire de ce fait, c'est qu'on trouve ce système en vigueur aussi bien dans les pièces entourées de haies que dans les champs soumis aux détestables droits des communaux. Quant à ceux-ci, cependant, il faut bien confesser qu'il n'y a pas possibilité de les améliorer, et si la constitution actuelle de la France est à la fin entièrement basée sur de purs principes démocratiques, il ne faut pas espérer d'amélioration à cet égard. Les droits communaux donnent ordinairement, aux classes inférieures du peuple qui n'ont pas de propriétés, le pouvoir d'envahir celle des autres, et l'omnipotence du peuple (en entendant par là ceux qui n'ont rien), dans une démocratie pure, donnera plus d'efficacité à son droit de faire des dommages qu'à aucun droit de s'en préserver. Où le peuple n'a aucun pouvoir sur les terres cultivables le consentement unanime des propriétaires et des fermiers pourrait faire beaucoup ; mais où trouver cet accord? Nous pouvons nous le demander, car, on le sait, rien que l'autorité législative ne pourra forcer, chez nous-mêmes, les hommes à suivre leurs intérêts manifestes. L'ignorance générale des bons principes sur ce point n'est pas plus visible dans les champs du fermier que dans les livres français sur l'économie rurale. Je pourrais citer des centaines d'écrivains vantant la culture du pays de Beauce et de la Picardie, et cependant ces mêmes districts sont sans mérite aucun, et assujettis aux chaînes de jachères régulières; ils ne produisent qu'une bonne récolte en trois ans.

Plaine d'Alsace. — Dans cette riche vallée les terres ne sont jamais en friche; les récoltes qui en prennent la place et préparent celle de blé sont : les pommes de terre, les pavots pour l'huile, les pois, le maïs, les vesces, le trèfle, les fèves, le chanvre, le tabac et les choux.

OBSERVATIONS.

La plaine d'Alsace ressemble à la Flandre tout en lui restant inférieure pour le sol et la culture ; cependant l'un et l'autre sont excellents. On entend mieux en Flandre l'importance d'avoir deux récoltes par an, ou au moins on les fait entrer plus résolument dans la pratique; nous ne devons pas croire les Alsaciens en défaut, mais ils n'ont pas une aussi grande quantité de villes importantes pour leur fournir les engrais.

La variété des cultures est ici un mérite considérable, et montre une indépendance louable de ce préjugé absurde et fanatique (si je puis m'exprimer ainsi) qui dans toute la France fait regarder tout comme inférieur au froment, et n'accorde d'importance qu'aux rotations dans lesquelles il revient le plus souvent. Il est remarquable que les vrais principes sur ce sujet, n'ont pas eu en Alsace le pouvoir de faire perdre un pouce de terrain à la jachère en dehors des sols de première qualité. Cette influence ne dépasse pas Saverne d'un côté, Izenheim de l'autre; l'exploitation décline avec la qualité de la terre, et vous voyez en friche des sables, où viendraient des navets excellents. La même remarque s'applique aux riches districts du N.-E. Les méthodes de Flandre et d'Artois n'ont pas d'effet au delà des sols profonds et fertiles; non plus que la partie de ces méthodes applicables aux terres pauvres comme aux riches. Il faudrait à celles-là, pour les préparer, des navets, comme il faut à celles-ci des fèves et des choux : mais bien qu'on se conforme à cette dernière règle quand elle est applicable, l'autre, dans les environs immédiats, reste complètement négligée. C'est en cela, et je le montrerai plus au long dans un autre chapitre, que consiste la différence essentielle entre les agricultures anglaise et française. Les sables arides du Norfolk et du Suffolk, les misérables silex de Buckinghamshire, les craies de Hereford sont traitées avec autant de soin que les loams riches du Kent et du Berkshire. Il y a autant de mérite dans des navets venus sur du sable, que dans des fèves sur de l'argile. Le sainfoin de la craie et des sables siliceux ont autant de mérite que le froment et le houblon des loams les plus profonds. Ce sont des choses qui se rencontrent communément en Angleterre; les mêmes principes président à la culture des comtés entièrement distincts par le sol. Mais des Flandres ou de l'Artois passez en Picardie, ou de la plaine d'Alsace allez en Lorraine ou en Franche-Comté ; principes, rotations, arrangements, tout est changé ; vous êtes dans un nouveau royaume, vous avez franchi la frontière entre le bon sens et la sottise. Ici vous êtes dans un jardin ; traversez la rivière, vous voilà dans le champ du paresseux : sur l'un de ces sols, l'esprit humain paraît actif, vivant ; sur l'autre, apathique et mort. On trouvera peut-être que ce fait singulier provient du gouvernement ; mais ce n'est pas ici le lieu de faire cette recherche.

Plaine de Limagne. — Quelques pièces en friche, autre part des guérets sont labourés pour porter une autre récolte. A Vertaison-Chauriet on ne connaît pas les jachères. Après le chanvre vient le seigle, puis l'on fume et l'on remet du chanvre. Le blé se sème sur les fèves et aussi sur le seigle ; le seigle toujours après le blé. On plante des choux sitôt que le chanvre est arraché : rotation 1° orge ; 2° seigle ; 3° chanvre ; 4° seigle. On donne pour la culture des seigles dans cette fertile vallée, une raison fort singulière : le sol, dit-on, est trop riche pour le blé. Le docteur Brès me montra ses terrains de meilleure qualité semés en seigle ; les plus mauvais en froment ; ce dernier sur un autre sol donnerait toute paille et peu de grain. Il est évident de ces quelques *traits*, que les habitants s'entendent peu à tirer parti de leur magnifique terroir, et que dans cette branche essentielle de l'art ils sont ignorants et arriérés.

Plaine de la Garonne. — En partant du Limousin pour se diriger vers le S., on remarque que les jachères ne cessent qu'au moment où on rencontre le maïs et qu'ensuite cette plante devient la préparation du sol pour le froment dans la rotation suivante : 1° maïs,

2° froment. Cette culture commence non loin de Creissensac, en Quercy : c'est là aussi que commence celle d'un *lathyrus* que je crois être le *sitifolius* (*setifolius*), et qu'on appelle *gieyse* (gesses) et aussi de la *jarosh* (jarosses) *vicia lathyroïdes*. On trouve aussi des navets, et plus communément que dans aucune autre partie de la France ; on les prend en récolte dérobée, après le froment et le seigle. Quatre autres cultures viennent s'ajouter aux précédentes dans les environs de Cahors. La *vicia sativa varietas*, le pois chiche (*cicer arietinum*) ; la lentille (*Ervum lens*) ; et le lupin (*lupinus albus*). Mais, comme préparation du sol, le maïs et surtout le chanvre, sont d'une bien autre importance : au moyen de ces plantes, la jachère est bannie des terres riches, mais elle règne sur les autres comme partout ailleurs en France.

Les traits principaux de l'agriculture dans cette riche plaine de la Garonne sont semblables à ceux que j'ai déjà donnés pour les districts précédents. Quand le sol est d'une fertilité telle qu'il ne demande rien qui ressemble à une amélioration, les récoltes les plus profitables se suivent sans interruption ; et la terre est bien cultivée, sans qu'il y ait grand mérite de la part du cultivateur. Mais du moment où il est besoin d'un peu plus d'efforts, le manque est absolu comme dans les autres provinces ; on recourt immédiatement à la jachère et d'un pas vous allez d'une bonne culture à une exécrable. La culture des navets dans le Quercy est une particularité singulière en France. Je n'étais pas là dans une saison qui me permette de parler, de science certaine, des méthodes suivies à l'égard de cette plante, ni du profit qu'elle donne : mais comme j'ai vu beaucoup de champs vides, préparés pour elle, je crois que c'est bien la même que chez nous. Cependant l'universalité de ce que l'on nomme en France, *raves*, *rabettes*, *rabioules*, etc., plante bien inférieure à notre *turnip*, ne me laisse pas sans quelques doutes. Pensant que la question méritait examen, je me procurai de la graine que je semai à Bradfield ; je n'eus que deux plantes : l'une était un *turnip*, mais de qualité et de taille très inférieures à celles du nôtre ; l'autre était une *rave*, c'est-à-dire un navet long comme une carotte, bien loin de ressembler à notre *tankard turnip*, maigre, pauvre et de valeur à peu près nulle pour nous. On en a beaucoup près de Caen en Normandie sur la route de Bayeux. Il est clair que le *navet* cultivé en Bresse est la même chose selon la description qu'en donne M. Varenne de Fenille (1), qui le dit ressembler au turnip, *à cela près que sa forme est plus allongée*. La culture des *Lathyrus*, des vesces, des pois de plusieurs variétés, etc., dans cette province, a d'autant plus de mérite, qu'elle s'étend à des sols qui, quoique bons, n'égalent pas l'exubérante fertilité de la vallée. La particularité la plus remarquable est l'importance du maïs. De Calais à Creissensac en Quercy, les jachères ne vous quittent pas, mais vous n'êtes pas plus tôt dans le climat du maïs, que la jachère est abandonnée, excepté dans les plus pauvres terres ; c'est une remarque fort curieuse. La ligne du maïs peut passer pour la séparation de la bonne exploitation du sud et de la mauvaise du nord du royaume. Jusqu'à ce que vous le rencontriez, des sols très riches sont laissés en jachère, jamais ensuite : peut-être est-ce la plante la plus importante à introduire dans un pays dont le climat lui convient. Sa récolte est plus assurée que celle du froment, son rendement propre à la nourriture de l'homme est tellement considé-

(1) *Observations sur l'agriculture*, page 42.

rable, que la population d'un pays doit varier beaucoup selon sa présence ou son absence; c'est en même temps une riche prairie, à l'été; les feuilles que l'on coupe pour les bœufs leur fournissent une nourriture grasse et succulente, expliquant ainsi l'origine de la beauté du bétail dans le midi de la France, en Espagne, en Italie, dans des situations qui n'admettent pas nos pâturages ordinaires. Il est planté en quinconces ou en files si éloignées, que toutes les façons y sont possibles. Le sol ainsi préparé, ne laisse rien à désirer pour le cultivateur, et se trouve dans les meilleures conditions pour le blé qui vient ensuite. Ainsi un pays capable de supporter cette rotation : 1° maïs, 2° froment, est peut-être celui qui donne le plus de nourriture à la fois pour l'homme et le bétail ; car on n'en peut dire autant des pommes de terre, auxquelles les 99/100es de l'espèce humaine ne voudraient pas toucher. Leur valeur dans les provinces, où on n'a pas pour elles cette répugnance, est semblable à celle du maïs, quoiqu'un peu inférieure. Celui-ci a le grand avantage de donner la meilleure nourriture connue pour l'engraissement des bœufs, des porcs et de la volaille, que l'on mette ses grains en farine, ou qu'on les prépare d'une autre manière : il fournit ainsi du fourrage l'été et de la nourriture l'hiver. Dans quelques-unes de mes notes, je trouve mentionné un usage remarquable, qui est de le semer à la volée et dru, pour le couper ensuite, et en faire de la litière. Le climat du midi de la France permet de le faire comme récolte dérobée, après la récolte de quelqu'autre produit. Ces pratiques devraient nous persuader de la supériorité des climats méridionaux, et pousser nos fermiers à suivre ces exemples d'aussi près que possible, en adoptant le principe, s'ils ne peuvent adopter la plante. Ce serait agir ainsi, que de labourer nos guérets, non pas après, mais pendant la moisson, pour les navets et le colza. Nous avons introduit quantité de navets différents, de choux et d'autres plantes. Je désire qu'on trouve une de ces variétés qui comporte un ensemencement plus tardif que le navet commun. Je ne laisserai pas ce sujet sans remarquer, qu'un écrivain français, plein de bon sens, parlant de la culture du maïs en Bresse, et surtout de la rotation : 1° maïs, 2° froment, la condamne en ces termes : *cet usage me semble pernicieux* (1) ; et à un autre endroit, il recommande la jachère. Il m'en coûte de le dire, ce point n'est pas mieux compris par le monde éclairé en France, que par les paysans eux-mêmes. En veut-on un exemple frappant ; un économiste de l'*Encyclopédie* (t. V, p. 686), prétend que : « le trèfle amende tellement la terre que l'on peut prendre deux ou trois avoines de suite avant de semer du blé. »

REMARQUES GÉNÉRALES.

Jetant ensemble toutes ces régions, y compris celle du Bas-Poitou que je ne connais que par ouï dire, qui forment un territoire presque aussi étendu que l'Angleterre, on ne peut s'empêcher de convenir que la France a un sol et une agriculture qui occupent un très haut rang parmi ce qu'il y a de meilleur en Europe. Les Flandres, une partie de l'Artois, la riche plaine d'Alsace, les bords de la Garonne et une grande étendue dans le Quercy, ressemblent plutôt à des jardins qu'à des champs. Peut-être cette ressemblance est-elle même poussée trop loin par la petitesse des propriétés.

(1) *Observ., expér. et Mém. sur l'agriculture*, par M. VARENNE DE FENILLE, in-8°, 1789, p. 21

Mais nous ne nous occuperons pas ici de cette question trop importante pour ne pas avoir un chapitre à part. Il est presque impossible de rendre plus rapide la succession des récoltes, la moisson de l'une donnant le signal de l'ensemencement de l'autre, et c'est là le point essentiel, quand ces récoltes sont aussi bien disposées que dans ces provinces, celles que l'on peut sarcler et qui améliorent le terrain, précédant celles qui l'appauvrissent et le salissent. Un fermier anglais gagnerait à visiter ces provinces. Les louanges ne s'adressent pas à toutes indistinctement : les jachères déshonorent, dans quelques districts, les plus beaux terrains que l'on puisse s'imaginer. Il est peu de pays aussi mal tenus que la Picardie, la Normandie et le pays de Beauce : pas un acre ne s'y trouve moins capable de rejeter la jachère que les terres de Flandre. Dans le pays de Caux, où on ne l'admet généralement pas, le sol, excellent de qualité, est souillé de mauvaises herbes, faute d'une succession convenable des récoltes.

RÉGION DES BRUYÈRES.

Il serait fastidieux de faire le détail des rotations barbares que l'ignorance a répandues dans la Bretagne, le Maine et l'Anjou. Le trait caractéristique de leur exploitation est d'écobuer les pièces abandonnées après épuisement, afin de les épuiser par de nouvelles récoltes successives. Le sarrasin se trouve partout en grande quantité. On s'y prend mieux à Saint-Pol-de-Léon, on cultive le panais ; mais là même, comme partout ailleurs, le genêt est regardé comme un profit. Rotation ordinaire : 1° genêt semé avec l'avoine ; 2°, 3°, 4°, genêt, on le coupe la quatrième année, mais on l'a fait paturer tout ce temps ; 5° froment ; 6° seigle ; 7° sarrasin ; 8° avoine et genêt. Le genêt sert comme combustible, le pays n'ayant ni bois ni charbon de terre, on vend si bien les fagots de genêt qu'un bon arpent vaut 400 liv. (ou environ 16 l. st. 16 sh. l'acre anglais = 1077 fr. 70 c. par h.). Mais il atteint à Saint-Pol-de-Léon une hauteur et un diamètre surpassant de beaucoup ce que j'ai vu autre part, et l'on dit que quatre années de genêtière améliorent le terrain.

OBSERVATIONS.

La vaste province de Bretagne, qui ressemble de très près au Maine et à l'Anjou, est peut-être l'un des exemplesles plus frappants que nous offre l'Europe de l'importance d'une bonne rotation. Une grande partie de ces trois provinces reçoit une culture, et une culture régulière, quelque barbare qu'elle soit ; mais la succession des récoltes est telle que tout semble au voyageur un vrai désert. Je fus frappé de ce spectacle dans une province comme la Bretagne, que je savais comblée de privilèges sans égaux dans le royaume, possédant une des plus grandes manufactures de toile de l'Europe, et des ports sur l'Océan qui l'entoure presque de tous côtés. Mais les Flandres elles-mêmes se ruineraient avec une pareille rotation. Le sainfoin réussirait bien sur une grande étendue des trois provinces ; il n'y en a pas une tige. Ce que j'ai vu moi-même est fait pour la culture des navets et le système du Norfolk, et il n'y a que du genêt, de l'ajonc, des mauvaises herbes et du blé. Rien pour soutenir le bétail pendant l'hiver, que de la paille. Avec les meilleures conditions pour l'élevage des moutons, le nombre en est insignifiant.

Il ne manque que l'adoption d'une succession meilleure dans les récoltes pour changer la face du pays. Il serait absurde de prétendre que le gouvernement et l'oppression féodale sont la seule cause de ce qui existe et que rien ne se peut faire tant qu'ils seront debout. Les riches propriétaires et les fermiers puissants, dont le nombre est considérable, la noblesse elle-même ont leurs domaines dans le même état, ils sont cultivés de même et aussi infestés de mauvaises herbes. En voyant combien ces trois provinces offrent d'avantages pour l'élevage des moutons, on y devrait adopter la rotation suivante, ou quelque chose d'approchant : 1° navets ; 2° orge ; 3° trèfle ; 4° froment ; ou bien : 1° navets ; 2° orge ou avoine ; 3° prairies artificielles pendant trois ans ; 4° froment ; 5° lentilles d'hiver, pois, fèves ou sarrasin ; 6° froment, sans autres variations que de prendre les légumineuses immédiatement après la prairie si le sol renferme des vers rouges, puis le froment. Ainsi exploitées, ces provinces donneraient le double de ce qu'elles donnent à présent.

Gascogne. — Je dois d'abord remarquer que les terres dans lesquelles ont lieu les rotations indiquées ci-dessus, ne forment qu'une petite partie de cette région des bruyères dont la plus grande surface est composée de montagnes, de terres incultes et de *landes*, et que les *landes* de Bordeaux, qui s'étendent sur 200 lieues carrées, ne sont pas absolument stériles, mais plantées de pins pour la résine. Il y a d'immenses terrains qui ne portent guères que de la fougère et d'autres mauvaises herbes. Dans les petites parcelles un peu meilleures, la culture y est infiniment mieux entendue que dans les autres grandes divisions comme la Bretagne, etc. Elle est fondée, au contraire, en quelques endroits sur des principes très éclairés et cette circonstance devra, si jamais ces solitudes sont exploitées, avoir de très puissants effets sur la propagation des bonnes méthodes déjà suivies dans ce pays.

A Saint-Palais, sur la route de Bayonne, on fait entrer les navets dans une singulière rotation. Voyant plusieurs champs tout à fait noirs, j'en demandai la raison; on me dit que c'était à cause de la cendre de paille : je vis effectivement après apporter quantité de paille dans les terres. On le fait sur les chaumes de blé; mais, dans la crainte qu'ils ne suffisent pas, on y ajoute de la paille à laquelle on met le feu ; toutes les mauvaises herbes sont brûlées, et la terre nettoyée et amendée à la fois. Comme il y a dans le pays de vastes landes couvertes de fougères, je m'informai pourquoi ils ne les brûlaient pas de préférence pour garder leur paille. La réponse fut qu'on préférait s'en servir pour litière. Après cette opération on laboure et on herse, puis on bine et on sarcle, selon qu'il m'a été dit. Après les navets on fait du maïs en suivant la rotation que voici : 1° maïs ; 2° froment et navets ; elle mérite tous les éloges.

Saint-Vincent. En août on sème du trèfle dans le maïs ; à la fin d'avril ou au commencement de mai on le coupe ; il donne un beau résultat, ayant alors près de trois pieds de haut ; on le retourne et on plante de nouveau du maïs ; après on met une autre récolte. D'autres font du seigle, ensuite du millet, et avec celui-ci des *haricots*.

De Dax à Tarbes. On obtient de la façon suivante trois récoltes en deux ans : 1° maïs ; 2° seigle, puis millet. Au commencement de septembre, on sème généralement dans le pays du trèfle appelé *farouche*, mais sur un seigle, et non pas sur un millet ; après une coupe au printemps on le retourne pour faire du maïs, c'est de la meilleure agriculture.

Saint-Sever. Bon maïs, beaucoup de terre labourée pour trèfle. Tout le monde, hommes et femmes, est à biner le millet (17 août) sur des planches de trois pieds; il y a trois rangs irréguliers sur chaque planche; elles sont propres comme un jardin : 1° maïs, en août on y sème des navets; 2° blé de printemps que l'on sème en janvier ou en février, et qui est à peu près aussi bon que celui d'automne; 3° trèfle semé en septembre, qui, en mars ou avril, donne une bonne coupe; 4° on plante de nouveau du maïs sur lequel on sème quelquefois en septembre du lin que l'on récolte en avril; pas de jachères! Ces rotations sont excellentes, par tout le reste de la région elles ne valent rien.

OBSERVATIONS GÉNÉRALES.

L'écobuage peut s'appliquer également bien à tous les pays restés en grande partie incultes, comme en Gascogne, en Anjou, dans le Maine, et surtout en Bretagne. Quand la terre, quoiqu'en valeur, n'a pas cependant une culture régulière, cette méthode, employée avec discernement, est excellente; mais, appliquée comme elle l'est ici, c'est une pratique nuisible et barbare. L'usage commun que nous avons vu est de brûler périodiquement et de semer aussitôt du froment, du seigle, de l'orge ou de l'avoine, tant que la terre rapporte une récolte qui vaille qu'on s'en occupe; l'épuisement venu, on abandonne le sol aux herbes, au genêt, à la fougère, à l'ajonc, etc., qui le recouvrent. Ce système barbare a jeté dans toute l'Europe de la défaveur sur l'écobuage. Mais cette défaveur est un exemple entre mille de ce manque absolu de discernement si préjudiciable en agriculture. L'écobuage bien employé, c'est-à-dire joint à une rotation convenable, est un des moyens les plus puissants d'améliorer la terre : mais c'est une prairie qu'il faut faire après et non pas du blé. Dans ce cas, comme dans bien d'autres, l'homme qui s'appuie sur de bons principes doit tendre à avoir du fourrage, ce que l'on nomme si bien une *couche* en Norfolk et en Suffolk. Du fourrage d'abord, on aura ensuite du blé quand on en voudra. L'écobuage doit précéder aussi une récolte que le bétail puisse manger sur place, soit raves, soit choux, soit navets, afin que les principes alcalins des cendres se combinent avec les principes mucilagineux du fumier des animaux. Une récolte de froment, d'orge ou d'avoine (cette dernière de préférence) vient ensuite, parce qu'il n'y a pas dans le climat de la Bretagne, du Maine et de l'Anjou, de prairie possible si elle n'est semée dans les céréales. En Gascogne, où l'on peut semer le gazon avec assurance au mois de septembre, la nécessité n'en est plus si grande. Il faudrait avec cette récolte choisir les herbes les plus convenables au terrain ; elles ne manquent pas alors. Une fois la prairie obtenue, on peut la conserver aussi longtemps qu'il y a profit à le faire et que cela sert les projets qu'on a, et ensuite la rompre pour faire des grains qui sûrement donneront les plus forts rendements qu'on ait à espérer du sol. Dans tout le cours de ces travaux, il ne faut jamais se départir de cette règle de ne jamais se faire suivre du froment, du seigle, de l'orge ou de l'avoine, sans une récolte sarclée intermédiaire. Que ces principes règnent sur les landes de Bretagne, et revivifient les bruyères du Maine et de l'Anjou, et le voyageur ne les maudira pas comme *sombres* et désolées, mais saluera avec joie l'influence de jours meilleurs !

RÉGIONS DE MONTAGNES.

Perpignan, au retour d'Espagne, 21 juillet. — Les guérets sont retournés et ensemencés en millet. On ne pense pas à la jachère quand on a l'eau à sa disposition, on lui substitue le trèfle, les haricots, le millet et le maïs; ce dernier sur une petite échelle. La manière de faire le trèfle est très singulière; on retourne les guérets au commencement d'août, on sème puis on herse, ou plutôt on recouvre avec un morceau de bois attaché à la charrue. Ce trèfle donne un excellent fourrage pour les moutons et les agneaux, le printemps de bonne heure : après quoi on l'arrose et il fournit une coupe au mois de mars. On le retourne alors, et on plante des haricots, du maïs ou du millet, qui, les uns ou les autres, laissent le terrain libre pour les semailles d'hiver; après le froment, on prend encore une de ces récoltes, on en gagne donc deux par an. Quand il n'y a pas d'eau on a recours à la jachère qui prépare les semailles de blé. On y a aussi recours dans les bons terrains, mais pour avoir du millet, des haricots ou de l'orge pour fourrage. Dans la vallée de Nîmes, à Narbonne, les vignes, les oliviers, les mûriers, forment la principale occupation; mais le plat pays porte du blé, et très abondamment en quelques endroits.

Dauphiné. — Montélimart. Immédiatement après le blé on a fait du sarrasin qui est en fleur maintenant (23 août); on gagne ici un mois sur l'Angleterre, ce qui, à cette saison, donne deux récoltes au lieu d'une. En s'y prenant bien, on pourrait avoir après le froment d'aussi bons navets, que ceux qui nous coûtent presque une année de préparation. M. Faujas de Saint-Fonds a trouvé toute sa ferme soumise à la jachère, mais maintenant il n'y en a plus, grâce au sainfoin et au trèfle. Une autre singularité montrant l'influence du climat, c'est que M. Faujas a des pommes de terre hautes de 18 pouces, plantées sur le terrain qui vient de donner du froment cette année.

OBSERVATIONS.

Autant que mes informations peuvent aller, les vallons fertiles, pour étroits et peu considérables qu'ils soient, partagent presque le caractère des districts plus riches. La chaîne principale que l'on traverse ici, forme les provinces volcaniques d'Auvergne, de Velay et de Vivarais ; la culture que j'y ai trouvée est mauvaise et ne peut être louée que sous le rapport de l'altitude qu'elle atteint. Elle s'élève dans des régions où seule la plus grande industrie, animée par l'esprit de propriété, le plus puissant de tous les mobiles, pouvait la faire parvenir. Mais il n'y a dans les moyens employés par ces très petits propriétaires, rien qui appelle notre attention. Ils manquent en général de lumières et pratiquent les mauvaises méthodes avec autant de zèle que les bonnes. Le trait principal et peut-être le meilleur de ces montagnes, ce sont les châtaigniers, qui sont très nombreux et d'un rapport considérable. Les montagnes de Provence que j'ai vues et près de la Tour-d'Aigues et sur la côte de la Méditerranée sont en général incultes et misérables, et n'offrent que des cultures qu'il serait mieux de négliger ; il serait absurde en ce cas de s'attendre à des rotations bien entendues.

Les montagnes de Provence du côté des Alpes, à Barcelonnette, etc., sont couvertes de troupeaux de toute espèce, comme le devraient toujours être les montagnes. La vraie destination de ces régions est le pâturage; quelque culture que l'on y adapte, on devra toujours la faire en vue d'obtenir la plus grande quantité possible de fourrage pour les bestiaux. Le blé, le seigle, l'orge et les autres récoltes à l'usage du cultivateur et de sa famille, ne sont à côté que d'une minime importance. Les rotations ne seront guères qu'une suite de récoltes racines, alternant avec les prairies artificielles du plus grand rendement en foin et avec des grains, mais ceux-ci de façon secondaire. Ce n'est pourtant pas ce qu'on trouve dans ces montagnes; et il ne faut pas s'étonner de ce que la valeur du bétail soit inconnue dans ces provinces reculées lorsqu'on la néglige dans les environs immédiats de la capitale, qui offre cependant un marché immense et toujours assuré.

RÉGIONS PIERREUSES.

Cette partie misérable du royaume, si dénuée de pratiques agricoles qui appellent l'attention, ne nous offre guère que l'introduction des pommes de terre dans sa culture habituelle, car on en rencontre plus en Lorraine et en Franche-Comté que dans aucune autre partie du royaume que je connaisse. La rotation habituelle de trois ans, jachère, froment ou seigle et orge ou avoine, s'est généralisée ici par la grande quantité des droits communaux; cependant, à leur honte, beaucoup de cultivateurs suivent le même système à l'intérieur des fermes encloses. Inutile de s'arrêter sur une semblable exploitation; il suffit de classer ces terrains parmi les plus mal cultivés (à l'exception des vignes), en ajoutant que, vu l'étendue des terres ouvertes, il y a peu de probabilités d'amélioration.

RÉGIONS CRAYEUSES.

Une jachère puis du seigle, telle est la succession de récoltes en Sologne, la plus misérable des provinces françaises comme on l'a déjà dit plusieurs fois. Le sol n'est que du sable ou du gravier siliceux sur un fond de marne blanche, quelquefois tout à fait crayeuse, d'autres fois argileuse mais blanche (Dolomie, magnésie ?). Si nous en jugeons par la taille et l'apparence des diverses essences forestières, ce pays offre assez d'éléments de fertilité, pourvu que les récoltes soient convenablement choisies pour la nature de sa surface. Dans chaque enfoncement, dans chaque fossé, il y a une flaque d'eau, en sorte que, chose extraordinaire, la première amélioration à entreprendre dans ce pays sec et sableux serait de le drainer. J'ai peu vu de pays indiquant plus évidemment ce qui lui manque, ni aucun mieux approprié à la culture du Norfolk : 1° navets ; 2° orge, 3° trèfle ; 4° froment. On n'aurait que faire du seigle si le sol était marné et cultivé en navets puis en trèfle, non pas en trèfle seul (erreur commune dans toute l'Europe à de prétendus réformateurs), mais en trèfle venant après une récolte de navets consommés sur place par les moutons, sans quoi ce fourrage n'est qu'une mauvaise préparation pour le froment, excepté sur les sols les plus riches. La misère de la *triste* Sologne (comme l'appellent les écrivains français), la pauvreté de ses paysans, l'abandon de la surface, viennent, en grande partie des rotations ; le moindre changement donnerait une nouvelle face à la province. On imaginerait difficilement une agriculture inférieure à celle du reste de cette région calcaire. Où la terre est bonne on l'épuise impitoyablement; où elle est mauvaise, la jachère et les herbes tiennent la place du sainfoin et des navets. Il faut anéantir les idées dominantes avant d'introduire une culture qui fasse prospérer et le fermier et la province. Il est étrange de voir des vignes admirables tenues comme un jardin, tandis que les terres arables tout à l'entour sont infestées de mauvaises plantes, ou portent des moissons qui les épuisent ou les salissent. Une grande partie de cette région devrait porter du sainfoin ; le reste, donner une année du fourrage pour le bétail, et l'autre, de la nourriture pour le fermier et ses chevaux.

RÉGION GRAVELEUSE.

Les deux provinces de Nivernais et de Bourbonnais ne nécessitent pas un détail particulier ; on n'y trouve qu'un système général de rotation : la jachère et le seigle. Il faut que l'habitude soit tenace, car les neuf dixièmes du pays sont enclos et le cultivateur entièrement libre de son choix. Ce ne sont ni les rendements ni les profits qui peuvent inspirer cette passion des friches; les gens sont aussi misérables que leurs récoltes ; ils ne moissonnent guère que le quadruple de leur semence et souvent moins. Avec tout le travail qu'ils prodiguent sur cette jachère, seul moyen, selon quelques visionnaires, de tenir le sol net et en bon état, il est si épuisé par cette exploitation, que pour lui rendre la fertilité que ne lui apporte pas la jachère, il faut l'abandonner sept ou huit ans aux genêts et aux herbes. Le monde n'a peut-être pas d'exemple plus complet de l'absurdité de cette pratique (1). D'après ce que j'ai

(1) J'ai entendu, en Angleterre, quelques hommes pratiques soutenir que le seigle n'épuise pas la terre, ou beaucoup moins que les autres

observé dans le Bourbonnais, et je portais la plus scrupuleuse attention à cet examen, n'ayant pas peu d'envie de venir m'y fixer, toute l'agriculture devrait y tendre à l'élevage des moutons, et les récoltes se suivre de façon à permettre d'entretenir les plus grands troupeaux possibles, au moyen de navets et de prairies artificielles de longue durée. Pour avoir du blé, fiez-vous-en aux navets, aux prairies et aux moutons; il faudra que vous les meniez bien mal pour n'en pas obtenir de belles récoltes de grains et d'autres grains que le pauvre seigle d'à présent.

RÉGION DES LOAMS DIVERS.

Il est remarquable que les navets ou les raves (n'étant pas là au moment favorable, je ne puis décider lequel des deux), des racines enfin assez développées pour engraisser d'excellents bœufs, soient communes dans ces pays, sans que leur agriculture en devienne en rien meilleure ; ce fait mérite toute notre attention. Partout en France je l'ai blâmée par son manque de racines, en voici et je ne suis pas satisfait! C'est ce que diront les Français. Mais ceci même montre l'importance de la branche de la science qui nous occupe actuellement. Ce ne sont pas tant les racines qui manquent qu'une bonne succession de récoltes. On pourra cultiver jusqu'au jugement dernier la vingt-cinquième partie d'une ferme en navets, sans que le reste s'en ressente. Mais faites consommer ces navets sur place par des moutons; semez ensuite de l'orge et du trèfle, puis

grains ; s'il en est ainsi, l'épuisement de ces provinces vient de la jachère, et l'abandon forcé aux genêts déclare la même vérité. (*Note de l'auteur.*)

sur ce trèfle prenez un froment, essayez de ce moyen sur quatre acres, vous le ferez ensuite sur quatorze, et à la fin sur quarante. Mais nous pouvons aisément concevoir quelle idée on a du rôle des racines dans un pays où le seigle est la récolte principale. Ce n'est pas dans ce chapitre que doit se classer la seule meilleure pratique de l'agriculture de ce pays, savoir : l'engraissement des bœufs par la farine de seigle, et le peu qu'on recueille de navets. Ce n'est pas un petit mérite de chercher la nourriture du bétail sur les terres *labourables*, et c'est un pas essentiel vers l'amélioration de l'agriculture française, mais, quant aux rotations, elles sont aussi barbares que dans les provinces environnantes.

OBSERVATIONS GÉNÉRALES SUR LES ROTATIONS EN FRANCE.

Après avoir noté les erreurs particulières aux différentes régions venues à ma connaissance, il me reste à faire quelques observations relatives à l'ensemble du royaume. Tout ce que j'ai vu de bon dépendait soit d'une fertilité du sol extraordinaire, comme en Flandre, en Alsace et le long de la Garonne, soit de la culture d'une plante particulièrement adaptée au climat du centre et du midi du royaume, comme le maïs. Mais, comme cette plante ne vient pas sur des terrains mauvais ou même de qualité ordinaire, les autres sous le même climat sont délaissés ou en friche. N'est-il pas singulier qu'en Angleterre les plus mauvaises terres soient les mieux cultivées, ou au moins aussi bien cultivées que les meilleures, tandis qu'en France, les plus fertiles sont seules bien exploitées ? Quand j'en viendrai à l'explication des rapports du gouvernement avec l'agriculture, j'en donnerai la raison. Le principal malheur des rotations françaises vient d'un désir trop exagéré d'avoir autant de froment et de seigle que possible. Une grande population et des moyens de subsistance que l'expérience a démontrés précaires, en sont probablement la cause : mais aucune personne éclairée ne mettra en doute le peu de clairvoyance de cette conduite. Que l'on ne croie pas que plus on sème de blé, plus on en récolte ; la terre tenue fertile et en bon état par un bétail nombreux rend plus, quand on ne l'emblave que tous les quatre ans, qu'elle ne ferait emblavée tous les trois ans, mais avec la fumure d'un bétail plus restreint. Dans le choix d'une rotation il faut rejeter toute idée semblable : ce qui alors convient aux individus convient aussi aux nations. Il est rare que l'on se trouve bien d'avoir changé son mode de culture sur l'espérance passagère d'un prix ; il faut semer dans sa terre la plante qui convient le mieux aux vues générales que l'on entretient et à la prospérité de la ferme, sans se laisser détourner par des spéculations particulières. De la même manière la nation sera toujours plus heureuse quand le sol recevra les semences les plus propres à sa nature et dont le produit en argent sera le plus élevé. Une contrée riche et populeuse ne manquera jamais de pain que par la faute de son gouvernement, qui aura voulu réglementer et encourager ce qui pour réussir n'a besoin que d'une liberté absolue. Les habitants d'un tel pays auront toujours du froment parce qu'ils pourront le payer, et les fermiers sauront toujours produire soit cette récolte, soit toute autre en raison de la demande, pourvu que des lois absurdes et des restrictions ne viennent pas les en empêcher. Selon ces principes, on doit regarder comme d'égale valeur tous les produits qui se convertissent en une même somme d'argent. La quantité surabondante de seigle dans toutes les parties de la France, même les plus riches, est peut-être une des plus grossières absurdités de l'agriculture européenne; presque partout le froment en est taché, pour me servir du mot de nos fermiers. Cependant c'est à peine s'il y a dans tout le royaume un sol assez mauvais pour n'en tirer que du seigle; tout en général est propre au blé. Dans une partie de la Sologne, près de Chambord, se trouvent quelques pauvres sables qui n'en pourraient porter; mais comme le sous-sol est de marne riche, quelques soins et l'introduction des navets et du trèfle leur feraient bientôt rendre plus en froment qu'ils ne rendent actuellement en seigle.

La même observation s'applique aux terres les plus pauvres du Nivernais et du Bourbonnais; après cela il n'y a guère que peu d'endroits qui se refuseraient à cette culture. Au point de vue des intérêts nationaux, deux circonstances influent sur le choix des rotations qui, à première vue, semblent n'y avoir aucune relation, savoir : la quantité de forêts nécessaire à un pays qui est dépourvu de charbon de terre et n'en fait pas usage, et l'étendue couverte par la vigne. Ces sujets doivent être traités dans un autre chapitre, mais il fallait les rappeler ici pour qu'en voyant combien la culture des grains est resserrée on se pénétrât de l'importance qu'il y a de laisser la jachère et d'introduire d'autres rotations. Quand on réfléchit que les bois couvrent 1/6 ou 1/7 du royaume; les vignes, d'immenses espaces; les landes, une étendue incroyable; on s'étonne qu'un peuple si nombreux soit nourri alors que la moitié ou le quart des terres arables est occupé et non pas nettoyé par des friches stériles.

Des hommes pratiques, en Angleterre, croient la jachère utile, et il n'y a pas de méthode qui ne rencontre, à chaque âge, des gens pour la défendre. Il n'y a pas d'époque sans quelques plans favoris, dont chacun peut, à son heure, avoir certain mérite ; mais l'homme politique n'a que faire dans ces questions ; il considère l'agriculture dans son ensemble, ou il n'y donne pas l'attention qu'elle mérite. Qu'il regarde les pays les mieux cultivés et les plus riches, il verra si toutes les terres ne produisent pas chaque année, si un bétail nombreux n'est pas essentiel sous mille rapports, si la fumure ne dépend pas de ce bétail, et si les grains ne dépendent pas de la fumure. Il se demandera si la conversion des navets du Norfolk, des fèves de Kent, des choux et des carottes des Flandres, du maïs de la Guyenne ou de la luzerne de Languedoc, en jachère, serait prise dans ces provinces pour un progrès national ; il en conclura que, comme le bétail ne peut être en nombre là où il y a des jachères, le premier progrès et le plus évident est de chercher dans ces jachères la nourriture d'un supplément de bétail. Il en viendra là, parce qu'il verra ce fait établi dans les pays les plus avancés, quel que soit du reste leur sol. Il pourra se tromper sur les applications particulières du principe général, mais ce principe lui-même ne lui échappera pas, il tombe sous le sens commun. La pratique, soit des districts, soit des individus, parle le même langage. Il ne s'agit pas de comparer tel endroit avec tel autre, mais de reconnaître que tel canton, telle ferme, produisent le plus, qui supportent le plus de bestiaux. Cela est vrai d'un royaume comme d'une province, d'un canton, d'une ferme, d'un champ, d'un acre. Ce point d'importance nationale repose entièrement sur la rotation. Des expériences réitérées et satisfaisantes ont prouvé que deux récoltes de grains ne réussissaient pas en se suivant sur le même sol; on pourra citer des exemples du contraire, mais on n'en finirait pas si on voulait argumenter sur des cas particuliers. Si l'on enfreint cette règle, c'est en général aux dépens du bétail et des fumiers, et tout ce que l'on obtient ainsi on l'achète chèrement (1).

La conduite à suivre découle naturellement de cette maxime : on fera alterner les récoltes en grains et les récoltes en racines ; une partie de la terre arable sera donc destinée aux hommes, l'autre au bétail. Ceci décidera la nature des récoltes, car il faut penser à l'hiver ; elles devront se suivre selon le besoin des saisons et de façon à garder la terre nette de mauvaises herbes.

Il est évidemment inutile d'envisager la variété des cas, qui admettent des modifications sans rien prouver contre le principe général. La terre peut être si riche qu'il ne lui faille pas de bestiaux ; elle peut, comme en certains endroits sur la Garonne, produire sans cesse du chanvre et du froment ; elle peut se trouver près d'une grande ville qui lui fournisse le fumier; certaines plantes peuvent être tellement demandées

(1) Ce n'est ni la théorie, ni même la vue des autres fermes, mais l'habitude de ma propre ferme qui m'a suggéré ces idées. La rente est assez exactement la moyenne anglaise, mais si le royaume était garni en proportion, il aurait 22 millions de moutons, près d'un million et demi de bêtes à cornes, et entre 2 ou 3 millions d'habitants en plus, et 200,000 chevaux en moins. C'est un système agricole vraiment national et politique. Il y aura des gens qui s'enquerront si mes récoltes sont en lignes ? — Si je me sers bien de la houe à cheval ? — Si mes haies sont tondues ? — Si mes sillons sont haut ou bas, larges ou étroits ? — Peut-être même si mes moutons ont des cornes et si mes barrières sont peintes ? Il en est en agriculture comme en morale, une vertu achetée aux dépens d'une vertu plus grande, devient un vice. (*Note de l'auteur.*)

qu'elles prennent dans la jachère la place des fourrages, ainsi le colza pour l'huile, le tabac, le lin, etc. De telles exceptions, nombreuses par la nature des choses, ne sont nullement contraires au grand principe qui domine toutes nos recherches. Il y a pour la nourriture d'hiver du bétail des navets, des choux, des pommes de terre, des raves, des carottes, des panais, des pois, des vesces; pour l'été, des prairies artificielles de toutes sortes, qu'il faudrait nécessairement adapter à la nature du terrain, de façon à durer en raison de la pauvreté de celui-ci et de l'espèce de graminée choisie. De là des rotations applicables presque partout : 1° racines, choux ou légumineuses; 2° grains ; 3° prairies ; 4° grains ; et 1° racines ou choux ; 2° grains ; 3° prairies ; 4° légumineuses, maïs, chanvre ou lin ; 5° grains. — La principale différence relative au sol sera la durée des prairies ; il y a des modifications, mais en petit nombre. Si j'écrivais un Traité d'agriculture, je m'étendrais sur ces cas particuliers, montrant ce qui serait propre à chacun selon les sols et les situations, mais cela serait déplacé dans le coup d'œil rapide que je dois présenter comme voyageur. En nous fondant sur ces principes, nous pouvons affirmer que les rotations en France sur les terrains ordinaires ne s'accordent ni avec les intérêts privés ni avec la prospérité nationale. Quand Louis XIV ruinait son peuple pour placer son petit-fils sur le trône d'Espagne et conquérir la Flandre et l'Alsace, il eût rendu son royaume infiniment plus riche, plus heureux et plus puissant, s'il avait banni la jachère d'une douzaine de ses provinces ou introduit les navets dans d'autres. Il n'y a pas un progrès de ce genre qui ne lui eût donné plus de sujets et de pouvoir qu'aucune de ses conquêtes, dont chaque acre en a ruiné dix de ses anciennes possessions, de même qu'il lui a fallu cinq Français pour soumettre un Flamand ou un Allemand.

L'importance des rotations devenue ainsi manifeste nous fera juger du mérite des quarante Sociétés d'agriculture de France par les sujets dont elles s'occupent.

CHAPITRE V

IRRIGATION

Aucune qui ait de l'importance depuis Calais jusqu'à la Marche.

La Marche. — De la Ville au Brun à Bassies (Bessines), j'en rencontre ici pour la première fois. Plus l'eau laisse vite le terrain, plus il y a d'amélioration. Les terres basses sont en progrès, mais on laisse subsister les joncs. La meilleure eau est la plus fraîche, celle qui sort immédiatement de sa source. On arrose rarement en hiver : on n'a qu'une coupe. Il est clair que la pratique des irrigations est ici très grossière.

Limousin. — Limoges. On arrose dans les montagnes tout ce qui peut l'être, et avec tant de soins que cela dénote l'importance qu'on attache à ce moyen d'amélioration. C'est très haut que l'on commence à verser l'eau sur les pentes, et quelquefois j'ai été en peine de savoir d'où on la tirait. On s'y prend mal sur les terrains plats ; les canaux d'amenée sont bordés de joncs et on s'occupe peu de faire disparaître promptement l'eau qui a servi.

Uzarches (Uzerches). On arrose avec grand soin ; en été on préfère l'eau de source ; au printemps, l'eau de rivière.

Roussillon. — Perpignan. Grands travaux parfaitement conçus pour arroser les terres de la vallée. Le sol arable le plus riche, à Pia, se vend 600 liv. le minâtre (20 l. st. 9 sh. 6 d. l'acre = 1,264 fr. 90 c. l'h.) s'il n'est pas irrigué; 1,000 l. (37 l. st. 9 sh. 10 d. l'acre = 2,316 fr. 20 c. l'h.) dans le cas contraire. Il y a près de Perpignan un aqueduc considérable servant à cet usage. De Perpignan à Villefranche grands efforts. Dans beaucoup d'endroits on préfère l'eau la plus claire et la plus près de sa source.

Languedoc. — Cette opération est très répandue et obtient d'excellents résultats. Ganges. Je fus surpris de trouver, au sortir de cette ville, les plus grands travaux pour irriguer que j'eusse encore vus en France ; on fait un barrage très fort en charpente et en maçonnerie en travers de la rivière entre deux montagnes, pour en faire entrer l'eau dans un beau canal ; elle occupe une profondeur de 5 pieds sur une largeur de 6 en coupe et d'un demi-mille de long, construit plutôt que creusé sur le flanc de la montagne, juste au-dessous de la route, et soutenu par un mur comme une corniche, œuvre vraiment grande, dont la conception et l'exécution sont également belles. Une roue élève de 30 pieds une partie de l'eau de ce canal ; elle est reçue par un aqueduc de deux rangs d'arches qui la conduit au-dessus d'un pont de l'autre côté de la rivière pour irriguer les terrains les plus élevés, tandis que le canal porte le reste aux parties basses. Cette entreprise doit avoir coûté d'énormes sommes, elle proclame la prodigieuse valeur de l'eau dans ce climat.

Saint-Laurent-Lodève. — A quelques milles plus loin, près du château de M. le marquis de Ganges, les mêmes travaux se répètent exactement. Chaque pas à travers ces montagnes découvre des efforts prodigieux pour s'assurer l'eau, que l'on conduit partout sur les pentes; il n'y a pas un pouce de terrain arrosable qui ne la reçoive. Beg de Rieux (Bédarrieux). Tout est irrigué de ce qui peut l'être; on a le curieux spectacle d'une rivière mise à sec par les saignées qu'on y pratique. Campan. Les terres ayant de l'eau à volonté se vendent 600 liv. le journal de 700 cannes, environ 19,600 p. (49 l. st. 17 sh. 6 d. par acre = 3,081 fr. 30 c. l'h.) 300 liv. = 1,540 fr. 60 c. l'h. ou 400 liv. seulement, dans le cas contraire.

Gascogne. — De Saint-Vincent à Dax. Vastes landes traversées par des cours d'eau dont on ne tire aucun parti.

Tarbes. — Même négligence et pis encore, car il y a plus d'eau. Beauvoisois (Beauvoisis). Quelques prairies arrosées, très bien arrangées pour cela, par extraordinaire, dans cette partie de la France.

Normandie. — Neufchâtel. Prairies arrosées, mais sans attention. Falaise. Vallée irriguée donnant 100 liv. par acre de 22 p. à la perche (3 l. st. 10 sh. = 216 fr. 20 c. par hect.).

Bretagne. — Belle-Isle. Essais en petit, les premiers que j'aie vus dans cette province; mal arrangée, l'eau reste trop longtemps.

Anjou. — Tourbilly. Les irrigations sont tout à fait inconnues dans ce pays, quoiqu'il ne manque pas de raisons pour les pratiquer.

Maine. — Beaumont. Partout de beaux cours d'eau, sans qu'on pense à s'en servir.

Normandie. — Bernay. Quelques prairies près de la ville; on faisait une deuxième coupe (3 octobre).

Alsace. — D'Isenheim à Béfort. Premières irrigations que l'on rencontre dans la province, mal faites.

Bourbonnais. — Moulins. M. Martin, jardinier de la

pépinière royale, qui est Languedocien, arrose à la manière de son pays. Une noria élève l'eau d'un puits de 12 p. dans un réservoir, placé assez bas pour que cinq ou six seaux se vident à la fois, sans perdre plus du vingtième de l'eau selon les apparences : elle est mise en mouvement par un cheval, qui élève par heure 200 poinçons de 200 bouteilles chaque. L'eau est conduite par de petits canaux aux planches qui en ont besoin.

Auvergne. — Riom. Pendant deux ou trois milles, la Limagne offre de magnifiques irrigations. Les canaux sont bordés de deux rangées de saules. Bonne seconde coupe. Il y a en blé des champs qui seraient bien mieux en prairies. Clermont. A Royat, les pentes volcaniques sont arrosées, mais grossièrement. Issoire. Pratique très répandue, qui permet que les récoltes se succèdent rapidement dans les jardins du pays : les choux viennent immédiatement après le chanvre. La distribution de l'eau est très défectueuse ; on puise au canal pour jeter l'eau sur les planches au lieu de les arroser régulièrement. Cela vient peut-être de ce qu'on regarde les jardins et les chenevières comme moins importants que les *vergers*, prairies plantées de pommiers et d'autres arbres à fruit.

Languedoc. — De Riom au Rhône, à travers l'Auvergne, le Velay et le Vivarais, on arrose tout ce qui est susceptible de l'être.

Dauphiné. — Montélimart. Les irrigations sont dans un haut degré de perfection. Près de la ville un septier qui vaut un demi-arpent de Paris, se loue 2 *louis d'or* 1/2 ou 5 l'arpent, 190 liv. (6 l. st. 2 sh. 6 d. = 378 fr. 40 c. l'h.). Un peu plus loin 60 liv. = 189 fr. 20 c. l'h.) avec obligation de fumer tous les deux ans, ce qui est remarquable : 100 septerées qui reçoivent les eaux de la ville se louent 5000 l. plus 600 liv. pour le pâturage d'hiver des moutons. On y fait 3 à 4 coupes par an. Dans le Dauphiné on préfère l'eau de source à celle des rivières, excepté celle du Rhône, que l'on trouve aussi bonne. On en donne pour raison, que la première ne gèle jamais, ce que fait l'autre, qui est par conséquent impropre à arroser l'hiver. L'été, l'eau trouble gâte les prairies.

Provence. — Avignon. L'irrigation est excessivement développée par le moyen de la Durance et du canal de Crillon, creusé rien que pour cet usage. Les prairies donnent trois coupes par an, formant 30 quintaux de foin, de 40 à 60 sols le quintal à chaque coupe par eymena de 21,000 p. (7 t. 14 cwt. = 19,327 kil. par h.) : les prairies près de la ville se vendent 1000 liv. (76 l. st. 10 sh. l'acre = 4,726 fr. l'h.); un peu plus loin 800 liv. (61 l. st. 5 sh. l'acre = 3,783 fr. 90 c. l'h.). Quand la saison est sèche, on arrose tous les douze jours ; mais dans les temps humides, tous les trois ou quatre semaines. Dans quelques cas, on commence avec de l'eau trouble pour finir avec celle qui est claire en nettoyant les herbes. On n'arrose les grains que par une sécheresse extraordinaire.

Lille (Lisle). — D'Avignon ici, la route parcourt pendant quelques milles une plaine plate arrosée avec le plus grand soin. Les canaux d'amenée semblent tracés avec une grande habileté et à l'usage de toutes les récoltes. On n'arrose pas les vignes en général et il paraîtrait peu conforme à une bonne exploitation de planter de la vigne sur des terres arrosables ; on ne le fait donc que lorsque le profit est extrêmement grand. Beaucoup de ces terres portent du trèfle et de la luzerne ; mais on cesse de les irriguer quand on y met du froment. L'effet de l'irrigation est tel que le trèfle (semé en automne avec le blé) donne une coupe après que la moisson est faite et trois l'année suivante ; alors on le retourne pour faire du grain, ou on le laisse pour pâturage, dans ce cas l'herbe qui prédomine est l'*avena elatior*. Le sol se compose d'un beau loam calcaire blanc jusqu'à quatre milles de Lille, où il passe à une argile brune, sans pierres, profonde de 3 ou 4 p., paraissant très fertile, arrosée ou non. A Lille, les prairies arrosées valent 400 liv. l'eymena et donnent trois coupes ; mais on se plaint du manque d'eau, ce qui est extraordinaire car elle paraît abonder. On l'élève dans les jardins par des roues à jantes creuses que fait tourner le cours d'eau, et on la distribue à chaque couche avec un grand art.

Vaucluse. — La source de ce village à jamais célèbre dans les annales de la poésie et de l'amour, ne doit pas l'être moins dans celles de l'agriculture. Ses eaux sont savamment mises à profit à 3 ou 400 yards du roc où elles prennent naissance.

Orgon. — On rencontre beaucoup d'irrigations en s'y rendant de Vaucluse. Près de Cavaillon, il y a des travaux de terrassement considérables à cet effet. Le canal de Boisgelin, près d'Orgon, ainsi nommé de son auteur l'archevêque d'Aix, est un magnifique ouvrage, non encore terminé. Il a 20 p. de large sur 8 de profondeur, et passe ici sous une montagne percée d'un tunnel de 140 yards ; il est à sec, le manque d'argent ayant arrêté les travaux depuis quelques années. La montagne qu'il tranche est de craie et de marne ; craie de consistance rocheuse très différente de la pierre à chaux ordinaire ; argile également consistante, mais calcaire et accompagnée d'une bonne marne crayeuse de 20 à 30 p. de profondeur. Suivi la grande route d'Aix pendant environ une lieue au milieu de belles irrigations, pris ensuite la direction de Salon ;

traversé le même canal sans eau au centre d'une plaine unie, aride et rocheuse, où l'irrigation produirait d'admirables résultats. Dans la vallée qui suit, le canal de Boisgelin est complètement terminé en belle pierre et plein jusqu'aux bords ; comme il y a trois autres canaux, l'eau abonde.

La Crau. — On entend par ce nom le désert pierreux le plus singulier que l'on puisse trouver en France et peut-être en Europe. Ayant à peu près 5 lieues en tous sens, elle embrasse de 20 à 25 lieues carrées ; 20 lieues carrées font 136,780 acres anglais. Elle est entièrement couverte de galets, tantôt de la grosseur de la tête d'un homme, tantôt moindres, mais de façon si uniforme que le nouveau banc de galets restés sur la plage n'offre pas moins de sol que ceux-ci. Sous cette surface se trouve plutôt que du sable une sorte de mélange cimenté par du loam, semblable à une maçonnerie en moellons. La végétation est rare et pauvre. Quelques absinthes, quelques lavandes, si chétives que j'eus peine à les reconnaître, deux ou trois misérables graminées, les *centaurea calcitrapa* et *solstitialis*, et je crois me rappeler un *eryngium*, furent les plantes que je pus trouver. Je cherchai le *lollium perenne;* mais n'en découvris ni une tige ni une trace ; j'en conclus que cette plante avait été dévorée si avidement qu'elle ne paraissait plus dans cette saison (août). Au bout de quelques milles dans cette solitude extraordinaire, je demandai à mes guides si le reste ressemblait à ce que nous avions vu ; ils me répondirent que tout, sol et plantes étaient les mêmes. Le seul parti que l'on tire de ces terres est d'y faire pâturer l'hiver d'immenses troupeaux de moutons (un million de têtes, dit-on ; mais j'en doute), qui l'été sont conduits dans les Alpes de Provence, vers Barcelonnette et le Pié mont. S'il est vrai qu'un million de moutons trouve à se nourrir ici, il faut que l'étendue surpasse celle que j'ai indiquée. La raison qui m'a fait placer ce désert dans le chapitre des irrigations, se trouve dans quelques essais courageux pour l'arroser, qui méritent plus d'intérêt que tout ce que l'on y trouve.

En partant de Salon pour aller dans la Crau, à 4 milles environ, la route traverse le canal de Boisgelin. Le vieux canal de Craponne se trouve au même endroit, prodiguant ses eaux pour l'amélioration d'un des pays les plus arides qui soient au monde. Le canal de Craponne part de la Durance à La Roche et se prolonge jusqu'à son extrémité méridionale à Istres; il a 40 milles de long. Celui de Boisgelin puise dans la même rivière à Malavort et après avoir croisé l'autre se divise en trois branches qui se rendent, l'une du côté d'Istres, l'autre vers Saint-Saumas et Magnan (Saint-Chamas et Marignane); la dernière et la plus petite tourne à gauche vers Salon. En amenant l'eau sur un terrain où elle fait tellement défaut, on a opéré des améliorations remarquables. De grands districts de la Crau ont été défrichés et plantés de vignes, d'oliviers, de mûriers et convertis même en champs de blé et en prairies. Les grains n'ont pas réussi, mais les prairies que j'ai vues se rangent parmi les spectacles les plus extraordinaires que le monde puisse offrir, par le contraste merveilleux entre le sol dans son état naturel et celui que les irrigations ont couvert de récoltes luxuriantes de trèfle, de chicorée, de plantain lancéolé (*rib grass*) et d'*A. elatior*. Pour obtenir ce résultat on a enlevé les pierres avec lesquelles on a bâti des clôtures en pierres sèches, surtout près de la route, puis on a labouré. J'eus au sujet de cette entreprise plusieurs conversations avec les habitants de Salon qui doutaient du résultat définitif, les dépenses ayant été excessives. Sur ce point j'oserai dire que les soins trop minutieux dans l'enlèvement des pierres me semble peu judicieux. Si je voulais cultiver un terrain semblable, aussi uni que celui-ci, je ferais une extrême attention à la distribution de l'eau, mais je me contenterais de retirer les plus gros blocs. Après avoir semé sur les galets les graminées convenables, j'arroserais immédiatement et je m'appliquerais davantage à faire un pâturage qu'une prairie. On n'aurait ainsi d'autres dépenses que celles des canaux et de la semence mais ni labourage, ni rien autre chose. Après quelques années de ce régime les interstices se seraient remplis de limon et il faudrait peu de travail pour former une prairie. Les gens qui d'ordinaire tentent ces entreprises ont trop de penchant à vouloir en finir d'un seul coup et ne se contentent pas à moins que sur-le-champ ces déserts ne prennent l'aspect de terrains en valeur depuis de longues années. Pour que de tels travaux soient profitables, il faut éviter les dépenses exagérées, laisser le temps agir à coup sûr et silencieusement, sans y mettre du sien qu'un peu de patience. Cela vaut au moins qu'on en essaie. Ou je me trompe fort, ou de l'eau et des semences feront sans plus un pâturage excellent, meilleur peut-être que celui qu'aura préparé un labour. M. de La Lande (1) parle du canal de Provence qui porte les eaux de la Durance à Aix et à Marseille, comme ayant 110,000 toises de long, et donnant par ses irrigations un revenu annuel d'un million de livres.

Hyères. — On n'arrose les terres arables que pour la luzerne, à moins que la sécheresse ne devienne ex

(1) *Des Canaux de Navigation*, in-folio, 1778, p. 175-184.

cessive : cependant on s'entend fort bien aux irrigations qui s'étendent aussi bien sur les pentes que sur le fond de la vallée et donnent de très bons résultats. Leur moyen d'arroser les jardins est fort ingénieux; ils ne se sont pas imaginé, comme nous l'avons fait en Angleterre, d'aller puiser à un réservoir de 7 ou 8 pieds de profondeur, avec des arrosoirs qu'il faut ensuite porter partout et vider à bras tendu. Au contraire, ils élèvent sur le bord du réservoir un poteau de 5 à 6 pieds de hauteur, au sommet duquel une perche se meut dans tous les sens; cette perche porte à ses deux extrémités un seau et une pierre qui se font contrepoids. Un homme plonge le seau dans le réservoir puis le vide dans une tranchée d'où elle s'écoule en ruisseau que l'on conduit alternativement aux différentes couches préparées comme pour les irrigations ordinaires. Cette méthode mérite grandement d'attirer l'attention de ceux qui ont un réservoir dans leur jardin.

OBSERVATIONS.

Il ressort des notes précédentes, que dans certaines parties de la France, surtout le midi, cette branche de l'économie rurale est très bien comprise et largement pratiquée ; mais les plus remarquables expériences sont très restreintes, je ne les ai rencontrées qu'en Provence et dans les montagnes de l'ouest du Languedoc. Dans le premier de ces deux pays, c'est aux frais de la province que sont ouverts les canaux qui conduisent à plusieurs milles les eaux qui doivent fertiliser des terres arides et incultes; nous n'avons aucune idée de cela en Angleterre. Pour l'intérêt du commerce, notre législature n'hésitera pas à exproprier des particuliers; jamais dans l'intérêt de l'agriculture. Les travaux que j'ai vus à Ganges pour jeter dans un canal les eaux d'un torrent et les élever par d'énormes roues sur un aqueduc construit en arcades, plus limités dans leur étendue et renfermés même dans une seule propriété, on devrait raisonnablement espérer de les voir dans les montagnes d'Angleterre et du Pays de Galles. Ils seraient fort utiles et il serait de toute nécessité de les entreprendre car ai-je besoin de dire que l'irrigation fait aussi bien dans nos climats du nord que dans le midi de l'Europe. La différence de valeur entre les cultures arrosées et celles qui ne le sont pas, n'est pas là plus grande qu'ici, excepté sur des terres arides et négligées, où le climat la rend énorme. Soumis au soleil et aux sécheresses de la Provence, des espaces sableux, ou pierreux comme la Crau ne donnent presque littéralement rien; arrosés, ils se revêtent de la plus belle verdure et des plus riches moissons. On se tromperait étrangement en bâtissant une théorie sur les latitudes comme mesure des bienfaits dus à l'irrigation. L'eau apporte autre chose que son humidité, et fume, consolide, approfondit la surface cultivable, elle la garde du froid; effets tout aussi précieux que dans les pays du midi. Si je présente les provinces méridionales en exemple à l'Angleterre, les Français n'oseront pas dire qu'ils n'en ont pas besoin pour leurs provinces septentrionales. C'est entre la Ville au Brun et Bassies (Bessines) dans la Marche, après avoir traversé plus de la moitié du royaume depuis Calais, que j'ai vu la première fois pratiquer cette opération : de là, elle règne presque sans interruption jusqu'aux Pyrénées. Elle s'étend au pied de ces montagnes de Perpignan, où elle atteint une grande perfection, jusqu'à Bayonne; mais, ce qui est étrange, c'est qu'on l'ignore (au moins je n'en ai pas vu de traces) dans la partie de la Gascogne comprise entre Saint-Vincent, Dax, Tartas et Auch. Au nord de la Loire, je ne l'ai vue, et encore bien imparfaite, qu'à Neufchatel, à Bernay et à Falaise, en Normandie, ainsi qu'à Izoire dans le Beauvoisis; mais l'étendue en est si insignifiante qu'on ne la peut faire entrer dans un examen général du royaume. Le duc de Liancourt, sans cesse attentif au bien public, a fait dans sa terre en Clermontois une tentative, afin d'introduire une pratique essentielle pour changer des vallées considérables à peine meilleures que des tourbières en magnifiques prairies : sa première coupe lui a donné 65 tonnes de foin sur 8 arpents. La France doit beaucoup aux vues larges de ce citoyen patriote, actif et éclairé. Je ne dirai point que l'irrigation soit inconnue en Picardie, dans la Flandre, l'Artois, la Champagne, la Lorraine, l'Alsace, la Franche-Comté, la Bourgogne et le Bourbonnais; j'en ai vu quelque chose en Alsace, mais généralement parlant, ces provinces ne sont point arrosées. En les parcourant au delà de 1000 milles en tous sens, je n'ai rien vu sous ce rapport qui valût un moment d'attention, quoique j'aie rencontré et même examiné des centaines de cours d'eau propres à cet usage sans y être employés. On arrive jusqu'à Riom en Auvergne avant de le retrouver. Il n'y a donc guère qu'un tiers du royaume qui en comprenne l'importance et s'y applique. Si les académies et les sociétés d'agriculture sont justiciables du sens commun, que penserons-nous en les voyant dépenser leur temps et leur argent à vulgariser des charrues à semoir, des houes à cheval, des racines tinctoriales, des fils d'orties, tandis que les deux tiers du royaume ignorent l'irrigation ?

CHAPITRE VI

DES PRAIRIES

Dans un pays, en grande partie ouvert, et soumis à une mauvaise culture pour une partie plus grande encore, les prairies doivent nécessairement atteindre des prix hors de proportion avec ceux de contrées différemment organisées. Je ne sais pas de preuve plus sûre d'une agriculture arriérée, que l'exagération du prix des herbages. Que les collines de craie se couvrent, comme elles le doivent, de sainfoin, et ce prix tombera de moitié ! Quand les terres labourables ne portent ni choux, ni navets, ni pommes de terre pour la nourriture d'hiver du bétail, on ne peut compter que sur le foin. Quand la valeur du trèfle est peu connue, celle du foin est exagérée. Il suffit de ces exemples pour faire comprendre l'enchaînement des faits et leur cause. Il s'ensuit que le prix et la rente des prairies ne varient pas selon leur valeur intrinsèque, mais selon l'état des terres arables aux environs. Ce prix si considérable partout en France, exorbitant à de certains endroits, ne donne pas une idée avantageuse de l'agriculture du royaume. Le rendement en foin est grand quelquefois, mais en somme, il ne répond pas à cette exagération des prix : ce qui vient sans doute de ce que les prés sont pâturés quand la nourriture est rare et chère, d'où une diminution dans la quantité de la récolte.

Le trait caractéristique de la culture des prairies est l'irrigation dont nous achevons de nous occuper. Il suffira de remarquer que le tiers seulement des prairies reçoit de tels soins. On se contente de procéder grossièrement au drainage, au nivellement, au roulage, etc., etc., excepté dans les pays d'irrigation, mais le drainage est presque partout négligé. D'immenses étendues dans toutes les provinces et sur les bords de presque tous les principaux cours d'eau sont frappées de ces droits communaux, la plaie de toute bonne agriculture.

D'après mes observations sur les plantes les plus fréquentes des prairies de France jusqu'aux Pyrénées, on verra que ce sont exactement les mêmes que celles des meilleures prairies de la Grande-Bretagne.

Les principales sont : 1° le *lathyrus pratensis* que je tiens pour la première plante de prairies des deux royaumes, et digne de plus d'attention qu'on ne lui en accorde ; 2° l'*achillea millefolium*, excellente, aussi négligée que la précédente ; 3° le *trifolium pratense*, trèfle commun, plante bisannuelle, abondante dans toutes les prairies ; 4° le *trifolium repens*, trèfle hollandais blanc, que de bons cultivateurs ne regardent pas comme bon, cependant la façon dont il est répandu dans toute l'Europe fait douter de la justesse de leur opinion ; 5° le *plantago lanceolata ;* 6° *medicago lupulina*, trèfle indigène dans tout le royaume comme en Angleterre ; 7° *medicago arabica polymorpha ;* 8° le *lotus corniculatus ;* le *poterium sanguisorba*, la pimprenelle, excellente dans les deux situations les plus opposées : les pacages sableux et arides et les plus riches herbages. Nous pouvons ajouter à cette liste une autre plante commune dans tous les prés du midi de l'Europe et spontanée en Angleterre sur les sables pauvres ; le *cichorium intybus*, supérieur peut-être à tout le reste hors le *lathyrus pratensis*, dont la culture est différente.

Je ne dis rien des graminées par l'incertitude et la difficulté où l'on est d'avoir de la semence nette. Si la pépinière où on la recueille ne subit pas une culture alternée, on y trouve autant de mauvais que de bon ; si au contraire, on suit cette culture, on verra qu'elles sont une aussi bonne préparation pour les grains que le trèfle, etc., etc. C'est par cette raison qu'en Angleterre on a cultivé le ray grass pour la nourriture des moutons au printemps. Si on pouvait se procurer, à un prix raisonnable, des graines de *festuca pratensis*, de *poa trivialis et pratensis*, d'*alopecurus pratensis*, on y devrait faire plus d'attention.

Après avoir bien déterminé les espèces qui peuplent les meilleures prairies d'un pays, on saurait bien mieux en former de nouvelles : il faudrait semer celles de ces plantes qui donnent assez de graines pour passer dans le commerce et ne jamais recourir aux balayures des fenils, coutume presque abandonnée en Angleterre ; mais, en France, on ne fait que commencer à la discuter.

CHAPITRE VII

DE LA LUZERNE

Picardie. — Boulogne. Dure de 12 à 16 ans, donne trois belles et bonnes coupes ; 16 lbs de semence par mesure d'environ un acre ; nourrit 4 ou 5 chevaux pendant 5 mois.

Breteuil. — On l'apprécie plus que l'avoine ; trois coupes qui, dans quelques endroits ont 4 p. de haut ; dure 10 ans ; la première coupe se donne aux chevaux, le reste aux vaches.

Isle de France. — Arpajon. On la cultive beaucoup ; trois coupes.

Roussillon. — Bellegarde. On l'arrose tous les huit jours quand il ne vient pas de pluie ; l'irrigation abrège sa durée.

Perpignan. — Partout il y a de la luzerne arrosée.

Pia. — C'est de beaucoup la plus belle récolte et la plus profitable. On sème dru, soit sur les terres pierreuses et arides qui sont arrosables, soit sur le loam profond et meuble de la vallée située entre Pia et les montagnes calcaires du nord, qui ne l'est pas ; dans les deux cas on la sème à la volée et seule sans autre récolte. Fauchée pour la première fois à la fin d'avril, elle l'est ensuite de quarante en quarante jours, si le sol est arrosable ; dans le cas contraire, on a trois coupes complètes et une quatrième inférieure. Avec l'irrigation, elle ne dure que sept à huit ans ; sans irrigation, vingt et même trente ans ; son foin est préféré à tous les autres, le minâtre vaut 6 louis les 4 coupes (5 l. st. 9 sh. 4 d. l'acre = 336 fr. 70 c. l'h.). Je parcourus plusieurs luzernières ; elles étaient très nettes et d'une végétation luxuriante, bien autre que ce que nous avons en Angleterre, mais d'un tiers de moins en hauteur que celles de Barcelone. De Perpignan à Villefranche, on prend 3 froments après la luzerne.

Sigean. — 2 coupes les années sèches, 4 les autres : durée, 10 ans.

Languedoc. — Caussan (Coursan). Belles luzernières, ombragées de mûriers. On emblave la sesterée avec 100 lbs de froment ; 36 sesterées de luzerne donnent 100 septiers de semences, dont chacun valait 50 liv. l'année dernière. Les luzernières de la vallée se louent quelquefois de 40 à 72 liv. la sesterée ; la terre labourable, rien que 15 livres.

Pézénas. — Partout de la luzerne ; elle dure 10 ou 12 ans ; on la trouve excellente pour tous les animaux, excepté les moutons qu'elle engraisse trop.

Pinjan. — On en sème 15 lbs par sesterée sans autre récolte, on la coupe 5 fois par an, et elle dure 15 ans. Chaque coupe pèse 12,000 lbs une fois séchée ; une sesterée a donné jusqu'à 100 lbs de semence ; les prix actuels sont pour la semence de 45 liv. le quintal, et pour le foin de 40 sols. Quand les mauvaises herbes infestent une luzernière, on la nettoie en la labourant pendant l'hiver avec un soc étroit et pointu, en ayant soin de choisir un temps de gelée qui tue les herbes sans attaquer la luzerne : pratique admirable ; si elle s'étend jusqu'en Provence, patrie de Rocques, c'est d'elle qu'il aura probablement tiré son idée de hersage. On ne s'y prend pas avec moins d'habileté quand la luzerne dépérit ; si grandement qu'elle ait amélioré le terrain, on ne se hasarde pas à faire du froment, mais de l'orge, puis de l'avoine que l'on coupe en vert pour fourrage. La luzerne revenant toujours gâterait les récoltes de grains, tandis qu'au contraire elle donne plus de valeur aux autres ; en outre, en coupant de bonne heure on détruit toutes les mauvaises herbes. Ce n'est que la troisième année qu'on sème le froment, lequel rapporte abondamment.

Lunel. — Beaucoup de luzerne ; mais médiocre à cause du terrain.

Carcassonne. — 4 ou 6 coupes par an, selon les pluies ; durée de 10 à 14 ans.

Gascogne. — Saint-Vincent. 3 coupes les bonnes années, 2 seulement les mauvaises ; beaucoup de chiendent.

Fleuran (Fleurance). — Quelques petites pièces pour faire de la litière aux chevaux.

Estafort (Astafort). — 4 coupes pour litière de chevaux ; c'est cependant pour eux la meilleure des nourritures.

Landron. — Une petite pièce, la seule que j'aie vue dans la vallée de la Garonne.

Poitou. — Poitiers. Durée 15 ans ; on s'en sert pour litière, et pour faire un foin meilleur que celui de sainfoin.

Touraine. — Chanteloup. Les vaches du duc de Choiseul, qui ne sortent jamais, ont une litière de luzerne, et donnent de la crême et du beurre très délicats.

Blois. — Sables mouvants ; durée 5 ans ; 3 coupes ; produit préférable à l'avoine.

Orléans. — Durée 8 ou 9 ans ; 3 coupes.

Pithiviers. — Durée 12 ou 15 ans.

Melun. — Commune ici, durée 10 ans, 3 coupes ; vaut mieux que le blé.

Yersaint (Lieusaint). — 3 coupes, la première donne 400 bottes de foin ; la deuxième 200, la troisième 100 ; en tout 700 (environ quatre tonnes par acre) à 20 liv. les 100, ou 140 liv. par arpent. Les plus belles récoltes de grains sont celles qu'on fait ensuite.

Montgeron. — C'est ce qu'il y a de meilleur dans la culture du pays. On sème 22 lbs de graines par arpent, avec l'avoine. Durée, 12 ans, prix actuel 20 liv. les 100 bottes. On fait de l'avoine sur la luzerne rompue, puis du blé ; ce sont les plus belles récoltes.

Liancourt. — Culture considérable, on sème 30 lbs par arpent, à raison de 20 à 23 sous la lb. en moyenne. M. Prévôt, fermier très intelligent et très entendu, de la vallée de Catnoir (Catenoy), a remarqué une grande différence entre la semence du midi vendue communément en France et celle du pays. La première réussit rarement aussi bien que l'autre, ce qu'il attribue à la différence des climats ; celle du pays ne manque jamais. L'habitude générale est de la mêler à l'avoine. Durée, 10 ou 12 ans moyennant un peu de soins ; mais on en a vu sur un sol riche et profond avec un sous-sol sec, atteindre 20 ans. Pour nettoyer on herse la luzerne avec une herse à dents de fer, et on la fume avec du fumier consommé. On fait toujours 3 coupes par an, quelquefois 4, mais cela est rare. Un très bon arpent se louerait 150 liv. par an, c'est-à-dire plus qu'aucune autre terre du pays ; il donnerait 1600 bottes de foin de 12 lbs ou 19,200 lbs, plus de 7 tonnes (= 17,750 kil. par hectare), par acre anglais. En général, on peut compter sur une récolte de 500 bottes en 2 coupes par mine, cela fait 1000 par arpent, ou 12,000 lbs.

plus de 5 tonnes par acre anglais = 12,550 kil. par hectare. Le prix n'atteint pas celui du bon foin commun, on ne la croit pas aussi saine pour les chevaux ; il est actuellement de 20 liv. On prend la semence de la 3e coupe et on compte en moyenne 200 lbs par arpent. La luzerne sur une bonne terre est tout aussi bonne après avoir porté graine qu'auparavant, mais sur un mauvais fond elle dépérit. Le grand point de cette culture c'est l'amélioration qu'en reçoit le sol, on ne se hasarderait pas à y faire du blé en le rompant, on craindrait de voir ce blé pousser tout en paille. On prend successivement 2, 3, 4 et même cinq avoines de toute beauté, et quand l'avoine dépérit on a de très bon froment.

Marenne (Marines). — Durée, 12 ou quinze ans ; trois coupes ; on fait ensuite deux avoines et un blé, tous excellents.

Pontoise — La luzerne occupe la moitié des terres près de la ville.

Brosseuse (Brasseuse). — On la sème ordinairement avec l'avoine qui suit le froment, et souvent sur un seul labour ; cependant telle est la qualité de ce loam meuble et sableux, qu'elle réussit assez bien, un peu plus de soin la rendrait magnifique ; durée 10 ou 12 ans et plus, quand on y prend garde. Trois coupes par an. Deux de 3 ou 400 bottes par arpent de foin bon pour les chevaux ; la 3e pour les vaches. Madame la vicomtesse du Pont, sœur de la duchesse de Liancourt a peut-être plus de luzerne que qui que ce soit en Europe. Elle en compte 250 arpents dont 80 ont été fauchés cette année, j'en ai vu le foin, il n'y en a pas de meilleur, ni dont l'odeur soit plus agréable ; on le met cependant en bottes dans le pré comme dans le reste de la France. Elle eut la bonté de m'informer qu'il n'y avait pas de nourriture pour les vaches qui donnât de meilleur beurre: je le goûtai, il était exquis.

Dammartin. — Beaucoup de luzerne ; durée, 9 ans trois coupes, ou 2 seulement lorsqu'on veut avoir de la semence. La première coupe rend de 4 à 500 bottes : la deuxième, moitié. L'archevêque d'Aix qui a une abbaye dans le voisinage, s'est fort occupé d'en généraliser la culture : grâce à lui, 800 arpents sont en luzernières.

Soissons. — Durée, 8 ou 9 ans ; 3 coupes. La première donne 300 bottes de foin de 12 lbs ; la deuxième, 250 ; la troisième, 100 par arpents de 96 perches de 22 pieds, 46,464 p. (3 tonnes 3 cwt par acre anglais = 7906 kilog. par hectare).

Artois. — La Recousse. Peu répandue, 3 coupes : durée 12 ou 15 ans ; on la trouve excellente.

Normandie. — Coutances. On en voit pour la première fois sur la route de Granville, quelques planches qui vont s'agrandissant jusqu'à former des pièces. Durée, 20 ans ; donnant constamment 3 coupes.

La Roche-Guyon. — Très répandue ; la duchesse d'Anville en a 50 arpents et un fermier du voisinage 47 ; j'en ai vu d'excellente du côté de Magny. Elle donne 3 coupes, mais ne dure que 6 ans, on la sème avec l'avoine, quand on la rompt on tire du terrain 3 récoltes de grains de suite : c'est le 1er novembre qu'on la retourne dans les terres non encloses.

Isle de France. — Nangis. On ensemence un arpent de Paris avec 20 lbs de 12 à 20 sols (26 lbs ang. par acre) = 29 kilog. par h., en même temps que l'orge ou l'avoine, qui suit le froment. Durée, 6 ans ; 8 ans si le sol est fumé. Un bon arpent rend 300 bottes à la première coupe (1 t. 14 cwt par acre) = 4,267 kilog. par h., 200 à la seconde (1 t. 3 cwt) = 2,886 k. par h., 100 à la troisième (11 1/2 cwt) = 1,353 kilog. par h. ; chacune pesant 10 lbs, c'est en tout 3 t. 8 1/2 cwt = 8,597 kilog. par h. On la sème quelquefois seule en août sur une jachère nettoyée ; c'est alors qu'elle est la meilleure : le foin vaut de 20 à 30 liv. le 100 (2 l. st. 3 sh. 8 d. la tonne). On loue l'arpent 40 liv. (2 l. 2 sh. l'acre) = 129 fr. 75 c. l'h. Après l'avoir rompu, on a deux avoines et un froment de qualité supérieure.

Meaux. — Lorsque l'avoine a deux feuilles, on y sème de la luzerne à raison de 20 lbs par arpent de 100 perches de 22 pieds (17 lbs par acre) = 18 kilog. par h., et l'on recouvre à la herse. La livre vaut 4 à 10 sols, ordinairement 6 sols. La première année, elle donne au plus 100 bottes par arpent à la première coupe = 1318 kilog. par h. ; mais, après cela, 400 (2 t. 2 cwt par acre) = 5,271 kilog. par h., et quelquefois 500 bottes de 12 lbs = 6,588 par h. ; à la seconde coupe, 200 (1 t 1 cwt l'acre) = 2,635 kilog. par h. ; à la troisième, 100 (10 1/2 cwt par acre) = 1,318 kilog. par h. ; en tout 3 t. 13 1,2 cwt = 9,224 kilog. par h. Le foin de la première coupe est donné aux chevaux, celui de la seconde aux moutons, celui de la troisième aux vaches. On ne fume jamais ; le sol est, en revanche, un loam riche et profond, un des plus beaux du monde ; le chiendent en est la perte. On n'emploie jamais la luzerne pour litière. On compte, pour le fauchage, la fanage, la mise en meule et le charroi, 10 liv. par arpent : tout est bottelé sur le terrain. Aujourd'hui, 3 juillet, on fait la première coupe mais il y a déjà quelque temps qu'on a commencé. Rien, dit-on, ne prépare si bien la terre : les bonnes avoines que m'a fait voir M. Gibert de Neufmoutiers sont venues après la luzerne ;

il n'y a entre elles et celles venues sur froment d'autre différence que celle du jaune au vert.

Dauphiné. — Loriol. Pour elle, on défonce le terrain à la bêche (12 liv. la septerée) et on fume bien ; elle dure 5 ans, après quoi. si l'on veut la garder, il faut la labourer en travers avec une petite charrue nommée *binet ;* cela détruit les mauvaises herbes et prolonge la durée de 2 ans. Après la luzerne on prend de suite 5 récoltes de froment. J'exprimai mon étonnement de cette culture barbare à M. Faujas de Saint-Fonds, qui m'en attesta l'exactitude. Si la troisième année il vient de l'avoine sauvage, on remplace le blé par de l'avoine ou du seigle.

Provence. — Avignon. Culture très commune ; on la sème seule en mars à raison de 5 lbs par eymena de 21,600 pieds (10 lbs par acre) = 11 kilog. 200 gr. par h. On fait 4, 5 et 6 coupes, et, si elle est bien irriguée, elle dure de 7 à 8 ans ; recevant moins d'eau, elle va de 10 à 12. On la rompt ensuite, et telle est son action sur le sol, qu'on prélève une succession non interrompue de 5, 6, 7 et même 8 récoltes de froment ! Si mauvaise que soit cette méthode, il ne faut pas la mettre au rang qu'elle mériterait chez nous ; l'irrigation fait des miracles, et la moisson est si hâtive que l'on peut encore tirer le parti que l'on veut du terrain. La luzerne convient mieux aux terres sèches et légères ; chaque coupe donne 25 quintaux (3 t. 3 cwt par acre) = 7,906 kilog. par h. ; mais il faut fumer et arroser abondamment. On attend pour le faire que les gelées soient passées : sans fumure on a 15 quintaux (1 t. 5 cwt l'acre) = 3.137 hilog. par h. Prix. 40 à 50 sols le quintal, 10 sols de moins que le foin de prairie naturelle. On en trouve le foin mauvais pour les chevaux, qu'il fait enfler, mais bon pour les autres animaux.

J'en ai vu à Avignon d'une si belle couleur verte que je dus le manier pour reconnaître qu'il était desséché, malgré ce que m'en disaient mes yeux. Les luzernières, quand on les loue, donnent de 20 à 60 liv. l'cymena (4 l. st. 12 sh. 9 l'acre) = 286 fr. 50 l'h.; le produit, en comptant 5 coupes, est de 21 l. 13 sh. 2 d. par acre = 1,338 fr. l'h.

Hyères. — M. Battaille essartait une pièce d'un acre et demi angl. pour y faire de la luzerne, aux frais suivants : premier défoncement, 96 liv. ; — fourneaux faits avec les racines, herbes, mottes, etc., 96 liv.; — fumure, 120 liv.; — second défoncement, 96 liv.; — semence, 60 liv.; — en tout, 486 liv., soit 13 l. st. 13 sh. par acre = 843 fr. 30 c. par h. Le terrain était très uni, meuble jusqu'à 1 pied de profondeur et net de toute mauvaise herbe, et disposé en planches pour l'arrosage et l'ensemencement (septembre). L'année prochaine, il donnera 4 coupes, puis 5 et peut être 6. Pendant 15 ou 20 ans il pourra se louer 400 liv. par an (11 l. 13 sh. 7 d. l'acre) = 722 fr. 50 c. l'h., il donnera, en produit brut, 500 liv. (14 l. 11 sh. 11 d. l'acre) = 901 fr. 70 c. l'h., et portera, une fois rompu, de magnifiques récoltes de froment.

OBSERVATIONS.

La culture dont nous venons de parler est une des plus remarquables de la France. Nous avons été à l'école de ce pays pour l'apprendre ; toutefois nous n'y réussissons pas, et toujours il en a été ainsi, tandis que chez nos voisins, dans des climats semblables au nôtre, ça été une source de profits constants. Il serait par trop malheureux que nous ne puissions trouver dans les pratiques françaises quelque chose à imiter. La première de ces pratiques qui demande notre attention, c'est l'usage invariable des semailles à la volée. En Espagne, où la luzerne a une luxuriance que nous n'imaginons pas ; en Italie, où j'en ai pu voir, on ne sème pas autrement. C'est le contraire que nous faisons, nous fondant sur ce que l'humidité de notre climat rend le binage nécessaire pour nettoyer, et par conséquent, les semailles en lignes. Mais cette nécessité on ne la connaît pas dans le N. de la France, quoiqu'il ressemble à notre pays de bien près. Au bout de quelques années, là comme ici, les mauvaises herbes paraissent, mais alors les Français pensent que mieux vaut retourner la luzerne que d'en prolonger la durée, au prix de soins et de frais continuels.

Un Provençal, Roque, a introduit ces semailles à la volée en Angleterre il y a environ vingt-cinq ans. J'ai vu ses récoltes qui rivalisaient de beauté avec celles du N. de la France. M. Arbuthnot de Mitcham a obtenu d'excellents résultats en suivant cette pratique sur une grande échelle ; d'autres personnes ont également bien réussi : on peut trouver les données de leurs expériences dans mes voyages agricoles en Angleterre. Malgré cela, cette méthode ne s'est pas propagée, et le peu de luzerne que l'on voit cultiver parmi nous se fait en lignes. Il serait intéressant de savoir si là n'est pas l'obstacle à ses progrès dans notre pays. Le sarclage et la houe à cheval dans des moissons que l'on n'enlève qu'une fois par année, et qu'il n'est pas nécessaire de tondre ras, sont d'un usage plus commode que dans une prairie fauchée de très près trois fois l'an. Les notes précédentes semblent conduire à cette conclusion que les semailles en lignes ne sont point nécessaires à cette culture ; faites à la volée, en France.

elles suivent les variations du sol comme toute autre récolte.

Je n'ai pas la prétention de faire ici un ouvrage didactique, sans cela je pourrais donner, sur ce point, quelques renseignements utiles. Il me semblerait, par exemple, que des navets et des choux seraient la meilleure préparation : Si pendant deux ans de suite, les mauvaises herbes se montraient, on ferait pâturer, puis on ensemencerait en orge ou en avoine, aux trois quarts de la semence habituelle, soit deux boisseaux par acre anglais, soit 1 hectol. 75 l. à l'h. ; si c'était dès la première année, je dépenserais 10 sh. par acre (30 fr. 90 par h.), pour nettoyer complétement à la main, sarcler de façon ou d'autre, puis la luzerne courrait les chances. On ne finirait pas de tout expliquer ; il suffit d'une indication pour le cultivateur sans préjugés. Je ne fumerais jamais avant la seconde année. On a remarqué dans ce qui précède, les améliorations qu'apporte cette culture, les rapports sont tels qu'ils causeront de la surprise chez quelques personnes ; mais, quand la culture n'est pas bien entendue, il faut faire attention dans l'appréciation de ces résultats, et on peut, sans danger de se tromper, admettre pour raison de ce mérite en apparence exagéré, que le blé n'est préparé en France que par des jachères. Si les Français connaissaient le trèfle comme se substituant à la jachère, la luzerne ne les surprendrait plus. Mes notes de Pinjan montrent, après la luzerne, une récolte de fourrages, des lentilles d'hiver, par exemple, ce qui mérite les plus grands éloges.

CHAPITRE VIII

DU SAINFOIN

Le peu d'espace auquel je dois me réduire dans ce travail ne me permet pas d'insérer mes notes sur cette plante. A ne les considérer que négligemment elles paraîtraient traiter de quelque plante tout à fait inconnue en Angleterre, car on croirait difficilement que cette culture pût reposer chez nous sur les mêmes principes qu'en France. Chez nous, elle dure, en général, de 12 à 15 ans ; en France, 3, 4, 5 et rarement 6 ans. Je l'ai vue bien souvent dans ce royaume, et quoiqu'elle ne donnât pas de récoltes comme les nôtres, je n'y ai rien découvert qui force à la retourner si vite. Cette durée si courte, je l'attribue à la brièveté des baux, à la mauvaise disposition des fermes, et enfin, au peu de cas que l'on fait du bétail. On loue, en général, pour 9 ans ; il n'y a que de rares exemples de fermiers ayant la sécurité de leur établissement : il faudrait naturellement en conclure qu'une culture de plus longue durée que le bail, et préparant le sol pour porter du froment, ne serait pas entreprise, celui qui sèmerait dans ce cas n'étant pas appelé à récolter. La conclusion semble toute simple, mais il y a une objection qui la rend douteuse. J'ai trouvé la même pratique et la même conviction de son excellence, chez des gentilshommes qui faisaient valoir eux-mêmes, tout aussi bien que chez les tenanciers des environs. Cette objection n'a quelque force que pour ceux qui ne font pas valoir par des *métayers*, aucune pour les autres. On fait voir, à ce sujet, que nul progrès, nulle innovation ne peut être essayée dans le métayage, sans un trop grand risque et une trop grande injustice. Mais un propriétaire libre sur son domaine n'a pas de motif de cette nature qui le pousse à faire mal : l'influence d'une pratique générale le conduit donc seule à la suivre ou bien d'autres raisons à nous inconnues. Si le blé est la principale préoccupation du fermier, et que par l'ignorance de son art, il ne pense qu'à en semer le plus possible, sans s'inquiéter du reste, on peut le supposer impatient de retourner son sainfoin, avant le temps voulu, pour avoir ces trois ou quatre récoltes de froment, que la barbarie de l'agriculture locale lui permet de retirer. Par les mêmes raisons, un cultivateur qui ne soigne pas son bétail, et ne sait pas le faire servir à augmenter sa production en grains, par une succession de récoltes judicieuses, n'aura pas de remords de mettre la charrue dans un champ de sainfoin près d'atteindre son plus haut degré de production. Ces remarques s'appliquent aux récoltes, qui, par leur apparence, promettent de durer plus longtemps qu'il ne convient au fermier ; quant aux autres, que les mauvaises herbes envahissent, il y a à leur égard une autre observation. On ne conçoit pas, en France, l'idée de nettoyer le sol, *afin de le préparer à recevoir une prairie*, ce n'est qu'au froment que ces soins sont réservés. On sème ordinairement le sainfoin sur une deuxième ou une troisième récolte de grains, et certains fermiers ne pensent à s'en servir que lorsque leur terre est si épuisée et si souillée de plantes parasites, qu'elle ne peut plus porter de céréales. Après cela, je ne m'étonne plus tant de ne le voir durer que quatre ou cinq ans, que d'en voir au moins assez pour que l'on sache à quelle culture a été réservée la terre qu'il occupe. Il importe peu de déterminer au juste les circonstances qui donnent naissance aux pratiques dont je viens de parler. Il suffit de faire voir qu'il n'y a pas en agriculture une preuve plus décisive de l'enfance de l'art en France. On ne saurait trop condamner cet empressement à retourner le sainfoin avant qu'il ne se soit épuisé sur des pauvres terrains crayeux ou pierreux, impropres au froment, ainsi que la négligence dans sa culture qui en abrége la durée des deux tiers. On m'a plusieurs fois assuré qu'aucun soin ne le ferait durer plus longtemps en France. Les assertions me prendraient, à les réfuter, plus de place et de temps que la chose n'en mérite.

Les Français ne peuvent à présent comprendre jusqu'à quel point le succès des prairies artificielles dépend d'une bonne rotation, et comment il doit autant à une récolte de navets (ou de toute autre plante répondant au même but) qu'à une préparation immédiate du terrain. Les jachères nues dans un royaume où l'agriculture est mal comprise seront toujours ensemencées en céréales ; mais si elles sont couvertes d'une récolte qui ne laisse pas le terrain libre en temps utile pour le froment et le seigle, par conséquent pour l'orge et l'avoine, on peut mettre le sol en état convenable *pourvu qu'on abandonne l'espoir d'une seconde récolte*. Ceci ne se rapporte pas à ceux qui sèment leurs prairies dans le seigle sur jachère : leur système habituel leur offre la même occasion s'ils veulent sacrifier la deuxième et la troisième récolte de céréales. Dans quelques provinces, particulièrement en Nivernais et en Bourbonnais, quoique le pays ne soit pas ouvert, on suit la rotation que voici : 1° jachère ; 2° seigle, sur des sables graveleux secs ayant un sous-sol de roche. Ici, croit-on, les prairies artificielles, le sainfoin surtout, se pourraient introduire aisément, les cultivateurs ayant une récolte au lieu de jachère la troisième année ; mais tel est le déplorable état de l'agriculture qu'on ne les connaît pas. Dans plusieurs entretiens que j'ai eus en France sur les prairies artificielles, sujet de conversation favori dans ce royaume, j'ai toujours dit à mes interlocuteurs qu'il fallait commencer par les navets, mais sans arriver à leur faire entendre la relation de ces deux cultures entre elles. C'est cependant un fait d'expérience, que ces prairies ne réussissent pas si elles n'ont été précédées d'une récolte jachère donnant de la nourriture verte pour l'hiver au bétail, ainsi des navets, des choux, des raves, des pommes de terre, etc. Je n'en dirai pas davantage; j'ai montré en parlant des rotations que les prairies artificielles ne donnent qu'un pauvre résultat indigne d'attirer l'attention, sans l'accompagnement de récoltes racines. D'après mes notes, le sainfoin n'est nulle part bien cultivé, ni sur une échelle convenable, mais il l'est en des points très nombreux du territoire ; dans quelques provinces cependant, entre autres la Bretagne, dont l'étendue est très considérable, je n'en ai point rencontré. J'ai remarqué aussi l'unanimité avec laquelle on le regarde comme une excellente préparation pour le froment. Partout où l'on en a fait l'expérience, le blé est meilleur venant après le sainfoin, que venant après une jachère; cependant on le sème sans avoir nettoyé le terrain. Ceci mérite que l'on y prenne garde en prouvant l'inutilité de cette coûteuse préparation, la jachère ; et ce devrait être un enseignement pour tous les peuples aussi bien que pour les Français, qu'il n'y a pas pour la terre d'amélioration aussi sûre et qui coûte moins, que de cesser de labourer pour convertir en prairie. Ces conclusions résultent du concours uniforme de faits observés par tout le royaume. Sous le rapport de cette culture, elle est trop arriérée, pour que nous ayons à apprendre des Français, mais il n'est pas de pays où nous ne puissions glaner ; pas de peuple dont l'expérience et les principes combinés avec les nôtres, n'ajoutent à notre somme de lumières. Il serait aussi facile qu'agréable de s'étendre sur ce sujet, mais je dois enregistrer les résultats de mes voyages et non pas me livrer à des dissertations.

CHAPITRE IX

DE LA VIGNE

Les notes sur ce sujet ne m'ont pas manqué dans la plupart des provinces, mais la difficulté de ramener à un étalon commun l'infinie variété des mesures françaises pour le sol et les liquides, jointe à une incertitude inévitable dans les renseignements eux-mêmes, rendent ces recherches difficiles au delà de ce que l'on peut concevoir. Il fallait s'enquérir de la valeur donnée au sol par cette culture, du rendement annuel, du profit qu'on en tire, questions importantes, même pour l'homme politique ; car les intérêts principaux d'un pays dépendent, en quelque mesure, de la conception nette de ces différents points. Maintenant il n'y a aucun produit plus variable que celui de la vigne. Les terres arables et les prairies ont leurs années bonnes et mauvaises, mais toujours elles donnent quelque chose, et la moyenne n'est jamais dépassée de beaucoup. Pour la vigne, ces différences sont énormes : une fois elle ne donnera rien, l'année suivante, les fûts manqueront pour recueillir la vendange ; à cette heure le prix est extravagant, plus tard il baissera à menacer de la misère tous les intéressés. Avec d'aussi grandes variations, les propriétaires eux-mêmes qui vivent de cette culture n'ont pas souvent une idée nette de la moyenne, encore moins quand on veut cette moyenne pour tout le canton, et non pas pour leurs terres seulement. Le plus sûr est, dans la plupart des cas, de se contenter de l'expérience particulière de l'homme que l'on interroge, quand il paraît s'y entendre, plutôt que de lui demander des idées qui ne soient pas de sa compétence immédiate. Les difficultés se sont présentées devant moi si souvent et sous tant de formes différentes, que le lecteur ne saurait se figurer ce qu'il m'en a coûté pour atteindre à cette approximation de la vérité à laquelle j'ai eu quelquefois le bonheur de parvenir. Mais en somme, malgré mon attention et mon travail, je n'ose donner ici le résultat de mes notes comme un renseignement sur lequel on ait à faire fonds en toute sûreté. Je sais de science certaine que cela demanderait pour y arriver une application, une persévérance dans les travaux, au delà des moyens de bien des voyageurs. Content des probabilités que j'ai pu avoir d'échapper à de grossières erreurs, de l'espérance que ce que je présente ici ne se trouve dans aucun autre livre, je me hasarde à soumettre au public l'extrait suivant de mes recherches, quoiqu'il ne réponde ni à leur étendue, ni au travail qu'elles ont coûté, ni au succès que je m'en étais promis. Il faut, en outre, prévenir le lecteur qu'il n'a pas à opposer aux résultats donnés dans un endroit ceux obtenus dans un autre, dans l'idée que toute différence considérable soit une preuve d'erreur. Le prix de l'arpent est quelquefois hors de proportion avec le produit du sol, et quelquefois le profit n'est en rapport ni avec l'un ni avec l'autre. Cela dépend de la demande, de la concurrence, de la division des propriétés, des frais plus ou moins grands de production, de mille circonstances dont l'explication donnerait à ce chapitre les proportions d'un volume, et dont je ne parle que pour mettre le lecteur en garde contre des conclusions trop précipitées. Les villes nommées dans ce chapitre sont celles où j'ai obtenu des renseignements ; il n'y en a aucune que je n'aie visitée. La rente est notée assez rarement, les vignobles restant en général entre les mains de leurs propriétaires ; lors même qu'il en est fait mention, on peut être certain qu'un seul acre sur 100 est affermé. Le prix du produit est partout celui des vendanges de l'année. Ceux qui peuvent garder leurs vins ont de bien plus grands profits ; mais, comme le cultivateur est en même temps et surtout commerçant, les prix ne nous donneraient pas un guide sûr dans ces recherches (1).

Épernay, en Champagne. — Dans les environs de Cumière, d'Ay, de Piéry (Pierry), de Disy (Dizy), de Hautvilliers, les deux tiers du pays sont occupés par la vigne ; c'est de là que viennent les fameux vins mousseux. Le district qui produit le vin blanc a 5 lieues de longueur : pendant 3 ou 4 lieues encore à Avise (Avize), à Aungé, à Lumenée, à Grammont, on ne se sert, pour le faire, que de raisin blanc. A Ay, Piéry, Épernay, on ne se sert que de raisin noir. La montagne de Rheims, Bouzée (Bouzy), Versée (Verzy), Verzenée (Verzenay), Tease (Athis), Airy et Cumières donnent le *bon rouge de la Marne*. Airy fournit aussi du blanc de première qualité.

Le raisin noir donne à volonté du vin des deux couleurs, mais l'autre n'en donne que de blanc. Les ter-

(1) J'ai laissé cette introduction à mes notes, quoiqu'elles-mêmes n'aient pas été insérées ; car il est impossible de cacher les nombreux retranchements auxquels je me suis trouvé obligé ; la seule partie que je donne ici servira comme échantillon des recherches faites par moi dans les différents vignobles de France, puis je procéderai aux observations générales sur cette culture qu'elles m'ont suggérées (*Note de l'auteur*).

rains sont très chers : à Piéry, 2,000 liv. ; à Ay, de 3,000 à 6,000 liv. ; à Hautvilliers, 4,000 liv. ; le plus mauvais, 800 liv. par acre. (3,000 liv. font 105 l. st. 9 sh. = 6, 093 fr. l'h., et 6,000 liv. font 218 l. st. 18 sh. = 11,608 fr. l'h.). Le rendement, comme on peut le supposer, varie beaucoup : Ay, de 2 à 6 pièces ; 4 en moyenne ; Reuil et Vauteuil, 20 pièces, Ovilet (Hautvilliers), couvent de bénédictins près Épernay, 80 arpents en donnent de 2 à 4. Le prix varie également : à Ay, la moyenne est de 2 pièces faisant ensemble 200 liv., une à 150 liv. et une à 50 liv. Suivant un autre compte, c'est de 200 à 800 liv. la *queue* de deux pièces ; en moyenne, 400 liv. Reuil et Vauteuil, de 60 à 100 liv. ; à Vilet, de 700 à 900 liv. Le vin rouge va de 150 à 300 liv.

Compte d'un vignoble considérable, de produit moyen, obtenu à Épernay.

	Pour un arpent.	Par acre anglaise.			Pour un hectare.	
	liv.	l. st.	sh.	d.	fr.	c.
Intérêt du prix d'achat, 3,000 liv.	150	6	11	3	405	40
Labour	55	2	8	1 1/2	148	65
Provins	24	1	1	0	64	90
Liens	8	0	7	0	21	60
Échalas	30	1	6	3	81	10
Fumure, 1 partie pour 14 de terre	20	0	17	6	54	00
Vendanges, 12 liv. par pièce	48	2	2	0	129	70
Fûts	15	0	13	1 1/2	40	55
Impôts, tailles, vingtièmes et capitation	9	0	7	10 1/2	24	30
Aides, 15 liv. par queue	30	1	6	3	81	00
Caves, pressoir, cuves, etc., 8,000 liv. pour 20 arpents, ou 400 liv. l'arpent. Intérêts.	20	0	17	6	54	00
	409	17	17	10 1/2	1,105	20

PRODUIT.

Deux pièces à 200 livres................	400	17	10	0	1,081 10
Une —	150	6	11	3	405 40
Une —	50	2	3	9	135 15
	600	26	5	0	1,621 65
Frais......	409	17	17	10 1/2	1,105 20
Profit.....	191	8	7	1 1/2	516 45

Ce qui avec l'intérêt fait 10 0/0 sur un capital de 3,000 liv. en terres et 400 liv. en bâtiments, taux admis généralement dans le pays. Il faut 60 femmes pour cueillir le raisin de 4 pièces, en raison de l'attention à porter dans le choix des grappes, d'où l'exquise saveur dépend autant que du sol ou du climat. Le sol est tellement calcaire, qu'il est blanc de craie : j'ai examiné entre Disy et Ay une pente douce, crayeuse, exposée au S., elle est couverte jusqu'au sommet des vignobles les plus célèbres de la province. C'est plutôt une marne que de la craie, blanche en quelques endroits, brune dans d'autres, à proprement parler, un loam calcaire sur un fonds de craie ; profond par intervalle. On m'a montré des champs valant 600 liv. l'arpent, d'autres valant 3,000 liv. La différence des sols n'était pas visible et je ne crois pas que cette valeur dépende entièrement du terrain, il n'y en a pas de craie pure. Dans l'état actuel de la science nous ne pouvons dire à quoi tient cette qualité extraordinaire du vin. On dit ici que dans une pièce de 3 arpents, dont le sol semble partout le même, celui du milieu seul donnera du vin de premier choix, les deux autres seront très inférieurs. En pareil cas, lorsqu'il est difficile de s'expliquer quelque chose, le penchant populaire au merveilleux amène de l'exagération ; c'est probablement ce qui a lieu ici. L'attention à choisir les grappes en les débarrassant des grains gâtés, même légèrement, doit influer beaucoup sur la qualité, quand le terroir ne se distingue pas des autres. Les ceps sont plantés sans ordre, à 2 p. 1/2, 3 et 4 p. l'un de l'autre ; maintenant qu'ils ont 18 pouces ou 2 p. de haut, on les attache avec de petits liens de paille. Beaucoup de champs sont loin d'être propres, quelques-uns sont couverts d'herbes : mais on se met à les remuer à la houe. Voici quelle est la culture : vers le milieu de janvier on taille, en mars on défonce le terrain, en avril ou mai on plante les provins, en juin on sarcle à la houe, après avoir attaché les ceps ; on sarcle de nouveau à la houe en août ; et en octobre, ou dans les bonnes années, en septembre, on fait les vendanges. La plantation d'un arpent de vignes coûte 50 louis d'or. On compte 8,000 plants par acre et 24,000 ceps ; les échalas coûtent 500 liv., c'est par an 6 0/0 ou 30 liv. Une vigne ne rapporte qu'au bout de 3 ans et il en faut 6 pour que le vin soit bon. On plante peu maintenant, au contraire on arrache des vignes. Il est rare que l'on ait ainsi plus de 20 ou 30 arpents ; le marquis de Sillery en a 250. Il y a maintenant en vente à Piéry, 20 arpents, avec maison neuve, belle cave, beaux magasins, bon pressoir, en un mot, tout complet, pour 6,000 liv. Les vignes ont été un peu négligées, mais ce n'est rien. Pour même somme j'aurais une belle ferme dans le Bourbonnais, où je ferais plus en 7 ans qu'ici en vingt. Ceux qui n'ont pas de pressoir sont sujets à des hasards très contraires à la petite propriété. Ils paient 3 liv. pour les deux premières pièces et vingt-cinq sols pour les suivantes ; mais comme il leur faut attendre la convenance du possesseur, leur vin est si endommagé, que celui qui eût été blanc devient rouge et de qualité inférieure. Pour presser, l'important est de le faire vite et vigoureusement, aussi les cultivateurs préfèrent-ils se mettre 6, 7 ou 8 après la roue que d'employer un cheval. Quant aux aides ou droits de transport voici quels ils sont :

	liv.
Le propriétaire qui vend une pièce de vin 200 liv. paye....	10
Dix sols pour livre....................................	5
Augmentation, *jauge*, *coustage*, etc........................	5
Octroi de la ville et du roi............................	5
	25

Le marchand qui revend cette pièce paye une somme égale; de même toute personne entre les mains de laquelle elle passe. Le droit de port, à l'exportation, est de 15 liv. par pièce. L'aubergiste et le cabaretier ont en outre 30 ou 40 liv. de droits de détail. Autrefois le commerce avec l'Angleterre se faisait directement à Épernay, mais aujourd'hui on envoie le vin à Calais, à Boulogne, à Montreuil ou à Guernesey, d'où l'on suppose qu'il entre en contre-bande. Cela peut expliquer comment notre champagne est loin de valoir celui d'autrefois : si jamais le bon génie de la charrue me permettait d'en importer, je prierais M. Quatresous-Parctelaine, marchand à Epernay, de m'en envoyer de celui que j'ai bu dans sa belle cave. La singulière idée, un fermier anglais s'imaginer boire du champagne ? Il faudrait que le monde fût renversé pour que j'en voie une bouteille sur ma table ! Qu'elles abondent chez les détenteurs de monopoles, les exportateurs, chez ***, chez ***, partout, hormis chez un ami de la charrue.

Les dîmes ecclésiastiques forment une lourde charge. A Hautvilliers, elles enlèvent le 11e, à Piéry, le 20e, ou en argent 4 l. 10 s. ; à Ay, 48 s. ; à Épernay, 30 s. ; à Disy, le 12e ; mais nulle part, si fortes que soient ces taxes, on ne connaît l'énormité en pratique chez nous de prélever le 10e véritable. L'idée de pauvreté inhérente à la culture de la vigne est aussi forte ici que dans le reste de la France, les petits propriétaires sont misérables. On le voit aisément ; toute culture hasardeuse ruine l'homme qui n'a que peu de capital. Un journalier du Kent plante-t-il du houblon ? Mais en France on ne sait pas faire de distinctions. On affirme, en général, que les pays de vignobles sont les plus pauvres, mais que signifie cette assertion si on ne cherche à l'expliquer ? C'est une observation très répandue que pour que le propriétaire trouve son profit à cette culture, il n'y doit engager que le tiers de sa fortune, un second tiers consistant en fermes, le dernier en rentes. Certes, le fermier qui a le plus de capital réussira le mieux. C'est ainsi que nous voyons les commerçants ne pas se contenter de leurs propres vendanges et acheter les produits des petits propriétaires leurs voisins. M. Lasnier d'Ay a toujours dans ses caves de 50 à 60,000 bouteilles, et M. Dorsé, de 30 à 40,000.

OBSERVATIONS.

C'est simplement à titre de fait curieux que je note ici comme moyenne du prix d'achat des vignes, 61 l. st. 8 sh. l'acre = 3,731 fr. 40 c. l'h. Cette moyenne ne mériterait de foi que si les données eussent été nombreuses et prises dans toutes les provinces. En rejetant celles dont le prix dépasse 100 liv. st. l'acre comme beaucoup trop au delà du cours ordinaire, le reste donne une moyenne de 41 liv. st. 1 sh. 6 d. = 2,537 fr. 55 c. l'h. ; mais je souhaiterais que l'on portât plutôt l'attention sur une autre sorte de calcul : 23 notes donnent à la fois le prix d'achat et le rendement ; la moyenne, pour celles qui n'atteignent pas 100 liv. st. comme prix et 21 l. st. comme rendement, est :

	PAR ACRE ANGLAISE.				L'HECTARE.		PAR ARP. DE PARIS
	l.st.	sh.	d.		fr.	c.	livres.
PRIX	45	1	0	=	2,783	10	871
RENDEMENT	9	2	0	=	562	20	175 (1)

d'où il ressort que les vignes dans ces provinces donnent par an le 1/5e de leur prix d'achat. Le montant du travail par acre, en prenant la moyenne de ce qui n'est pas extraordinaire, est de 2 liv. st. 12 sh. 6 d. = 162 fr. 15 c. l'h. Le profit net paraît osciller entre 7 et 10 0/0 du capital engagé.

Jusqu'à quel point ces moyennes obtenues pendant mon voyage approchent-elles de la réalité pour tout le royaume, il me serait impossible même de le supposer avec un peu d'exactitude, mais je penche à croire que la différence n'est pas considérable. Je le laisse du reste à décider au lecteur, mieux renseigné que moi. L'importance de cette culture pour le royaume, jointe à l'idée que les pays de vignobles sont les plus malheureux et que c'est une perte pour la nation, sont des sujets trop curieux pour qu'on les abandonne légèrement, d'autant plus que mon opinion sur ce point étant du tout opposée à celle qui prévaut en France, je dois exposer les motifs qui me l'ont fait adopter. Les notes précédentes nous ont appris que le sol ainsi employé avait une valeur supérieure à celle

(1) Le marquis de Mirabeau remarquait qu'en moyenne l'arpent de vignes vaut le double de l'arpent de froment. (*L'Ami des hommes*, 5e édit., 1760, tome VI, p. 137.)

Ceci s'accorde assez bien avec mes notes. (*Note de l'auteur.*)

Les calculs de M. Block l'ont conduit à prendre pour produit brut par hectare 21 hectol. 17 lit., ou en argent 241 fr. 90 c., vin et eau-de-vie pris ensemble.

qu'il aurait eu autrement, excepté en prairie (ce qui est dû à leur rareté) ; que le rendement surpasse tous les autres, et qu'enfin le nombre de bras employés est considérable. Caractérisée par ces circonstances et par une autre non moins importante, que de vastes étendues ainsi mises en valeur sont ou des rochers ou des pentes trop rapides pour permettre à la charrue d'y passer, comment se fait-il que cette culture soit regardée comme nuisible au pays, opinion si générale en France ? Je crois que c'est de la manière suivante que la question doit être posée : La même terre, cultivée autrement, se vendrait-elle aussi cher ? 45 l. st. par acre, soit 30 ans de revenu à 30 sh. l'acre, est une valeur dont on n'a pas l'idée en France, même pour les vallées les plus riches (toujours excepté les prairies qui se tiendront toujours au même degré, suivant leur rareté et la chaleur du climat) ; nous ne l'avons pas davantage en Angleterre ; mais cette valeur n'est pas due à la plus grande richesse du sol, car il est en moyenne inférieur au reste du royaume. D'immenses surfaces ne pourraient servir que de garennes ou de pacages à moutons ; d'autres sont des sables mouvants, du gravier, des roches : le climat qui leur donne un prix de 30 à 40 l. st. est sans doute un privilége qu'on ne saurait trop apprécier. On n'est pas moins frappé du rendement ; les herbages riches se vendent cher, mais parce qu'ils n'exigent aucuns frais ; leur mince produit marche de pair avec un autre bien plus grand, mais il n'en est pas de même pour les vignes. La moyenne de 9 l. st. bon an mal an ne se retrouve en France que sur quelques terres irriguées, dans des situations exceptionnelles.

Il n'y a pas de pays en Europe où une récolte de froment de même valeur ne soit bien au delà de la moyenne. La meilleure oscille entre 6 et 7 l. st., et toujours elle est précédée, si ce n'est par une jachère inutile et coûteuse, au moins par une récolte bien inférieure. Que faut-il donc penser d'une récolte qui, chaque année, couvre le sol d'un produit supérieur à une magnifique moisson de froment? Il se trouvera des Français qui me diront : « Votre raisonnement doit être faux, car il n'y a pas chez nous un propriétaire de vignes qui ne vous cédât sa vendange pour la moisson dont vous parlez. » Peut-être l'observation est-elle juste, mais ce n'est pas répondre; je ne parle pas de profit net, mais de produit brut. Pour l'homme politique, à la recherche des intérêts nationaux, ce n'est pas le premier qui importe, c'est le second. Le prince peut lever de très lourdes taxes sur ce produit, le travail qu'il nécessite peut en lever d'autres plus lourdes au profit des journaliers; le profit du cultivateur se trouve diminué d'autant, mais l'effet est le même pour la nation en général. A ce point de vue, la vigne me paraît d'une telle importance, que son rendement moyen, fût-il inférieur à ce que j'ai indiqué, 7 l. st. seulement, j'en regarderais la culture comme essentielle à la prospérité nationale. Le profit net, qui varie de 7 à 10 0/0, semblera peu en rapport avec un heureux climat et la réputation universelle du vin, ou le prix de la terre, ou l'élévation du rendement. Mais à cet égard, que les notes prises en argent ne marquent le cours qu'à l'époque des vendanges, quiconque a un capital qui lui permet de garder son vin trois mois, voit son profit hausser de beaucoup. Il suffit qu'il ne soit pas dans l'obligation de vendre immédiatement faute de fûts; nous pouvons pour cela lui donner le délai nécessaire au cultivateur de céréales, six mois : les prix sont alors bien différents.

Remarquons de plus que le taux indiqué ici ne se rapporte pas seulement au capital engagé dans la culture, mais au prix d'achat du terrain; la différence est énorme. Si l'agriculture en Angleterre rapporte 15 0/0 et la propriété foncière 3, combinez-les; vous aurez en moyenne 5 1/2 0/0 ou 6 au plus, et ceux qui, après avoir acheté un domaine, le garniront de bétail et le feront valoir, ne penseront pas être sacrifiés en recevant 6 0/0, malgré les avantages accumulés d'un siècle de liberté.

C'est ce grand produit brut qui, dans les pays de vignobles, donne du pain à tant de pauvres gens : mais en outre du travail de la terre, montant, comme nous l'avons vu, à 2 l. st. 12 sh. 6 d. par acre = 162 fr. 15 c. par h., c'est-à-dire au triple de ce qu'exigent les terres arables quand elles sont en pleine valeur, il y a celui des fûts, qui, indépendamment de la tonnellerie, alimente le commerce intérieur des bois et l'importation des douves et des cercles. Les échalas donnent, comme nos rames à houblon, une grande valeur aux saulsaies et aux taillis. Puis vient enfin ce que tant d'hommes politiques regardent seulement, l'exportation du vin en fûts ou en bouteilles, formant, ainsi que je le montrerai tout à l'heure, sous la forme de vin ou d'eau-de-vie, une exportation des plus grandes de l'Europe; exportation aussi essentielle à la France que celle des soieries de Lyon ou des draps de Louviers. Enfin, si je puis me permettre de placer en dernier lieu ce qui en réalité devrait occuper le premier rang, il y a la consommation intérieure, il y a l'avantage inappréciable de voir tout le peuple largement approvisionné d'une boisson généreuse, fruit de son propre travail. Et certes, ce n'en est pas un médiocre que ce peuple, pour satisfaire ses besoins en ce genre, ait recours à ses sables, à ses rochers, à ses précipices; qu'il ne s'adresse pas aux plaines fertiles, mais à des terrains que les voisins, moins bien partagés, sont forcés de couvrir de taillis ou d'abandonner aux lapins. N'oublions pas que les raisons doivent céder la place aux faits. Que l'on n'aille pas croire, d'après ce que je viens de dire, que les vignes n'occupent partout qu'un semblable sol ; c'est le contraire qui est vrai. J'en ai vu dans la fertile plaine de la Garonne, dans les terres les plus riches qui s'étendent de Nîmes à Narbonne, dans les vallées du Dauphiné et de la Loire, en un mot dans les situations les plus diverses; mais je les ai si fréquemment rencontrées sur le sable et les rochers, que cela montre combien elles sont faites pour y réussir. Leur présence sur des sols plus riches s'explique par deux raisons. D'abord, l'exportation du vin et de l'eau-de-vie n'a jamais été arrêtée, tandis que celle des grains étant soit absolument prohibée, soit permise avec une irrégularité inconcevable, n'offre aucune sûreté aux cultivateurs. L'effet de ce contraste doit avoir été considérable, car j'ai vu partout en France des plants nouveaux faits sur des terres à froment, à l'époque de la disette, tant il importe pour encourager l'agriculture de suivre une politique ferme et invariable ! Le fait frappe d'autant plus qu'en France la vigne est grevée de lourdes charges; mais que le commerce soit libre, elle prospère. La seconde raison est, selon moi, que cette culture est mieux pratiquée en France que celle du froment. Les Français ne comprennent pas l'avantage d'une bonne rotation : la dépendance où sont les céréales du bétail et le bétail des céréales pour qu'une ferme soit prospère. Leurs livres, pas plus que leur pratique, n'en montrent le soupçon. Mais leurs vignes sont comme des jardins : les navets de Norfolk, les carottes de Suffolk, les fèves de Kent, ou les choux d'un gentilhomme cultivateur en Angleterre n'approchent pas en bonne tenue les vignes de France, et tout ce qui se rapporte à cette plante, pratique ou théorie, est parfaitement entendu. Souvent il m'est arrivé d'entendre discuter la valeur comme boisson nationale du vin de France ou de la bière anglaise. Je ne comprends pas que ce soit matière à discussion. Nous sommes obligés de recourir à nos meilleures terres pour notre boisson, tandis que les Français, sous un bon gouvernement, devraient retirer toute la leur des plus mauvaises. Les sables de la Sologne, que l'on traverse de Blois à Chambord, etc., sont aussi mauvais que ceux de Norfolk et de Suffolk qu'on laisse aux lapins. Les sables de France, au moyen de la vigne, rapportent 8 à 9 l. st., ceux de Sulfolk ne comptent pas même autant de shillings. Dans les 9/10es de notre pays, la terre qui produit le froment produit aussi l'orge dans chaque rotation. Si nos montagnes, nos rochers, nos sables, nos collines crayeuses nous donnaient de la boisson, n'emploierions-nous pas nos meilleurs terrains à quelque chose de mieux que la bière ? Ne pourrions-nous pas, par des rotations qui feraient préparer la terre à blé, alternativement par des pommes de terre, des lentilles, des fèves, des prairies artificielles, produire infiniment plus de pain et de viande, si l'orge ne venait nous demander autant de soin que le froment? Le blé, l'orge, le seigle, épuisent le terrain, toutes les autres récoltes l'améliorent. Ne serait-il pas souhaitable de rejeter l'une des premières pour lui en substituer une autre des secondes? Ne vaudrait-il pas mieux nourrir tous les chevaux de la Grande-Bretagne avec des fèves qu'avec de l'avoine? La population se règle sur la quantité du pain et de la viande : cet approvisionnement est-il aussi grand qu'il pourrait l'être si vous n'aviez pas 1/4 des terres arables en orge? Quel manque de données sur l'agriculture dans un esprit qui peut concevoir un seul doute à ce sujet!

On a répandu cette idée que le vin n'est pas une boisson salubre, c'est une erreur grossière; du mauvais vin ou du vin qu'on a laissé trop fermenter peut faire mal, mais il en est de même de la bière : la question n'est pas là. Si, dans sa pauvreté, le peuple est forcé de se contenter de piquette, c'est le gouvernement qu'il en faut accuser, et sous le même régime les buveurs de bière n'auraient pas davantage à se louer. La force et la vigueur de corps peuvent être plus grandes chez notre peuple sans que, si cela est vrai, il y ait rien à en conclure contre le vin. Les pauvres gens en France sont-ils aussi bien nourris que parmi nous? Mangent-ils autant de viande? Sont-ils aussi libres? Tous ces préjugés pour ou contre une liqueur ne viennent que d'observations imparfaites.

Mais les ennemis de la vigne reviendront à la charge : « Les pays vignobles sont les plus pauvres en France; la quantité des pauvres est toujours en proportion de l'étendue de cette culture (1). » C'est là le pivot principal de leur argumentation; on me l'a répété mille fois en France, et on ne peut toucher à ce sujet sans qu'il se présente. Comme fait il a sa valeur, comme argument je ne lui en accorde aucune. Ces provinces sont ordinairement fort peuplées, et il n'y a pas, dès

(1) Sans remonter plus haut, dans le *Journal Physique* de mai 1790, M. Roland de la Platière, avec lequel j'ai eu le plaisir de m'entretenir à Lyon, répète cette assertion de la misère des vignerons ! Et dans le *Cahier des charges d'Auxerre*, on demande la mise à exécution des ordonnances qui défendent de planter la vigne sur des terres à froment. P. 19. (*Note de l'auteur.*)

lors, à s'étonner que, sous un mauvais gouvernement, il s'y trouve plus de misère qu'ailleurs. Mais il y a une autre cause, venant, non pas de la culture en elle-même, mais de l'abus qu'on en a fait. C'est la petitesse des propriétés sur lesquelles on l'entreprend; elle est poussée à un point dont ceux qui passent en chaise de poste comme un tourbillon, à travers la France, n'ont aucune idée. Cette culture exigeant surtout de la main-d'œuvre sans autre capital que de la terre et des bras, sans charrettes, ni charrues, ni bétail, le pauvre peuple s'y jette, et la coutume générale de tout diviser également entre les enfants morcèle ces petites fermes à ce point qu'il est impossible que le coin de la terre sur lequel compte une famille remplisse ses espérances. Cela diminue l'application à toute autre industrie, enchaîne les enfants au sol, d'où ils devraient émigrer, et leur fait prendre intérêt à ce sol ingrat quand leur vrai bonheur les appellerait autre part. En conséquence, ils travaillent autant que possible chez leurs voisins plus riches; ils négligent leur patrimoine, et une culture profitable à celui qui a des capitaux leur devient onéreuse. L'incertitude de la vendange est un mal plus grand encore; peu importe à l'homme qui ne s'inquiète que de la moyenne de 7 années, mais elle est fatale au petit vigneron vivant au jour le jour. Il ne peut voir six mois de travail perdus par la gelée ou la grêle sans voir sa propre perte; l'année qui l'aurait récompensé viendra quand ses enfants seront à l'hôpital. Voilà quelle est, selon moi, l'origine du préjugé général des Français contre cette culture. La misère est évidente; elle se rattache à la culture de la vigne; mais, faute de distinguer, on attribue à la plante elle-même ce qui vient de la division extrême des propriétés; nulle part les pauvres gens ne sont aussi heureux que dans ces pays, mais c'est à condition qu'ils n'auront pas un cep à eux.

Quelle que soit la saison, ils sont assurés de leur travail chez les gens riches des environs, et pour une somme que nous avons notée comme triple de ce qu'elle est ailleurs sur les terres labourables. On ne devrait pas condamner aussi légèrement cette culture, qui paye 2 l. st. 2 sh. de main-d'œuvre, bon an mal an, sans excepter les femmes et les enfants de tout âge. Attribuez le mal à sa vraie cause, l'amour de la propriété foncière en France. Cette passion, si universellement répandue dans ce royaume, et si peu connue (comparativement) parmi nous, où les pauvres sont mieux traités qu'en aucun autre pays, offre un fait très intéressant pour l'observateur politique. On dirait un paradoxe : la propriété engendrant la misère ! Cependant rien n'est plus certain. La seule propriété convenable aux pauvres est une chaumière, un jardin et peut-être la tenue d'une vache ; ceci ne peut pas les empêcher de s'employer au dehors : au delà ils deviennent fermiers, cultivent mal, et l'intérêt général en souffre.

J'espère qu'on recevra avec bienveillance les observations que je viens de faire sur la culture de la vigne en France. Pour discuter la question à fond, il faudrait disserter en se départant de la brièveté qui est le propre d'un journal de voyage. J'essaie au plus de mettre en ordre les faits que j'ai recueillis ; au statisticien de les combiner et de les éclairer l'un par l'autre.

CHAPITRE X

DES CLOTURES EN FRANCE.

Il n'y a peut-être pas dans ce grand royaume d'objet susceptible d'être aussi bien connu que celui-ci, et qui soit plus mal décrit dans les livres et dans les conversations courantes. Les oisifs qui écrivent des Guides et des Voyages à Paris et à Rome vous laisseraient croire volontiers qu'un cheval lâché à Calais courrait tout droit à Bayonne faute d'une barrière pour l'arrêter. Certainement il s'en faut qu'il y ait en France autant de clôtures qu'en Angleterre ; mais les voyageurs, qui suivent la route ordinaire par Calais, Paris, Dijon, Lyon et Chambéry, n'ont pas plus de données sur ce sujet que s'ils fussent demeurés au coin de leur feu, à Portman ou à Grosvenor square. Les parties les mieux closes que j'aie visitées sont : la Bretagne en entier, l'O. de la Normandie, ainsi que le district au N. de la Seine ; le Maine et l'Anjou presqu'en entier jusque près d'Alençon ; au S. de la Loire, l'immense surface comprenant le Bas-Poitou, la Touraine, la Sologne, le Berry, le Limousin, le Bourbonnais, la plus grande partie du Nivernais, de l'Angoumois et du Haut-Poitou, et depuis Mont-Cenis en Bourgogne jusqu'à Saint-Ponsin en Auvergne (Saint-Pourçain); puis viennent le Quercy (en partie seulement) et tout le pays qui, du pied des Pyrénées, de Perpignan à Bayonne, s'étend jusqu'à Auch et même auprès de Toulouse. Je n'en excepte que les terres incultes. Cette étendue réunie ne donne pas moins de 11,000 lieues carrées (1) sur les 26,000 lieues carrées que contient le royaume : si nous y joignons les terrains enclos compris dans le reste des provinces, le total, sans aucun doute, atteindra la moitié du territoire. Souvenons-nous que la Provence n'est pas sans enclos, le Dauphiné encore moins ; tout le district montagneux de l'Auvergne, du Velay, du Vivarais et des Cévennes en contient beaucoup, ainsi que la Franche-Comté et surtout la Bourgogne ; la Lorraine moins ; en Flandre on en trouve partout. Ajoutons à cela la plupart des vignes, des bois, des forêts et des prairies (2), on ne trouvera pas que nous ayons exagéré en prenant la moitié pour chiffre. On ne peut, sans absurdité, prétendre à l'exactitude dans de pareils calculs ; on ne fait qu'une conjecture basée sur ce que l'on a vu et les notes que l'on a recueillies. Les deux systèmes sont très souvent mélangés. Une remarque utile pour les voyageurs à venir, c'est que beaucoup de terres sont en réalité encloses selon les exigences de l'agriculture, quoiqu'elles ne le paraissent pas, c'est-à-dire que les propriétés sont parfaitement divisées sans qu'il y ait ni buisson ni fossé. L'usage que l'on fait de ces divisions en France est pour nous de plus le poids que ces divisions elles-mêmes. Si l'on ne sait quel parti en tirer, mieux vaut ne pas les avoir : c'est ici le cas, personne

(1) C'est le territoire des généralités suivantes : Rennes, Caen, Tours, Bourges, Poitiers, Limoges, Moulins, La Rochelle, Auch, Pau, Montauban et Bordeaux. (*Note de l'auteur.*)

(2) Non pas toutes : il y en a de communales, et d'autres soumises à des servitudes. (*Note de l'auteur.*)

n'en doutera après avoir voyagé avec un peu d'attention ; et la preuve la plus forte c'est que l'on voit donner le même prix pour une terre ouverte que pour une qui est enclose, pourvu que toutes deux soient labourables. Je l'ai vu maintes fois à mon grand étonnement; étonnement d'autant plus grand que dans bien des endroits le petit propriétaire montre par ses soins combien il attache d'importance à avoir une terre bien défendue ; à peine une acquisition est-elle faite que c'est la première chose dont on s'occupe. Sous ce rapport le Béarn est frappant ; il n'y a pas chez nous de province mieux enclose et, ce qui est rare en France, les portes et les barrières sont en bon état; il surpasse en bonne tenue le reste des Pyrénées.

En Bretagne aussi la propriété est bien défendue, malgré son aspect rude et sauvage ; cependant dans un meilleur canton, de Guingamp à Belle-Isle, les barrières sont très ingénieusement arrangées pour épargner le fer. Les poteaux sont assez gros pour que celui sur lequel roule la barrière présente deux saillies, l'une en bas, l'autre en haut, pour permettre à la barrière de tourner en conservant sa position perpendiculaire, afin de dégager son autre extrémité d'une rainure pratiquée dans le second poteau ; c'est un bon moyen quand le bois n'est pas trop cher.

On ne peut douter que dans les provinces où les haies sont bien tenues, les fermiers ne soient convaincus de leur importance. Ils ne se mettraient pas en de si grands frais, s'ils n'en attendaient une récompense. Mais que dans les pays ouverts ces avantages ne soient pas appréciés, je ne puis bien en comprendre la raison. Il n'y aurait rien d'extraordinaire à ce que la culture différât d'un système à l'autre ; par un prodigieux aveuglement, il n'en est rien, et dans les 9/10 des terres entourées de haies, la jachère prédomine comme dans les autres et le bétail n'y tient pas la place qu'il devrait occuper. Les Flandres, l'Alsace, et en général les sols riches sont bien cultivés, avec des exceptions cependant: ainsi les loams riches de Bernay à Elbeuf, et ceux du pays de Caux que la jachère déshonore. En Bourbonnais, en Nivernais, comme en Bretagne et en Sologne dont le sol est susceptible d'améliorations et se prêterait à l'agriculture la plus perfectionnée du Norfolk, on en est encore aux rotations suivantes: jachère et seigle; ou jachère, seigle, puis abandon aux herbes et au genêt. Avec un tel système, à quoi servent les clôtures? De là cette conclusion qu'il ne faudrait pas juger la France en progrès par la quantité de ses clôtures, comme on le ferait avec juste raison chez nous ; au contraire, car elles abondent plus dans quelques-unes des provinces les plus pauvres et les plus arriérées, et même, d'après ce que j'en sais, il ne doit pas manquer de théoriciens chimériques dans ce royaume, qui en fassent un argument contre la défense de la propriété. Quand donc une absurdité a-t-elle été assez grossière pour ne pas trouver un avocat?

La principale cause, à ma connaissance, du progrès de cette habitude, c'est qu'en différentes provinces et surtout près des Pyrénées, les paroisses vendent leurs communaux à des particuliers, en leur abandonnant tous droits de pâturage et de combustible, et leur donnant la permission de s'enclore, que l'on s'empresse de mettre aussitôt à profit. C'est à cela que sont dus les progrès réalisés dans les montagnes. Par opposition, les landes de la Bretagne, du Maine, de l'Anjou, de la Guyenne, sont au pouvoir de grands seigneurs qui ne veulent pas s'en dessaisir, et nous les voyons aussi stériles, aussi désolées qu'elles l'étaient il y a 500 ans. Il y a de plus, dans ce dernier cas, que les paroisses réclament des droits de communaux dont elles font bon marché quand elles sont propriétaires.

Les terres arables ouvertes de la Picardie, de l'Artois, d'une portion de la Normandie, de l'Ile-de-France, de la Brie et du pays de Beauce, sont affligées de tous les maux que l'on connaît en pareil cas en Angleterre. Droits de pâturage, commençant à de certains jours quand elles sont en céréales, et tout le temps de la jachère, puis un éparpillement incroyable de la propriété, que l'on dirait inventé pour causer au cultivateur autant de frais et d'ennuis qu'il est possible.

Nous avons fait beaucoup en Angleterre sous ce rapport, depuis 40 ou 50 ans ; et bien que les dîmes, la sottise, l'entêtement, les préjugés, les énormes dépenses du Parlement s'opposent à ce que les clôtures se multiplient promptement, cependant il en reste assez l'habitude ; elle se répand et, avec les progrès du bon sens et de l'expérience, nous pouvons espérer lui voir conquérir tout le royaume en moins d'un siècle. En France, au contraire, le premier pas est encore à faire, on ne sait quelle marche suivre, on n'a pas l'idée de donner à des commissaires spéciaux des pouvoirs assez étendus pour opérer l'œuvre, que l'on dit herculéenne, d'une meilleure répartition du sol. En 1764 ou 1765, on publia pour la Lorraine un édit royal à cet effet ; lorsque j'y passai, je sus qu'il n'avait produit rien ou presque rien. Bien plus, on m'assura à Pont-à-Mousson, à Metz, à Nancy, à Lunéville, que les droits de communaux étaient en vigueur par tout le pays, et que tout était dévoré de ce qu'on semait en dehors de la routine usuelle. Je demandais à Lunéville pourquoi il n'y avait pas davantage de luzerne ? « A cause du *droit de parcours*. » On ne pouvait établir aucune disposition semblable sous l'ancien gouvernement, parce que, en réalité, il n'y avait pas de législature en France. Je le ferai voir autre part plus clairement : nulle mesure n'avait d'effet si elle n'était *librement* accueillie par les parlements et vigoureusement exécutée sous leurs ordres. Par un vice de constitution des cours de justice, il n'y avait pas alors de pouvoir exécutif pour appliquer les lois ; de sorte que sans un accord unanime rien ne se faisait, le roi étant en réalité impuissant, malgré son despotisme.

Je ne m'attends pas à plus de progrès dans cette voie de la part du gouvernement actuel : si j'entends bien la Constitution, c'est la volonté du peuple qui fait la loi ; or je ne connais pas de pays où le peuple ne soit hostile à cette division. Le tiers-état et le clergé de Metz (1) demandent expressément la révocation de l'édit de 1764 ; ceux de Troyes, de Nîmes et d'Anjou font la même requête (2) ; d'autres demandent des droits communaux dans les forêts pour les paroisses voisines (3). La noblesse de Cambray s'oppose à la culture des communaux (4) ; bien mieux, certains cahiers vont jusqu'à vouloir que ceux qui ont déjà été divisés soient de nouveau repris (5). Nous pouvons juger par là de la proba-

(1) *Cahier du Tiers-État de Metz*, p. 45 ; du Clergé, p. 11 : « Ce sont donc ceux qui ont le plus à souffrir des communaux qui sont les premiers à les vouloir maintenir. » *Mémoire sur la culture du chou-navet*, par M. DE MONONCOURT, in-8°, 1788, p. 7. (*Note de l'auteur.*)

(2) *Tiers-État de Troyes*, art. 118. Nismes, p. 27. Anjou, p. 49. Thimerais, p. 44.

(3) *Noblesse de Cambray*, p. 19. Cependant, il est juste de dire que la division est demandée par la noblesse de Sens, p. 26 ; de Provins, p. 24 ; de Saint-Quentin, p. 12 ; le clergé de Bayonne, art. 51 ; la noblesse de Lyon, p. 23 ; le Tiers du Cotentin, p. 115.

(4) *Clergé de Saumur*, p. 9 ; Troyes, p. 10. (*Note de l'auteur.*)

(5) Le roi de Prusse dit avec raison : *Ce ne fut qu'après la séparation des communes que l'agriculture des Anglais commença à prospérer.* » *Œuvres*, t. V, p. 151. Voy. aussi l'*Ami des hommes*, 5e édit., 1765, vol. V,

bilité qu'il y a de voir une législation favoriser cette mesure.

Nous croyons superflu de nous étendre davantage ici et à cette époque sur l'utilité des clôtures; nous ne le ferons pas. Qu'il nous suffise de remarquer que sans elles on ne peut avoir de bétail qu'en le tenant constamment renfermé comme dans les Flandres; méthode excellente sous plusieurs rapports, mais qui ne laisse pas d'être incommode et coûteuse, quand les champs qui produisent le fourrage sont éloignés. Mais elle devient impraticable quand les parcelles sont très dispersées, non-seulement par suite de la rotation qui n'admet pas de tels fourrages, mais encore parce que, pût-on le faire, on ne les irait chercher chaque jour qu'en traversant le champ du voisin : il est donc bien entendu que le bétail et les clôtures ne vont pas l'un sans l'autre. Les nombreuses académies et sociétés d'agriculture qui, par leurs prix et leurs dissertations, cherchaient à accroître le nombre des bestiaux en France, en encourageant la culture des prairies artificielles et de nouvelles plantes, sans distinguer les situations, ni s'adresser avant tout aux terrains enclos, ne pouvaient arriver à rien par la force même des choses. C'est comme l'intendant qui donnait

p. 125. Mais surtout l'exemple suivant donné par un écrivain français : « Il y a dans l'élection de Château-Thierry 109 paroisses, dont 32 ont des communaux, 7 n'en ont pas. Parmi les premières, 11 ont augmenté de 152 feux, 20 en ont perdu 375, 1 est restée telle quelle. Des 77 sans communaux, 13 ont augmenté de 147 feux, 42 en ont perdu 473, 22 n'ont pas varié. L'élection de Soissons ne frappe pas moins : 32 paroisses, ayant 4,000 arpents de communaux, contenaient en 1729, 2,470 familles réduites ci-présent à 1,689. Dans 20 villages sans communaux, il y a 90 feux de plus que dans 20 des autres; ceux-ci ont une vache pour 13 1/15 arpents, ceux-là une pour 9 1/6 arpents. » *Traité des Communes*, in-8°, 1777. Un autre fait bien remarquer que les communaux servent moins à ceux qui en ont besoin qu'à ceux qui s'en peuvent passer. *Mém. de la Soc. œcon. de Berne*, 1762, t. II, p. 80. (*Note de l'auteur.*)

aux fermiers de la graine de navets, lorsque pas un d'eux ne tenait un acre en état de la recevoir. Nous sommes fondés à dire que sans clôtures la moitié de ce royaume ne peut maintenir le bétail nécessaire, et que sans bétail il n'y a pas à espérer de bonne et profitable agriculture. Quelle que soit la branche de la science qui nous occupe, nous ne devons jamais oublier, ni jamais cesser de revenir fréquemment à cette maxime: que les jachères d'une ferme doivent en supporter le bétail.

Le premier but que doit se proposer l'agriculture française est d'améliorer l'exploitation des terres encloses; le second, d'enclore les terres ouvertes. Il est remarquable que les vignobles soient dans cette catégorie, quoique la propriété y soit bien limitée; j'ai vu des exemples de parcelles aussi enchevêtrées que dans les terres labourables, peut-être était-ce leur état avant d'être plantées en vignes. C'est là cependant que les défenses sont nécessaires; la maraude est d'autant plus grande que la valeur du produit s'élève, et qu'il est facile de s'y livrer. L'assiduité, les dépenses encourues pour la garde des vendanges, montrent bien que plus elles seraient défendues, mieux elles vaudraient. Il faudrait que les cultivateurs français examinassent aussi l'abri que les haies offriraient aux vignes contre les intempéries des saisons. On peut les considérer à un autre point de vue non moins important pour nos voisins, c'est-à-dire comme offrant en combustible des ressources qu'il leur faut demander au sol cultivable, par suite du manque ou de la mauvaise qualité du charbon dans les 7/8 du royaume. J'ai déjà parlé de l'immense surface occupée par les bois et les forêts pour fournir aux besoins du pays; des haies bien tenues, bien aménagées, entreraient, comme en Angleterre, pour beaucoup dans l'économie domestique. On leur donnerait plus de hauteur où l'on voudrait avoir un plus grand abri et plus d'ombrage ; on les réduirait où l'on ne chercherait qu'une défense ; dans tous les cas, elles pourraient s'accommoder aux exigences locales.

CHAPITRE XI

DES TENANCIERS ET DE L'ÉTENDUE DES FERMES EN FRANCE.

Je puis classer mes notes à ce sujet, trop nombreuses pour être insérées ici, sous cinq titres différents : 1° les petites propriétés des paysans ; 2° les fermes tenues pour une somme en argent ou rente, comme en Angleterre ; 3° les tenures féodales ; 4° les terres prises en monopole pour une rente et sous-louées à des paysans ; 5° les métairies dont le produit est partagé.

1° Les petites propriétés de paysans se trouvent partout à un point que nous nous refuserions à croire en Angleterre, dans toutes les provinces, même celles où les autres régimes prédominent : mais dans le Quercy, le Languedoc, les Pyrénées, le Béarn, la Gascogne, une partie de la Guyenne, l'Alsace, les Flandres et la Lorraine, ce sont elles qui l'emportent. Dans les Flandres, en Alsace, le long de la Garonne et dans le Béarn, leurs possesseurs me parurent vraiment à leur aise : en Basse-Bretagne, beaucoup passent pour riches, mais en général ils sont dans la misère, par suite de la division des fermes entre tous les enfants. En Lorraine et dans la partie de la Champagne qui y touche, leur pauvreté est excessive. J'ai plus d'une fois vu les partages en arriver à ce point qu'un arbre fruitier avec dix perches de terrain constituait une ferme dont la possession enchaînait au sol une famille (1).

2° Le louage moyennant une rente en argent est général en Picardie, en Artois, dans une partie des Flandres, en Normandie (hors le pays de Caux), l'Ile-de-France, le pays de Beauce : on le trouve également dans le Béarn et près de Navarreins. On le connaît aussi presque partout en France; mais, suivant une estimation modérée, il n'occupe encore que le 6e ou le 7e du royaume.

3° Tenures féodales. — Ce sont des fiefs donnés par les seigneurs de paroisse moyennant une redevance, un cens, un dédit, des services, etc. Je les ai trouvées en abondance dans la Bretagne, le Limousin, le Berry, la Marche, etc., où elles couvrent la province tout entière; dans les autres, on les rencontre çà et là. Près de Vierzon, de Vatan, etc., en Berry, on s'en plaignait si hautement que le mal doit venir de la manière de lever ces redevances, partout bien plus lour-

(1) Dans un ouvrage auquel il faut toujours recourir lorsqu'on veut avoir des indications précises et des chiffres sûrement établis (*Des Charges de l'agriculture dans les divers pays de l'Europe*), par M. Mice Block, nous trouvons le tableau suivant emprunté à une source officielle; il établit un fait important et dont seront frappés tous ceux qui visiteront l'Angleterre sans idées préconçues : l'existence de la petite culture avec un certain développement.

	POPULATION AGRICOLE.	
	GRANDE-BRETAGNE.	IRLANDE.
Agriculteurs employant des ouvriers	187,075 15 %	95,339 8 %
Agriculteurs qui n'emploient point d'ouvriers	168,815 14 %	564,274 46 %
Ouvriers agricoles	887,167 71 %	567,441 46 %
	1,243,057	1,227,054

des qu'elles ne le paraissent. Les lois sont, il paraît, très sévères contre les paysans en faveur de leurs maîtres.

4° Monopole. — Il se pratique communément dans plusieurs des provinces où le métayage est connu. Des individus qui ont du capital louent de grands espaces moyennant une rente et sous-louent à des métayers dont ils partagent le produit par moitié. On s'en plaint beaucoup dans la Marche, le Berry, le Poitou et l'Angoumois; les autres provinces en offrent quelques exemples. Il paraît découler des difficultés inhérentes au métayage; mais, par lui-même, c'est un système pernicieux, trop connu en Irlande, où ces entrepreneurs intermédiaires vont presque tous se réfugier (1).

5° Métayage. — C'est le mode usité dans les 7/8 de la France; il prévaut presque partout, en Sologne, dans le Berry, la Marche, le Limousin, l'Anjou, la Bourgogne, le Bourbonnais, le Nivernais, l'Auvergne, etc.; un peu moins dans la Bretagne, le Maine, la Provence et tous les pays du midi. En Champagne il y a beaucoup de métayage au *tiers franc*, mais en général c'est à moitié. D'ordinaire le propriétaire fournit la moitié du bétail et de la semence; le fermier fournit le travail, les outils et les impôts : dans quelques cantons le premier supporte aussi sa part de ces frais. En Berry quelques-uns prélèvent la moitié du produit, d'autres le tiers, d'autres seulement le quart. Dans le Roussillon ils payent l'impôt par moitié; en Guyenne, d'Auch à Fleurance, ils én acquittent la totalité. Près d'Aiguillon, sur la Garonne, c'est au fermier à avancer la moitié du bétail. Près de Falaise, en

(1) On sait que ce système est celui qui a perdu l'Irlande, et dont les terribles conséquences ont nécessité la loi sur les domaines obérés. — (*Encumbered estates law.*)

Normandie, j'ai trouvé des métayers, où l'on devrait le moins s'y attendre, sur des fermes que leurs propriétaires voulaient faire valoir. Par suite, les propriétés de gentilshommes campagnards sont les plus mal cultivées de toutes : ceci ne demande pas de commentaires. A Nangis, Ile-de-France, j'ai vu l'arrangement qui suit : le propriétaire fournissait le cheptel, les outils, les harnais et les taxes ; le métayer, la main-d'œuvre et sa capitation personnelle ; le propriétaire avait à faire les réparations de la maison et des barrières ; le métayer, celles des fenêtres ; le propriétaire avançait la semence de la première année ; le métayer, celle de la dernière ; celle des années intermédiaires était donnée par moitié. Les sommes venant de la vente du produit étaient partagées également. Le beurre et le fromage à l'usage du métayer et de sa famille étaient estimés à 5 sous par vache. Dans le Bourbonnais, le propriétaire fournit tout le cheptel, qu'il vend, achète, échange à sa volonté : l'intendant enregistre ces opérations, où le maître entre toujours pour moitié. Le tenancier lui porte sa moitié de grain au château et revient chercher la paille. Les suites en sont évidentes : par ce système absurde, la terre qu'en Angleterre on louerait 10 sh., ne rapporte ici, le bétail compris, que 2 sh. 5 d. environ.

Au premier abord les désavantages de ce mode semblent pour le propriétaire ; mais un plus long examen vous fait voir la pauvreté, la misère du tenancier. A Vatan, en Berry, on m'assura que, presque tous les ans, les métayers empruntent au propriétaire du pain qui leur permette d'attendre la moisson. Ce pain est un mélange d'orge et d'avoine dont je goûtai assez pour plaindre ces pauvres gens ; du reste le peuple ne connaît pas le pain de froment. Au milieu de cette désolation, on peut, par les rentes qu'il perçoit, estimer la situation du propriétaire. A Salbris, en Sologne, un pacage nourrissant 700 moutons, plus 200 acres anglaises d'autres terres, rapportait au propriétaire, pour sa moitié, 33 l. st. = 825 fr. Toute la rente, pour le sol et le cheptel, n'allait donc pas à 1 sh. par tête de mouton ! En Limousin, les métayers ne sont guère regardés que comme des domestiques, que l'on renvoie à son gré et qui en tout doivent se conformer au bon plaisir du maître. On calcule que la moitié des tenanciers est très endettée envers les propriétaires, qui souvent sont obligés de les chasser pour que la terre ne reste-pas sans culture.

Dans tous ces modes, le mal principal est le peu d'étendue des fermes : il n'y en a de grandes qu'en Picardie, dans l'Ile-de-France, le pays de Beauce, l'Artois, la Normandie, etc. La division de la terre et l'excès de la population poussent la misère à l'extrême : on voit l'oisiveté du peuple rien qu'en entrant dans une ville un jour de marché ; le monde y fourmille. A Landerneau (Bretagne), j'ai vu un homme qui avait fait 7 milles à pied pour apporter une couple de poulets qui, de son aveu, ne valaient pas 24 sous. A Avranches, plusieurs hommes avec leur cheval n'amenaient qu'un panier de tangue d'environ 4 boisseaux anglais. Près d'Isenheim, en Alsace, pays riche, les femmes, au milieu de la moisson, quand leur travail est rétribué presque autant que celui des hommes, faisaient de l'herbe le long du chemin pour leurs vaches.

OBSERVATIONS.

Trois questions essentielles se présentent tout d'abord. Elles touchent : 1° aux inconvénients du métayage et aux avantages de la rente fixe en argent; 2° à l'étendue des fermes ; 3° à l'action bienfaisante de la petite propriété.

I. — DU MÉTAYAGE.

Ce sujet peut être traité promptement, car il n'y a pas un mot à dire en faveur du système dont nous nous occupons, pour mille objections qu'on y peut faire (1). Il n'a d'excuse que la nécessité : le fermier est si pauvre qu'il n'a pas les moyens d'acheter du bétail. C'est au propriétaire à s'en charger, et c'est une lourde charge de s'engager dans les risques de l'exploitation dans la plus dangereuse des conditions, celle de confier sa fortune à des gens dont la plupart sont ignorants, beaucoup négligents, et quelques-uns tout à fait mal intentionnés. Parmi mes connaissances à Bagnères de Luchon se trouvait un monsieur qui avait été obligé de vendre sa ferme, faute d'argent pour la remonter en bétail ; tous ses moutons étaient morts d'une épidémie due sans doute à l'exécrable habitude des métayers de les entasser dans des étables chaudes comme des fours, sur les vapeurs d'un tas de fumier, et de les y enfermer sans air, comme c'est l'habitude générale en France. Par

(1) Sans vouloir relever dans ces notes les jugements où Young s'est laissé trop légèrement entraîner par l'habitude et quelque peu de présomption nationale, on ne saurait cependant s'abstenir de remarquer l'injustice de celui-ci. Le métayage rend et rendra encore longtemps les plus grands services. Que l'on ne suppose pas les fermiers si impatients de secouer la tutelle de leurs propriétaires ; ils savent fort bien la valeur du secours qu'ils en reçoivent. M. de Lavergne en cite un plaisant exemple fort concluant. Quant aux propriétaires, pourrait-on désirer un meilleur emploi de leurs loisirs et de leurs capitaux ?

ce misérable système, le propriétaire qui court les hasards de pertes aussi fatales, ne reçoit qu'une rente dérisoire; le fermier est dans la plus grande pauvreté, la terre mal cultivée, et la nation souffre autant que les gens qui y sont engagés. Il serait curieux de savoir comment dans la Picardie, la Normandie et l'Ile-de-France, cette pratique est tombée en désuétude: la richesse des grandes villes peut y avoir contribué, mais d'une façon insignifiante, car Bordeaux, Marseille, et surtout Lyon et Nantes, n'ont eu aucune influence sous ce rapport, bien qu'elles prennent rang parmi les cités les plus riches d'Europe, et bien avant Rouen, Abbeville, Amiens, etc. Si maintenant nous l'attribuons au voisinage de la capitale, pourquoi ce voisinage n'a-t-il pas introduit une bonne agriculture en même temps que la rente en argent? Quoi qu'il en soit, le fait est sûr, que cet heureux système prévaut dans ces trois provinces, ainsi que dans l'Artois et les Flandres, où nulle différence ne doit nous étonner, car ce sont des conquêtes récentes démembrées d'un pays libre en comparaison. Au dehors, il se rencontre de ces fermages, mais non plus comme dans les pays que nous venons de citer. Nul doute que la pauvreté qui a donné naissance au métayage ne vienne des maximes d'un gouvernement arbitraire. De lourdes taxes sur les fermiers, dont s'exemptaient la noblesse et le clergé, levées selon le bon plaisir de l'intendant et de ses subdélégués, suffisent à rendre compte de cette misère. On aurait dit, à voir ces procédés, qu'il ne s'agissait pas tant d'enrichir le roi que de ruiner le peuple. Comme la taille était ouvertement perçue en proportion des facultés de chacun, elle exerçait l'action malfaisante de toutes les contributions foncières égales, mêmes levées avec intégrité. Les profits du fermier, sa réussite, son mérite, se trouvaient imposés proportionnellement au revenu qu'il en avait tiré; moyen sûr de mettre fin aux uns comme aux autres. Les fermiers sont pauvres, en effet, ou se font passer pour tels du moment que la taxe menace de s'élever en proportion de leurs revenus; de là, de pauvres bestiaux, de misérables outils et des fumiers mal tenus, même chez ceux qui en pourraient avoir d'autres. Quel système ruineux, et qu'il est sûrement calculé pour empêcher tout progrès dans la puissance du roi comme dans celle de son peuple! Quel est l'homme généreux et sensé qui regrettera la chute d'un gouvernement fondé sur de tels principes? Qui, de bonne foi, peut condamner le peuple pour ses violences, en arrachant à la noblesse et au clergé ces priviléges, ces distinctions dont ils se servaient si indignement pour le plonger dans la misère? Les taxes, jointes aux droits féodaux, aussi odieux qu'écrasants, empêchaient le capital de s'engager dans un sol d'où on n'aurait pu le retirer à son plaisir. C'était là, plutôt que dans le manque de capital, que se trouvait le mal; on craignait, en le plaçant sur la terre, de l'exposer à la rapacité des harpies seigneuriales ou royales. La Normandie nous en fournit une preuve, on n'y voit pas manquer l'argent; cependant il en faut pour peupler de bétail ses riches herbages, tout autant que pour mettre en parfaite culture le dernier des terrains. D'où vient donc que le bétail s'y trouve quand on ne le trouve pas sur les terres labourables les plus riches? De cette raison toute simple que le capital formé par du bétail gras peut s'enlever en un moment et que, se renouvelant chaque année, il donne à l'herbager une occasion de quitter les affaires, une sorte d'indépendance inconnue au fermier qui a le moindre goût du progrès. Le tyran le sait, et il hésite à montrer des exigences qui, si elles étaient frustrées, laisseraient la plus belle terre du royaume sans ressource de production. Bien qu'un ami de l'humanité se doive réjouir ardemment en voyant une nation secouer un pareil joug, je ne puis m'empêcher de déplorer et de condamner l'idée des *économistes*, ces faux politiques à système et à visions, idée qui a infesté l'Assemblée Nationale, à ce point qu'on a proposé un impôt territorial proportionnel de 13,000,000 l. st. Les tendances démocratiques la mettront en vigueur, et le pauvre, qui aura le pouvoir dans les mains, la fera subir au riche qui seul peut améliorer. Sans amendements, et on n'en voit pas encore de traces, cette nouvelle constitution sera aussi oppressive pour l'agriculture que l'ancien gouvernement. Je ne discuterai pas ici cette question. Quant aux remèdes à apporter au métayage, ils consistent à ce que le propriétaire reprenne sa terre jusqu'à ce qu'il l'ait améliorée pour l'affermer ensuite, et s'il ne trouve pas de fermier avec du bétail, de prêter ce bétail, mais moyennant intérêt. De cette façon, sous un bon gouvernement, et libres de dîmes, les fermiers s'enrichiraient vite, et presque tous se libéreraient en 25 ou 30 ans, ou même avec une bonne culture, en un bail de 21 ans. A présent, il leur faudrait un siècle pour acquitter leur dette. Si le propriétaire ne voulait ou ne pouvait faire valoir lui-même, il lui faudrait louer la terre et le bétail pour une rente fixe en argent et un bail de 21 ans, à l'expiration duquel le fermier lui compterait en argent la valeur première du cheptel qu'il aurait pris à ses risques et périls. Certainement, un tel arrangement, combiné à des impôts bien répartis et à l'absence de dîmes, mettrait au bout de ce temps le fermier en état de se passer de toute assistance de la part de son propriétaire.

II. — ÉTENDUE DES FERMES.

J'ai approfondi cette question dans mes *Voyages en Angleterre* et dans les *Annales d'agriculture*, vol. VII, p. 510. Aussi je ne ferai que parler succinctement de ce qui est particulier à la France. Je commencerai en déclarant que jamais je n'ai vu de bonne culture dans les petites propriétés, excepté sur un sol très riche. Les Flandres font toujours exception ; sur cette terre fertile et profonde, dans les plaines d'Alsace, sur les bords de la Garonne, l'entêtement seul et la mauvaise intention ne produiraient pas une bonne agriculture ; mais sur les sols inférieurs, c'est-à-dire dans les 9/10es de la France, et même sur quelques terrains excellents comme en Normandie, l'exploitation est déplorable. J'ajouterai, en outre, que quand elle est mauvaise dans ces contrées riches, c'est toujours sur les petites fermes. Lors donc que, dans les *cahiers* des trois ordres, j'ai trouvé des vœux pour que l'étendue des fermes fût limitée, j'en ai conclu que les citadins par lesquels ces instructions avaient été rédigées ne connaissaient, de l'agriculture, que les grossières erreurs qui, par tous pays, ont cours chez le peuple(1). Ces recherches ont une telle importance pour les nations, qu'elles devraient s'appuyer sur des faits avérés et n'être confiées qu'à ceux qui connaissent, de l'agriculture, la pratique aussi bien que la théorie. Les questions suivantes s'élèvent naturellement : Faut-il avoir surtout égard au produit brut en agriculture ? Ou bien à ce qui peut s'envoyer sur le marché ? Ou au produit net ? Le chiffre de la population agricole doit-il

(1) *Cahier de Dourdan*, p. 17 ; *de Crépy*, p. 5 ; *d'Etampes*, p. 27 ; *de Paris*, p. 41 ; *de Provins* et *Montereau*, p. 51.

seul servir de guide, ou bien l'aisance et le bien-être des cultivateurs ? On pourrait les multiplier, mais seules elles suffisent. Peut-être trouvera-t-on qu'il ne faut pas s'attacher à un seul de ces points, mais les faire entrer tous en combinaison, suivant leur importance respective.

I. — Le produit brut ne peut être seul pris en considération, parce qu'il se pourrait qu'on employât tant de bras pour l'avoir le plus grand possible qu'il ne resterait rien pour le marché. En ce cas, il n'y aurait ni villes, ni manufactures (hors celle de la ferme), ni armées, ni flottes, ni commerce. Cela s'accorde parfaitement avec le système du comte de Mirabeau, qui veut répartir également la population sur le sol ; mais c'est une chimère qui ne vaut pas qu'on l'examine un moment.

II. — Le profit net seul n'est pas un guide sûr, parce que les lieux les plus déserts peuvent rapporter, pour le capital qu'on y engage, un intérêt plus fort que le plus beau jardin : ainsi les garennes, les pacages à moutons, etc., etc.

III. —Si on ne considère que la population, son excès même la jette dans la misère et la réduit. C'est un pauvre système que celui qui ne fait naître des hommes que pour les livrer à la faim ; il faut en même temps leur procurer la nourriture et le travail (les villes).

IV. — L'aisance et le bonheur des cultivateurs seuls ne servent pas davantage, parce qu'il y a des gens qui se sentiraient plus heureux dans la solitude que dans les jardins de Montreuil.

V. —Je ne trouve de solution un peu satisfaisante que dans la plus grande somme de produits échangeables ; elle approche plus de la vérité qu'aucune autre, car elle comprend un produit brut considérable, un grand produit net, une grande population dans les villes, des manufactures développées, en assurant l'aisance du cultivateur, qui, de son côté, ayant besoin de beaucoup de main-d'œuvre, a la disposition et le pouvoir de la bien payer.

Cette proposition fondamentale étant ainsi établie d'une manière satisfaisante, nous en déduirons que l'étendue convenable à une ferme est celle qui lui permet de donnerla plus grande somme de produits échangeables, c'est-à-dire pouvant se convertir en argent. Maintenant, pour arriver à accroître ce superflu dépassant les besoins des cultivateurs et de leurs familles, il faut recourir aux méthodes les plus perfectionnées. Il faut améliorer les terrains déjà en culture, maintenir un bétail nombreux, répandre largementle fumier que l'on peut se procurer, assainir le terrain, l'irriguer, faire parquer les moutons, écobuer, marner, chauler, enclore, déployer toute son activité et toute sa vigueur. Il ne doit pas y avoir un coin de terre qui reste inculte : tout doit progresser, marcher vers la perfection ; le fermier, fier de son succès, doit placer ses gains dans de nouvelles améliorations, afin qu'ils lui rapportent cet intérêt composé facile à trouver dans l'agriculture. L'exploitation qui remplira le mieux ces conditions nous donnera la mesure de l'étendue que nous cherchons. Cette recherche, je l'ai faite avec soin et sans parti pris dans toutes les provinces du royaume, et, quoique souvent la mauvaise culture ne vous laisse que le choix des maux, je suis cependant prêt à affirmer qu'elle est toujours meilleure sur les fermes de 300 à 600 acres, (de 120 à 140 hectares), que sur d'autres moins grandes, et qu'elle approvisionne davantage le marché. J'entends des fermes, des *occupations*, et non pas ces exploitations de principaux locataires qui sous-louent à de petits métayers. Il n'y a rien d'étrange dans la mauvaise culture des petites fermes, comprenant sous ce terme celles de moins de 100 arpents et même celles de 100 à 200 : les proportions reconnues par les hommes pratiques entre la terre, la main-d'œuvre et le bétail n'y sont pas favorables à la production.

Le fermier est pauvre; sa pauvreté est en rapport avec la petitesse de sa ferme, et il ne peut faire les sacrifices qu'exigent les saines méthodes (1). Les profits d'une grande ferme font vivre le fermier et sa famille et lui laissent un surplus qui peut se convertir en améliorations ; ceux d'une petite remplissent à peine le premier objet et ne laisseront rien pour l'autre. Dans le premier cas, les chevaux sont, en comparaison, moins nombreux que dans le second, c'est une grande économie. La division du travail, qui, dans toute industrie, épargne le temps en augmentant l'habileté, ne peut se pousser même dans les plus grandes fermes au point où elle arrive dans une manufacture ; mais dans une petite ferme elle n'a aucun accès ; le même homme doit tour à tour se livrer à tous les travaux. Un grand cultivateur a des laboureurs, des batteurs, des tailleurs de haies, des vachers, des bouviers, des porchers, des bergers, des chaufourniers, des draineurs, des arroseurs : par là son ouvrage est mieux fait. Il a un parc à moutons, tandis que l'autre pour arriver au même objet se livre à un travail qui anéantit les bénéfices. On a souvent répété que les petites fermes soutiennent une plus nombreuse population : c'est vrai, et

(1) « Dans les mains des fermiers, dit un écrivain français, la richesse est fatale à l'agriculture. » *Essai sur l'état de la culture en Belgique*, in-8°, 1784, p. 7. — Qui s'étonnera qu'un royaume soit mal cultivé quand il est livré à de semblables hommes d'État ? (*Note de l'auteur.*)

c'est souvent là le mal ; car elles n'engendrent que des êtres misérables pour lesquels elle n'a pas créé de ressources. En France, cette population superflue est un mal national ; il faudrait la décourager ; mais remettons à plus loin ce fait qui éclate par tout le royaume. En somme, les fermes que je préférerais ici sont de 250 à 350 acres = 100 à 140 hect. sur les sols fertiles ; de 400 à 600 acres = 160 à 240 hect. sur les autres.

En somme, l'Angleterre a devancé toutes les autres contrées de l'Europe dans le progrès agricole, et c'est aux grandes propriétés qu'elle le doit, tellement qu'il n'y pas une amélioration essentielle que l'on puisse découvrir dans les petites. Que les étrangers, que le comte de Herztberg (1) vienne visiter nos cultures ; que j'obtienne l'honneur de les lui montrer dans nos grandes fermes tandis que le docteur Price se chargera de les lui faire voir dans les petites, et, quand il les aura comparées, qu'il renonce aux doctrines qu'il a préconisées jusqu'ici !

(1) Ce ministre a dit dans un de ses discours à l'Académie de Berlin : « *C'est le principe que le cultivateur anglais Young soutient dans son* « Arithmétique politique. Sur l'utilité des grandes fermes. *M. Young pa-* « *raît avoir tort à l'égard d'un gouvernement républicain comme celui* « *de la Grande-Bretagne, qui a plus besoin qu'un autre d'une grande* « *population.* » Ici, comme dans beaucoup d'autres exemples, on suppose les grandes fermes contraires à la population, parce que leurs produits sont consommés par les villes. Le comte nous a-t-il donné quelque raison de croire que le produit d'une grande ferme consommé à la ville n'implique pas des consommateurs en proportion, aussi bien que le produit d'une petite consommé sur place par le producteur ? Comme la population est en raison des moyens de subsistance, les ennemis des grandes propriétés devraient montrer que les petites en donnent davantage, c'est-à-dire qu'elles sont mieux tenues : l'absurdité est trop flagrante pour qu'ils s'y hasardent. Frédéric, que son habileté à massacrer les hommes a fait nommer le Grand, était, au point de vue militaire, favorable à leur multiplication. — « Considérant que le nombre des habitants fait la richesse des souverains, on trouva, etc. » *Œuvres de Frédéric II*, t. V, p. 146. (*Note de l'auteur.*)

Nous avons, nous autres Anglais, porté à leur perfection les clôtures, le marnage, le chaulage, les amendements, les fumures. Nous avons fait de grands progrès en irrigation et peut-être eussions-nous égalé la Lombardie si nos libertés avaient permis d'agir aussi promptement sur la propriété particulière. Nous avons perfectionné nos races de bétail au delà de ce que le monde avait jamais contemplé. Nous avons, dans nos provinces les mieux cultivées, banni à jamais la jachère, et, ce qui fait la plus grande gloire de notre île, les sols les plus pauvres rivalisent de progrès avec les autres. Demandons à nos contradicteurs où est ce petit cultivateur qui marnera tout son domaine à raison de 100 et 150 tonnes par acre = 250,000 kil. et 375,000 kil. par h.? qui le desséchera en entier, à raison de 2 et 3 l. st. par acre = 123 fr. 55 c. à 185 fr. 35 c. par h. ? qui payera à haut prix le fumier des villes et ne craindra pas d'y ajouter un charroi de 30 milles ? qui nivellera ses prairies à raison de 5 l. st. par acre = 308 fr. 90 c. par h. ? qui, pour améliorer la race de ses moutons, payera 1,000 guinées = 26,250 fr. la monte d'un seul bélier pendant une seule saison ? qui payera 25 guinées = 655 fr. par vache pour la faire couvrir par un bon taureau ? qui enverra à l'autre bout du royaume chercher des instruments perfectionnés et les hommes qui les savent manœuvrer? qui en payera d'autres pour rester dans différentes provinces, afin de se rendre maîtres de pratiques qu'ils devront ensuite introduire chez eux ? Rien qu'à l'énumération de ces efforts communs en Angleterre, y a-t-il un esprit assez obstiné dans son erreur pour les attribuer à de petits cultivateurs ? Otez de l'agriculture ce qui l'a rendue florissante parmi nous, vous aurez justement l'exploitation des petites fermes.

Les fausses idées, si communes à présent en France, sont d'autant plus surprenantes, que, dans aucune autre langue, on n'a exprimé de sentiments plus justes sur beaucoup de ces points d'économie politique. Il n'est pas possible d'exposer plus sincèrement et plus clairement les avantages des grandes propriétés et des grands cultivateurs qu'ils ne le sont dans l'Encyclopédie (tome VII, p. 821, in fol.). Personne n'a mieux traité ce sujet que M. Delegorgue (1). L'Artois, dit-il, suivait autrefois la rotation de deux années de rapport et d'une de jachère ; mais la vieille coutume ayant changé, il porte maintenant une récolte tous les ans. Ce changement, si profitable et si peu répandu en France, n'a pu se faire qu'après des expériences répétées, nécessitant les engrais d'un bétail nombreux. Qui a donc pu le faire ? les petits fermiers qui ont de la peine à se suffire? Assurément non ! Il remarque plus loin que, dans les domaines qui ont été divisés pour en tirer un plus grand loyer, le bétail décroît ; et aussi que le journalier est bien plus heureux que le petit fermier. Je ne lui sais pas peu de gré de cette remarque, que l'impuissance où sont les petits cultivateurs de garder leurs grains engendre les accaparements : indiquant ainsi le bien que font les grands fermiers qui savent former des réserves. Mais les accaparements aussi ont leur utilité, ils remédient au mal fait par ceux que leur pauvreté force à vendre trop subitement.

Quelque convaincu que je sois de la vérité de ce principe, et que le progrès d'une nation est à ce prix, je suis loin toutefois d'invoquer la législation pour le mettre en vigueur et réunir ce qui a été divisé. Je ne demande rien que la liberté, que le rejet des absurdes

(1) Mémoire sur cette question : *Est-il utile en Artois de diviser les fermes ?* 1786, p. 7.

exigences de quelques *cahiers* de l'assemblée qui demandent des lois contre cette réunion. Me sera-t-il permis d'ajouter qu'il faut faire peu d'attention à ces écrivains, à ces hommes politiques qui, sous le despotisme, combattent si fort en faveur d'une grande population au point d'en être aveugles pour des objets bien supérieurs, qui ne voient dans l'accroissement de l'humanité qu'un accroissement de soldats ; qui vantent les petites propriétés comme des pépinières d'esclaves, et pensent que c'est un noble but que d'élever des hommes dans la misère pour les livrer à la guerre ou à la faim. De tels sentiments peuvent s'accommoder de l'atmosphère subtile du despotisme germanique ; mais ce serait une contradiction à la félicité générale qui doit découler de la liberté que de les voir s'introduire dans une nation dont l'avenir resplendit des rayons d'une liberté naissante. Trop populeuse, la France devrait plutôt chercher les moyens de nourrir ses habitants, que ceux d'en appeler davantage à partager des ressources déjà insuffisantes.

III. — DES PETITES PROPRIÉTÉS.

Dans les observations précédentes, je n'avais en vue que les fermes louées à rente ; mais il y a en outre, dans toutes les provinces de France, de petites terres exploitées par leurs propriétaires, ce que nous ne connaissons pas chez nous. Le nombre en est si grand, que je penche à croire qu'elles forment le tiers du royaume. Je croyais, avant mon voyage, que ces petits domaines étaient susceptibles d'une bonne culture et que leur possesseur, n'ayant pas de rente à payer, se trouvait assez à son aise pour améliorer son terrain et progresser avec vigueur : ce que j'en ai vu a détruit ma bonne opinion à cet égard. On trouve dans les Flandres d'excellentes cultures sur des propriétés de 30 à 100 acres = 12 à 40 hectares; mais la division qui s'arrête là dans cette province va bien plus loin dans d'autres. En Alsace et sur les bords de la Garonne, où un sol magnifique ne demande pas d'avances, on rencontre également de ces propriétés fort bien tenues. J'ai traversé, en Béarn, une région de petites cultures dont l'aspect, la propreté, l'aisance et le bien-être m'ont ravi ; la propriété seule, sur un espace si étroit, pouvait en faire autant; mais, si j'en ai bien jugé par la distance d'une maison à l'autre, cet espace n'était jamais moindre de 40 à 80 acres = 16 à 32 hectares. A part ces exemples et quelques autres en petit nombre, je n'ai rencontré de recommandable, dans les petites propriétés, qu'une industrie infatigable. En vérité, je dois le persuader au lecteur : si, dans bien des cas, la culture qui s'est offerte à mes yeux passait en mal toute imagination, toujours cette industrie éclatait d'une façon si remarquable, si méritoire, qu'il n'y a pas pour elle de louanges trop grandes. Cela seul suffit à prouver que la possession du sol est le stimulant le plus énergique à un travail rude et incessant; et telle est l'étendue, telle est la force de ce principe, que je ne sais pas de moyen plus sûr de mettre en valeur le sommet des montagnes que de le partager entre les paysans : on le voit en Languedoc, où ils ont apporté, dans des hottes, la terre que la nature ne leur accordait pas. Un autre effet de cette division, c'est l'accroissement de population; mais, nous l'avons reconnu, ce qui peut être un bienfait pour d'autres pays, peut être un fléau pour la France.

Après avoir fait la part des avantages, je passerai aux inconvénients qui m'ont frappé dans ce pays.

Le premier et le plus grand, c'est le partage égal, après la mort du possesseur, entre tous ses enfants, quelquefois seulement entre les fils. Une étendue de 40 ou 50 acres = 16 à 20 hectares, ne suppose pas une mauvaise culture, mais une division par 20 acres = 8 hectares, l'implique forcément; à plus forte raison des subdivisions en 10, 5, 2, 1 acre = 4, 2 hectares, 80, 40 ares; car j'ai vu de ces fermes descendre jusqu'à la moitié, un quart d'une vergée anglaise = 5 ares et 2 ares 50 centiares, et les familles qui s'y étaient fixées y tenaient autant que si elles eussent été de 100 acres. La population qui s'en suit est nombreuse dans quelques cas, mais c'est un surcroît de misérables. Les mariages se font sur l'idée, mais non sur la réalité d'une existence assurée; ils mettent au monde des êtres que ne demandent ni le travail des villes, ni celui des manufactures, et que la misère et les épidémies qui en naissent enlèvent incessamment. Disons-le donc, la petite propriété est la source de maux effroyables, et son action a été telle en France que la loi devrait intervenir pour l'empêcher de dépasser un certain degré.

Mais, après ce tableau, tiré d'observations récentes et multipliées, que penserons-nous des avocats de la cause que nous combattons? « Le pays n'est florissant qu'en raison de la répartition égale du peuple sur le territoire. » Telle est l'opinion de l'un des chefs (1) de

(1) *De la Monarchie prussienne*, t. IV, p. 13. Le comte de Mirabeau avoue que la grande culture rapporte plus et à moins de frais sur un terrain donné; mais il prétend que mille petits sujets lui échappent qui sont de plus d'importance que les économies. On a peine à croire qu'un homme si éminent se méprenne de la sorte sur les faits décisifs d'une discussion à laquelle il s'est tellement occupé, si nous en jugeons du moins par son ardeur à en parler. Où a-t-il vu que les petits cultivateurs font plus d'avances à la terre que les autres ? Je n'en appellerai pas à l'Angleterre, les débats sont finis; mais qu'il lui plaise nommer les provinces de France où les petits propriétaires ont plus de bétail que les

l'Assemblée nationale. Son père pensait différemment; c'est avec un grand bon sens et une grande profondeur qu'il faisait la déclaration suivante : « C'est à bien des égards un préjugé de croire que plus la culture occupe d'hommes, plus elle est favorable à la population » : il l'expliquait ainsi plus loin : « *Plus l'industrie et la richesse des entrepreneurs de culture épargnent de travail d'hommes, plus la culture fournit à la subsistance d'autres hommes* (1). »

Un autre député, très bien placé dans l'estime publique et dirigeant le comité des finances, affirme également que la propriété est d'autant meilleure qu'elle est plus divisée. Ces messieurs, avec les intentions les plus pures du monde, sèment des idées qui, si elles étaient acceptées, rendraient la France un théâtre de misère. On retrouve encore la même tendance dans les rapports du comité de mendicité (2), lorsque, parmi une grande somme de lumières, de réflexions justes et profondes, et de principes vraiment politiques, il recommande la multiplication des petites propriétés comme remède au mal qu'il s'est chargé de combattre. Rien de mieux pour montrer la portée réelle de ces

grands? ou cultivent aussi bien? M. de Mirabeau change la question en supposant ce qui est entièrement contraire aux faits, comme je l'ai vu dans toute la France. Mais, bien plus, il soutient l'avantage de voir tant de familles rivées au sol ; il nie ainsi le bien des villes et des manufactures, et c'est ce même argument qui sert précisément à le terrasser. (*Note de l'auteur.*)

(1) *L'Ami des hommes*, 5e édit., 1760, t. V, pag. 43, et t. VI, pag. 79. *Tableau œconomique*. Cf. aussi le même sujet traité par un des plus grands génies politiques de notre âge, M. HERRENSCHWAND, in-8°, 1786, p. 275, et le *Discours sur la division des terres*, par le même, in-8°, 1786. (*Note de l'auteur*).

(2) *Premier rapport*, in-8°, 1790, p. 6. *Quatrième rapport*, p. 9. Ces rapports sont l'œuvre du président de ce comité, M. de La Rochefoucauld Liancourt, et font grand honneur à son habileté et à son amour du travail. (*Note de l'auteur.*)

idées, que d'en supposer la réalisation (1). Il y a en France 130 millions d'acres et 25 millions d'habitants. Faisons à chacun sa part, et, déduisant les rochers, les routes, les cours d'eau, etc., etc., disons qu'elle sera de 5 acres (2 hectares) par personne, ou de 35 par famille (12 hectares). Lorsque, suivant notre principe, qui est d'encourager la population, nous aurons banni le luxe, le célibat, les métiers insalubres, la prostitution et la stérilité des villes, et rétabli la simplicité de mœurs des champs, tout portera au mariage et à la procréation. Suit un grand accroissement. Les 25 acres se réduisent à 20, 15, 12, 8 et ainsi de suite, s'amoindrissant à l'infini. Dans cette supposition, que deviendra le surcroît futur ? Vous êtes arrivés à la limite où la terre, cultivez-la comme vous l'entendrez, ne saurait nourrir plus de monde, et cependant les mœurs qui vous y ont fait arriver durent encore ; quelle en sera la conséquence, sinon la plus horrible détresse que l'on sache imaginer !

Vous dépasserez bientôt la Chine où les charognes décomposées des chiens, des chats, des rats, la vermine la plus dégoûtante est recherchée par une population misérable, qui n'est venue au monde que pour en dis-

(1) Rien de mieux également pour arriver à l'absurde que de pousser à ses dernières conséquences une idée aussi juste qu'elle soit. Les choses de ce monde ne supportent pas l'absolu, et il est hors de toute raison de vouloir le leur appliquer. C'est au nom d'un principe contraire que les montagnes d'Ecosse ont vu leurs habitants chassés de villages qu'on livrait aux flammes derrière eux de peur qu'ils n'y reviennent. Dira-t-on que la grande propriété contienne essentiellement en elle-même le germe d'une semblable barbarie ? Croira-t-on que le système qui fait de certains comtés de l'Angleterre un si charmant spectacle, soit de tout point le même que celui qui a changé en désert les hautes vallées des Highlands ? On est bien revenu chez nos voisins de semblables idées, et la réaction a été la plus forte dans les provinces où l'on avait été le mieux à portée de les étudier, dans le Nord.

paraître enlevée par la faim. Tels seront sûrement les effets de vos mesures. Il n'est pas sur terre de pays affligé d'un gouvernement aussi mauvais que celui qui se proposerait sérieusement cette infinie division ; tant offre de dangers une organisation née de principes purs et vertueux, mais dont les conséquences sont désastreuses. On a surnommé les villes, les sépulcres de l'humanité ; si elles conduisent doucement à la mort, elle deviennent en réalité la meilleure des *euthanasies* pour l'excès de population. Mais elles ont encore plus de pouvoir pour prévenir un pareil excès que pour le réprimer, et c'est précisément ce qu'il faut dans un pays comme la France, où les moyens de subsistance font défaut. Que serait-ce donc si, se suffisant à elles-mêmes, les villes et les manufactures laissaient aux campagnes leur surabondance de bras? Cela n'est que trop vrai pour la prospérité du royaume, comme nous le voyons en mille circonstances et surtout en cas de disette, un déficit, qui chez nous passerait inaperçu, est accompagné de terribles calamités pour la France. Il n'est pas de spectacle plus touchant, plus fait pour éveiller toutes les sympathies de notre nature, que celui d'une famille vivant sur le petit domaine que son travail met en valeur, a créé peut-être ; et c'est sans nul doute les sentiments qu'il inspire dans un noble cœur, qui ont rendu tant de gens partisans opiniâtres de la petite propriété. Si l'activité des villes et des manufactures était assez développée pour employer ce surcroît de population à mesure qu'il vient au jour, son action bienfaisante frapperait tous les yeux. Mais la France l'a appris par une triste expérience, ce surcroît est inopportun ; que résulterait-il donc s'il en arrivait un nouveau quand l'ancien ne sait où trouver des ressources? L'exemple de l'Amérique n'a aucun poids ici, une immensité fertile y est ouverte à quiconque veut en prendre sa part, le travail y est hors de prix et par suite on doit souhaiter que la population se développe : comment donc la comparer à la France, où la concurrence des bras est si grande que le travail y est à 76 0/0 au-dessous du taux ordinaire chez nous ? Je reviendrai encore, à ce propos, à l'exemple de l'Angleterre que j'ai tant de fois invoqué. Les petites propriétés y sont fort rares, c'est à peine si l'on en trouve dans un grand nombre de nos comtés. Nos journaliers sont, à juste titre, désireux de posséder en propre leur chaumière et les quelques perches de terres qui forment leur jardin, mais il ne leur viendra guère à la pensée d'acquérir assez de terre pour s'y employer, et d'en offrir, comme en France, un prix au-delà de sa valeur ; chez nous un homme qui a 200 l. st. ou 300 l. st. disponibles n'achète pas un petit champ, il monte une bonne ferme. Maintenant, comme nos ouvriers sont sans comparaison plus à leur aise et plus heureux que ceux de France, ne s'en suit-il pas que la petite propriété n'est aucunement essentielle au bonheur du paysan ? Partout où j'ai été en Angleterre, il n'y a pas à comparer le bien-être du journalier et du petit propriétaire, personne ne travaille davantage et ne se nourrit plus mal que ce dernier. Pourquoi donc cette division serait-elle regardée comme avantageuse en France, lorsque nous sentons en Angleterre les bienfaits du système opposé ? Il y en a plusieurs raisons : d'abord les manufactures françaises n'ont pas le même développement que les nôtres, par rapport à la population ; en second lieu, l'agriculture des fermiers et métayers français n'emploie pas un nombre aussi grand de bras que la nôtre. Les gentilshommes campagnards de ce pays n'occupent pas la centième partie des gens que les nôtres ont toujours sur leurs jardins et leurs fermes. Enfin, ce qui est plus important que tout le reste, les vivres sont d'égale valeur dans les deux pays, tandis que la main-d'œuvre est en France à 76 0/0 de moins de ce qu'elle est en Angleterre. Nous aurions une autre preuve, s'il en fallait encore, de l'excès de population dans ce pays. Le journalier anglais qui est assuré de 8, 9 et 10 sh. par semaine (= 10 fr., 11 fr. 25 c. et 12 fr. 50 c.) en travaillant pour un fermier, court risque de perdre lorsqu'il travaille à son propre compte ; et ce fait est si vrai, que le plus travailleur et le mieux entendu de nos paysans n'est pas celui qui a le plus beau jardin, bien au contraire. De la sorte et pour d'autres causes encore, le paysan anglais trouve plus de ressources dans son travail que celui de France qui, ne pouvant s'employer chez les autres, s'exténue sur un sol qui ne peut le nourrir. Rien d'étonnant après cela qu'on vienne dire que la petite propriété soit la seule ressource de ces familles ; mais, en réalité, cette culture si admirable, la perfection pour des yeux inexpérimentés, qu'est-ce autre chose que le résultat des loisirs forcés du cultivateur? La cherté de la main-d'œuvre, commune dans ces pays, ne vient pas à l'encontre. Aucun travail n'est plus mal fait, plus cher que celui d'ouvriers habitués à travailler sur leur terre, il y a un dégoût, une négligence qui n'échappent pas à l'observateur intelligent. Rien qu'une détresse extrême ne forcera ces petits propriétaires à travailler pour les autres ; c'est pourquoi, dans les parties les plus cultivées de la France, j'ai vu le travail comparativement cher et mal fait au milieu d'une foule à moitié oisive. Je mentionnerai aussi cette remarque appliquable à tous les marchés de France, de gens qui perdent pour des riens une journée entière, montrant par-là le peu de cas qu'ils en font. Y a-t-il rien de plus absurde que de voir un homme vigoureux et énergique, faire plusieurs milles et perdre son temps, qui vaut au moins 15 ou 20 sous, pour vendre une douzaine d'œufs ou un poulet dont le prix ne couvrirait pas la dépense, *si les ouvriers s'employaient utilement?* Cela doit nous convaincre des pertes de travail occasionnées par ces petites occupations.

L'agriculture de France contient des pratiques apparemment excellentes, qu'il ne faudrait pas recommander à l'imitation d'autres pays. J'ai vu en Flandre défoncer à la bêche ce que la charrue n'avait pu retourner, et, dans le S., étendre ce procédé à des pièces tout entières. Cela est très répandu. Dans les montagnes du Vivarais, on bâtit des murs pour soutenir les terrasses, que l'on achève en y portant de la terre dans des hottes. Ces pratiques et mille autres ne viennent que d'une extrême division du sol, qui a poussé à un excès de population au-delà des moyens de subsistance, et doivent être regardées comme des preuves du mal intérieur de l'État.

L'homme qui par malheur a vu le jour dans un pays qui n'a pas besoin de ses services, s'il lui est échu un lambeau de terre, y travaillera pour y gagner quatre sous par jour, pour un liard, et, dans l'ardeur de son activité, pour rien, comme le font des milliers de Français. S'il reste sans rien faire pour sa ferme, il croit ne rien faire du tout : il en enlèvera les brins de paille; il y ôtera une pierre d'un endroit pour la remettre dans un autre ; il portera du terreau dans une hotte jusqu'au haut des montagnes, il fera dix milles à pied pour vendre un œuf. Il ne vient pas à l'idée du lecteur que de semblables errements, pour peu qu'ils soient dirigés de façon à produire des effets dignes d'admiration pour la perfection de la culture, soient aussi peu en rapport avec la bonne constitution d'un pays, si je puis m'exprimer ainsi, que les plus absurdes pratiques. Il s'en faut cependant de peu qu'arrivés là, ils ne fassent comme M. de Poivre, qui propose la Chine en exemple aux Européens.

En résumé, on doit pencher à croire que la division de la terre en France a passé les limites raisonnables; qu'elle y a créé une population superflue; que des lois expresses la devraient restreindre (1), au moins jusqu'à ce que la production fasse de nouvelles demandes de main-d'œuvre. D'un autre côté, on conclura qu'un système de grande culture, nourrissant et rémunérant d'une manière large de nombreux journaliers, est infiniment plus avantageux à la nation et aux pauvres gens, et qu'enfin toutes les mesures qui s'opposent à son établissement régulier, comme les restrictions au droit de s'enclore, l'existence de droits de communaux, les faveurs accordées aux petits propriétaires dans la répartition de l'impôt, sont ruineuses pour l'agriculture, et devraient être combattues comme contraires au bien public.

(1) L'auteur a raison lorsqu'il demande l'abolition des lois qui s'opposent à la constitution de la grande propriété ; mais il se contredit en invoquant à son tour l'aide de ces mêmes lois pour atteindre la réalisation de ses idées. Du moment où l'on se décide à sortir de la liberté absolue, c'est plutôt du côté du partage que se trouvent l'équité et la morale. L'Angleterre ne manque pas d'esprits qui se sont affranchis des préjugés reçus à cet égard ; ils en avaient reconnu la fausseté même avant la dernière guerre. En Allemagne, les esprits suivent la même direction. Si des hommes éminents comme MM. Ch. Rœder d'Heidelberg et Reuning de Dresde s'effraient tellement de la division poussée à l'extrême, qu'ils réclament des mesures restrictives, j'ai trouvé dans MM. Rau, Max Wirth et Pickford une foi entière dans les principes libéraux, et il m'a été impossible, en voyant les campagnes du Palatinat, de ne pas penser comme eux.

CHAPITRE XII

DES MOUTONS EN FRANCE.

L'établissement des manufactures de lainages en France, sous Louis XIV, par Colbert, ce commis d'une maison de banque, a inspiré au gouvernement quelque intérêt pour l'élevage des moutons dans le royaume; mais on n'a pris de mesures décisives à cet égard que vers le milieu du siècle actuel, lorsque la libre exportation en a été autorisée. Sous l'administration de M. de Bertin, contrôleur général, M. Carlier fut envoyé pour examiner, dans toutes les provinces, l'état de la production, la quantité et la qualité des laines, etc., etc., et quelques progrès furent réalisés par l'importation de béliers et de brebis, tant d'Espagne que d'Angleterre. Mais les gens que l'on employa s'y entendaient si peu, que les résultats restèrent insignifiants; on n'avait pas fait assez, il fallait s'y attendre. La France importe chaque année pour 27 millions de livres tournois de laine, somme énorme quand il s'agit d'un produit que l'on n'aurait pas besoin d'aller chercher hors du royaume, si l'on savait employer les gens qui s'y connaissent.

Picardie. — Calais. Toison moyenne, 5 lbs à 26 s., laine à peigne.

Bonbrie (Pont-de-Brique). Toison moyenne 6 lbs à 24 s.

Bernay. Toison moy., 4 1/2 à 26 s. Toutes sont très grossières. On tond les agneaux dont la laine vaut 18 s. la livre.

Les moutons de Picardie et de quelques provinces voisines n'ont pas de cornes ; leurs faces sont blanches, leurs oreilles pendantes et soyeuses. Ils n'ont pas de chair, sont mal formés; mais il y a quelques exceptions.

Pays de Beauce. — Étampes. Toison, 3 1/2 lbs à 20 s. Le mouton vaut 15 liv.

Toury. Toison, 4 lbs à 19 s. Laine grossière. La nourriture d'hiver se compose de paille de pois et de regains de foin. Comme presque partout en France, les moutons rentrent le soir à la bergerie, et sont parqués dans les champs jusqu'au mois de novembre ; on les fait parquer quelquefois à midi. Les troupeaux sont de 40 têtes jusqu'à 100, et si bien gardés par les chiens que les lisières les plus étroites sont pâturées sans dommage pour les grains.

Orléans. Tois. 6 lbs à 20 s. Prix d'un mouton : 11 liv. De la paille pour nourriture d'hiver.

Sologne. — La Ferté. Race du Berry. T. de 2 1/2 lbs à 23 s. *en suint*, et à 40 s. lavées. Prix par tête : 12 liv. Rien en hiver que les bruyères et les bois. Les troupeaux rentrent le soir par crainte des loups ; quand la neige est haute, on leur donne de jeunes pousses d'arbres. Pour une ferme contenant 200 arpents de terres arables et 300 de bruyères, le troupeau est de 200 à 250 têtes, y compris les agneaux.

La Motte-Beuvron. On les nourrit à la bergerie avec de la paille de seigle, mais ils ne mangent que les épis. J'en ai vu encore renfermés à trois heures de l'après-midi sans que rien fût ouvert ; la chaleur était insupportable. L'été, on les ramène à midi pour mourir de faim ou étouffer jusqu'à quatre heures; ils sortent alors pour rentrer à la nuit. La race ressemble à celle de Picardie pour la face et les oreilles, mais elle est plus petite et ne pèse que 9 lbs par quartier.

La Loge. La pourriture y est commune : elle avait enlevé 199 bêtes sur 200 à un des fermiers : un mouton noir seul y avait échappé. On a l'habitude de vendre tous les ans les agneaux mâles et une partie des femelles, avec les vieilles brebis, qui sont remplacées par les jeunes, que l'on garde. On sépare les mâles des femelles afin de traire celles-ci pour donner du beurre et du fromage au fermier. La bergerie n'est nettoyée que deux fois par an, mais on met de la paille fraîche tous les trois jours; il y fait si chaud et si étouffant que je m'étonne que les moutons y résistent.

Berry. — Vierzon. Toison, 2 1/2 lbs à 22 s. *en suint.* Prix par tête : 6 liv. Petite taille. Poids par quartier : 6 lbs au plus. Il y a quelques chèvres dans chaque troupeau. On compte 3 béliers pour 100 brebis. Un bon bélier vaut 24 liv. ; une vieille brebis maigre, de 3 à 5 liv. ; grasse, 8 liv. Dans cette partie de la province que l'on appelle Champagne, et où les troupeaux sont plus nombreux, la laine est plus belle, ce que j'attribue à la terre, qui est plus forte, et à la nourriture, qui est meilleure. La ressemblance avec les moutons de Picardie ferait penser qu'ils sont de même race. On les nourrit en hiver avec de la paille (coutume générale); quand le temps est mauvais, on leur donne une livre de foin par tête et par jour (1). Tois. 1 3/4 lbs à 27 s. *en suint.* Prix par tête : 7 1/2 liv.

(1) M. de Lamerville dit que les meilleurs moutons de Berry sont appelés *Brionnes*, du nom de leur lieu de provenance ; il ajoute que les

De Vatan à Châteauroux. T., 2 1/2 lbs à 23 s. *en suint.* L'année dernière, on payait 27 s. — Autres, 3 lbs à 25 s. *en suint.* Quelques seigneurs, pour améliorer la laine, ont importé des béliers et des brebis d'Espagne, qui, en quatre ans, ont dégénéré et sont devenus semblables au reste; d'un autre côté, des troupeaux venus de provinces plus pauvres se sont améliorés sur cette terre : je répète ce qui m'a été dit. Selon toute probabilité, ces essais ont été faits avec la même négligence que tant d'autres. Il y a aussi des bêtes d'une autre race à cornes venues des montagnes que l'on appelle *Balloes;* on ne les achète que pour les engraisser, au prix de 8 et 10 liv., on les revend 15 liv. Elles ont plus de taille que les autres, une bonne forme, et une toison noire et blanche très grossière.

Argentan. — Laine à 25 s. *en suint.* — T., 1 lb à 24 s. — Tois., 3 1/2 lbs à 20 s. — Prix par tête : 8 liv.

La Marche. — La Ville-au-Brun. T., 1 lb à 20 s.

Limousin. — Limoges. La plus petite des races que j'ai vues. Les pauvres animaux font peine à voir, mais la viande et la laine sont de bonne qualité.

Quercy. — De Brives à Souillac. Race un peu plus forte que la précédente, avec une laine longue et très grossière; la couleur noire prédomine. T., 4 1/2 lbs à 12 s. *en suint.* On engraisse quelquefois avec les navets. T., 5 1/2 lbs à 12 s. *en suint* (1). C'est ici que pour la première fois j'ai vu parquer avec de véritables parcs; le berger a une hutte en paille sur deux pieux, qui peut se transporter; son chien en a une plus petite.

moutons de Berry donnent 2 1/2 lbs de laine à 20 s., et que les agneaux se vendent 7 liv. (*Observations sur les bêtes à laine*, in-8°, 1786, p. 6, 218, 219.) (*Note de l'auteur.*)

(1) Lorsqu'il se rencontre dans ces notes plusieurs indications de suite, c'est qu'elles ont été prises à quelques milles de distance. (*Note de l'auteur.*)

On parque maintenant pour les navets appelés *ravules* (ravioles).

Pont-de-Rhodez. Laine, 13 s. J'ai demandé pourquoi on avait laissé à de certains moutons des touffes de laine autour du cou et sur les épaules, on m'a répondu qu'on ne l'enlevait qu'après l'autre à cause de sa qualité supérieure. Elle vaut 14 s. et le reste 12 s.

Pellecoy. A partir du Limousin, les agneaux ne sont pas tondus. J'ai mesuré un parc : il avait 7 yards sur 6, et renfermait 36 moutons et 5 agneaux; c'est à peine un yard carré par tête. Le berger était absent, mais le chien les gardait. On me dit ici que ce n'est pas à cause de leur valeur qu'on laisse les touffes de laine dont j'ai parlé plus haut, mais par caprice : je soupçonne qu'il y a là-dessous quelque superstition. Chaque fermier a un petit troupeau pour la laine nécessaire à le vêtir lui et sa famille, indice certain d'une grande pauvreté et d'un manque de communications intérieures.

Cahors. Rencontré beaucoup de parcs. La cabane du berger ressemble à une grande ruche montée sur deux bâtons comme une chaise à porteurs; il y en a une petite pour le chien. La quantité innombrable de loups fait qu'on arme les chiens de colliers hérissés de pointes de fer, le loup ne les attaquant jamais qu'à la gorge. Dans cette saison, les moutons parquent toute la nuit, leurs ennemis étant renfermés dans le plus profond des forêts des montagnes, où ils vivent de lapins, de lièvres, de rats et même de souris.

Perges. Moutons avec ou sans cornes; petite taille, laine grossière. Ils ne sont pas encore tondus (12 juin).

Languedoc. — Toulouse. Vu plusieurs troupeaux dont tous les animaux ont des cornes; c'est la première fois depuis Calais. J'estime leur toison à 5 lbs.

Il y en avait de si gras qu'une fois couchés ils avaient peine à se relever. Ils sont tondus, mais à certains on a laissé la laine du ventre ; à d'autres, une touffe sur les reins.

Saint-Gaudens. On les fait pâturer sur les montagnes depuis juin jusqu'à l'automne ; la nuit ils sont parqués et gardés par de nombreux chiens.

Bagnères-de-Luchon. Dans cette partie des Pyrénées on a tenté quelques essais pour améliorer la race, par l'importation de béliers d'Espagne ; c'est dans ce dernier pays qu'on vend les moutons et les vieilles brebis.

Roussillon. — De Bellegarde à Perpignan. Grands troupeaux de moutons avec ou sans cornes ; quelques-uns noirs. Sans cornes, à face blanche et jambes blanches, pesant environ 12 lbs par quartier. T., 6 à 8 lbs en suint, que le lavage réduit à 2 lbs à 39 sols. Ils restent en plein air toute l'année. A cette heure (juillet), ils pâturent les guérets que l'on doit labourer en septembre. Rencontré un troupeau de près de 500 ; il appartient à un homme de Perpignan qui a du monde à la campagne pour faire valoir ses biens. Le berger en chef a quatre charges de froment, de 10 mesures, chaque mesure donnant 60 lbs de pain ; quatre charges de vin, une mesure de sel, une d'huile, plus 3 liv. par mois. Beaucoup de grands troupeaux. De ce côté, le Roussillon élève un grand nombre de moutons, infiniment plus qu'aucune province que j'aie vue en France ; elle ne le cède pas, sous ce rapport, au Dorsetshire lui-même.

Pia. Au printemps, de bonne heure, on les nourrit, ainsi que les agneaux, de trèfle semé seul en août, après un labour sans plus ; après avoir été pâturé au printemps, on l'arrose, et souvent il donne une bonne coupe.

Salsèze-Fooct (Saleix-Foix). Deux grands troupeaux parqués. *Id.* avec des chèvres.

Sijean. Troupeaux nombreux parquant l'été, passant l'hiver à la bergerie, crainte des loups.

Languedoc. — Narbonne. T., 15 s. *en suint*, 50 s. lavées. Jusqu'à Béziers et Pézénas, beaucoup de petits troupeaux, pas un seul grand. Rencontré quelques parcs en filet sur des jachères de bois d'oliviers.

De Nîmes à Ganges. Beaucoup de petits troupeaux.

De Saint-Maurice à Lodève. Sur ces immenses montagnes désolées pâturent de nombreux troupeaux. Un fermier a 3,000 moutons en 4 ou 5 troupeaux. T., 3 1/2 lbs à 14 s. *en suint*, de 50 à 58 s. lavées. Pendant les neiges on donne de la paille, autrement rien que la pâture. Parcs.

Mirepoix. Les troupeaux sont maintenant aux montagnes ; l'hiver, ils descendent dans la vallée. T., 2 1/2 lbs *en suint*, 22 à 25 s. lavées. Au sortir de Mirepoix, j'ai rencontré un troupeau entièrement différent de ce que j'ai vu en France ; on ne le distinguerait pas dans le Norfolk. Tous les moutons ont des cornes qui, dans les béliers, se recourbent en avant d'un bon tour. Plusieurs ont la face blanche et les cuisses noires ; d'autres les ont tachetées. La laine et la forme suivent cette ressemblance.

De Lann-Maison (Lannemezan), à Bagnères-de-Bigorre. Troupeaux nombreux. Laine de 22 à 25 s. *en suint*, le double lavée. Rencontré entre Bagnères et Campan quatre troupeaux de moutons plus forts que ceux de Norfolk ; la plupart avec des cornes recourbées derrière les oreilles, quelques-uns sans cornes, quelques-uns noirs. Laine de peigne de longueur moyenne.

Béarn. — De Lourdes à Pau. La laine des moutons du Béarn est longue de 9 pouces, et se vend *en suint*

15 s. la lb. Rencontré beaucoup de parcs. — Pau. Nombreux troupeaux parqués; cornes, laine grossière, couleur noire assez commune.

De Navarreins à Saint-Palais et Anspan (Hasparren). Peu de moutons, malgré de vastes étendues incultes; ils n'ont pas de cornes; leur laine, très grossière, a de 6 à 8 pouces. Nombreux moutons, laine grossière, 20 s. la lb. *en suint.*

Gascogne. De Bayonne à Saint-Vincent. Bien que l'eau couvre beaucoup de ces landes, elles ne sont pas dépourvues de moutons; j'en ai rencontré de petits troupeaux, avec ou sans cornes, donnant une laine grossière; il y avait presque autant de chèvres que de moutons.

Grenade. — Nombreux petits troupeaux de moutons noirs. Blancs ou noirs, leur laine est mauvaise; elle vaut 10 s. *en suint.* Le paysan s'en sert pour ses besoins.

Saintonge. — Monlieu. T., 1 3/4 à 20 s. lavées.

Angoulême. T., 1 1/2 lb. à 21 s. lavées.

Contre-Vérac (environs de Vérac). T. 1 1/2 lb. à 27 s. lavées.

Poitou. — Vivonne. T., 1 lb. à 31 s. lavées. Les moutons pâturent toute l'année, reçoivent de la paille en hiver et ne parquent jamais.

Ile-de-France. — Liancourt. T., 5 1/2 lbs à 12 s. *en suint.* Chaque fermier a un troupeau qui parque l'été sur les jachères. La race est médiocre. Le duc a fait venir des berrichons et des flamands pour en essayer. Les premiers ressemblent beaucoup à nos south-downs, leur laine est fine et bonne pour la carde ; les derniers ont une bonne forme, mais de mauvaise laine. La laine du pays dont j'ai donné le prix, est très mauvaise.

De Beauvais à Izoire. Race meilleure que d'ordinaire, sans cornes, grande, bien faite. T., 5 1/2 lbs. Chacun a son parc. Ce matin (10 septembre), à 10 heures, par une forte pluie, les moutons parquaient encore.

Dugny. M. Cretté de Paluel a pour habitude d'acheter en Suisse des moutons qu'il fait parquer jusqu'en novembre : il en vend les deux tiers à moitié gras, il engraisse l'autre tiers à la bergerie, pendant tout l'hiver, rien qu'avec des grains, du son, du foin, etc., de façon qu'ils soient prêts pour le marché quand le mouton renchérit. Il vaut maintenant (octobre) 6 et 7 s. la lb. ; depuis Pâques jusqu'à la fin de juin, il augmentera de 2 ou 3 s. Les variations sont moindres pour le bœuf : il vaut maintenant de 9 à 10 s., et la vache 7 s. ; en mai ce sera 2 s. de plus. Cette inégalité dans le prix de la viande est une preuve de mauvaise culture. J'ai visité la bergerie de M. Cretté ; c'est un bâtiment voûté, en pierre, où l'espace manque ; les baies sont trop petites, il y fait, par suite, excessivement chaud. Il y a dans ce pays des hommes qui, sans un arpent de terre, ont de très grands troupeaux qu'ils louent, pour le parcage de juin à novembre, aux cultivateurs qui n'en ont pas, à raison de 30 à 40 s. par tête.

Dammartin. Nombreux troupeaux. T., 5 lbs à 20 s. *en suint.*

Picardie. — Saint-Quentin. Chaque fermier fait parquer son troupeau pour le froment d'hiver. Race picarde ; tois. de 4 ou 5 lbs à 24 sous *en suint*, les jeunes 2 1/2 lbs.

Flandres. — Bouchain. Tout fermier a son troupeau donnant par tête 4 à 5 lbs. de laine qui, lavée, se vend à Lille 30 sous la livre.

Valenciennes à Orchies. Laine longue pour le peigne, 5 lbs à 30 sous, lavée. On donne, l'hiver, les fèves sans être battues. J'ai vu vendre 21 l. des moutons maigres pour lesquels on eût payé autant en Angleterre.

Lille. Peu de moutons. Tois., 5 lbs. à 30 sous, lavées (1).

Artois. — Saint-Omer. Vu un troupeau de 200, de race flamande, ayant 7 à 8 pouces de laine ; tois., 5 1/2 lbs. à 25 sous, lavée. Les moutons ont, comme les picards, les oreilles propres et soyeuses, mais ils se salissent le corps dans la bergerie.

Béthune. Vu un troupeau d'antenais qui donneront 9 lbs. de laine cette année. Même race que ci-dessus ; tois., 5 lbs. à 25 sous, lavée. L'hiver, on les nourrit avec des fèves et de la paille.

Arras. Parcs clairsemés dans le pays. Tois., 5 lbs.

Doullens. Toisons valant 4 liv. chaque.

Amiens. On m'offrait 45 s. la livre de notre laine à peigne de Lincoln, de longueur moyenne, c'est environ 20 d. la livre anglaise ; mais le commerce est peu actif à Amiens.

De Poix à Aumale. Troupeau de 200 à 400 têtes. T., 4 lbs à 33 s.

De Neufchâtel à Rouen. Race picarde : t., 4 lbs à 33 s., lavées.

Yvetot. T., 3 lbs à 32 s. On fait parquer pour le froment.

Bolbec. T., 4 lbs à 33 s. On ne donne pas d'autres herbes, l'hiver, que ce que les bêtes en peuvent trouver au dehors.

Honfleur. T., 6 lbs *en suint;* réduites par le lavage à 3 lbs à 30 sous. Tois., 5 lbs, *en suint*, lavées, 2 lbs à 30 s. Face et cuisses rousses.

Pays d'Auge. Laine lavée 25 à 26 s. la lb.

(1) Le marquis de Guerchy dit qu'il y a des laines longues à Tourcoing, à Lille et à Warneton, qui se vendent 50 et 60 s. la livre après lavage. (*Mémoire sur l'amélioration des bêtes à laine*, in-8°, 1788, p. 3.) Je n'en ai pas rencontré. (*Note de l'auteur.*)

Vallée de Corbon. T., 5 lbs, *en suint* à 20 s., lavées, 2 1/2 lbs à 40 sous : longueur de 5 pouces environ. La race normande semble avoir en général la face et les jambes rousses.

Falaise. T., 3 1/2 lbs à 24 s. lavées.

Duc d'Harcourt. T., 4 lbs à 20 s. *en suint* ou 40 s. lavées. Il y a du sang espagnol dans quelques animaux, mais si croisé, si négligé que l'on s'en aperçoit à peine. Ici, de même que dans le reste de la France, lorsque l'on veut prendre un mouton pour l'examiner, le berger fait signe à ses chiens, qui, en tournant en cercles de plus en plus resserrés, ramassent le troupeau autour de lui, de telle sorte qu'il peut choisir. Que nous sommes barbares à côté d'eux!

Carentan. Même race, à jambes et face rousses, sur les collines comme dans les riches herbages. Ces herbages pourraient donner d'aussi longue laine que le Lincoln. Longueur, 4 pouces; 20 à 22 s. *en suint*, 40 s. lavées.

Pierre-Butte. M. Doumerc achète des bêtes de 2 ans pour les revendre à 3 à des engraisseurs. Petite race, assez bien faite, sans cornes; face et jambes blanches, un peu roussâtres, comme si elle tenait de la normande. La laine s'est vendue, cette année, 45 s. lavée, mais 18 seulement en suint.

Bretagne. — Broons. Pauvres petits moutons, pesant à peine 10 lbs par quartier, après engrassement. On ne trouve que peu de moutons dans la province.

Landivisiau. Il n'y en avait pas du tout à la foire ici, et depuis Rennes jusqu'à Brest, c'est à peine si l'on en rencontre; c'est cependant une terre inculte, très propre à leur parcours.

De La Roche-Bernard à Guérande. J'ai achevé de parcourir la Bretagne sans voir un mouton, là où il devrait y en avoir une centaine; les quelques troupeaux d'animaux noirs et informes que l'on rencontre, témoignent de la négligence et de l'ignorance sauvages des habitants.

De Savanal (Savenay) à Nantes. Beaux prés salés où pâturent de misérables petits moutons noirs à laine grossière, tandis que les plus beaux Lincolnshire s'y engraisseraient. Misérables troupeaux dans les landes.

Varades. Pauvres animaux; quelques-uns noirs, beaucoup à face rousse, meilleurs cependant que ceux des landes.

Anjou. — D'Angers à la Flèche. Le nombre des moutons dans cette route de 30 milles, est tout à fait insignifiant; on les voit par 4 ou 5 de temps à autre. Une seule fois j'en ai vu 20 d'un coup, mais ils valent mieux que ceux de la Bretagne : prix, environ 12 liv. par tête; tois., 4 lbs à 36 s. lavée. Il n'y a pas en Europe un pays mieux fait pour cet élevage; le sol est un sable sec sans être trop pauvre. Tourbilly. Laine 36 s. la lb.

Normandie. — Alençon. Race normande, rousse et sans cornes, valant 12 et 14 liv. par tête. Tois., 3 lbs à 12 s. *en suint*, à 30 s. lavées.

Nonant. Grand nombre de troupeaux, de race normande, jamais parqués, 15 liv. par tête. Tois., 1 1/2 à 2 1/2 lbs, 12 à 18 s. *en suint*, 35 s. lavées.

De Gacé à Bernay. Race normande. Tois., 2 1/2 lbs, 36 ou 40 s. lavées.

Lessiniole (Lésigneul). Nombreux troupeaux.

Brionne. De même. Laine, cette année (1788), 32 s., l'année dernière, 36 s. Tois., 3 lbs 12.

Rouen. Visité MM. Midy, Roffec et compagnie, les plus grands négociants en laine de la France, auxquels j'étais recommandé : ils ont été assez bons pour me montrer leurs laines en magasin, et m'en donner des échantillons avec les prix. J'en donne ici un aperçu :

NORD.

Tyow et Nkmark,	pour peigne,	36 s.; il y a 3 ans,		26 s.
Mecklembourg,	—	32	—	24
Grise claire,	—	26	—	20
Cawnte blanche,	pour cardes,	26	—	20
Damthan,	—	26	—	20
Mittelband,	—	22	—	12
Gustrow (brebis),	—	20	—	16 à 18 s.
Loquets,	pour cardes,	12	—	6 à 8
Eyderstadt,	pour peigne,	38 à 40	—	28 à 30
Pologne,	—	28	—	18 à 20

FRANCE.

Berry,	pour cardes, de	3 l. à 3 l. 4 s. (8 lbs de tare par sac).
Sologne,	—	2 l. 10 s.
Roussillon,	—	3 l. à 3 l. 10 s.
Pays de Caux,	pour peigne, de	36 à 38 s.
Poitou,	pour cardes, de	48 à 50 s.

ESPAGNE.

Ségovie,	pour cardes,	6 l.
Segovaine,	—	de 4 l. 10 s. à 5 l.

On permet 10 lbs de tare et 3 lbs de différence.

R.	180
Tare,	13
	167
Tare,	15 ou 9 0/0
	152 à 120 s.

Crédit, 17 mois, on reçoit comme comptant des effets à 2, 3 et 4 mois, pour les 3 qualités d'Espagne, 120, 105 et 95 s. Les laines d'Allemagne se donnent à 110 pour 100 lbs avec 6 de tare et de longs crédits. Leur renchérissement vient d'une grande mortalité qui, depuis 2 ou 3 ans, s'est fait cruellement sentir. L'abaissement des laines espagnoles est dû à une diminution soit réelle, soit appréhendée dans la manufacture française; les manufacturiers disent avoir encore en magasin de grands approvisionnements de draps. Pas de laines anglaises, mais on donnerait de 38 à 40 s. pour celles à peigne, aux prix actuels, c'est-à-dire ceux d'Eyderstadt.

Tôtes. Beaucoup de parcs, doubles comme la plupart de ceux du royaume, pour que le berger puisse changer pendant la nuit. Vu un troupeau de hoggits, à 12 liv. par tête; tois., 2 1/2 à 3 lbs à 34 sous.

Isle-de-France. — Nangis. Laine, 30 s. la lb lavée, 15 s. *en suint*, on ne vend jamais les agneaux; on vend en novembre les vieilles brebis et les moutons de 5 ans; ils valent, maigres, de 9 à 10 liv.; gras, de 12 à 15 liv. Ils ne reçoivent rien, l'hiver, que de la paille. J'ai vu les moutons de M. Du Prayé parqués encore à midi sur les jachères. On n'achète de moutons que pour parquer, à 14 ou 15 liv. On s'en défera à perte au mois de novembre, et cela pour obtenir 5 ou 6 septiers de blé (6 1/2 combs par acre)! Les bêtes de Sologne, soi-disant grasses, valent de 13 à 15 liv. On fait ici les fagots en été, afin d'avoir toutes les feuilles que l'on fait brouter par les moutons, l'hiver.

Neuf-Moutier. T., 6 à 8 lbs à 12 s. *en suint.*

Champagne. — Mareuil. Le roi ayant importé d'Espagne un troupeau, a donné à l'assemblée de cette province 1 bélier et 14 brebis qui ont été confiés à M. Le Blanc de Mareuil. Je les ai examinés avec attention, et j'ai trouvé, pour la plupart, une forme aussi défectueuse que la laine est excellente. Le bélier en donne 6 1/2, et les brebis 3, 4 et 5 lbs, qui s'est vendue jusqu'à 4 liv. 10 s. la lb; à 4 liv., cela fait 14 sh. 10 1/2 d. la toison; cela me parut exagéré.

Reims. Laine de Champagne, 30 s. la lb. cette année; 30 s. en 1788; 26 s. en 1787; 25 s. en 1786. Une progression aussi constante prouve qu'il n'y a pas eu d'épidémie sur les troupeaux et que la manufacture est florissante. Il n'est pas sans quelque probabilité que la déduction de moitié des salaires des pauvres tisserands est un peu à *l'anglaise*, c'est-à-dire fort injuste.

De Châlons à Ove (Auve). Chaque paroisse a un troupeau de 2, 3 et 400 têtes; je causai avec un berger qui en gardait 380, appartenant à 12 ou 14 propriétaires. T., de 3 ou 4 lbs valant, cette année, de 25 à 30 s. lavées. On ne parque pas, les propriétés sont trop petites pour cela.

Lorraine. — Braban. Prix par tête, 9 liv., t., 1 1/2 lbs. à 32 s. lavée.

Lunéville. On lave à dos, ce qui est rare en France. T., 2 à 3 lbs à 30 s., c'était 29 s. l'année passée.

De Blamont à Haming (Héming). Un parc, le premier, le seul que j'aie vu en Lorraine.

Alsace. — Strasbourg. On lave à dos avant la tonte, qui se fait 2 fois, à Pâques et à la Saint-Michel, 1 lb chaque fois, assez souvent 3 lbs en tout.

Isle. Petits moutons donnant de 1/2 à 1 1/2 lb. de laine à 36 ou 50 s. lavée. Quelques-uns ne pèsent pas plus de 4 lbs par quartier.

Franche-Comté. — Besançon. Deux tontes, en mai et en automne, la seconde s'appelle *regain*, comme la seconde coupe de foin. La première donne 1 1/2 lb., le regain, 3/4 lb. On n'est pas d'accord sur leur qualité relative, mais cette année, comme l'année passée, elles ont été payées de même de 36 à 40 s. lavées; elles ne valaient autrefois que 20 à 24 s. Près de Lyon, on habille les moutons l'hiver, pour les mener dans les vignes. Je mets ceci comme on me le donne, sans savoir au juste quoi en croire. Quel vêtement ne serait pas mis en lambeaux dans les vignes?

Bourgogne. — Dijon. Deux tontes par an, la première est la meilleure; prix 40 s. la lb. On lave à dos.

De Couches à Montcenis. Moutons chétifs sur les hauteurs.

De Maison-de-Bourgogne à Luzy. Rien qu'une tonte. Laine, 30 s. la lb. Il y a deux ans, elle n'en valait que 24.

Bourbonnais. — Chavannes. Pendant 20 milles, je n'ai rencontré qu'un maigre troupeau, dont chaque mouton ne pesait guère que 10 lbs par quartier : cependant eux seuls peuvent faire prospérer ce pays.

Moulins. T., 2 à 3 lbs à 26 s. grossièrement lavée; les agneaux de 4 ou 5 mois valent 3 liv. ; les moutons, 15 liv. la paire.

Auvergne. — Aiguepresse (Aigueperse). Un parc et une cabane sur roues, j'avais fait des centaines de milles sans en voir.

Riom. Beaucoup de troupeaux et de parcs, tout le long de la route.

Clermont. On donne du sel tous les 8 ou 10 jours. Prix, de 10 à 18 liv. la paire, wethers (1), de 24 à 40 liv. la paire; un agneau de 4 à 5 mois, 4 liv. T., d'un wether *en suint*, 3 lbs, lavée, 1 1/2 ; d'une brebis, 2 lbs *en suint*, 1 lb, lavée : prix *en suint*, 16 à 18 s. la lb ; lavée, de 30 à 32 s. Dans les montagnes, où la laine est grossière, *en suint*, de 10 à 18 s. ; lavée, de 28 à 30 s. Filature, 10 s. par lb. pour la qualité inférieure; de 12 à 16 s. pour les autres.

Izoire (Issoire). Moutons maigres, 12 liv. T., 2 1/2 lbs *en suint*.

Brioude. Laine, 80 liv. le quintal, soit 16 s. *en suint*, elle est si sale, qu'elle perd moitié. T., d'un wether, 3 à 4 lbs, d'un mouton, 1 à 2 lbs.

(1) Le wether est un mouton de deux ans révolus et au delà ; le hoggit, celui d'un an ; l'âge, en Angleterre, se comptant à partir du 1er janvier.

De Fix au Puy. La paire, 20 à 24 liv. T., 3 lbs, à 14 ou 15 s. *en suint*. Parcs.

Vivarais. — Pradelles. Wethers, 10 ou 12 liv. par tête; T., 3 à 3 1/2 lbs. Tois. d'un mouton, 2 lbs, à 14 ou 15 s. *en suint*.

Dauphiné. — Montélimart. Le contraste est grand quand on passe le Rhône. Dans le Vivarais, les moutons sont maigres et chétifs; de l'autre côté, ils sont gras et forts. La laine valait 60 liv. les 93 lbs *en suint*, l'année dernière; elle n'en vaut que 40 actuellement. Cette baisse est attribuée au manque d'huile en Provence pour le peignage; car elle est toute pour le peigne, quoique courte, et l'huile d'olive est indispensable à cette manipulation. La laine perd moitié par le lavage. Un troupeau composé par tiers de brebis, de moutons et d'agneaux, donne l'un dans l'autre 5 lbs de laine par tête, au prix moyen; la meilleure, celle des agneaux, sert à faire des chapeaux! Les animaux engraissent très vite avec le *trifolium bituminosum* (*psoralea bituminosa*) dont l'odeur est très forte. Un monsieur des environs a un troupeau d'espagnols et de métis qui prospère. La laine vaut 3 liv. par lb. Ici, comme dans le Vivarais, tous les fermiers ont de longues auges montées sur pieds, dans lesquelles ils donnent, tous les quinze jours, à leurs troupeaux, du son mêlé de sel. C'est un remède contre la pourriture : comme cette maladie n'est jamais si commune qu'après le pâturage sur la rosée, on ne lève les parcs que quand le soleil a pris assez de force. On donne 3 lbs de sel pour 40 têtes. Il est singulier que menés à la pâture quand il y a encore de la rosée, ils engraissent plus vite; mais il faut les abattre quelques mois après, autrement ils meurent de la pourriture. M. Faujas s'est bien trouvé de leur donner un mélange d'écorce de chêne pilée avec un peu de son ; c'est, comme le sel, un remède contre la pourriture et l'*enflure*.

Provence. — Avignon. Peu de moutons. Laine *en suint*, 10 s. la lb. ; 4 lbs par toison.

Tour-d'Aigues. La transhumance est aussi régulière en Provence qu'en Espagne, s'étendant de la Crau aux montagnes de Gap et de Barcelonnette. Aucune loi écrite ne la règle, que quelques arrêts du parlement qui limitent la largeur du passage à cinq toises; tout ce qui est endommagé au delà doit se payer. Les montagnes de Barcelonnette sont les meilleures, étant *gazonnées superbement*. Ces troupeaux sont la propriété de personnes des environs de la Crau, d'Arles, de Salon, etc. Selon le calcul du président de la Tour-d'Aigues, ils montent à un million de têtes ; ils sont gras au retour des montagnes. Les pâturages se payent 20 s. par tête de mouton pour 6 mois de parcours dans les Alpes, et le même prix pour la Crau. Toison, 9 ou 10 lbs, valant en tout 45 s. en suint; l'année dernière c'était 56 s. M. Durlac, qui donne des détails sur ces troupeaux dans l'*Hist. naturelle de la Provence* (in-8°, 1782, t. I, p. 303, 324, 329, etc.) les fait aussi monter à un million de têtes, voyageant par troupeaux de 10 à 40,000 et mettant de 20 à 30 jours pour leur voyage; mais il ne donne que 5 à 5 1/2 lbs pour le poids de la toison. On ne parque les moutons ni dans la Crau ni à la Tour-d'Aigues; mais dans la Camargue, où il n'y a pas de pierres et où les moutons n'émigrent pas, on les fait parquer. Par une exception remarquable, les troupeaux de la Crau restent toujours dehors hiver comme été. T., 5 lbs à 8 s. en suint, soit 40 s. en général ; c'est une pauvre laine. Les wethers valent de 12 à 14 liv. chaque. Les brebis donnent une toison de 2 l., un agneau de 3 : en tout 5 liv. J'ai visité le troupeau de race espagnole dont le président a parlé d'une façon si intéressante dans les *Mémoires de la société d'agriculture de Paris* (J'ai traduit son rapport dans les *Annales d'agriculture*, vol. XII, p. 430). Il y a quelques années qu'on l'a amené ici, et il a souffert de l'absence du président; j'ai trouvé quelques-unes des brebis bien maigres et bien vieilles. En général, la forme était meilleure que je ne m'y attendais, surtout pour la colonne dorsale, qui, dans beaucoup d'individus de même race, est trop proéminente. La laine est serrée et assez frisée, mais moins résistante au toucher que je ne l'ai vu : on l'a vendue 75 liv. le quintal *en suint*, cette année. J'ai entendu parler de personnes qui avaient essayé de ces moutons d'Espagne, puis les avaient laissés parce qu'ils mangeaient plus que ceux du pays; je doute fort de l'exactitude de ces essais. Le président fait faire actuellement des fagots d'orme pour les faire brouter cet hiver. C'est l'habitude du pays; l'orme est le meilleur pour cela, puis le peuplier; le chêne est assez bon.

Estrelles. Laine, 36 à 50 liv. les 100 lbs *en suint*. Toisons de 4 à 4 1/2 lbs.

Lyon. Je me suis enquis des moutons habillés; personne n'en a vu.

Saint-Martin. Il y a d'ici à Lyon 57 milles, dans un pays admirable pour ces animaux; je n'en ai pas vu 50.

Roanne. Laine lavée 22 s. la lb.

De Neuvy à Croisière. Maigres troupeaux de 40 à 50 animaux chétifs.

Récapitulation.

Poids moyen des toisons citées dans ces notes............ 3 1/2 lbs.
» » vendues *en suint*............... 4
» » lavées......................... 3

Prix moyen des laines *en suint*, 18 s. — Lavées, 30 s. la lb.

Que le lecteur se garde de tirer des conclusions des prix et des poids de la laine cités ici tant *en suint* que lavée ; car ces notes ayant été prises çà et là, à de grandes distances, souvent il ne s'ensuit pas que la proportion de la laine *en suint* à la laine lavée, soit en poids de 3 lbs à 4, ni en prix de 18 s. à 30. Pour obtenir cette dernière proportion, il faut recourir aux notes qui nous donnent à la fois, *pour le même lieu*, le prix des deux sortes. On a ainsi : laine en suint, 26 s.; laine lavée 37 s. Je suis donc amené à tirer du tout les moyennes suivantes : poids en suint, 4 lbs par toison ; prix de la lb : en suint, 18 s.; lavée, 41. s. La moyenne de mes nombreuses notes est, pour les laines *en suint*, de 18 s.; pour savoir celle des laines lavées, j'en prends une outre 16 et 37 qui me donne 41 s. Afin qu'on ne s'étonne pas de la différence entre les deux sortes qui se trouve dans mes notes, je présente ici celles de M. Carlier; on verra quelle est la plus modérée :

Roussillon.......	11 s.	en suint.	38 s.	lavées.
Camargue........	12	»	24	»
Provence........	10	»	20	»
Saintonge.......	10	»	20	»
Berry...........	16	»	38	»
Beauce..........	8	»	16	»
Moyenne......	11	»	26	»

Remarquons maintenant qu'entre 16 et 37, 18 et 41, il y a la même proportion qu'entre 11 et 26, résultat auquel M. Carlier a été conduit par ses recherches sur ces 6 provinces, et qu'il a consigné dans son *Traité des bêtes à laine* (in-4°, 1770). Dans mon voyage agricole en Angleterre, il y a vingt ans, j'avais trouvé pour poids moyen de la toison 5 1/4 lbs à 5 3/4 d. la lb, mais en 1788 ce prix était monté de 5 3/4 à 9 3/4 d. par lb. La moyenne des toisons lavées étant en France de 3 lbs aux endroits où on n'achète que la laine lavée, et de 4 lbs en suint, la moyenne générale du royaume, pour les toisons lavées, ne peut dépasser 2 $1/2$ lbs, la moitié de celle d'Angleterre. Le prix de 41 s., en faisant la part des différences de poids, n'est guère que de 1 sh. 6 d. la livre d'une laine de mauvaise qualité en général. Mais, comme le prix en France est un prix normal, le commerce des laines y étant libre, tandis que le nôtre est abaissé par des lois arbitraires, il ne peut nous servir de point de comparaison pour la qualité. Excepté les laines du Roussillon, de Narbonne et du Berry pour le cardage, et celles des Flandres pour le peigne, elles sont en France inférieures aux nôtres. Nous avons certes beaucoup de mauvais troupeaux, mais les Français en ont bien plus; ils ont procédé dans cette partie de l'agriculture comme dans presque toutes les autres. Le Roussillon tient plutôt à l'Espagne qu'à la France : c'est de là que viennent ses beaux troupeaux ; de l'autre côté, les Flandres sont autrichiennes ; de sorte que la France ne peut s'enorgueillir que du Berry, c'est-à-dire d'un petit canton d'une petite province. Quant au reste du royaume, les errements suivis sont détestables.

Nos notes font voir qu'en hiver les pauvres animaux meurent de faim (selon nos idées) en mangeant de la paille ; car de racines cultivées exprès pour eux, il n'en est pas question d'un bout du territoire à l'autre. Les conséquences sont : de pauvres toisons, une pauvre qualité de laine, et la présence d'un mouton, là où il devrait y en avoir cent. De là, nécessité d'une immense importation de laines de toute espèce, et ce qui est pis, un tel manque de moutons sur les 18/20es du sol, que toute branche d'agriculture en souffre, et que la viande surpassant de beaucoup le prix du pain, n'est pas à la portée des pauvres gens. Ces maux sont grands, ils méritent que la pensée de tout patriote s'applique à y trouver remède : cela ne se fera jamais tant qu'on ne verra pas sur les sols pauvres de grandes fermes pourvues d'un bétail abondamment nourri ; mais le manque de nourriture d'hiver n'est pas le seul point important, l'aménagement intérieur des bergeries ne se montrant pas moins nuisible. Dans le but de ne pas perdre de fumier, alors que la peur des loups empêche le berger de coucher aux champs avec son troupeau, on fait rentrer celui-ci à la nuit tombante. Il n'y a rien à dire à cela, on y gagne beaucoup de fumier, mais la chaleur des bergeries est si étouffante, que la santé des animaux en souffre fort, et qu'il s'ensuit des épizooties désastreuses. Nous avons vu aussi qu'on les tient renfermés au milieu du jour en été. On ne nettoie la bergerie qu'une fois l'an, deux au plus, en sorte que le troupeau repose sur un tas de fumier dont il respire les émanations au lieu d'air. Quand vient la tonte, on cesse de donner de nouvelle litière pour que la laine en se salissant pèse d'autant plus ; quelques personnes même répandent de l'eau sur ce fumier pour y exciter une fermentation qui charge les toisons d'humidité. De temps en temps, ces pratiques barbares trouvent la récompense qu'elles méritent, des troupeaux sont emportés en une seule nuit. Que l'on juge d'après cela de l'ignorance des bergers français (1).

(1) Un écrivain français prétend que nous perdons beaucoup d'animaux par l'habitude de les faire parquer. (*Mém. sur l'agr.*, par M. Lannoy, in-8°, 1789, pag. 47.) Il n'en est rien. On dirait que l'élevage des moutons anglais est aussi bien connu en France que d'autres parties de notre agriculture. Un autre affirme que chez nous les béliers de laine courte se vendent plus cher que ceux dont la laine est longue. (*Mémoire pour l'amélioration des bêtes à laine dans l'Isle-de-France*, 1788, p. 8.) C'est tout juste le contraire de la vérité. Dix guinées est le plus haut

Il n'en faut pas douter, ces animaux ne doivent pas être contraints à rentrer, mais habiter une cour où ils puissent à leur gré se mettre à couvert ou rester sans abri. J'ai moi-même une ferme trop humide pour qu'ils parquent en hiver, aussi je leur ai fait une bergerie avec une cour bien entourée de murs, où ils ont une litière qui les tient propres et à sec, et où la chaleur ne les incommode jamais. Cette méthode est suivie d'excellents résultats; mais je n'en parle qu'en passant, l'ayant décrite en détail dans les *Annales d'agriculture*, vol. XV, n° 87.

Une des pratiques qui étonnent le plus les Anglais sur le continent, est l'usage de donner du sel à tous les bestiaux. Cela remonte à une haute antiquité. Les anciens en donnaient régulièrement à leurs moutons. Columelle nous dit que, quelque bonne que fût leur nourriture, ils s'en dégoûteraient si on ne leur distribuait du sel dans des auges en bois (Lib. VII). Il ressort d'un impôt mis en 1462, dans le Milanais, que la consommation du sel montait à 28 lbs par tête de bétail (1). En France, on suppose cette moyenne de 50 lbs et 15 lbs pour les moutons où il n'y a pas de gabelles (2). Le même auteur donne comme un fait de notoriété publique, que les vaches en fournissent plus de lait, et que tous les animaux s'en portent mieux. Dans quelques *cahiers* de l'Assemblée Nationale, on considère le sel comme *indispensable aux bestiaux* (3). M. Daubenton

prix d'un bélier de la race de Sussex, la plus belle des races à laine courte, tandis qu'un bélier du Leicestershire a été loué mille guinées pour la monte d'une seule saison. (*Note de l'auteur.*)

(1) *De l'Administ. provinc.*, par M. Le Trône, in-8°, 1788, tome I, p. 237.

(2) *Ibidem.*

(3) *Tiers-État de Toul*, p. 17. — *Noblesse de Clermont-Ferrand*, p. 22.

assigne 1 lb tous les huit jours pour 20 moutons (1). En Espagne, cet usage est aussi commun qu'en France et en Italie; la loi compte une fanega de sel ou 100 lbs pour 100 moutons, mais la coutume veut qu'on en donne 15 et 20 fanegas pour 1,000 têtes (2).

Dans un mémoire sur les troupeaux d'Espagne, feu M. Collinson donne plus de détails curieux : « La première chose que fait le berger quand le troupeau arrivé au S. doit retourner à ses pâturages d'été, c'est de lui donner autant de sel qu'il en veut. Chaque propriétaire alloue pour chaque millier de bêtes 20 quintaux de sel qui sont consommés en cinq mois; on n'en donne ni pendant le voyage, ni pendant l'hiver. On croirait, à moins, affaiblir les moutons et détériorer leur laine. Le berger place à cinq pas l'une de l'autre cinquante ou soixante pierres plates, sur lesquelles il sème du sel, puis il fait passer lentement son troupeau entre ces pierres, que chaque animal lèche autant qu'il veut. Il est remarquable que cet appétit n'arrive pas sur les terrains calcaires, aussi, afin qu'il se réveille, le berger ne tarde pas à se diriger vers un district argileux; il n'y est pas depuis un quart d'heure que le troupeau revient chercher les pierres. Cet effet est tellement sensible que s'il vient à se trouver un sol mélangé des deux que nous venons de citer, leur proportion se retrouve entre les deux consommations de sel. » Cet usage se voit aussi en Allemagne; le dernier roi de Prusse ordonnait à ses paysans de prendre 2 metzen (9 liv.) par vache à lait, 1 metzen par cinq brebis portières et la moitié pour celles qui ne donnent point de

(1) *Instruction pour les bergers*, in-8°, 1782, pag. 105. — *Traité d'écon. pol.*, in-8°, 1783, p. 545.

(2) *Essai hist. et pol. sur la race des brebis*, trad. d'Alstrœmer, in-12, 1784, p. 47.

lait (1). En Bohême, on tient le haut prix du sel pour préjudiciable aux bestiaux (2). Les paysans hongrois posent des blocs de sel gemme à la porte de leurs écuries, vacheries, etc., etc., pour que le bétail et les chevaux les lèchent (3). C'est aussi la coutume en Pologne (4). Dans toute l'Amérique du Nord, on en donne une ou deux fois par semaine (5). Paoletti, écrivain pratique italien, en ordonne 1 lb au printemps et une en automne par mouton. M. Carlier s'y oppose, mais sans autorité suffisante (6). M. Teissier suit le sentiment commun (7). Cette pratique, inconnue parmi nous seulement, mérite plus d'attention que les cultivateurs anglais ne voudraient y donner, au moins ceux avec lesquels je me suis entretenu sur ce sujet. Je l'ai essayée sur ma ferme depuis deux ans, et quoiqu'il faille plus de temps pour juger de l'effet d'une telle addition à leur nourriture, j'ai, je crois, toutes raisons d'en être satisfait; mes moutons se sont toujours bien portés, quand, par une ou deux fois, mes voisins ont eu à supporter des pertes.

Les races que j'ai remarquées en France sont : 1° celle de Picardie, sans cornes, à face blanche et oreilles pendantes et soyeuses. Je la crois dérivée de la race flamande : sa laine est grossière et de longueur médiocre. 2° La race

(1) Mirabeau, *De la Monarchie prussienne*, t. IV, p. 102. — *Ibid.*, t. VI, p. 236.

(2) *Voyages de Keysler*, in-12, 1758, vol. IV, p. 242.

(3) *Sir Thomas Pope Blount's Nat. Hist.*, in-12, 1693, p. 220.

(4) *Smyth's Tour in the United States*, in-8°, 1784, vol. I, p. 143.

(5) *Pensieri sopra l'agricultura*, in-8°, 1789, p. 209.

(6) *Traité des bêtes à laine*, in-4°, tom. I, p. 296.

(7) *Observations sur plusieurs maladies des bestiaux*, p. 67. Voyez aussi : *Markham's cheap and good husbandry*, p. 111, 120. *Parkinson's Theatrum Botanicum*, p. 552. *Maison rustique*, p. 107. *Hartlib's Legacy*, p. 199. *Mill's New and complete system of practical husbandry*, v. III, p. 416. *Memoirs of the Bath Soc.* v. I, p. 180. Voyez aussi un passage curieux de Boyle, édit. de Birch, vol. V, p. 521. Le Dr Blower à M. Boyle. (*Note de l'auteur.*)

normande, à face et jambes rousses; laine grossière. 3° La berrichonne, semblable à nos southdowns; belle laine. 4° L'espagnole dans le Roussillon et une partie du Languedoc. 5° Une près de Mirepoix, qui se rapproche de nos norfolks, avec des cornes, face et jambes noires. Le reste, je le crains, se compose de métis, sans traits caractéristiques. L'infériorité des races de moutons et le peu de soins qu'on leur donne en France, me surprennent d'autant plus que je ne connais pas de pays en Europe qui leur soit plus favorable. Le sol est en général sec, le climat moins humide que le nôtre, ce qui est très important. L'humidité du sol et du climat étant ce qui leur est le plus contraire, après la manière dont les soignent les Français. L'ancien gouvernement a souvent manifesté sa bonne volonté de prendre toutes les mesures nécessaires pour l'amélioration de ces races.

J'ai parlé du contrôleur général M. Bertin, qui, en 1762 et 1766, donna mission à M. Carlier d'examiner l'état des moutons dans toutes les provinces de France. M. Daubenton reconnaît aussi que tout ce qu'il a fait pour l'introduction de la race espagnole, l'a été à l'instigation d'un autre contrôleur général : « *M. Trudaine ne m'a rien laissé à désirer de tout ce qui pouvait m'être utile pour remplir mon objet.* » On a beaucoup encouragé depuis M. Delporte, de Boulogne, à cause de ses importations de race anglaise, et feu M. le marquis de Conflans acheta, pour l'assemblée provinciale de Normandie, 100 béliers anglais, qui lui revinrent, débarqués en France, à 9 guinées pièce. Le gouvernement s'est toujours montré libéral sur ce sujet, mais il n'a pas suivi la bonne route. J'ai vu plusieurs troupeaux que l'on disait espagnols, sans en voir jamais un qui donnât de la laine comme celle d'Espagne ; et d'honorables fabricants d'Elbeuf et de Louviers m'ont dit que jamais la France n'avait produit de semblables toisons, et que la laine du Roussillon était encore la meilleure du royaume. La forme de ces soi-disant espagnols était si défectueuse, qu'elle eût fait perdre, par le manque de chair et de bonne santé de l'animal, ce qui eût été gagné par la laine, en la supposant aussi belle que possible. Les moutons anglais que j'ai vus, étaient du même choix, et il n'y a pas à s'étonner de ce que, s'étant adressé à des contrebandiers pour cette affaire, ils n'aient préféré ce qui était meilleur marché. Je n'ai jamais su où M. le marquis de Conflans avait acheté les siens. La France les a perdus quand il est mort; et, si j'en juge d'après les autres, la perte n'est pas grande. Tous ces essais ont été faits par des personnes dont la profession, le genre de vie, les fonctions, les recherches étaient éloignées de l'agriculture; ordinairement, des habitants de la capitale ou d'autres grandes villes, en un mot, par des gens dont on ne devait attendre que de l'insuccès. Si, pour l'introduction de la laine d'Espagne, le gouvernement avait établi un fermier espagnol, secondé par des compatriotes et amenant avec lui un troupeau du pays, dans un district comme la Crau, où tous eussent retrouvé les mêmes habitudes de transhumance, on aurait pu alors avoir de la laine à carder. Si un Anglais, avec un choix de lincoln ou de leicester, à longue laine, avait été fixé dans le pays d'Auge avec un salaire de 500 louis d'or par an pour lui, et ses frais payés, on aurait vu que la France peut produire, tout aussi bien que nous, de belles laines longues pour le peigne. Mais un tel établissement dépend entièrement du choix des hommes : dans les mains de l'un tout serait entièrement perdu, dans celles de l'autre, il n'y aurait pas un denier qui ne rapportât son utilité.

CHAPITRE XIII

DU CAPITAL EMPLOYÉ EN AGRICULTURE.

Il n'y a pas, en agriculture, de point de vue sous lequel la France fasse plus mauvaise figure. Il est à peine croyable que les métayers puissent se tirer d'affaire avec un capital si inférieur au nécessaire. Dans les provinces les plus arriérées, la Bretagne, le Maine, l'Anjou, la Touraine, la Sologne, le Berry, la Marche, le Limousin, l'Angoumois, le Poitou, une partie de la Guyenne et du Languedoc, la Champagne, la Lorraine, la Franche-Comté, le Bourbonnais, le Nivernais, le Lyonnais, une partie de l'Auvergne, le Dauphiné, la Provence, le capital, que le fonds soit loué ou tenu par le propriétaire, ne monterait pas à 20 sh. par acre anglais = 61 fr. 80 c. par h. et même, dans quelques districts à 15 sh. = 46 fr. 35 c. par h. Les pâturages de Normandie et les terres labourables des Flandres et d'une partie de l'Artois ont un beau cheptel. mais il fait défaut dans les autres provinces, même les meilleures. Partout il est loin de ce qu'il devrait être. Les instruments sont construits en vue du bon marché, sans avoir égard à leur durée ou à leur effet : et on ne voit que rarement en France les meules de foin en réserve, si communes en Angleterre. Les amendements pour lesquels nous faisons tant d'avances, sont insignifiants dans les plus riches cantons de ce royaume. En outre du cheptel que se transmettent les fermiers, il tombe à la charge des propriétaires anglais une foule de dépenses pour les bâtiments, les clôtures, les barrières, etc., etc., qui se montent à un chiffre inconnu dans presque toute la France, quoique, dans certaines provinces, celles du Nord surtout, les bâtiments soient construits avec luxe et sur une grande échelle. Je n'hésiterai pas à porter l'infériorité de ce pays au nôtre dans les améliorations permanentes comme bâtiments, clôtures, amendements, etc. à 30 sh. par acre = 92 fr. 65 c. par h. pour tout le territoire. Elle serait de 40 à 50 sh. = 123 fr. 55 c. à 154 fr. 45 c. par h. en comparaison avec nos meilleurs comtés; mais, comme il en est d'autres arriérés, j'estime la moyenne à 30 sh.

J'ai calculé le capital moyen des fermiers de ce royaume et j'ai trouvé 40 sh. = 123 fr. 55 c. par h. En Angleterre, un calcul semblable donne 4 l. st. par acre = 247 fr. 10 c. par h. (1), en d'autres mots, 40 sh. de plus que chez nos voisins ; ajoutez 30 sh. de moins pour les améliorations permanentes, et vous aurez le total de 3 l. st. 10 sh. par acre = 216 fr. 20 c. par hect. pour l'infériorité du capital employé par eux en agricul-

(1) Peut-être n'est-il pas inutile d'expliquer ici ce que j'entends par *capital*. Un fermier qui monte son établissement chez nous, se trouve avoir besoin d'une certaine somme pour passer la première année, soit une année de main-d'œuvre, de rentes, de dîmes, de semence, etc., etc.; elle varie de 3 à 5 l. st. l'acre = 185 fr. 30 c. à 308 fr. 90 c. par hect. Que l'on examine ses comptes peu de temps après, on verra que ce fonds s'est augmenté par l'acquisition de bestiaux, d'amendements, de fumures et d'autres améliorations dont il aurait droit de se faire rembourser s'il venait à quitter sa ferme. Prenez maintenant la moyenne des fermes, des dépenses, de la durée des baux, j'estime, par des raisons trop longues pour être déduites ici, que ce capital sera de 4 l. st. l'acre = 267 h. 10 c. par hect., en mettant les choses au plus bas. (*Note de l'auteur.*)

ture, qui, sur 131 millions d'acres, forment une somme moindre de 458,500,000 l. st., ou 10,480,000,000 liv. D'où il suit qu'il faudrait cette somme de 10 milliards et demi pour amener ce royaume au point où nous en sommes. Je ne crois pas exagérer. Le capital des fermiers anglais étant de 4 l. st. par acre, mettons celui des écossais à 30 sh., et des irlandais à 40 sh., nous aurons :

	Millions d'acres.	Hectares.		Mill. de l. st.	Mill. de fr.
Angleterre..	46	18,614,866	à 4 l. st.	184	4,600
Écosse.....	26	10,521,446	à 30 sh.	39	975
Irlande.....	26	10,521,446	à 40 sh.	52	1,300
Totaux.	98	39,657,758		275	6,875
France.....	131	53,001,901		262	6,550

Le capital des Iles-Britanniques (1) est donc de beaucoup supérieur.

Il n'est sûrement plus nécessaire à notre époque de dire que la production agricole d'un pays dépend avant tout du capital qu'il y peut consacrer. Puisque le nôtre est le plus grand, quoiqu'il ne se répartisse qu'entre 16 millions d'habitants, tandis que la France en compte de 25 à 26 millions; notre empire doit l'emporter en richesse et en puissance et, tant que les choses continueront sur ce pied, rien ne pourra renverser cette conclusion que la conduite malhabile de notre gouvernement. C'est dans ce fait essentiel que les hommes politiques devraient chercher l'explication des phénomènes singuliers présentés par les dernières guerres, la résistance de l'Angleterre triomphant des forces combinées de la France et de l'Espagne. Bien plus,

(1) La différence, en la supposant aussi grande que l'a trouvée A. Young en s'appuyant sur des données très imparfaites, s'est réduite de beaucoup, autant que l'on en peut juger par à peu près ; car de l'évaluer en chiffres précis, il n'y faut pas songer.

ceux qui la vont chercher dans les colonies d'Amérique ou les conquêtes des Indes se trompent en prenant pour des causes de force, des motifs de faiblesse réelle; et j'ajouterai que la possession de 300 millions sterlings (7,500,000,000 de francs) de capital actif employé sur notre sol, est d'une autre importance que celle de ces dépendances éphémères et qu'aucun des avantages de notre commerce extérieur que l'on vante si fort. Lorsque M. Payne, dans ses *Droits de l'homme* (p. 155), se complaît à faire monter à 70 millions st. = 1,750,000,000 fr. en espèces, la supériorité de la France sur l'Angleterre, par des motifs qui, comme je le montrerai plus tard, n'ont pas plus de rapport à nos voisins qu'aux Hurons, il se fonde sur un principe qui trompera les espérances de toute nation qui s'y reposera, celui de la valeur de l'or et de l'argent comme richesse nationale. Leur cours actif indique la prospérité, mais il en est de même du papier, et, si ce papier a donné au sol de notre pays une supériorité de 450 millions sterlings = 11,250,000,000 de francs, nous n'avons pas à envier les 70 millions en espèces que la France a en plus.

Les colonies sucrières ont attiré surtout le capital de nos voisins, et suivant leur produit on peut estimer à plus de 50 millions sterlings = 1,250,000,000 de francs ce qu'elles en ont absorbé. Pour les défendre on a traité la marine royale en objet favori; ne mettons que vingt-cinq ans d'existence de cette marine à 2 millions sterlings = 50,000,000 de francs, ce sont 50 autres millions qui, avec les premiers, sans en aller chercher bien d'autres, font 100 millions sterlings ou deux milliards et demi de livres, qui, dans un autre système, se seraient tournés vers l'agriculture. Si cela avait eu lieu (en ne comptant que 50 0/0 de produit pour le capital engagé), le pays aurait retiré de son agriculture 50 millions sterlings = 1,250,000,000 de francs, de plus par an ou bien au delà d'un milliard. Quelle comparaison y a-t-il pour la richesse, la prospérité, la puissance, les ressources nationales entre l'importation annuelle de 5 ou 6 millions sterlings de produits des Antilles et le décuple donné par le sol du pays? Cependant on suit toujours cette misérable politique. On s'établit aux Antilles parce que la nation paye chaque année deux milliards pour la marine qui les protège, et elle le fait parce qu'on s'y établit, cercle vicieux éternel. Pendant ce temps-là, faute de 450 millions sterlings, l'agriculture de France reste en arrière de la nôtre qui, elle-même, par suite de semblables errements, n'a pas atteint à moitié le degré de perfection dont elle est capable. Quelle sottise! quel aveuglement! N'en faut-il pas conclure, que le plus grand service qu'un ennemi et même un ami pourrait rendre à la France, serait de lui arracher ses colonies, pour que son capital ne fasse pas plus longtemps fausse route? Peut-être ceci s'applique-t-il également à notre pays. On me signalait en France Tippoo Saïb comme un danger sérieux pour nous: qu'il s'en faut! S'il nous chassait des Indes Orientales, tandis que les nègres en feraient autant des Indes Occidentales, nous n'aurions pas de plus vrais amis, car les capitaux de la nation trouveraient enfin l'emploi qu'ils devraient avoir trouvé depuis longtemps.

Mais je ne m'arrêterai pas là. Ce n'est pas seulement cette portion de capital que les Français engagent dans leurs colonies et leur marine militaire qui est détournée de l'agriculture; tout ce qui est employé au commerce extérieur tombe dans la même catégorie. Vaisseaux, provisions de bouche, équipages, salaires, tout ce qui, sur terre, se fait dans cette vue et que tant d'écrivains nous vantent, tout cela peut être regardé comme un placement moins fructueux du capital. Je ne veux pas dire par là] qu'un État doit négliger ses moyens de défense et les avantages de sa position maritime, je prétends seulement que le vrai progrès d'un pays exige d'en mettre le sol en bon état avant de jeter le capital dans d'autres entreprises. On me répondra par cette objection commune, que la disposition des capitaux doit être laissée au libre choix de chacun ; j'en tombe d'accord, mais ce que je demande, c'est qu'on ne fasse ni lois, ni règlements pour influencer ce choix, ainsi que Colbert l'a fait d'une manière si ouverte, ainsi que cela se pratique encore dans les pays de l'Europe que je connais, soit par des encouragements donnés au commerce, soit par des charges imposées à l'agriculture.

Ma seule politique, c'est la liberté; que l'État reste neutre, et l'agriculture, par la supériorité de ses profits, attirera les capitaux, tant qu'il se trouvera une acre qui en ait besoin. Mais si l'État taxe la terre autrement que dans la consommation de ses produits, ou s'il porte les taxes juste à un taux trop élevé; s'il livre les cultivateurs comme une proie aux agents du fisc, s'il les charge de l'entretien des pauvres ; enfin, s'il s'oppose à la libre vente des produits par des prohibitions et des monopoles, il chasse les capitaux du sol aussi effectivement que par une loi expresse. Il n'est pas malaisé de voir le tour que prendra cette politique en France, en voyant le triomphe des doctrines absurdes et pernicieuses des *économistes;* quand on admet ce principe faux : qu'à la fin tous les impôts retombent sur le sol; quand on a reçu sans horreur la proposition d'un impôt direct de 25 millions st., ce n'est pas là la *régénération* de l'agriculture.

En somme, on peut conclure que l'ancien gouvernement ayant opprimé l'agriculture par toutes sortes d'impôts et de vexations, et on pourrait dire banni les progrès, par ses encouragements exclusifs aux manufactures et au commerce extérieur, d'après les fausses mesures de Colbert, il s'ensuit qu'on ne doit guère fonder d'espérances sur la nouvelle législature, à moins que les idées différentes ne l'emportent. Ce n'est pas par les colonies sucrières, par les taxes territoriales que l'Assemblée nationale a votées dernièrement, que l'agriculture encouragée attirera les capitaux qui lui manquent. Il est vrai, le gouvernement du pays est régénéré, mais il faut que les idées du peuple le soient aussi avant qu'un système soit suivi, qui, fournissant à l'agriculture le capital dont elle a besoin, porte la France au degré de prospérité que nous avons atteint.

CHAPITRE XIV

DU PRIX DES VIVRES, DE LA MAIN-D'ŒUVRE, ETC.

Sans la connaissance de ces prix dans différents pays, l'homme politique manquerait d'un des principaux éléments de ses calculs. Les rapports entre le prix de la main-d'œuvre et celui de la vie, l'influence de ces prix sur l'agriculture, et réciproquement, de l'agriculture sur ces prix, leur action sur la population, les manufactures, la prospérité nationale : toutes ces recherches et des milliers d'autres, dans le champ de l'économie politique, devraient rester en suspens jusqu'à ce que l'on ait pu amasser une somme convenable de ces faits dont, seuls, la comparaison et l'examen peuvent jeter de la lumière sur un sujet aussi difficile. Lorsque l'on saura le taux de la vie et du travail chez des nations gouvernées d'après des principes différents et en possession de quantités différentes de métaux précieux, et de différents degrés d'industrie, alors l'homme politique aura des données dont il pourra faire usage. C'est à recueillir ces documents que se devraient attacher ceux qui voyagent dans un but philosophique et d'utilité nationale, au lieu de perdre, comme tant d'autres, leur temps et leur argent aux frivolités vulgaires. Le désir d'être bref m'empêche d'insérer ici mes notes tout entières, mais en voici la moyenne :

		Monnaie française.	Monnaie anglaise.
		s.	d.
Bœuf, moyenne de	76 notes	7	3 1/2
Mouton,	—	7	3 1/2
Veau,	—	7 1/2	3 3/4
Viande, moyenne des moyennes ci-dessus.		7	
Porc,	28	9	4 1/2
Beurre,	38	16 3/4	8 1/4
Fromage,	10	9	4 1/2
Œufs,	19	9	4 1/2
Pain,	67	3	1 1/2
Vin (bouteille),	32	4 1/2	2 1/4

Pour le pain, 23 de ces notes datant de 1789, pendant la disette, nous ne pouvons prendre pour moyenne commune rien au delà de 2 s. 1 d. la livre poids de marc, qui est à la nôtre avoir-du-poids : : 1 à 0,9264, c'est-à-dire environ 1/11 plus forte, ce qu'il ne faut pas perdre de vue. Quelques observations sont nécessaires avant d'entamer la comparaison de ces prix dans les deux royaumes. Le bœuf est presque partout en France d'une qualité exquise, et bien gras; on n'en saurait trouver qui surpasse celui de Paris. J'ai déja parlé autre part des bœufs engraissés l'hiver dans le Limousin, l'été en Normandie, pour le marché de la capitale. Suivant moi, la comparaison peut bien s'établir entre la viande de bœuf en Angleterre et dans les grandes villes de France : peut-être n'est-il pas aussi généralement bon dans celles-ci, mais la différence ne mérite pas qu'on s'y arrête. Pour les petites villes, elle est fort sensible ; on n'y abat que de vieilles vaches : le bon bœuf et le bon mouton y sont également rares, tandis que chez nous tout gentilhomme campagnard en a de première qualité. Le veau aussi est inférieur, malgré celui de Pontoise que l'on vend à Paris. Mais où l'infériorité atteint son plus grand terme, c'est pour le mouton ; il est si généralement mauvais, que j'affirme n'avoir pas vu, vivant ou mort, d'un bout de la France à l'autre, un mouton qui passerait pour gras chez nous ; il est si maigre qu'à peine nous paraîtrait-il mangeable. Les Français n'aiment pas la viande grasse, c'est-à-dire qu'ils n'aiment pas le gras ; car ils ne peuvent que préférer la viande maigre d'un animal engraissé, comme plus succulente et plus savoureuse que toute autre. Il faut toutefois se rappeler que sur les tables ordinaires (je ne parle pas de celles des grands seigneurs, car ils ne forment pas la nation) la viande est si fort rôtie qu'il importe moins qu'elle soit aussi grasse ou non qu'en Angleterre.

Quoique le goût soit peu de chose en lui-même, cependant il nous importe beaucoup de savoir si la viande est grasse ou non, car cela la rend beaucoup plus chère en France. En Angleterre, j'ai trouvé pour moyenne des prix de la viande l'année passée (1790), d'après de nombreux renseignements dans beaucoup de comtés : bœuf, 4 d. la lb = 0 fr. 95 c. le kil. ; mouton, 4 1/2 d. = 1 fr. 05 c. le kil. ; veau, 4 1/2 d. = 1 fr. 05 c. le kil. ; moyenne des trois, 4 1/4 d. = 0 fr. 98 c. le kil. ; porc, 4 d. = 0 fr. 93 c. le kil. A ce prix, le bœuf et le veau, si nous considérons la qualité, car ces notes ne donnent que les meilleurs morceaux, sont, à mon avis, aussi bon marché qu'en France. Quant au mouton, il est au moins 20 0/0 meilleur marché. Je désire que l'on entende par là que je fais acception du surcroît de dépenses du fermier anglais pour livrer de la viande aussi grasse, ou, en d'autres termes, que son profit serait plus grand s'il pouvait vendre au prix du marché français les maigres animaux que l'on y trouve

On ne s'étonnera pas de cette maigreur en considérant la culture. Le manque de prairies artificielles est si grand que, l'été, les moutons, quoiqu'en petit nombre, sont misérablement nourris; l'hiver, dans la plupart des provinces on leur donne de la paille, et ils broutent ce qu'ils peuvent dans les landes et les jachères. Il y a peu de cantons où l'on rencontre quelque chose comme des provisions ordinaires à leur usage; aussi les marchés sont très-imparfaitement approvisionnés, et les fermes souffrent terriblement du manque de ce fumier que procure toujours la présence d'un troupeau bien nourri et en bonne santé.

Le prix moyen du pain, en Angleterre, est de 1 3/4 d. = 0,40 c. le kilogr.; mais il n'en faut pas conclure qu'il soit double de celui de la France; les matières qui le composent ne sont pas les mêmes. Chez nous, il est en général de froment, et dans bien des endroits les pauvres gens en mangent du plus blanc et du meilleur. En France, le seigle et d'autres farines y ont souvent la place du froment, de sorte que le prix n'est pas la moitié du nôtre, quoiqu'il y ait 100 pour 100 de différence en argent entre celui que consomme la classe pauvre des deux pays. Le bon marché du pain, relativement à la viande, occasionne cette grande consommation de pain en France, où le pauvre mange rarement de viande. En Angleterre, sa consommation est assez considérable, à cause du peu de différence qu'il y a avec le prix du pain : de là ces habitudes diverses des deux pays, remarquées par M. Herrenschwandt avec sa finesse ordinaire. Le pauvre anglais consomme une quantité énorme de fromage; le Français, pas du tout. Notre régime est bien plus favorable à l'agriculture que celui de nos voisins. Ce sont les grands troupeaux, les bestiaux nombreux qui améliorent le sol et le rendent productif. Les récoltes fourragères nettoient le terrain, les céréales l'épuisent ; de là vient que l'agriculture prospérera en raison de la quantité de viande, de beurre et de fromage consommée par la nation.

Moyennes. — Volaille 22 s. (11 d.), dindon 68 s. (2 sh. 10 d.), canard 22 s. (11 d.), oie 50 s. (2 sh. 1 d.), pigeon 7 s. (3 1/2 d.).

OBSERVATIONS.

La volaille n'est pas, d'après ces notes, aussi bon marché en France qu'on l'avait dit; mais elle l'est relativement à l'Angleterre, dont les moyennes, au plus bas prix, sont : Un poulet 1 sh. 6 d. = 1 fr. 90 ; un dindon 5 sh. = 6 fr. 25; un canard 1 sh. 6 d. = 1 fr. 90 ; une oie 4 sh. = 5 fr. ; un pigeon 4 d. = 0 fr. 45.

MAIN-D'ŒUVRE.

Les notes que j'ai recueillies sont trop nombreuses pour être insérées ici.

Moyenne d'une journée d'homme dans tout le royaume 19 s. ; pour les maçons et les charpentiers, 30 s. Je n'en ai que peu concernant la hausse de cet article : en Normandie, il a doublé en douze ans ; en Provence, il a monté de 16 à 24 ; mais, en Anjou, il est resté ce qu'il était il y a cinquante ans. L'idée que je m'étais formée par mes lectures, et des renseignements sur ce sujet, me donnait 16 s. comme la moyenne d'il y a vingt-cinq ans; si elle était juste, la hausse a été de 20 0/0. Mais, bien que le prix soit assez bien connu maintenant, je ne suis pas sûr qu'il en ait toujours été ainsi, et l'idée dont je parle pouvait être tout à fait erronée. Je prends cette hausse de 20 0/0, l'un dans l'autre, comme la vérité approchée ; les provinces où il y a du commerce et des manufactures l'ayant passée de beaucoup ; les autres, au contraire, étant restées fort au-dessous.

En Angleterre, le prix moyen, il y a vingt ans, à l'époque de mes voyages était de 7 sh. 6 d. = 9 fr. 40, par semaine ou 1 sh. 3 d. par jour = 1 fr. 60. Je le supposerais maintenant de 8 sh. 5 d. (1) = 10 fr. 55 par semaine ou 1 sh. 4 3/4 d. = 1 fr. 75 par jour, mais sans m'appuyer sur un examen général. Il serait bien à désirer que l'Angleterre fût parcourue de nouveau, comme je l'ai fait il y a vingt ans, pour bien connaître ses progrès : connaissance essentielle à l'homme qui veut se rendre compte de l'état réel du pays, indépendamment des ministres, dont l'intérêt est de le représenter toujours florissant. La plupart d'entre eux se font un mérite de l'état prospère du royaume, auquel ils n'ont pas contribué pour un atome, tandis qu'au contraire, tous les maux qui affligent une nation peuvent, en général, se mettre au compte du gouvernement.

Travail en France.....	19 sous.	Viande..............	7 s.
		Pain....	2 s.
Travail en Angleterre..	33 1/2 s.	Viande.............	8 1/2 s.
		Pain...............	3 1/2 s.

Si on met en bloc le prix du pain et de la viande, il s'ensuit que pour ramener en Angleterre la main d'œuvre au taux où elle est en France, il faudrait

(1) Je l'ai calculé ainsi : 5 semaines à 12 sh. = 15 fr., 4 à 9 sh. = 11 fr. 25 c., et 43 à 8 sh. = 10 fr., en tout 22 l. st. = 550 fr. Mais ce compte par semaines est peu de mise avec nos ouvriers qui travaillent bien plus à leur compte, aux pièces, et en reçoivent un plus grand salaire. (*Note de l'auteur.*)

mettre 25 1/2 sous au lieu de 33 1/2 sh. En ne prenant que le pain, c'est presque la même proportion, celle de 19 à 2, comme 33 1/2 à 3 1/2. Mais cette coïncidence est peut-être accidentelle, parce qu'en Angleterre le taux de la main-d'œuvre, en le supposant dépendant de celui des subsistances, ne s'appuierait pas sur le prix du pain seulement, mais sur l'ensemble de ceux du pain, de la viande et du fromage. Quoi qu'il en soit, on aimerait à connaître exactement ces données, quelques conclusions qu'on en dût tirer ensuite. La consommation (1), en pain et le prix de la main-d'œuvre étant environ 76 0/0 moindres en France qu'en Angleterre, c'est une énorme déduction de ce qu'on peut vraiment appeler la masse de la prospérité nationale dans ce royaume. Cette opinion, je la soutiendrai contre une nuée d'écrivains et d'hommes politiques qui combattent pour le bon marché des moyens de subsistance et de la main-d'œuvre, afin d'avoir des manufactures qui fabriquent à bon marché et fassent leurs affaires. Le travail des champs étant en France de 76 0/0 inférieur à ce qu'il est en Angleterre, on en peut inférer que ceux qui en vivent, et ce sont les plus nombreux, seront de 76 0/0 moins à leur aise, si je puis dire ainsi, que chez nous ; de 76 0/0 plus mal nourris, plus mal vêtus, plus mal traités en santé et en maladie, malgré l'immense quantité de métaux précieux et l'apparence imposante de la France. Et si les classes pauvres consomment 76 0/0 en moins, elles offrent un marché inférieur d'autant au cultivateur. On voit par là que l'agriculture française est au moins de 76 0/0 au-dessous de la nôtre.

(1) Je dis *consommation*, parce que la qualité n'est pas la même dans les deux pays ; il n'y aurait pas tant de différence de *prix* s'il s'agissait de froment : peut-être aucune. (*Note de l'auteur.*)

Chaque pays renferme une certaine quantité de métaux précieux ou d'autres valeurs faisant le même office, et la différence entre les prix de la main-d'œuvre et des subsistances, dans les différentes nations, vient de ce que chez l'une, une grande partie de ces métaux est entre les mains des cultivateurs et de leurs ouvriers, tandis que chez l'autre, ils n'en ont qu'une petite. Dans le premier cas, l'agriculture aura beaucoup d'activité et d'énergie, dans le second, très peu. Mais on peut pousser plus loin les conséquences : s'il y a 76 0/0 de différence entre la consommation des classes pauvres des deux pays, elle doit se retrouver dans la force corporelle des deux nations. La force vient de la nourriture, cette différence admise, un Anglais doit faire deux fois autant d'ouvrage qu'un ouvrier français : c'est ce qui arrive, je le crois, et si l'on regarde la supériorité que nous avons sur nos voisins en agriculture, et dans ces fabriques où les machines n'entrent pour rien, on ne nous taxera pas d'extravagance pour l'extension que nous avons donnée à cette proportion. A quoi faut-il l'attribuer ? Évidemment à l'influence pernicieuse d'un gouvernement corrompu dans ses principes, qui a paralysé toutes les classes laborieuses en faveur de celles qui n'ont d'autre rôle au monde que la consommation. Si plus tard, un voyageur visite la France avec autant d'attention que je l'ai fait, il verra, sans doute, ces proportions grandement changées, sous l'influence d'un gouvernement libre, et à moins que notre gouvernement ne soit plus actif et plus intelligent qu'il ne l'a été jusqu'ici, la France s'enorgueillira d'une aussi grande supériorité que celle qui nous rend fiers maintenant.

DE L'ASSISTANCE PUBLIQUE.

Ce fut presque aussitôt après la saisie des biens d'église, que l'Assemblée nationale déclara qu'elle considérait l'assistance des pauvres comme son premier devoir. Un comité de *mendicité* fut nommé pour s'enquérir de l'état des pauvres dans le royaume, et en faire rapport à l'Assemblée, en indiquant les meilleurs remèdes à ce mal. Le duc de Liancourt était président de ce comité. Son troisième rapport renfermait les chapitres principaux que l'on jugeait indispensables dans un décret sur cette matière. Dans ce rapport, le comité examine l'idée d'une taxe des pauvres, et avec beaucoup de raison la rejette d'une manière absolue. Dans le 4e rapport, après un examen du système anglais (4e *Rapport du comité de mendicité*, in-8°, 1790, p. 7), on ajoute : « *Mais cet exemple est une grande et importante leçon pour nous ; car, indépendamment des vices qu'elle nous présente, et d'une dépense monstrueuse, et d'un encouragement nécessaire à la fainéantise, elle nous découvre la plaie politique de l'Angleterre la plus dévorante, qu'il est également dangereux pour sa tranquillité et son bonheur de détruire ou de laisser subsister.* » Je suis surpris que semblant si parfaitement instruit des maux, suite de ce malheureux système, le comité adopte le principe de notre loi des pauvres, en déclarant qu'ils ont droit à une assistance pécuniaire de la part de l'État ; que l'Assemblée doit regarder de telles provisions comme un de ses premiers devoirs, et des plus sacrés, et que la dépense annuelle pour ce chapitre devrait s'élever à 50 millions par an.

Je ne comprends pas comment il est possible de regarder comme sacrée la dépense de 50 millions, sans élever cette dépense à 100, à 200, à 300 millions, et ainsi de suite, selon la malheureuse progression qui s'est produite en Angleterre, du moment que la nécessité s'en fera sentir. Nous savons par une longue expérience que, plus on prodigue l'argent, même avec intelligence, même avec humanité, plus il naît de pauvres, et que la misère est en proportion exacte de l'assistance donnée par la loi. Il en arriverait de même en France : 50 millions dépensés rendraient la dépense du double nécessaire. Il ne sert de rien de dire que de ces 50, il y en a déjà 30 fournis par les hôpitaux et 6 par le clergé (5e rapport, p. 21). Le comité lui-même donne un tel détail des horreurs des hôpitaux, que le pauvre ne les fera jamais entrer parmi ses ressources ordinaires ; et, quant aux secours ecclésiastiques, il n'y a pas une famille qui les réclame comme un droit. Ce serait toute autre chose, si l'Assemblée déclarait solennellement son devoir de se charger des pauvres, et consacrait 50 millions à cet usage. On se confierait à ce devoir, et à cette humanité de la législature, et nous n'en savons que trop les fatales conséquences. On ne me persuadera jamais qu'il n'est pas meilleur de s'en rapporter là-dessus à la charité privée, comme en Écosse et en Irlande, que de s'imposer une taxe comme en Angleterre. La charité privée se retire à proportion de l'intervention de l'assistance publique, elle en est blessée jusqu'à ce que l'entretien des pauvres soit regardé comme un des fléaux de la propriété.

Si la France pouvait s'en tenir à 50 millions sans se créer un assujettissement, la charge ne serait pas trop lourde ; mais nous sommes convaincu du contraire, nous savons que la plus sage distribution aux pauvres d'un argent que l'industrie n'a pas gagné, engendre toujours une confiance fatale, et renouvelle, par cela même, le mal qu'elle a soulagé. Pour les mêmes raisons, les hôpitaux, *même bien administrés*, sont également nuisibles ; ils produisent le même effet, et après tout, plus cet effet est amoindri par un régime cruel et vicieux, mieux, peut-être, cela vaut-il pour le véritable bien de la classe pauvre en grande partie, qui ne comptera pas comme un refuge une demeure de misère, de désespoir et de mort. Le maniement de la taxe des pauvres en Angleterre n'est certainement pas exempt d'abus, mais tout bien considéré, ils sont moins nombreux que l'on pourrait le croire. Elle se monte à environ 2 millions sterl. = 500 millions de francs, et je tiens pour certain, d'après une longue et scrupuleuse observation de ses effets, que son influence quadruple la masse des misères humaines ; en d'autres termes, que pour une personne jouissant du bien-être aux dépens du public, il y en a 4 que cette source de confiance rend plus malheureuses en leur faisant oublier les efforts du travail. Si l'on considère que suivant une moyenne très modeste, cette taxe s'augmente tous les ans de 100,000 l. st. = 2,500000.fr., s'approchant ainsi bien vite de 3 millions st. = 75,000,000 de fr., et ne guérissant d'autres maux que ceux qu'elle-même a causés, que penser de l'économie politique de notre gouvernement, qui, attentif à des bagatelles, néglige cette calamité croissante ?

S'il y a dix ans (comme mes écrits le demandaient depuis dix ans déjà), une loi avait limité ce fonds à la moyenne des sept années précédentes, cela nous eût épargné un demi-million st. par an, et quatre fois cette somme dépensée à prévenir la misère. Ce qui est arrivé en Angleterre arrivera en France, si on y adopte le principe anglais : que l'État doit soutenir les indigents ;

cinquante millions seront les avant-coureurs de cent autres, et le tout, l'origine d'une détresse croissante. Ce n'est pas à l'État que revient ce devoir, c'est aux particuliers. La charité privée est la seule voie de soulagement. Il faut placer les hospices pour les enfants trouvés au rang des plus pernicieuses institutions ; car ce sont eux qui encouragent cette procréation vicieuse qui, par sa misère, ne mérite pas le nom de population. On penserait, à voir la mortalité qui y règne, telle, que de 101,000 enfants il n'en reste que 15,000 en seize ans (1), qu'ils n'accroissent pas la population ; mais les eussent-ils élevés, que là ne s'arrête pas leur action pernicieuse. Ils encouragent les mariages, dans la persuasion que jamais les enfants ne deviendront un fardeau pour leurs parents, mais quand vient le moment de la lutte dans le sein de la mère, les sentiments de la nature lui font rejeter comme un crime infâme l'abandon de son enfant ; c'est ainsi qu'il y en a plus de conservés que de jetés au tour. Impossible d'encourager les mariages sans encourager à la fois la population ; car tout ce qui facilite le soutien des enfants, soit une industrie prospère, soit des hospices d'enfants trouvés, tend à ce but. Cela est plus terrible en France, où la concurrence est déjà trop grande pour permettre une vie aisée au peuple ; un pareil accroissement retombe sur toute la masse. Ajoutons aussi que ces hospices sont un encouragement au vice et à l'inhumanité ; un prix public donné à l'abandon des meilleurs sentiments du cœur humain.

(1) *Rapport fait au nom du Comité de mendicité des visites faites dans divers hôpitaux.* In-8°, 1790, p. 27.

HAUSSE DES PRIX.

Sologne. — La Ferté. Bétail, 1/3 et plus en un an. Une vache, de 48 à 90 liv. ; un cheval, de 7 ou 8 louis à 12 1/2 ; un cochon, de 15 à 30 liv. Manque de fourrage.

Berry. — Vatan. J'ai vu vendre cette année deux bons chevaux de trait pour 20 louis chaque, et plusieurs cultivateurs m'ont affirmé qu'un cheval qui, il y a trois ans, se serait payé 5 louis, en vaudrait 12 maintenant.

Limousin. — Limoges. Le bois que l'on vendait 50 liv. il y a quinze ans, se vend 150. La terre a haussé beaucoup ; la culture rend le double d'il y a vingt ans.

Languedoc. — Bagnères-de-Luchon. La mesure de terre appelée coperade, qui, il y a quelques années, valait 12 liv., est à présent de 24 à 30 liv.

Bayonne. Depuis dix ans, tout, même le loyer des maisons, a beaucoup augmenté.

Bordeaux. Même hausse extraordinaire depuis dix ans.

Isle-de-France. — Liancourt. Depuis dix ans, tout, excepté le pain, a haussé de 50 0/0. La main-d'œuvre a presque suivi cette proportion.

Normandie. — Le Hâvre. Une maison louée en 1779, par bail de six ans sans pot-de-vin, pour 240 liv. par an, l'a été cette année, pour trois ans, à raison de 600 liv. par an et un pot-de-vin de 25 louis. Une cave qui se loue 60 liv., ne se louait que 24 liv., il y a douze ans.

Bretagne. — Rennes. La corde de bois 16 liv. En 1740, c'était 9 1/2 liv.

Champagne. — Sainte-Menehould. Idem, 18 liv. 10 sous. Il y a vingt-cinq ans, 7 liv. 10 sous.

Lorraine. — Pont-à-Mousson. Hausse générale d'un tiers en vingt ans.

Lunéville. La corde de bois 26 livres. Il y a cinquante-deux ans, 9 liv.

Strasbourg. La corde de bois 27 liv. Il y a vingt ans, 12 ou 15 liv.

Franche-Comté. — Les domaines vendus 300 liv., il y a vingt ans, en valent 800 à présent.

Besançon, Dôle. La viande, qui se paie 7 s. la livre, n'en valait que 4 il y a quelques années. Un couple de volailles, 24 sous au lieu de 12. En général, tout a doublé depuis dix ans. — A quoi le doit-on? — A l'accroissement de la population, m'a-t-il été répondu. — Il n'y a pourtant d'autres manufactures que les forges.

Bourgogne. — Dijon. Depuis vingt ans, tout a haussé de 100 0/0, en partie à cause de l'amélioration des routes.

OBSERVATIONS.

Il y a peu de chose, dans l'économie politique de la France, qui fasse aussi bon effet que cette hausse générale des prix depuis une vingtaine d'années. C'est un signe certain que la masse de la monnaie s'est considérablement accrue par un accroissement indubitable de l'industrie du pays. Nous savons que cela ne vient pas des impôts, qui, lorsqu'ils ont été élevés, ne l'ont été que d'une manière insignifiante pendant cette période. La circonstance la plus remarquable qui accompagne cette apparente prospérité (car il est assez curieux qu'elle l'accompagne habituellement, sans qu'on puisse dire qu'elle en découle), c'est l'état encore misérable de la classe des travailleurs. Il est surprenant que le prix de la main-d'œuvre n'ait pas haussé également, ou au moins en quelque proportion avec le reste. Cela vient probablement de l'excès de population, dont il sera question dans un des chapitres suivants. Il est certain que la misère de la classe pauvre en France est incompatible avec une grande hausse dans les objets de première nécessité, occasionnée par le développement de l'industrie; et comme le prix de la main-d'œuvre reste toujours trop bas pour que l'ouvrier se suffise, on a une preuve frappante, malgré l'élévation des autres prix, de ce que l'on vient de faire remarquer, qu'il y a une trop grande concurrence, due à un excès de population.

CHAPITRE XV

DE LA PRODUCTION EN FRANCE.

Nous voici arrivés à la grande question d'économie politique, en ce qui touche à la situation présente des États; rien dans la fortune des nations, leur puissance, leur prospérité, n'étant indépendant du produit de leur sol. Comme c'est un sujet qui tous les jours devient plus intéressant, par suite des abus engendrés par la complication du système moderne de l'assiette des impôts, il a naturellement amené les hommes politiques à comparer les productions d'un royaume, les contributions payées par le peuple, avec les nécessités ou plutôt les vices de son gouvernement. On sait avec quelle ardeur les *œconomistes* ont cherché cette proportion. Suivant eux, la production doit seule supporter les impôts qu'un gouvernement exige de ses sujets, doctrine aussi mal fondée que dangereuse, mais déguisée avec une habileté si grande, qu'elle a trouvé des avocats par toute l'Europe. Des conjectures sans nombre ont été faites sur la production du territoire en France. Depuis vingt ans, pas un écrivain parlant des affaires du royaume qui n'ait saisi l'occasion, que son sujet ne comportait souvent pas, pour en calculer le montant. Ce que j'en ai vu est si mal fondé, que peu importe que le résultat soit loin ou près de la vérité ; car dans tant de solutions à l'aveugle, impossible qu'il n'y en ait qui s'en rapprochent. Deux méthodes surtout ont guidé les calculateurs français. Le produit de certains impôts, particulièrement les vingtièmes et la consommation du peuple en vivres. On ne pouvait guère choisir de renseignements plus vagues; les impôts ont été répartis d'une façon tellement inégale, avec tant d'exemptions d'un côté, tant d'abus de l'autre, que l'on eût tout aussi bien fait de consulter la position des étoiles. La consommation en pain est presque aussi satisfaisante dans un pays où la moitié du peuple ne connaît pas le froment, où les châtaignes, le maïs, les haricots et d'autres légumes forment une grande partie de l'alimentation. Mais supposons cette difficulté vaincue, il faut aussi ranger parmi les productions de la terre, la viande, le beurre, le fromage, les boissons, le bois de chauffage, de charpente, les matières premières du commerce, des manufactures et de la navigation. Bien que convaincu de l'insuffisance de ces données, nous devons cependant rendre justice aux auteurs qui se sont occupés d'un objet si utile. Nulle méthode ne conduisait à l'exactitude, mais il faut convenir que celles qu'ils adoptèrent ont mené à d'importantes investigations, et que leurs travaux ont produit la démonstration de plusieurs faits vraiment utiles, et des observations dignes d'être méditées. On voit l'extrême difficulté de ces spéculations dans les essais tentés par les ministres dirigeant les finances nationales, c'est-à-dire par des hommes en possession des occasions fournies par le pouvoir, d'avoir sur tout les renseignements qu'ils cherchaient. Leurs idées ont été aussi vagues que celles des autres. Il semblerait que ce n'est pas dans les bureaux qu'il faut poursuivre ces recherches; mais que, pour savoir ce que produit le territoire, il le faut visiter. Ce serait folie pour un voyageur tel que moi, de prétendre qu'il est possible de donner une appréciation vraie du produit d'un royaume pour en avoir visité quelques provinces. Je connais trop bien les difficultés et l'incertitude de l'entreprise pour avoir cette assurance ; tout ce que j'oserai dire, ne va pas au-delà de la croyance où je suis que, pour ce que j'ai visité, mon devis ne serait pas trop éloigné de la vérité. J'espère que trente ans d'expérience m'ont rendu capable de former mieux qu'une simple conjecture sur la production d'un pays que j'ai parcouru avec attention. Lorsque, de plus, on réfléchira que mes courses dans toutes les directions se montent à plusieurs milliers de milles, on ne verra pas trop de chances d'erreur dans la moyenne que je donnerai pour le royaume tout entier, en corrigeant celle obtenue par mes informations au moyen de renseignements choisis sur ce que je n'ai pas visité.

Dans ces recherches, je diviserai la France non en généralités, puisqu'elles n'existent plus, ni en départements, puisqu'ils existent à peine, mais en districts de sols différents, selon la carte jointe au chapitre qui en traite. La méthode que j'ai employée est celle-ci : en parcourant le pays, j'ai combiné tout ce qui frappe le regard : le sol, les récoltes, la proportion de ces récoltes, des vignes, des bois, des terrains incultes, avec ce que me donnaient mes questions sur les rotations et les rendements.

De ce tout, je concluais ce qui me paraissait être le produit annuel, et, à chaque halte, j'arrêtais la moyenne des 10, 15, 20 milles précédents, dont je faisais plus tard des divisions, en calculant celle de plus grandes étendues. Je donne, dans un autre chapitre, le rendement en blé, le prix, et le loyer par acre des districts que j'ai visités, mais le lecteur doit bien tenir présent à l'esprit que ce qui va suivre n'a rien de commun avec cela : car nous n'avons plus ici en vue les seules terres cultivées, mais aussi les bruyères, les rochers, les marais, les montagnes, en un mot, le territoire entier, des espaces dont on n'a pas à demander le produit, puisqu'un habitant sur mille n'a pas eu la pensée de les mettre en valeur ; des cultures dont les maîtres sont si ignorants que le voyageur qui les a vues n'en sait rien de plus que s'il avait passé sans les voir.

DISTRICT SEPTENTRIONAL. — LOAMS RICHES,

Contenant les Flandres, l'Artois, la Picardie, la Normandie et l'Isle-de-France.

Environs (d')	RAYON DE			PRODUIT MOYEN			
	milles.		kilom.	par acre.		par hect.	
Amiens.........	95	=	153	39	=	120	46
Clermont.........	40	=	64	43	=	132	81
Orléans..........	70	=	112	46	=	142	17
Pithiviers........	25	=	40	49	=	151	43
Malesherbes......	11	=	18	52	=	160	62
Fontainebleau....	17	=	27	47	=	145	17
La Forêt, *id*......	7	=	11	»	=	»	»
Lieusaint........	10	=	16	43	=	132	81
Paris............	20	=	32	52	=	160	62
Liancourt........	38	=	61	52	=	98	83
Rouen...........	25	=	40	60	=	185	33
Barentin........	20	=	32	50	=	154	44
Yvetot...........	11	=	18	60	=	185	33
Le Hâvre........	30	=	48	60	=	185	33
Pont-Audemer...	20	=	32	60	=	185	33
Pont-l'Évêque....	20	=	32	70	=	216	22
Lisieux..........	6	=	10	80	=	247	11
Caen............	27	=	44	75	=	231	66
Bayeux..........	15	=	24	50	=	154	44
Pontoise.........	30	=	48	39	=	110	46
Dammartin.......	22	=	35	60	=	185	33
Villers-Cotterets..	26	=	42	55	=	169	88

Environs (d')	Rayon de milles.		kilom.	Produit moyen par acre.		par hect.	
Coucy...........	24	=	38	54	=	166	79
Saint-Quentin....	30	=	48	43	=	132	81
Cambray.........	22	=	35	43	=	132	81
Valenciennes.....	18	=	28	43	=	132	81
Orchies..........	16	=	25	120	=	370	66
Lille.............	16	=	25	100	=	308	89
Mont-Cassel......	30	=	48	90	=	278	»
Carentan.........	22	=	35	80	=	247	11
Valognes.........	17	=	27	70	=	216	22
Gacé............	10	=	16	60	=	185	33
Bernay..........	25	=	40	32	=	98	83
Bourgtheroulde...	17	=	27	80	=	247	11
Elbeuf...........	7	=	11	60	=	185	33
Rouen...........	10	=	16	16	=	49	41
Louviers.........	17	=	27	30	=	92	66
Vernon..........	15	=	24	55	=	169	88
Dunkerque.......	18	=	28	70	=	216	22
Calais...........	25	=	40	22	=	67	94
Saint-Omer......	25	=	40	45	=	138	99
Béthune.........	25	=	40	80	=	247	11
Arras...........	17	=	27	45	=	138	99
Doullens........	20	=	32	45	=	138	99
Amiens..........	17	=	27	45	=	138	99
Poix............	15	=	24	36	=	111	19
Aumale..........	10	=	16	45	=	138	99
Neufchâtel.......	15	=	24	45	=	138	99
Magny..........	15	=	24	50	=	154	44
Écouis..........	15	=	24	60	=	185	33
Rouen..........	20	=	32	60	=	185	33
Tôtes...........	17	=	27	50	=	154	44
Dieppe.........	17	=	27	53	=	163	70
Nangis.........	45	=	72	53	=	163	70
Meaux..........	23	=	37	40	=	123	55
Meaux..........	10	=	16	80	=	247	11

Moyenne.... 2 l. st. 13 sh. 9 1/4 d. en produit. = 166 fr. 09 c.
Milles....... 1,220 = 1,963 kilomètres.

On ne rencontre pas la même difficulté à faire ce calcul pour cette riche région, que pour les autres, dont le sol est plus variable. Ce sont beaucoup plus la mauvaise culture et les jachères qui introduisent des différences que l'infériorité du terrain. Je ne trouve aucune raison de croire mon chiffre exagéré, hors, peut-être, les forêts de Chantilly et de Villers-Cotterêts, que j'aurais pu traverser dans des directions moins favorables, mais je n'en sais absolument rien. Toutefois, eu égard au nombre des forêts que je n'ai pas visitées, je me sens porté à réduire de 3 sh. 9 d. 1/4, et de mettre pour moyenne 2 l. st. 10 sh. = 154 fr. 44 c. par h.

PLAINE D'ALSACE.

	RAYON DE			PRODUIT MOYEN			
	milles.		kilom.	par acre.		par hect.	
Strasbourg.......	22	=	35	70	=	216	22
Schélestadt.......	25	=	40	60	=	185	33
Colmar..........	12	=	19	50	=	154	11
Isenheim.........	25	=	40	45	=	138	99

Produit moyen 2 l. st. 16 sh. 8 1/2 d. = Produit moyen par h. 175 fr. 16 c.
Milles......... 84 Kilomètres...... 135

Une grande partie de cette région n'égale pas la première en richesse ; mais le sol en est plus uniforme, et il n'y a pas tant à déduire à cause des forêts.

LIMAGNE.

	milles.		kilom.	l. st.		fr.	c.
Riom à Issoire....	20	=	32	5	=	308	80

Cette célèbre vallée volcanique est très étroite, et rien autre qu'elle n'entre dans cette estimation : en y comprenant les versants qui l'entourent, ce ne serait que 45 sh.

PLAINE DE LA GARONNE.

	RAYON DE			PRODUIT MOYEN.			
	milles.		kilom.	par acre.		par hect.	
				sh.		fr.	
Quercy.......	90	=	145	60	=	185	33
Pyrénées.....	103	=	166	50	=	154	44
Fleurac.......	14	=	22	50	=	154	44
Lectoure......	5	=	8	60	=	185	33
Leyrac........	17	=	27	80	=	247	11
Aiguillon.....	17	=	27	85	=	262	55
Tonneins.....	8	=	13	120	=	370	66
La Réole.....	22	=	35	100	=	308	89
Bordeaux.....	15	=	24	60	=	185	33

Produit moyen 3 l. st. 3 sh. 1/4 d. = 195 fr. 43 c.
Milles 291 = 468 kilomètres.

Cette route ne nous ayant guère écarté du cours de la Garonne, dont la vallée est une des plus belles du monde, comme cette vallée est peu large, je ne hausserai point à cause des immenses vignobles du Médoc, ce que j'aurais fait, si je n'avais fort étendu ce district comme on le voit sur la carte.

N'ayant pas visité le Bas-Poitou, contrée riche au dire de tout le monde, et qui peut être placée parmi celles qui précèdent, je ne donnerai d'autre estimation que celle que je tiens de l'obligeance d'un monsieur qui paraissait la fort bien connaître : 50 liv. par arpent de Paris, soit 2 l. st. 10 sh. 9 d. par acre anglais.

OBSERVATIONS.

Dans ces parties les plus riches de la France, le produit est au-dessous de ce que donnerait une pratique éclairée. Les Flandres, une partie de l'Artois, l'Alsace, la vallée de la Garonne et la Limagne d'Auvergne sont les seuls endroits du royaume d'où l'on ait banni la jachère ; et leur rendement montre les conséquences prodigieuses de ce progrès. Elles ne forment cependant qu'une petite division des régions que nous avons en vue : dans le reste, les terres labourables se voient partout appliquer la rotation suivante : 1° jachère; 2° froment; 3° céréales de printemps : les produits en sont réduits de beaucoup, et le nombre des chevaux augmenté. De grands espaces restent ouverts, enchaînés par les servitudes communales et les rotations forcées. L'Assemblée a lancé un décret contre les clôtures ; on ne connaît pas en France notre excellent système de répartition des pièces ouvertes ; de plus, la nouvelle constitution donne presque tout pouvoir au peuple; il est donc peu probable que ce système triomphe jamais, ou s'il le fait, ce sera peu à peu et d'une manière bien restreinte. Quoi qu'il en soit, la culture de ces districts doit changer beaucoup avant qu'ils rendent ce que leur permet leur excellente qualité de sol.

RÉGION DES BRUYÈRES.

Elle embrasse la Bretagne, l'Anjou, des parties de la Normandie, de la Guyenne et de la Gascogne.

	RAYON DE			PRODUIT MOYEN			
	milles.		kilom.	par acre.		par hect.	
				sh.		fr.	
Carentan à Pérines..	10	=	16	80	=	247	11
Coutances..........	10	=	16	50	=	154	44
Avranches..........	30	=	48	50	=	154	44
Pontorson..........	10	=	16	50	=	154	44
Dol................	10	=	16	45	=	138	99
Hédé...............	18	=	29	20	=	61	77
Rennes.............	13	=	21	35	=	108	11
Vannes.............	10	=	16	14	=	43	21

	RAYON DE			PRODUIT MOYEN			
	milles.		kilom.	par acre.		par hect.	
				sh.		fr,	
Musillac............	15	=	24	24	=	74	13
La Roche-Bernard...	10	=	16	13	=	40	15
Auvergnac..........	20	=	32	28	=	86	48
Saint-Nazaire........	18	=	29	40	=	123	55
Mautauban..........	20	=	32	45	=	138	99
Broons.............	12	=	19	40	=	123	55
Lamballe...........	17	=	27	32	=	98	84
Saint-Brieuc........	12	=	19	40	=	123	55
Guingamp...........	17	=	27	30	=	92	66
Belle-Isle...........	12	=	19	40	=	123	55
Morlaix.............	20	=	32	35	=	108	11
Brest...............	34	=	54	30	=	92	66
Savenay............	15	=	24	28	=	86	48
Nantes.............	20	=	32	15	=	46	33
Ancenis.............	22	=	35	75	=	231	66
Saint-Georges.......	17	=	27	80	=	247	12
Saint-Georges.......	5	=	8	50	=	154	44
Angers.............	10	=	16	38	=	117	37
Faou...............	10	=	16	17	=	52	51
Chateaulin.	10	=	16	23	=	71	04
Quimper...........	15	=	24	13	=	40	15
Rosporden..........	12	=	19	20	=	61	77
Quimperlé..........	15	=	24	19	=	58	68
Lorient.............	12	=	19	26	=	80	31
Hennebon...........	7	=	11	30	=	92	66
Auray..............	17	=	27	13	=	40	15
Duretal.............	30	=	48	40	=	123	55
Guercesland.........	17	=	27	26	=	80	31
Le Mans............	10	=	16	8	=	24	71
Alençon............	30	=	48	40	=	123	55
Nonant.............	16	=	25	36	=	111	20

Produit moyen 1 l. st. 14 sh. 9 3/4 d. = 107 fr. 50 c. par h.
Milles.... 608 = 978 kilomètres.

GUYENNE ET GASCOGNE.

	RAYON DE			PRIX MOYEN			
	milles.		kilom.	par acre.		par hect.	
Bagnères de Luchon à Montrejeau.........	18	=	29	20	=	61	77

	RAYON DE			PRIX MOYEN		
	milles.		kilom.	par acre.		par hect.
Bagnères de Bigorre...	25	=	40	30	=	92 66
Pau...................	32	=	51	40	=	123 55
Tartas................	40	=	64	16	=	49 42
Navarreins............	22	=	35	45	=	139 »
Saint-Palais..........	15	=	24	40	=	123 55
Hasparren.............	14	=	22	18	=	55 60
Bayonne...............	12	=	19	20	=	61 77
Saint-Sever...........	15	=	24	40	=	123 55
Plaisance.............	35	=	56	45	=	139 »
Beek (Vic)............	17	=	27	45	=	139 »
Auch..................	14	=	22	45	=	139 »

Produit moyen 1 l. st. 13 sh. 9 d. = Prod. moy. par hect. 104 fr. 25 c.
Milles... 259 = 412 kilomètres.

Je ne crains guère de m'être trompé à propos des pays que j'ai vus moi-même, mais je doute fort que ces pays soient une représentation exacte de la province tout entière. Il me semble même certain que ma route en Bretagne et en Guyenne ne m'a fait voir que des parties très supérieures à la moyenne.

On m'a parlé de bruyères immenses en Bretagne où on voyait à peine une maison dans un trajet de 10 lieues, et grâce à un gentilhomme, parfaitement au fait de cette province, j'ai indiqué sur la carte un vaste espace tout à fait inculte ou très peu cultivé; j'en ai vu bien peu de chose. Il y a des siècles que les *landes* de Bordeaux sont connues et devenues presque proverbiales. On dit qu'elles couvrent 300 lieues carrées ou 1,468,181 acres anglais; mais il ne faudrait pas croire cependant que tout ou la majeure partie soit entièrement déserte, elle est au contraire plantée de pins qui donnent de 15 à 20 sh. l'année par acre = 46 fr. 33 c. à 61 fr. 77 c. par hect.; toutefois, il reste encore beaucoup de ce que les Français appellent *landes*. Ce district occupe le sixième de ce que j'ai marqué pour la Gascogne ; 5/6 à la moyenne ci-dessus de 1 l. st. 13 sh.

9 d. = 104 fr. 24 c. par h., et 1/6 dont 3/4 donnent 15 sh. = 46 fr. 33 c. par h., et 1/4, 2 sh. 6 d. = 7 fr. 72 c. par h. ou l'un dans l'autre 11 sh. 10 d. = 36 fr. 55 c. par h., font pour le tout 1 l. st. 10 sh. 1 d. = 92 fr. 92 c. On ne connaît pas bien la proportion des terres incultes en Bretagne ; selon une autorité très respectable, elle serait de 2/5 ; selon le gentilhomme très capable dont j'ai déjà parlé, il y aurait 24 parties de *landes* sur 39, ce qui ferait 3/5. L'auteur des *Considérations sur le commerce de Bretagne*, qui connaissait bien la province, dit p. 30, qu'un tiers se trouve ainsi abandonné. Je n'en visitai pas le plus mauvais ; mais d'après mes, observations, je crois aisément à la proportion de 3/5. Le Maine et l'Anjou sont aussi célèbres pour leurs *bruyères*, que l'on dit couvrir 60 lieues d'un seul morceau. En allant de la Flèche à Tourbilly, j'en ai vu plus qu'en tout autre endroit ; mais j'en ai tellement entendu parler par des personnes dignes de foi, que je suis convaincu que mes notes sur ce pays sont beaucoup au-dessus de la réalité. Cette considération me fait assigner 28 sh. pour ces trois provinces, Bretagne, Maine et Anjou ; et cette partie de la Normandie non comprise dans les loams riches. J'enflerais ces pages plus qu'il ne convient, si je voulais donner les raisons qui m'ont fait adopter ces chiffres : on peut être sûr que je ne m'y suis déterminé qu'après une mûre considération des circonstances relatives aux différentes divisions de ces pays.

OBSERVATIONS.

Le misérable état de l'agriculture dans cette région se peint par le revenu de 1 l. st. 8 sh. = 86 fr. 48 c. par h., alors que quelques-unes des terres sont de première qualité. Je n'exagère pas en avançant que ces 15,000,000 d'acres, dont 12 millions, selon toutes probabilités, sont susceptibles de culture, pourraient, sans efforts extraordinaires, donner 2 l. st. 5 sh. = 139 fr. par h., si les cultivateurs consentaient à changer leur rotation. On gagnerait ainsi 17 sh. par acre = 52 fr. 50 c. par h., soit pour les 12 millions, 10,200,000 liv. Pour les landes de Bordeaux, les améliorations ne sont pas aussi évidentes, parce que la plupart du temps le *propriétaire* gagne autant avec ses pins qu'il le ferait avec la culture. La différence serait prodigieuse pour la nation ; ce n'est pas le produit net du propriétaire qui fait la prospérité du royaume, c'est le produit brut ; et sur ces landes il pourrait être triplé sans que le propriétaire y gagnât rien. Mais il y a des parties absolument incultes, j'en ai mentionné beaucoup que j'ai visitées, elles seraient susceptibles de s'améliorer comme les landes de Bretagne, et de donner de 40 à 50 sh. par acre = 123 fr. 55 c. à 154 fr. 44 c. Rien qu'en les mettant en bon état pour le parcours des moutons, l'avantage serait considérable.

RÉGIONS CRAYEUSES

Contenant la Champagne, la Sologne, la Touraine, le Poitou la Saintonge, et l'Angoumois.

	RAYON DE			PRODUIT MOYEN			
	milles.		kilom.	par acre. sh.		par hect. fr.	
SOLOGNE.............	50	=	80	5	=	15	44
ANGOUMOIS.......							
Cavignac à Monlieu..	15	=	24	4/6	=	13	90
Barbézieux...........	22	=	35	24	=	74	13
Angoulême..........	25	=	40	24	=	64	13
Verteuil............	27	=	43	24	=	74	13

Produit moyen 1 l. st. 0 sh. 8 1/2 d. = 63 fr. 96 c. par hect.

Millos... 89 = 143 kilomètres.

POITOU.	RAYON DE milles.		kilom.	PRODUIT MOYEN par acre.		par hect.	
Vivonne...........	35	=	108	35	=	108	11
Poitiers...........	12	=	19	25	=	77	22
Châtellerault.......	25	=	40	25	=	77	22

Produit moyen 1 l. st. 9 sh. 10 1/4 d. = 115 fr. 96 c. par hect.
Milles... 72 = 115 kilomètres.

TOURAINE.	RAYON DE milles.		kilom.	PRODUIT MOYEN par acre.		par hect.	
Tours..............	25	=	40	40	=	123	55
Saumur............	10	=	16	60	=	185	33
Amboise...........	17	=	27	40	=	123	55
Blois..............	25	=	40	60	=	185	33

Produit moyen 2 l. st. 9 sh. 1 d. = 151 fr. 61 c. par hect.
Milles... 77 = 123 kilomètres.

CHAMPAGNE.	RAYON DE milles.		kilom.	PRODUIT MOYEN par acre.		par hect.	
Meaux à Château-Thierry.	30	=	48	40	=	123	55
Epernay................	25	=	40	40	=	123	55
Reims..................	15	=	24	50	=	154	44
La Loge................	12	=	19	10	=	30	88
Châlons................	12	=	19	10	=	30	88
Auve...................	15	=	24	20	=	61	77
Sainte-Menehould.......	15	=	24	27	=	83	40

Produit moyen 1 l. st. 13 sh. 5 d. = 103 fr. 20 c. par hect.
Milles... 124 = 200 kilomètres.

Les renseignements pris sur les parties du Poitou, de la Touraine et de la Sologne que je n'avais pas visitées, ne m'ont pas donné à croire qu'elles s'écartent de ce que j'ai moi-même parcouru. Quant à l'Angoumois, on m'assure que mon opinion serait plus favorable si je le connaissais davantage ; venant de personnes sachant bien observer, de pareilles suggestions ne devaient pas être négligées, j'ai donc haussé mon premier chiffre à 1 l. st. 4 sh. = 74 fr. 13 c. par h. Suivant un auteur qui a écrit sur cette province, elle contient 437,000 journaux de terres labourables; 290,000 de vignes; 145,000 en prés; 107,400 en bois; 88,000 en *chaumes :* total 1,067,400. Il y a en outre des forêts et des landes. La distinction m'échappe entre les *chaumes* et les terres labourables, à moins que ce ne soient des terres labourables abandonnées à la végétation spontanée après épuisement (1). Le contraire m'est arrivé avec la Champagne; une partie considérable m'en a échappé, on la nomme Pouilleuse à cause de la pauvreté de son sol, une craie stérile. La route me menait, excepté de Reims à Châlons, le long de la vallée de la Marne au travers des plus riches vignobles de la province. L'assemblée provinciale siégeant à Châlons a envoyé au ministre un état de la situation de la Champagne; voici le détail du produit que l'on y trouve :

Étendue en arpents, 4,000,000	Bois	850,000
	Prairies	150,000
	Vignes	100,000
	Communaux	97,000
	Terres *vagues*	160,000
	— labourables	2,643,000
		4,000,000

Produit brut, 60,000,000, soit 15 liv. par arpent.

En général, il faut faire peu d'attention, pour ce qui concerne la valeur des terres, à des documents de cette nature, car on tend toujours à l'abaisser, et c'est très certainement ici le cas; il est impossible que 15 liv. soit le véritable chiffre, s'il y a la quantité de terres en valeur mentionnée dans ce tableau, car elle seule doit rapporter plus de 60 millions. Mettons pour les vignes 150 liv.; les prairies, 80; les terres arables à 20 liv. seulement, nous aurons déjà 79,860,000 liv. Quand le bois ne donnerait que 10 liv., il viendrait 8,500,000 liv.,

(1) *Essai d'une méthode à étendre les connaissances des voyageurs*, par M. Meunier. In-8°, 1779, t. 1, p. 176.

et au total 88,360,000 liv., sans compter une livre pour tout le reste. Au lieu donc de 15 liv., je n'hésite pas à poser 25 liv., soit 1 l. st. 6 sh. 3 d. par acre.

Récapitulation.

SYSTÈME ANGLAIS.

	milles.		l. st.	sh.	d.	l. st.	sh.	d.
Sologne.....	50	à	»	5	»	12	10	0
Angoumois..	89		1	4	»	106	16	0
Poitou......	72		1	9	10 1/4	107	9	6
Touraine....	77		2	9	1	188	19	5
Champagne.	124		1	6	3	162	15	0
	412					578	9	11

Moyenne, 1 liv. st. 8 sh. par acre.

SYSTÈME FRANÇAIS.

	kil.		fr.	c.	fr.	c.
Sologne...........	80	à	15	40	312	50
Angoumois........	142		74	13	2,670	»
Poitou.............	116		92	21	2,686	88
Touraine..........	124		151	61	4,724	26
Champagne........	200		81	08	4,068	75
	662				14,462	39

Moyenne, 86 fr. 48 c. par hectare.

OBSERVATIONS.

Le taux élevé de 28 sh. est atteint par ce sol misérable, grâce aux vignes, dont la culture est mieux comprise en France que partout ailleurs; sans elle, cette moyenne serait bien basse. Rien d'aussi mal cultivé ou plutôt d'aussi négligé. On connaît le sainfoin, on ne s'en sert presque pas; j'ai vu le fermier travailler coûteusement une jachère, tandis que le champ à côté restait abandonné comme ne valant pas la peine d'être cultivé. La craie comprend 16 millions d'acres, tous susceptibles d'une amélioration d'au moins 15 sh.; sur 12 millions seulement ce seraient 9 millions st. ajoutés au revenu de la nation. Même en allant au delà, comme on le peut, on resterait encore fort en arrière de ce qui se voit dans notre pays.

RÉGION DES SABLES GRAVELEUX

Bourbonnais et Nivernais.

	RAYON DE			PRODUIT MOYEN			
	milles.		kilom.	par acre. sh.		par hect. fr.	c.
D'Autun à Luzy........	22	=	35	15	=	46	33
Chavannes............	27	=	43	15	=	46	33
Moulins...............	10	=	16	15	=	46	33
Riaux.................	10	=	16	12	=	37	06
Saint-Pourçain........	30	=	48	26	=	80	31
De Roanne à Moulins..	45	=	72	15	=	46	33
Saint-Pierre-le-Mont...	18	=	29	12	=	37	06
Magny...............	7	=	11	30	=	92	66
Pougues..............	8	=	13	30	=	92	66
La Charité...........	8	=	13	25	=	77	22
Pouilly...............	9	=	15	50	=	154	44
Croissière...........	47	=	76	25	=	77	22

Milles, 241 = 397 kilom.

Produit moyen, 1 l. st. 0 sh. 6 d. 1/2 = 63 fr. 45 c. par hectare.

J'ai trop peu vu le Nivernais pour décider s'il égale les parties semblables que j'ai examinées; c'est pourquoi je donne des renseignements après les avoir comparés avec ce que je connaissais. Il ne se présente aucune grande difficulté pour obtenir un peu d'exactitude. On m'a dit à Moulins que les 3/4 du Bourbonnais sont en bruyères, en genêts et en bois; s'il est vrai, loin d'être au-dessous de la vérité, je l'aurais dépassée.

OBSERVATIONS.

De toutes les provinces de France celles-ci sont les

plus faciles à améliorer. Quoique les récoltes soient meilleures, la culture ne vaut guère mieux que celle de la Sologne (1° jachère, 2° seigle). Comme tout le pays est enclos, il suffirait de changer de rotation et de soigner, en la multipliant, la race des moutons. Nulle part un cultivateur doué d'intelligence et de capital ne ferait plus vite fortune qu'en Bourbonnais. Ce n'est pas 20 sh., mais 33 sh. que l'acre y devrait produire, il y en a plus de 3 millions; ce ne serait pas peu de chose pour le pays.

RÉGIONS PIERREUSES

Lorraine, Bourgogne, Franche-Comté, etc.

	RAYON DE			PRODUIT MOYEN			
	milles.		kilom.	par acre. sh.		par hect. fr.	c.
Sainte-Menehould à Metz	62	=	100	27	=	83	40
Pont-à-Mousson	17	=	27	36	=	111	20
Nancy	17	=	27	35	=	108	11
Lunéville	17	=	27	40	=	123	55
Saverne	49	=	79	33	=	101	93
Béfort	28	=	45	30	=	92	66
Baume	35	=	56	25	=	77	22
Besançon	17	=	27	30	=	92	66
Orchamps	12	=	19	30	=	92	66
Dôle	10	=	16	30	=	92	66
Dijon	28	=	45	45	=	139	»
Beaune	22	=	35	85	=	262	55
Mont-Cenis	28	=	45	40	=	123	55
Autun	20	=	32	18	=	55	60

Milles, 362 = 582 kilom.
Produit moyen, 1 l. st. 15 sh. = 108 fr. 11 c. par hectare.

Selon des informations dans lesquelles j'ai toute confiance, je penche à croire que ce que j'ai parcouru dans cette région est meilleur que le reste ; en effet, la route suit les vallées où s'espacent les villes principales. Il sera bien de déduire par cette raison 6 sh. par acre = 18 fr. 53 c. par h., posant ainsi 1 l. st. 9 sh. = 89 fr. 57 c. par h., comme produit moyen. Les communaux sont immenses en Lorraine et ne rendent presque rien; car le bétail, qui y traîne une vie misérable, fait éprouver les mêmes pertes, la même misère que nous voyons chez nous dans de semblables circonstances. Le produit normal devrait être au moins 50 sh. = 154 fr. 44 c. par h. dans ces provinces où je n'ai vu que si peu de mauvaises terres qu'elles n'infirment nullement ma conclusion générale. Voilà donc un déficit d'une guinée sur quinze, ou seize millions d'acres.

RÉGION DES LOAMS DIVERS

Comprenant le Limousin, le Berry et la Marche.

	RAYON DE			PRODUIT MOYEN			
	milles.		kilom.	par acre. sh.		par hect. fr.	c.
Berry	60	=	97	30	=	92	66
Marche et Limousin.	130	=	209	32	=	98	84

Milles, 190 = 306 kilom.
Produit moyen, 1 l. st. 11 sh. 4 d. 1/4 = 96 fr. 84 c. l'hectare.

Le bon climat, le sol presque partout de bonne qualité, dans ces provinces, sont déshonorés par une misérable culture. Les sables même se prêteraient à des rotations qu'on ignore complètement. Le produit devrait être de 50 sh., car tout le pays est enclos et ne demande que l'adoption d'une succession plus judicieuse des récoltes. Perte de 19 sh. par acre = 58 fr. 68 c. par hectare, sur 6 ou 7 millions.

RÉGIONS MONTAGNEUSES

Comprenant l'Auvergne, le Dauphiné, la Provence, le Languedoc.

	RAYON DE milles.		RAYON DE kilom.	PRODUIT MOYEN par acre. sh. d.		PRODUIT MOYEN par hect. fr.	c.
ROUSSILLON.........	56	=	90	30	=	92	66
LANGUEDOC.							
Narbonne à Nîmes.	94	=	151	50	=	154	44
Pont-du-Gard......	12	=	19	38	=	117	37
Ganges...........	30	=	48	30	=	92	66
Lodève............	36	=	58	5	=	15	44
Béziers............	40	=	64	15	=	46	33
Carcassonne.......	40	=	64	40	=	123	55
Faujoux...........	16	=	25	30	=	92	66
Saint-Martory......	86	=	138	27	=	83	39
Le Puy............	15	=	24	25	=	77	22
Pradelles..........	20	=	32	20	=	61	77
Thuytz............	20	=	32	26	=	7	72
Villeneuve.........	22	=	35	10	=	30	88
Montélimart........	20	=	32	25	=	77	22

Milles, 507 = 816 kilom.

Produit moyen, 1 l. st. 8 sh. 6 d. 1/4 = 88 fr. 09 c. par hectare.

	RAYON DE milles.		RAYON DE kilom.	PRODUIT MOYEN par acre. sh.		PRODUIT MOYEN par hect. fr.	c.
DAUPHINÉ.							
L'Oriol............	15	=	24	60	=	185	33
Pierrelatte.........	15	=	24	6	=	18	53
Orange...........	20	=	32	28	=	86	43
Pont-de-Beauvoisin à Lyon.........	46	=	74	35	=	108	11
LYONNAIS.							
Les Arnas.........	17	=	27	30	=	92	66
Roanne............	28	=	45	25	=	77	22
PROVENCE.							
Avignon...........	19	=	31	26	=	80	31
Lisle..............	16	=	25	60	=	185	33
Vaucluse...........	20	=	32	45	=	139	»

PROVENCE.	milles.		kil.	sh.		fr.	c.
Orgon.............	12	=	19	60	=	185	33
Salon..............	15	=	24	15	=	46	33
Saint-Chamınas.....	20	=	32	28	=	86	48
Aix................	12	=	19	60	=	185	33
Tour-d'Aigues......	20	=	32	30	=	92	66
Marseille..........	20	=	32	38	=	117	37
Cuges..............	21	=	34	25	=	77	22
Toulon.............	20	=	32	10	=	30	88
Hyères.............	10	=	16	60	=	185	33
Fréjus.............	30	=	48	5	=	15	44
Cannes.............	22	=	35	5	=	15	44
Nice...............	25	=	40	10	=	30	88

Milles, 423 = 681 kilom.

Produit moyen, 1 l. st. 8 sh. 8 d. 1/2 = 88 fr. 67 c. par hectare.

AUVERGNE.	RAYON DE milles.		kilom.	PRODUIT MOYEN par acre.		par hect.	
Riom...............	20	=	32	30	=	92	66
Brioude............	17	=	26	40	=	123	55
Fix................	20	=	32	15	=	46	33

Milles, 57 = 92 kilom.

Produit moyen, 1 l. st. 7 sh. 8 d. = 85 fr. 45 c. par hectare.

L'auteur de l'*Histoire des plantes du Dauphiné* dit, dans sa préface, que si cette province était divisée en trois parties, les trois quarts de l'une seraient cultivés, plus des trois quarts de l'autre formés de montagnes incultes ; la moitié du tiers restant en montagnes abandonnées, l'autre en culture. Mes notes me satisfont assez par leur exactitude, excepté pour le Languedoc, que, pour des raisons trop longues à exposer ici, je crois produire davantage. Après de longues réflexions sur tous les points de cette discussion, je fixerai comme moyenne de cette province 1 liv. st. 11 sh. au lieu de 1 liv. st. 8 sh. 6 d. ; il viendrait pour l'ensemble 507 milles à 1 liv. st. 11 sh. — 423 milles à 1 liv. st. 8 sh. 8 d. 1/2., et 57 milles à 1 liv. st. 7 sh. 8 d. — Produit moyen, 1 liv. st. 9 sh. 9 d.

Ceux de mes lecteurs qui n'auront parcouru que la riche vallée de Narbonne à Nismes, les irrigations fertiles d'Avignon à Vaucluse, ou les magnifiques bords du Rhône à Montélimart, ou les rives de l'Isère, auront peine à croire que des provinces ornées de tableaux aussi splendides ne donnent pas un chiffre plus élevé; mais qu'ils se représentent les immensités couvertes par des montagnes.

Aucune des vallées que j'ai visitées ne sont d'une largeur considérable, excepté dans les environs de Toulouse. Celle qui de Narbonne s'étend jusqu'à Nismes, n'a nulle part plus de quelques lieues en travers; les montagnes de chaque côté sont proches, et dans ces endroits j'ai quelquefois trouvé les terres les moins productives de France. On a vanté l'agriculture du Vivarais; certainement, quelques-unes des vallées et des versants de montagnes montrent une très grande industrie; mais à côté on voit des espaces dix et vingt fois plus étendus qui ne portent presque rien. Je répéterai, à propos de ces montagnes, ce que j'ai déjà tant répété : « Tout, excepté les plus riches vallées, pourrait être grandement amélioré. » J'ai examiné avec soin le pays entre Ganges et Lodève, qui me semblait être le plus négligé et le moins productif du Languedoc, et je suis arrivé à la conviction qu'elles rapporteraient quatre fois plus, rien qu'à les convertir en pâturages pour les moutons. Les petits propriétaires montagnards s'en tiennent trop à la culture ordinaire, quand on devrait se contenter de prairies pour les moutons et le gros bétail, surtout les moutons. Cette grande portion du territoire, montant à 28 millions d'acres, pourrait donner 15 millions sterlings de plus en restant loin du dernier degré de perfection dont elle est capable en réalité.

RÉCAPITULATION GÉNÉRALE.

Afin de déterminer l'étendue relative des différentes régions dans lesquelles j'ai divisé la France, par rapport au sol, j'ai fait copier la carte ci-jointe sur le papier le plus égal que j'aie pu trouver, ensuite j'ai découpé différentes divisions que j'ai pesées séparément, puis toutes ensemble. Le tout pesait 413 fois le quart d'un grain, les divisions, comme il suit :

La région fertile du N.-E., 57 ; la plaine de la Garonne, 24 ; la plaine d'Alsace, 2; le bas Poitou, 6, etc. : Loam riche	89
La Bretagne, l'Anjou, le Maine et une partie de la Normandie, 48 ; une partie de la Guyenne et de la Gascogne, 32 : Bruyères	80
L'Auvergne, le Languedoc, le Roussillon, le Rouergne, la Provence, le Dauphiné (ce dernier seul 14) : Montagnes	90
La Champagne, une partie de l'Angoumois, du Poitou, de la Touraine, de l'Isle-de-France, de la Sologne : Craie	52
Le Bourbonnais et le Nivernais, etc. : Gravier	12
La Lorraine, la Franche-Comté, la Bourgogne, partie de l'Alsace : Rochers	64
Le Limousin, la Marche, le Berry : Sable, granit, etc	26
	413

Cherchons maintenant la valeur en acres, en estimant la France à 131,722,295 acres = 53,304,193 hect. La voici :

		acres.		hectares.
Loams riches.				
District du N.-E.	18,179,590			
Plaine de la Garonne..	7,654,564			
Plaine d'Alsace	637,880	28,385,675	=	11,486,859
Bas Poitou, etc	1,913,641			
Bruyères.				
Bretagne, Anjou, etc...	15,307,128	25,513,213	=	10,324,457
Guyenne, etc	10,206,085			
	Montagnes...	28,707,037	=	11,616,905
	Craie	16,584,889	=	6,711,424
	Gravier..	3,827,282	=	1,548,790
	Rochers	20,412.171	=	8,260,215
	Sable, granit, etc.	8,292,444	=	3,355,712
		131,722,711	=	53,304,361
	Erreur de poids.	416	=	168

Les produits de ces régions, selon les notes précédentes, sont :

SYSTÈME ANGLAIS.

		PRODUIT MOYEN.				PRODUIT TOTAL.		
	acres.	l. st.	sh.	d.		l. st.	sh.	d.
Loams riches...	28,385,675	2 13	9	1/2		76,345,638	7	9 1/2
Bruyères.......	25,513,213	1 8	9	3/4		36,754,972	9	6 3/4
Montagnes......	28,707,037	1 9	9			42,701,717	10	9
Craie......... ..	16,584,889	1 8	0			23,218,844	12	0
Gravier........	3,827,282	1 0	6	1/2		3,930,937	11	1
Rochers........	20,412,171	1 15	0			35,721,299	5	0
Sables.........	8,292,444	1 11	4	1/4	(1)	13,000,133	11	3
	131,722,711	1 15	1	1/4		231,673,543	7	5 1/4

SYSTÈME FRANÇAIS.

		PRODUIT MOYEN.		PRODUIT TOTAL.
	hectares.	fr.	c.	fr.
Loams riches.............	11,486,859	166	15	1,908,640,960
Bruyères.................	10,324,457	88	99	918,874,312
Montagnes................	11,616,905	91	89	1,067,542,938
Craie....................	6,711,424	86	49	580,471,115
Gravier..................	1,548,790	63	45	98,273,438
Rochers..................	8,260,214	108	11	893,032,481
Sables...,...............	3,355,712	96	85	325,000,707
	53,304,361	108	66	5,792,735,951

La surface totale que nous avons prise comprend tout : routes, fleuves, canaux, villes, etc., etc., pour lesquels il y a une déduction à faire, tant pour la superficie que pour le produit ci-dessus. M. Necker nous dit qu'il y a 9,000 l. de routes en France. Supposons-leur une largeur uniforme de 10 toises, ce qui n'est pas trop, lorsque l'on considère les routes elles-mêmes, et le terrain qu'elles font perdre sur leurs côtés : cela fera

(1) La personne qui s'était chargée de faire les calculs de Young s'est trompée ici de 50,000 l. st. Nous rétablissons le chiffre tel qu'il doit être, ce qui nous conduit à une moyenne un peu différente. On sent, du reste, combien il est difficile, en pareille matière, d'arriver à une exactitude absolue.

228,200 arpents de Paris, ou 193,207 acres anglais. La place tenue par les cours d'eau est probablement plus considérable. En prenant 131,000,000 seulement, et laissant les 722,711 acres en plus, pour toutes ces déductions, nous ne serons pas loin de la vérité, car on se rappelle que les forêts, les bois, les bruyères, les landes, les communaux sont compris dans notre calcul.

SYSTÈME ANGLAIS.

		PRODUIT MOYEN.			PRODUIT TOTAL.
	acres.	l. st.	s.h.	d.	l. st.
Totaux	131,722,711	1	15	1 1/4	231,623,543
Déductions	722,711	»	»	»	1,268,506
	131,000,000	»	»	»	230,355,037
En livres tournois		40			5,240,000,000

SYSTÈME FRANÇAIS.

	PRODUIT MOYEN.			PRODUIT TOTAL.
	hectares.	fr.	c.	fr.
Totaux	53,304,361	108	66	5,790,588,584
Déductions	292.460	»	»	31,778,703
	53,011,901			5,758,809,881

Nous devons chercher ensuite, et ce n'est pas de peu d'importance, la répartition de ce produit total entre les principaux objets qui y figurent, comme blé, seigle, vignes, bois, terres labourables, prairies, pâturages. La difficulté est bien plus grande, les données qui doivent nous servir étant incertaines et controversées.

Un écrivain donne 112,760,000 arpents pour les terres *en culture* (1); un autre, 70,470,000 (2); un troisième, 65,000,000 (3); un quatrième, 40,000,000 (4); un cin-

(1) Le maréchal de Vauban.

(2) *Apologie de l'Édit de Nantes.*

(3) Voltaire.

(4) Dupont. *De l'exportation et importation des grains.* Soissons, 1764, p. 150.

quième estime à 60,000,000 les céréales de printemps et les jachères (1); un sixième donne 18,000,000 d'acres pour le blé et le seigle, autant pour les céréales de printemps, et autant pour les jachères (2); les auteurs de l'*Encyclopédie* assignent 50,000.000 pour les terres cultivées et les jachères (3); le marquis de Mirabeau (4) 60,000,000, ce à quoi s'accorde un autre auteur, qui y arrive en se fondant sur la consommation (5). M. Dellay d'Agier, membre de l'Assemblée nationale, met 70,000,000 d'acres, rien que pour la terre labourable. Évidemment, d'après la différence des résultats, les auteurs ne se sont pas appuyés sur les mêmes données (6). On sait, par suite de nombreuses observations, que la consommation moyenne de pain de toute espèce est de 3 septiers par tête, pour tous les âges et tous les sexes. Si, maintenant, nous prenons le chiffre le plus bas de la population, 25,000,000, cela fait 75,000,000 de septiers, chacun de 240 lbs de France, 342,105,263 boisseaux anglais (= 124,347,261 hectol.) à 52 l., ou 57 lbs, avoir-du-poids (= 25 kilog. 844 gr.) Supposons pour produit moyen 18 boisseaux anglais par acre (= 16 hectol. par h.); pour obtenir cette quantité, il faudra 19,005,847 acres (= 7,711,703 h.); puis 3,006, 325 acres (= 1,216, 572 h.) en plus pour la production de la semence qui est de 2 1/2 boiss. (= 91 lit. par h.) l'acre en moyenne, c'est pour les céréales 22,012,172 acres (= 8,928,275 h.) Mais remarquons ici que bien des Français ne mangent que peu de seigle et point du tout de froment; dans une partie de la

(1) *De l'administration des finances*, par M. Malpart. In-8°, 1787, p. 31.
(2) *Recherches sur la houille d'engrais*, t. II, p. 3.
(3) T. VI, p. 533. In-folio.
(4) *Théorie de l'impôt*, p. 142.
(5) *Crédit national*, 1789, p. 102.
(6) *Balance du commerce*, 1791, t. II, p. 220.

Normandie et de la Bretagne, on consomme surtout du sarrazin; dans le Limousin, la Marche et une partie du Languedoc, des châtaignes, et dans le Midi, du maïs. Ce serait donc une erreur grossière, de supposer que toute la surface que nous venons de calculer soit en seigle ou en froment : cependant nous nous y arrêterons en y faisant entrer le maïs ; les autres cultures, comme millet, sarrazin, châtaignes, pommes de terre, faisant pour nous (supposition gratuite, je l'avoue) l'équivalent des céréales et du maïs consommés par le bétail et l'industrie. On exporte beaucoup de farine pour les Antilles, mais on en importe d'un autre côté ; ainsi nous n'en parlerons pas. — En examinant de nouveau mon article sur les rotations en France, je trouve que les deux tiers des terres arables sont soumises au régime suivant : 1° jachère ; 2° blé ou seigle ; 3° céréales de printemps, à quelques différences insignifiantes près. L'autre tiers offre une trop grande variété pour que l'on en tire des conclusions générales ; quelquefois la rotation est de 2 ans, le plus souvent de plus de trois. De tout ceci, nous pouvons tenir pour certain que les terres labourables surpassent 3 fois 22 millions d'acres, ou 66 millions, plutôt que de rester au-dessous. Je ne les tiendrais pas pour moins de 70,000,000 (= 28,326,900 h.) Les jachères se montent à 15 ou 16 millions (= de 6,070,065 h. à 6,474,736 h.)

VIGNES.

Les aides et les droits sur la consommation et l'exportation des vins ne donnent que peu de secours pour le calcul difficile de l'étendue de cette culture dans le royaume. On en jugera par la diversité des évaluations dues aux écrivains du pays. M. Le Trône, qui paraît en général bien instruit, lui assigne 1,600,000 arpents (1) ; M. de Mirabeau également (2) ; mais un autre auteur l'étend (d'après des données très vagues) à 18 millions (3). M. Lavoisier en suppose le produit de 80 millions de livres (4) ; les *économistes* de l'*Encyclopédie*, de 500 millions (5). Ce dernier nombre, au produit moyen de 175 liv. l'acre (voy. le chapitre des *Vignes*), fait 2,857,142 acres (= 1,156,203 h.) Si nous déduisons des 500 millions le montant de l'exportation en vins et eaux-de-vie, ou 40 millions, il en reste 460 pour la consommation intérieure. Un sou par jour pour 25 millions de Français fait 456,250,000 liv. ; mais, pauvres comme le sont les classes inférieures de ce pays, je ne pense pas que cette ration soit exacte. Nul doute que l'auteur du *Crédit national* ne se soit trompé, et grossièrement : 18,000,000 d'arpents de Paris, produisant en raison de 175 liv. par acre anglaise, donneraient 3,000 millions de livres, c'est-à-dire presque autant que ce qui est supposé par quelques écrivains, le produit du territoire entier. Je ne saurais cependant me contenter du calcul fondé sur la consommation d'un sou par jour et par tête ; le nombre de gens qui boivent leur propre vin ou celui qui leur est fourni par un maître, auquel cas on n'y regarde pas autant que quand on l'achète, doit réduire notre évaluation au-dessous de la réalité. Qu'on ne l'oublie pas, 1 sou par jour ne représente que ce qui s'achète pour cette somme sur le marché, ou plutôt s'y montre sans être ni acheté

(1) *De l'administration provinciale*, in-8°, 2 t., 1788. T. I, p. 293.

(2) *Théorie de l'impôt*, p. 126.

(3) *Crédit national*, in-8°, 1789, p. 106.

(4) *Résultats d'un ouvrage remis au Comité de l'imposition*. In-8° 1791, p. 35.

(5) *Art. Grains*.

ni vendu. J'ai vu en Languedoc des journaliers qui buvaient par jour 3 bouteilles de vin très fort; partout les gens de la classe inférieure m'ont paru ne se priver ni de vin ni de cidre, et ne recourir à l'eau qu'après de très mauvaises vendanges. Si, en supposant cette consommation par tête et par jour de 2 sous, j'entendais que ces 2 sous sont réellement dépensés, ce serait absurde et extravagant; mais en réalité dans toutes les provinces vignobles il ne se fait aucune dépense, il se fait une immense consommation d'un produit qui n'est ni acheté ni vendu, et qui, lors des années d'abondance, n'a pas de valeur : la monnaie ne nous sert ici que de mesure. Eu égard au *prix*, la consommation par tête à Paris, 4 1/2 sous, est 20 fois plus grande que 2 sous pour tout le royaume. Si le lecteur n'y prend garde, il croira cette évaluation trop élevée; mais, prise comme payement réel en argent, elle n'atteint pas 1 sou. Du vin produit par le sol, il y en a autant de donné que de vendu; c'est comme le bois que dans tous les pays les pauvres se procurent par maraude. Du moment qu'il s'agit seulement de l'espace occupé par la vigne, qu'importe que le vin soit donné, vendu ou volé? En somme, j'incline à donner à l'étendue de la vigne 5 millions d'acres (= 2,023,355 h.), auquel cas le produit serait de 875 millions de liv., et la consommation de moins de 2 sous par tête. Celle de Paris, suivant les *entrées*, monte à 36 millions de liv. (voy. Lavoisier, *Résultats*, etc., p. 43), ou près de 4 sous par tête et par jour; mais, comme chacun sait, ce n'est pas tout, il y a de la fraude qui doit être au moins de 1/8, ce qui fait 4 1/2 sous par tête.

DES BOIS.

Pour le calcul des bois on trouve autant de différence que pour celui des vignes. Le marquis de Mirabeau leur donne 30,000,000 d'arpents d'étendue (1), un autre écrivain s'accorde avec lui (2), mais un troisième l'abaisse à 6 millions (3), un quatrième seulement à 8 (4). Aucun d'eux ne donnant de raisons à l'appui, on peut croire que ce sont de simples conjectures. Deux moyens s'offrent qui permettent d'approcher de la vérité : 1° les cartes de Cassini ; 2° la consommation. J'ai mesuré aussi exactement que possible sur les cartes l'espace couvert par les bois et je consigne ici les résultats que m'ont donné 140 d'entre elles, après plusieurs mesures. Mais avant tout je dois dire que je suppose que chacune contient un million d'arpents ou d'acres, ce qui n'est pas en réalité, mais ce qui me permet, au moyen du total, d'arriver à la proportion. La première colonne, dans le tableau suivant, contient le nombre de cartes, la deuxième la proportion occupée par les bois, la troisième le nombre d'acres de ces bois, en supposant que chaque carte représente 1 million d'arpents. Ainsi à la première ligne on voit qu'il y a trois cartes, offrant en bois la proportion de moitié, soit en tout 1 million et demi d'arpents.

		arpents.			arpents.			arpents.
3	1/2	1,500,000	6	1/8	750,000	12	1/15	800,000
16	1/3	5,333,000	10	1/9	1,111,000	6	1/16	375,000
3	1/4	750,000	14	1/10	1,400,000	2	1/17	110,000
13	1/5	2,600,000	9	1/12	750,000	16	1/20	800,000
16	1/6	2,666,000	2	1/13	154,000	1	1/30	33,000
9	1/7	1,285,000	2	1/14	140,000	»		»
60		14,134,000	103		18,439,000	140		20,557,000

(1) *Théorie de l'impôt*, p. 124.
(2) *Plan d'administration des finances*, par M. Malpart. In-8°, 1787, p. 36.
(3) *Crédit national*, p. 110.
(4) M. Dellay d'Agier, de l'Assemblée nationale.

Il suit de là que, en nombres ronds, le 7e du territoire est boisé, c'est-à-dire 18,817,470 acres (=7,614,885 hect.) sur 131,722,295. Une considération importante, c'est que ces cartes ne portent que les bois de quelque étendue; des autres, ceux que l'on a marqués nous échappent par leur petitesse. Cette méthode est donc franchement imparfaite, et nous sommes sûrs que, si les cartes sont exactes, nous restons au-dessous de la vérité. Voyons la consommation : j'ai pour nous aider dans ce calcul plusieurs notes prises en différents endroits du royaume.

QUANTITÉ PAR AN.	Valeur argent.		Cordes de Paris.
Liancourt, la plus pauvre famille....................	60 liv.		»
Orchamps, petite auberge, 25 charges	200		7 1/2
Auxonne, 1 feu..................................	200		7 1/2
— pauvre famille........................	80		3
Dijon, une pauvre famille, 5 1/2 mœuls de 4 pieds cubes.	71		2 1/2
Dijon, 24,000 âmes, 40,000 mœuls, soit par famille de 6 personnes 10 mœuls..........................	130	(1)	4 1/2
Riom, une pauvre famille.........................	80		3
Clermont, id., dix cordes........................	60		2 1/2
Tour-d'Aigues, la plus pauvre famille, 60 quintaux...	60		2
Moyenne pour les pauvres.........................	70		2 1/2

Il sera bon d'examiner ici la consommation de Paris. De 1731 à 1740 le nombre des *cordes* entrées en payant les droits a été en moyenne, 192,362; — 1748 : 350,000 *voies* (2) ; — 1770 : 550,000; — 1778 : 630,000 (3).

J'ai obtenu au bureau les chiffres suivants :

	voies.		voies.		voies.
1784.......	669,017	1786.......	602,314	1788........	608,403
1785.......	592,311	1787.......	584,602	1789........	619,900

Moyenne de ces six dernières années, 612,091.

(1) Sans compter le charbon. (*Note de l'auteur.*)

(2) De Lalande. *Des canaux de navigation*, p. 373.

(3) *Recherches sur la houille d'engrais*, par M. de Laillevault. In-12, 1783. T. II, p. 21.

Charbon de bois.

En 1784....	790,100	voies de 16 boisseaux,	ou 5 boisseaux anglais.
1785....	783,319	—	—
1786....	767,900	—	—
1787....	795,001	—	—
1788....	749,167	—	—
1789....	687,429	—	—
Moyenne..	762,152	—	—
Soit......	38,107	cordes de bois pour le faire.	

Moyenne pour le bois et le charbon, 650,198.

M. Necker nous dit qu'il y a 660,000 habitants, mettons 66,000 familles consommant environ 10 cordes chacune. La consommation à Dijon à 10 mœuls de 64 p. c. est de 640 p. c. ou 4 1/2 cordes de Paris : celle de Paris, en bois et en charbon, se monte à 140 p. c. ou 1,400 p. Cette différence ne passe pas ce qu'on devait attendre, en réfléchissant que Paris avec ses manufactures, ses nombreux hôtels, est le centre de tout luxe et de toute richesse. Nous supposerons bien plus que les 5,709,270 habitants des autres villes (chiffre du dernier recensement) se répartissent en 1 million de familles, auxquelles nous assignerons, suivant les registres de Dijon, 5 cordes de bois. Pour le reste de la population, soit 4 millions de familles, nous donnerons 4 cordes à 300,000 d'entre elles, 2 1/2 aux 3,700,000 autres.

CONSOMMATION MOYENNE.

			Cordes de Paris.
Paris..............	chaque famille.....	10 cordes	687,121
Le reste des villes.	—	5 —	5,000,000
Campagnes.........	300,000 familles à...	4 —	1,200,000
—	3,700,000 — à ..	2 1/2 ...	4,250,000
			11,137,121

Au prix moyen de 30 liv. (1), c'est 454,113,630 (2), ou bien 14,618,493 l. st.

(1) Moyenne trouvée dans les notes (*Note de l'auteur*).

(2) *Résultats d'un ouvrage*, etc. M. Lavoisier y porte pour 35 le pro-

Cherchons à présent le produit du royaume. Voici ce que donnent nos notes :

	ANNÉES.	REVENU ANN.	PAR ACRE.				PAR HECTARE.	
	—	—	—				—	
		liv.	l. st.	sh.	d.		fr.	c.
Senart	20	24	0	16	8	=	51	48
Liancourt	12	12	0	8	4	=	25	74
Falaise	12	22	0	11	0	=	33	97
Normandie	»	20	0	10	6	=	32	43
Coulommiers	9	20	1	0	0	=	61	77
Mareuil	20	15	0	10	6	=	32	43
Braban	20	12	0	18	4	=	56	62
Metz	20	10	0	15	0	=	46	33
Lunéville	25	3	0	8	9	=	27	02
Besançon	25	8	0	8	9	=	27	02
d° près des forges	»	12	0	12	9	=	39	38
Moulins	15	3 1/2	0	2	6	=	7	72
Moyenne	17	13	0	12	0	=	37	06

On remarquera que les chiffres précédents indiquent le produit ou rente, et que, par conséquent, le produit brut est bien plus considérable; les dépenses qu'il en faut déduire ne le font pas moindre de 14 ou 16 liv. Dans ce calcul l'âge ne fait aucune différence : si l'on coupe à 20 ans, le produit est de 320 liv. par acre, c'est-à-dire 16 fois 20; si l'on coupe à 100, il est de 1,600 liv., etc., etc.

Admettant 14 sh. pour le produit annuel d'un acre = 43 f. 24 c. par h., cela donnera 20,883,561 acres pour toute la France = 8,450,971 h. Faisons quelques observations nécessaires pour nous prémunir contre des conséquences erronées. On m'oppose que de nombreuses familles sont assez pauvres pour manquer des 60 ou

duit en bois, à 120 millions de livres. Je suis peut-être plus vrai que lui en donnant pour la seule consommation des manufactures ce nombre qu'il donne pour tout le royaume. On se fera une idée de son évaluation en sachant que, pour Paris seulement, la consommation est de 27 millions et demi (*Note de l'auteur*).

70 liv. nécessaires à leur consommation en combustible. Je l'admets; en revanche, beaucoup brûlent du bois qu'elles n'ont jamais acheté, elles le volent comme en Angleterre, ainsi que je l'ai vu; mais cela n'affecte en rien notre calcul, le bois n'en a pas moins été produit par le sol. Toutefois, je reconnais que certaines familles sont tout à fait dans l'impossibilité d'atteindre la moyenne. Tournons-nous d'un autre côté, nous verrons les grandes et nombreuses forges de la Franche-Comté, du Limousin, de la Lorraine et d'autres provinces, les fonderies, les verreries, les salines (1), quantité de manufactures consommer d'énormes provisions de bois : nous penserons alors que cela seul, sauf la charpente tant des maisons que des vaisseaux, suffit à contrebalancer le déficit que l'on trouvait.

RÉSULTAT D'APRÈS CASSINI.	MOYENNE.	D'APRÈS LA CONSOMMATION.
18,817,470 acres.	19,850,515 acres.	20,883,561 acres.
7,614,885 hectares.	8,032,928 hectares.	8,450,972 hectares.

A 16 liv. par acre, c'est 317,608,240 liv.; ou 13,895,360 l. st. (2).

Le marquis de Mirabeau ne nous fait pas connaître les bases du calcul qui lui a donné 30,000,000; mais, comme il est probable qu'elles étaient autres que les miennes, les deux résultats pourraient quelquefois se corroborer.

Récapitulation.

	Acres.		Hect.
Terres labourables........................	70,000,000	=	28,326,900
Vignes....................................	5,000,000	=	2,023,350
Bois......................................	19,850,000	=	8,032,699
	94,850,000	=	38,382,949
Restent pour les prés, pâturages, landes, routes, cours d'eau, étangs, etc., etc....	36,872,711	=	14,921,278
	131,722,711	=	53,304,227

(1) Les salines de la Franche-Comté et de la Lorraine font 750,000 quintaux coûtant 2 liv. par quintal, rien qu'en combustible; c'est 2,500,000 liv. *Recherches et considérations sur les finances*, in-8°, 1789, t. II, p. 163 (*Note de l'auteur*).

(2) 12,704,329 l. st. en prenant la livre sterl. au cours de 25 fr.

Un auteur moderne (1) a estimé la surface des prairies à 15 millions d'arpents, c'est-à-dire au quart de celle qu'il donne aux terres labourables. Suivant les notes prises dans tout le royaume, je crois qu'il triple le nombre exact. De grandes quantités de bestiaux sont nourries sur les terres arables avec du trèfle, du sainfoin, etc., sans le secours de prairies; dans des provinces entières, on n'en trouve que sur le bord des cours d'eau, et elles ne sont jamais bien larges. La charrue s'avance jusque sur les rives de la Marne, et partout où j'ai vu la Loire, les prairies sont peu considérables, quand il y en a. La Seine coule entre des collines de craie boisées, ou au milieu de plaines de gravier mises en culture; près de la Garonne, les céréales occupent la plupart des terrains; les vignes et les rochers bordent le Rhône. On trouve de grandes prairies sur les bords de la Somme, mais, en résumé, il n'y en a guère que dans les vallées très secondaires et en nombre insignifiant à proportion des terres arables.

Le même auteur remarque que tout le monde s'accorde à donner plus d'extension aux vignes qu'aux prés, par conséquent celles-ci ne sauraient couvrir le même espace, 5,000,000 d'acres. Nous avons trouvé le produit brut du royaume par une autre voie, qui nous a donné 5,240,000,000 de livres ou 230,516,263 l. s. se détaillant de la manière suivante :

(1) *Crédit national*, p. 105.

	acres.			liv. tourn.		liv. sterl.
Terres arables.....	70,000,000	à 40 l.	=	2,800,000,000	=	122,860,583
Vignes............	5,000,000	175 l.	=	875,000,000	=	38,225,250
Bois..............	19,000,000	16 l.	=	317,608,240	=	13,895,360
Prairies, herbages.	4,000,000	100 l.	=	400,000,000	=	17,500,000
Luzerne, etc......	5,000,000	100 l.	=	500,000,000	=	21,875,000
Pâturages, landes, etc..............	27,150,000	10 l. (1)	=	271,500,000	=	11,878,125
	131,000,000	à 40 l. (2)	=	5,164,108,240	=	226,234,318

Il est clair que le dernier calcul basé sur d'autres données que le premier n'est pas exagéré ; de plus, ils se rapprochent autant l'un de l'autre qu'on doit s'y attendre, par la différence des méthodes suivies. Les vignes, les prairies et la luzerne sont les seules cultures qui aient peu de progrès à faire, et la France se trouverait mieux si elle leur accordait l'extension qu'elles méritent. Le produit des terres arables est de beaucoup inférieur à ce qu'il devrait être. En Angleterre, on peut l'estimer à 50 sh. l'acre = 144 fr. 45 c. par h., soit 15 sh. = 43 fr. 35 c. par h. de plus ; sur 70 millions d'acres, cela fait une différence de 52,500,000 l. st. ou 1,200,000,000 de liv., et l'on ne doit point considérer ceci comme le dernier terme du progrès, puisque l'on y comprend toutes les terres arables d'Angleterre, dont grande partie est fort mal cultivée. Suivant une évaluation faite avec soin, pour ce royaume, la terre labourable louée 15 sh., *bien cultivée* rend 3 l. st. 14 sh. 7 d. = 230 fr. 48 c. par h. en moyenne, ce qui est bien au delà du double du produit en France. 27 millions

(1) M. Roland de la Platière m'a appris, à Lyon, qu'en général les terres incultes se vendent le 1/3 du prix des bois ; si le produit était en proportion, cela ferait 5 ou 6 liv. pour ces terres ; mais, dans ce cas, on fait entrer les pâturages dans le calcul (*Note de l'auteur*).

(2) Il faut se rappeler que, dans ces calculs, Young a donné à la livre tournois une valeur au delà de la réelle ; pour lui 24 livres valent exactement une guinée ou 21 shellings, soit 26 fr. 25 c. de notre monnaie

d'acres de pâturages et de terres incultes à 10 liv. l'un dans l'autre (je force le chiffre plutôt que de le prendre trop bas) forment un beau champ pour l'industrie des cultivateurs. Il y en a peu qui ne puissent porter quelque récolte ; mais admettons que 10 millions seulement ne fussent amenés qu'à rendre 40 sh. = 123 fr. 55 c. par h., comme il est très aisé de le faire, les 20 millions sterl. qui en résulteraient seraient une grande ressource pour le royaume.

Les écrivains nationaux sont loin d'être d'accord sur la valeur du produit brut de la France. Le marquis de Casaux (1) le fait monter à 2,000,400,000 liv., ou 87,517,500 l. st. ; un autre (2), plus récent, à 5,015,500,000 liv., ou 219,428,125 l. st. ; un troisième, à 1,780,330,000 liv., ou 77,889,457 l. st. ; M. de Tolozan (3), à 1,826,000,000 liv., ou 79,887,500 l. st. ; enfin M. Dellay d'Agier (4), de l'Assemblée nationale, à 1,449,200 l. st.

Ces chiffres dépourvus d'autorité, ne sont guère que des conjectures plus ou moins rapprochées de la vérité, mais enfin des conjectures. Il est plus aisé de calculer le revenu brut de la France que le revenu net ou la rente, par suite de l'infinie variété des baux et des tenures. On ne sera pas toutefois loin du vrai en calculant la rente des terres arables et de la luzerne à 15 sh. 7 d. = 48 fr. 13 c. par h., moyenne tirée de mes notes ; les bois à 12 sh. = 37 fr. 06 c. par h. ; les vignes à 8 1/2 0/0 de leur prix d'achat, ou 45 liv. ; les prairies à moitié produit, ou 50 liv. (2 l. st. 3 sh. 9 d.); les pâ-

(1) *Questions à examiner avant l'Assemblée des États généraux*, p. 36, 1788.

(2) *Apologie sur l'édit de Nantes.*

(3) *La Subvention territoriale en nature*, par M. Garnier de Saint-Julien, 1789, in-8°, p. 24.

(4) *Mém. sur le commerce de la France*, in-4°, 1789, p. 20.

turages, landes, etc., à 2 liv., ce qui n'est pas trop bas, puisque dans beaucoup de provinces on les donne par dessus le marché, auquel cas elles sont d'une grande utilité pour le fermier sans en avoir pour le propriétaire.

Récapitulation.

	ÉTENDUE	
	En arcs.	En hectares.
Terres arables..........	75,000,000	30,350,250 (1)
Bois..................	19,850,000	8,032,699
Vignes................	5,000,000	2,023,350
Prairies..............	4,000,000	1,618,680
Terres incultes.........	27,150,000	10,986,790
	131,000,000	53,011,769

PRODUIT MOYEN					
Par acre.			Par hectare.		
0 st.	15 sh.	7 d.	48 fr.	14 c.	
0	12	0	37	06	
3	16	6	236	30	
2	3	9	135	14	
0	1	9	5	41	
0	15	10	48	91	(2)
0	15	4 $\frac{3955}{13100}$	47	44	

PRODUIT TOTAL.		
58,437,500 l. st.	(3)	1,460,937,500 fr.
11,910,000		297,750,000
19,125,000		478,125,000
8,750,000		218,750,000
2,375,625		59,390,625
100,598,125		2,514,953,125

(1) Les calculs portant ici sur des nombres très élevés, on a cru devoir se servir d'une valeur plus rapprochée pour l'acre, 0,40467 au lieu de 0,4046.

(2) On a conservé le chiffre donné par A. Young, en plaçant immédiatement au-dessous le chiffre véritable.

(3) A. Young donne 57 au lieu de 58 millions, erreur évidente d'où il tire un total faux de quelques millions : ce total, à son tour, le conduit à un prix moyen général erroné : 15 sh. 10 d.

Tandis que le produit brut en Angleterre est si supérieur à celui de la France, la rente y est en moyenne inférieure, à cause des vignes, qui en fournissent près du cinquième.

Par produit net devons-nous entendre la rente? et si ce n'est pas elle, je ne sais ce que ce sera : plusieurs auteurs s'en sont déjà occupés. M. de Forbonnais (1) le donne de 800 millions de liv., soit 35 millions de l. s., ce qui n'atteint pas les 2/3 du montant probable ; un autre dit (2) 1,794,000,000 liv., ou 78,487,500 l. st. ; un troisième (3), 23 millions de liv. (erreur des plus grossières) ; un quatrième (4) le suppose surpasser 1 milliard de liv., ou 43,750,000 l. st. ; M. de Calonne (5) le porte à 1 milliard et demi de liv., ou 65,620,000 l. st. Mais que penser de l'instruction politique des parlements qui ont déclaré que, à 600 millions, les taxes excédaient les 2/3 et même atteignaient les 3/4 de l'*entier revenu territorial de la France* (6) ! Ils entendaient sans doute par là le produit brut du sol, et il s'en fallait, par conséquent, de 5/6 pour qu'ils eussent raison (7).

(1) *Prospectus sur les finances*, 1789, p. 11.

(2) *Crédit national*, p. 136.

(3) *Patullo's Essays on the cultivation of Bengal*, p. 5. — Un autre ouvrage du même : l'*Essai sur l'amél. des terres*, in-12, 1758, est souvent cité par les Français.

(4) *Réflexions sur une quest. d'Écon. pol.*, par M. Varenne de Fenille, in-8°, 1790, p. 24.

(5) *Requête au Roi*, in-8°, 1787, p. 55.

(6) *Arrêté du Parlement de Grenoble du 21 août 1787, du Parlement de Toulouse du 27 et du Parlement de Besançon du 30.*

(7) M. Block (*des Charges de l'agriculture*), se fondant sur les documents les plus dignes de foi, donne les résultats suivants :

France..................	7,420,000,000 fr.
Royaume-Uni...........	6,597,328,000

CHAPITRE XVI

DE LA POPULATION DE LA FRANCE.

Le sujet étant suffisamment élucidé par des recherches sur l'industrie, l'agriculture, la division de la propriété foncière, etc., je me contenterai de soumettre au lecteur quelques faits recueillis avec soin sur les lieux et qui forment, pour le calculateur politique, une suite de données utiles. M. l'abbé Expilly, dans son *Dictionnaire de la France*, porte à 21,000,000 le nombre des habitants de ce pays; le marquis de Mirabeau, sur l'autorité d'un recensement fait en 1755, le porte à 18,107,000 : il donne 1,665,200 habitants à la Normandie, et 847,500 à la Bretagne (l'*Ami des hommes*, 1760, 5e édition, t. IV, p. 184). M. de Buffon, dans son *Histoire naturelle*, adopte le nombre 22,672,077. Dans ses *Recherches sur la population* (in-4°, 1766), M. Messance donne des détails dont il conclut que, dans beaucoup de villes d'Auvergne, les naissances sont au nombre des habitants dans le rapport de 1 à $24\ \frac{1}{2}\ \frac{1}{40}\ \frac{1}{80}$; les mariages annuels, de 1 à 114, et que les familles se composent, l'une dans l'autre, de $5\ \frac{1}{8}\ \frac{1}{24}$, c'est-à-dire que 124 âmes font 24 familles. Dans plusieurs villes du Lyonnais, les naissances sont à la population comme 1 à 23 3/4, les mariages annuels comme 1 à 111, et les familles se composent de $4 \frac{3}{4} \frac{1}{80}$ (1), soit 381 habitants pour 80 familles. Pour certaines villes de Normandie, ces proportions sont, à l'égard des naissances, de 1 à $27 \frac{1}{2} \frac{1}{20}$; à l'égard des mariages de l'année, de 1 à 114; des familles, de $3 \frac{1}{2} \frac{1}{4} \frac{1}{20}$: 20 familles renferment 76 personnes. A Lyon, les familles sont de $5 \frac{1}{4} \frac{1}{60}$: 60 d'entre elles représentent 316 habitants; il n'y a guère au delà de 24 personnes par maison. A Rouen, les familles sont de $6 \frac{1}{30}$, les maisons de $6 \frac{1}{3} \frac{1}{12}$. A Lyon, les morts annuelles montent à 1 sur $35 \frac{1}{2}$; à Rouen, 1 sur $27 \frac{1}{2}$. La vie moyenne dans la généralité de Lyon atteint 25 ans ; dans celle de Rouen, 25 ans 10 mois. A Paris, il meurt annuellement 1 individu sur 30 : les familles comprennent 8 personnes ; les maisons 24 1/2. En comparant, pour Paris, le nombre des naissances pour chaque mois depuis 40 ans, M. Messance a trouvé que les plus féconds sont ceux de mai, juin, juillet et août. Quant aux morts pour la même période, en voici le tableau :

Mars......	77,803	Février....	66,789	Octobre...	54,897
Avril......	76,815	Décembre..	60,926	Septembre.	54,339
Mai.......	72,198	Juin.......	58,272	Novembre .	54,029
Janvier....	69,166	Juillet.....	57,339	Août......	52,479

Il semblerait que le soleil a la même influence sur la santé humaine que sur la végétation. Quel dommage que nous ne possédions pas de pareilles tables pour des villes placées sous des latitudes et dans des circonstances différentes !

Mortalité : à Clermont-Ferrand, 1 sur 38; à Carcassonne, 1 sur 22 1/2; à Valence, 1 sur 24 1/2; à Vitry-

(1) Le *Comité de mendicité* affirme que chaque famille en France se compose de 5 personnes, chaque couple ayant 3 enfants. — *Cinquième rapport*, p. 34.

le-Français, 1 sur 23 1/2 ; à Elbeuf, 1 sur 29 1/2; à Louviers, 1 sur 31 1/2; à Honfleur, 1 sur 24; à Vernon, 1 sur 25 ; à Gisors, 1 sur 29; à Pont-Audemer, 1 sur 33 ; à Neufchâtel, 1 sur 24 1/2; à Pont-l'Évêque, 1 sur 26 ; au Hâvre, 1 sur 35.

D'après des recherches portant sur 7 des provinces principales du royaume, la population s'est augmentée de 1/13 en 60 ans, ou dans la proportion de 211 à 196. Déduction générale, la population du royaume devait être de 23,909,400 en 1764. M. Moheau (1) donne aux provinces les plus peuplées 1,700 habitants par lieue carrée, et aux moins peuplées, 500; moyenne, 872, ce qui donnerait 23,500,000 pour tout le territoire, plus un accroissement d'un 9e depuis 1688. L'île d'Oléron a 2,886 habitants par lieue carrée; celle de Ré, 4,205. Les naissances sont, selon lui, de 1 sur 28, et les morts de 1 sur 36. M. Necker, dans son ouvrage sur l'*Administration des provinces de la France*, ajoute ces faits qui doivent nous intéresser : Les naissances annuelles pour toute la France, d'après la moyenne des années 1776, 77, 78, 79 et 80, ont été de 963,207, qui, multipliées par 25 1/2, proportion adoptée par lui, donnent 24,802,580 pour la population de la France. Il mentionne l'erreur impardonnable des économistes qui la faisaient de 15 ou 16 millions. Une autorité plus récente (2), mais qui, parlant par nombres ronds, n'est pas si exacte, donne 25,500,000 habitants, dont 80,000 appartiennent au clergé, 110,000 à la noblesse ; 3 millions sont protestants, et 30,000 juifs. Le comité des impôts croit que le chiffre 30 suffit comme proportion des naissances à la population dans les villes, mais

(1) *Recherches sur la population de la France*. In-8°, 1778.

(2) *Bibliothèque de l'homme public*, par MM. DE CONDORCET, PEYSSONNEL et LE CHAPELIER, t. III.

qu'il est trop fort pour les campagnes (1); 30 donnerait 28,896,210. Tout récemment l'Assemblée nationale a ordonné des recensements qui s'approchent davantage de la parfaite exactitude.

On y est parvenu au moyen de relevés des taxes, dans lesquels, ou plutôt dans les duplicatas desquels, on a fait entrer toutes les personnes non sujettes à ces charges; et, comme les instructions pour dresser ces listes sont positives et explicites, et qu'il n'y a pour le peuple aucune raison de dissimuler son nombre, mais que, au contraire, on favorise, en certains cas, ceux qui ont le plus d'enfants, nous en pouvons conclure que ces relevés sont des guides sûrs. En voici le détail :

ÉTAT GÉNÉRAL DE LA POPULATION DU ROYAUME DE FRANCE.

Départements.	POPULATION DES		Total.
	villes et bourgs.	villag. et camp.	
1. Ain	42,300	251,566	293,866
2. Aisne	86,800	305,253	392,053
3. Allier	42,800	203,280	246,080
4. Alpes (Hautes-)	29,500	151,833	181,333
5. Alpes (Basses-)	38,060	180,606	218,666
6. Ardèche	24,600	185,533	210,133
7. Ardennes	62,100	113,260	175,360
8. Ariège	31,400	139.266	170,666
9. Aube	40,100	157,255	197,355
10. Aude	48,400	203,120	251,520
11. Aveyron	46,500	250,135	290,035
12. Bouches-du-Rhône	163,200	158,933	322,133
13. Calvados	105,350	329,850	435,200
14. Cantal	39,950	237,385	277,335
15. Charente	44,100	224,060	268,160
16. Charente-Inférieure	89,120	279,309	368,426
17. Cher	47,900	228,366	276,266
18. Corrèze	32,750	221,692	254,442
19. Corse	»	»	132,266

(1) *Rapport du Comité d'imposition sur les taxes*, p. 27.

20. Côte-d'Or.............	59,350	367,983	427,333
21. Côtes-du-Nord.........	27,500	441,166	468,666
22. Creuse...............	22,800	244,293	267,093
23. Dordogne.............	51,900	353,433	405,333
24. Doubs................	36,500	187,500	224,000
25. Drôme................	29,900	194,100	224,000
26. Eure.................	76,600	323,400	400,000
27. Eure-et-Loir.........	44,350	186,050	230,400
28. Finistère............	63,000	417,000	480,000
29. Gard.................	100,700	124,900	225,600
30. Garonne (Haute-)......	71,600	181,053	253,653
31. Gers.................	54,600	214,200	268,800
32. Gironde..............	200,000	408,000	608,000
33. Hérault..............	108,700	155,833	264,533
34. Ille-et-Vilaine........	50,800	439,866	490,666
35. Indre................	50,650	219,750	270,400
36. Indre-et-Loire.........	82,500	267,366	349,866
37. Isère................	33,700	269,873	303,573
38. Jura.................	30,900	218,700	249,600
39. Landes...............	36,500	209,700	246,200
40. Loir-et-Cher..........	51,400	207,800	259,200
41. Loire (Haute-).........	41,100	172,233	213,333
42. Loire-Inférieure.......	108,100	399,633	507,733
43. Loiret...............	84,600	185,266	269,866
44. Lot..................	55,100	212,900	268,000
45. Lot-et-Garonne........	39,200	262,666	308,666
46. Lozère...............	19,400	176,226	195,626
47. Maine-et-Loire.........	94,000	200,666	294,666
48. Manche...............	88,100	242,566	330,666
49. Marne................	76,200	206,466	282,666
50. Marne (Haute-)........	36,100	177,293	213,393
51. Mayenne..............	73,600	248,533	322,133
52. Meurthe..............	65,900	314,366	380,266
53. Meuse................	58,100	194,166	252,266
54. Morbihan.............	42,400	448,266	490,666
55. Moselle..............	67,000	223,133	290,133
56. Nièvre...............	34,500	218,100	252,600
57. Nord.................	168,800	399,733	568,533
58. Oise.................	53,900	266,100	320,000
59. Orne.................	57,800	328,333	386,133
60. Paris................	556,800	168,533	725,333
61. Pas-de-Calais..........	79,600	507,066	586,666
62. Puy-de-Dôme..........	82,550	322,783	405,333
63. Pyrénées (Hautes-)....	35,000	122,866	157,866
64. Pyrénées (Basses-).....	55,490	231,465	286,955

65. Pyrénées-Orientales....	31,100	131,033	162,133
66. Rhin (Haut-)...........	29,500	276,633	306,133
67. Rhin (Bas-)............	90,500	272,366	362,666
68. Rhône-et-Loire........	215,400	460,440	675,840
69. Saône (Haute-)........	18,700	231,966	250,666
70. Saône-et-Loire.........	60,100	342,033	402,133
71. Sarthe...............	66,500	296,166	362,666
72. Seine-et-Oise..........	105,900	214,100	320,000
73. Seine-Inférieure.......	184,550	261,316	445,866
74. Seine-et-Marne........	52,300	293,300	345,600
75. Deux-Sèvres...........	56,300	157,033	213,333
76. Somme.............. ..	91,600	294,533	386,133
77. Tarn.................	51,900	171,500	230,400
78. Var..................	49,900	213,566	263,466
79. Vendée...............	34,900	191,233	226,133
80. Vienne...............	48,700	232,900	281,600
81. Vienne (Haute-)........	41,300	140,033	181,333
82. Vosges...............	28,200	291,800	320,000
83. Yonne................	72,900	366,566	439,466
Totaux.............	5,709,270	20,521,538	26,230,808

En évaluant à 131,722,295 le nombre des acres, et prenant le chiffre d'habitants donné par ce tableau, il en résulte qu'il y a 5 acres par tête, à une petite fraction près; dans cette proportion, il faudrait 131,815,270 acres. Si l'Angleterre était également peuplée, il devrait y avoir sur 46,915,933 acres plus de 9 millions d'âmes. Et pour que nos deux îles égalent la France sous ce rapport, il faudrait 19,867,117 au lieu de 15 millions au plus.

Il y a une observation curieuse sur ce point, c'est que la population des villes est en France moins d'un quart de l'ensemble de la population, fait remarquable, parce qu'il est d'observation générale et sans doute fondé sur des lois certaines qui veulent que, dans les pays florissants, la moitié des habitants vive à la ville (1).

(1) La population urbaine, qui, en 1836, était de 32 0/0 de la population totale, montait déjà, rien que dix ans plus tard, à 40 0/0; les der-

Beaucoup d'écrivains se sont accordés à regarder cette proportion comme celle de l'Angleterre; en Hollande et en Lombardie, il doit sans doute en être de même. J'aurais assez de penchant à relier ce fait singulier, pour la France, au manque de vigueur et de succès de son agriculture, résultant aussi de la division extrême du sol en petites propriétés. Il semble au moins probable que les villes ne sont pas assez considérables pour donner à l'industrie du pays cette animation et cette vigueur qui viennent des demandes faites par les villes des produits de la campagne. On ne saurait trouver une preuve plus certaine, plus frappante, de la justesse de nos remarques sur la trop grande division du sol, et il en ressort la pleine conviction que, tout bien pesé, les progrès n'ont pas été fort grands en France. Les manufactures et le commerce ont bien moins marché qu'on ne l'aurait cru pour n'avoir pas exigé une proportion de bras plus forte que le cinquième. Une industrie réellement active, proportionnée aux ressources naturelles du pays, devrait depuis longtemps avoir purgé les campagnes (selon l'expression de sir James Stuart) de ces bouches superflues; je ne dis pas de ces *bras* en parlant de gens qui mangent plus qu'ils ne travaillent, et c'est le manque d'occupation qui devrait les chasser vers les villes.

Cette table suggère une autre observation : je suis revenu à plusieurs reprises, dans mon journal, sur le désert que formaient les environs de Paris, comparés à ceux de Londres; sur ce que cette différence est bien

niers travaux, entrepris dans toutes les villes de France à la fois, n'auront certainement pas fait décroître cette proportion. M. Block, dans l'ouvrage où sont puisés ces renseignements (*Des charges de l'agriculture*, etc.), donne pour l'Angleterre les résultats suivants : Nombre des familles agricoles : en 1811, 35,2 0/0; en 1821, 33,2 0/0; en 1831, 28,2 0/0; en 1841, 22 0/0 de la population totale.

plus grande que celle qui existe entre les deux villes; enfin que ce manque d'activité se retrouve sur toutes les routes du royaume. Maintenant il est bon de remarquer que le contraste présenté par l'Angleterre vient du nombre, du développement, de la richesse de nos villes bien plus que d'aucune autre cause. Ce n'est pas la campagne, ce sont les villes qui produisent cette rapide circulation d'un bout du royaume à l'autre, et quoiqu'à première vue la France paraisse devoir l'emporter à cet égard, un examen plus attentif mène à la conclusion opposée. Dans la liste suivante, la partie anglaise a sûrement l'avantage :

Londres............	Paris.	Manchester.......	Rouen.
Dublin.............	Lyon.	Birmingham......	Lille.
Édimbourg.........	Bordeaux.	Norwich..........	Nismes.
Liverpool..........	Marseille.	Cork..............	Saint-Malo.
Bristol.............	Nantes.	Glasgow..........	Bayonne.
Newcastle..........	Le Havre.	Bath..............	Versailles.
Hall...............	La Rochelle.		

La grande supériorité de Londres sur Paris, et de Dublin sur Lyon rend toute comparaison ridicule. Londres, lui seul, selon moi, vaut Paris, Lyon, Bordeaux et Marseille, comme il ressort des tables de population, de leur richesse et de leur commerce.

Réfléchissons, en outre, que nos villes se trouvent au milieu d'une population de 15 millions au lieu de 26; cela suffit à montrer combien l'activité de l'un des pays doit surpasser celle de l'autre (1).

(1) Quelle opinion se faire de ces merveilleux politiques, les nobles de Dourdan, qui demandent des entrées aux portes des villes, non point comme un excellent moyen fiscal, mais pour restreindre l'accroissement des villes: « qui ne se fait que par la dépopulation des campagnes ». *Cahier*, p. 20. Le comte de Mirabeau, dans sa *Monarchie prussienne*, reproduit souvent cette idée. Il se trompait de beaucoup en croyant le nombre des sujets du Roi de France triple de celui des habitants de

Je ne connais pas, en économie politique, un sujet qui ait causé plus d'erreurs que celui de la population. Pendant plusieurs siècles, on l'a regardé comme le seul signe de prospérité nationale; les politiques d'alors, comme beaucoup de notre temps, croyaient qu'il suffisait de consulter les recensements pour savoir à quel point en était un pays. Il y a vingt-deux ans, dans mon voyage dans le nord de l'Angleterre (1769), je commençai à mettre mes lecteurs en garde contre cette doctrine et à soutenir qu'une nation n'est ni riche ni puissante par la seule masse de son peuple, ce n'est que lorsqu'il est industrieux qu'il constitue la force d'un royaume. Cette assertion, je l'ai répétée dans mon *Arithmétique politique* (1774) et dans la deuxième partie (1779) sous d'autres formes. Vers la même époque, un génie d'une trempe supérieure, sir J. Stuart, dépassa de beaucoup mes faibles efforts, et expliqua de main de maître les principes de la population. Depuis sont venus plusieurs écrivains qui se sont placés à ce point de vue : nul d'entre eux n'a égalé M. Herrenschwandt qui, dans son *Économie politique moderne* (1786) et son *Discours sur la division des terres* (1783) (voyez surtout p. 48 à 51), a presque épuisé le sujet. Je n'omettrai pas non plus le *Rapport du comité de mendicité* de l'Assemblée nationale; le passage suivant fait le plus grand honneur au sens politique de ses membres : « C'est ainsi que, malgré les assertions sans cesse répétées depuis vingt ans de tous les écrivains politiques qui placent la prospérité d'un empire dans sa plus grande population, une population excessive sans un grand travail et sans des productions abondantes serait au contraire une dévorante surcharge pour un État, car il faudrait alors que

l'Angleterre; s'il entendait (comme je le crois) par ce nom les Iles-Britanniques. Tom. I, p. 402. (*Note de l'auteur.*)

cette excessive population partageât les bénéfices de celle qui, sans elle, eût trouvé une subsistance suffisante ; il faudrait que la même somme de travail fût abandonnée à une plus grande quantité de bras; il faudrait enfin, nécessairement, que le prix de ce travail baissât par la plus grande concurrence des travailleurs, d'où résulterait une indigence complète pour ceux qui ne trouveraient pas de travail et une subsistance incomplète pour ceux-mêmes auxquels il ne serait pas refusé (1). »

La France elle-même donne une preuve irréfragable de la vérité de cette opinion ; car je suis tellement convaincu, par mes observations dans toutes les provinces, que la population du royaume est hors de proportion avec son industrie et son travail, que je crois fermement qu'elle serait plus puissante et infiniment plus prospère avec 5 millions d'habitants de moins. Par cet excès, elle présente de tous côtés des tableaux de misère absolument incomparables avec le degré de félicité nationale qu'elle eût pu atteindre, même sous l'ancien gouvernement. Un voyageur, sans faire autant que moi attention à ces objets, verra à chaque pas des signes non équivoques de détresse. Qui s'en étonnerait, sachant le prix de la main-d'œuvre, celui des subsistances et la misère qu'entraîne, pour les classes inférieures, la plus petite hausse dans les grains, misère qui s'accroît des alarmes qu'excite l'attente d'une disette? Ce n'est certainement pas dans la douceur de l'ancien gouvernement qu'il faut chercher les causes de cet excès; loin de protéger les classes pauvres, il les abandonnait à la merci des ordres privilégiés. On doit cependant reconnaître qu'il n'y avait rien dans ses principes de si

(1) *Plan de travail du comité pour l'extinction de la mendicité*, présenté par M. de Liancourt, in-8°, 1790, p. 6.

positivement hostile à la population, qu'ils en dussent arrêter le développement. Des écrivains bavards lui ont attribué la dépopulation avec autant de vérité et de candeur qu'on en a montré sur le même sujet en Angleterre. M. Necker, dans un passage d'une haute raison, leur répond d'une manière décisive, et aussi bien applicable à l'Angleterre qu'à la France (1). Le climat n'est pas non plus une des causes que nous cherchons; car le tableau comparatif des naissances et des décès n'offre rien de plus favorable que chez nous. En Hollande, dans les Flandres, une partie de l'Allemagne et de l'Italie (2), un climat bien inférieur s'accorde avec une plus grande population. Ce n'est pas davantage à la prospérité des manufactures; car les nôtres sont beaucoup plus considérables, eu égard au nombre des habitants des deux pays.

Ce mal, c'est à la division extrême de la propriété que je l'attribue. L'homme se marie pour peu qu'il aperçoive l'apparence des moyens de pouvoir subsister. Un héritage de 10 ou 12 acres à partager entre les enfants du propriétaire est regardé par eux comme un établissement convenable, et occasionne un mariage dont les enfants disparaissent vite faute de nourriture (3), ou bien les fait se fixer chez leurs parents longtemps après l'âge où ils auraient dû émigrer pour la ville. Dans les districts où se trouvent d'im-

(1) *De l'adm. des fin. Œuvres*, in-4°, Londres, p. 320.

(2) Un très spirituel écrivain italien donne à la France 1,290 habitants par lieue carrée, et à l'Italie 1,335. Fabbron *Réflex. sur l'agr.*, p. 243. (*Note de l'auteur.*)

(3) M. Necker, dans la même division de son ouvrage que nous venons de citer, remarque que c'est ce qui arrive en France, et observe, avec justice, que la population d'un tel pays étant composée d'un trop grand nombre d'enfants, un million d'habitants n'y signifie ni la même force ni le même travail qu'autre part. (*Note de l'auteur.*)

menses terres incultes, quoique d'un certain degré de fertilité, comme au pied des Pyrénées, appartenant à des paroisses disposées à les vendre, l'économie et l'industrie, animées par le désir de s'établir et de se marier, ont de très bons effets. Il se fait un progrès semblable à celui de l'Amérique, et, si la terre est à bon marché, il n'y a que peu de misère. Mais, comme les familles s'augmentent promptement dans de telles circonstances, le moindre déficit dans les subsistances est suivi d'une grande misère. Il en est de même dans les cas d'une hausse sur les terres, ou bien de l'entière vente de la meilleure portion, ou de difficultés plus grandes dans l'acquisition : tous cas que j'ai trouvés dans ces montagnes. A l'apparition d'un obstacle, la détresse est proportionnée à l'élan qu'avait pris la population. Il est clair que dans les exemples que nous signalons il n'y eût pas eu de misère si les manufactures et le commerce avaient été assez florissants pour employer ce surcroît aussitôt qu'il se formait; car c'est précisément là ce qui doit arriver dans un équilibre de forces bien ménagées : la campagne fournit aux besoins des villes et des manufactures. Elle ne sera jamais que trop en mesure de répondre à cette demande. Sous ce rapport, l'Angleterre est mieux placée qu'aucune autre contrée de l'Europe, à cause de ses manufactures sans rivales, et elle est elle-même quelquefois trop active à multiplier sa population. Nous le voyons évidemment par l'accroissement de la taxe des pauvres dans les villages : ses manufactures, travaillant pour l'étranger, sont exposées à des *mortes saisons*, à des ralentissements, qui occasionnent le renvoi de milliers d'ouvriers, qui retournent se faire nourrir par leur paroisse.

Cependant nous n'avons vu rien de semblable depuis

la fin de la guerre d'Amérique, et les sept années que nous venons de traverser peuvent être nommées les plus prospères que notre pays ait jamais connues. On m'a dit en France : Préféreriez-vous voir la terre abandonnée plutôt que cultivée en petites parcelles, par crainte d'un excès à venir? Non très certainement, je ne le voudrais pas; j'encouragerais, au contraire, cette culture, mais j'empêcherais la division des petites fermes, aussi pernicieuse pour la terre que pour les habitants. Les louanges absolues accordées à une grande subdivision de la propriété, qui, malheureusement, ont retenti dans l'Assemblée nationale, doivent venir de ce que l'on n'a pas suffisamment examiné les faits. Parcourez les cantons où la terre a été morcelée, et vous trouverez (du moins je l'ai trouvé partout en ce cas) une grande gêne, et même une misère complète, accompagnées d'une mauvaise agriculture; parcourez-en d'autres où l'on a gardé les limites raisonnables, vous trouverez une meilleure exploitation et infiniment moins de misère, et, si vous voulez rencontrer un pays où il y en ait aussi peu que cela était compatible avec l'ancien système de gouvernement, allez où il n'y a pas de petites propriétés. Visitez les grandes fermes de la Beauce, de la Picardie, d'une partie de la Normandie et de l'Artois, là vous ne verrez de population que ce qui est employé et bien payé; si le contraire vous arrivait, il y a à parier vingt contre un que c'est dans une paroisse possédant des communaux, où les pauvres veulent entretenir quelques bestiaux, être propriétaires; d'où s'ensuit la misère.

Une fois engagé dans ce voyage politique, terminez-le par une visite à l'Angleterre; je vous montrerai des paysans bien habillés, bien nourris, ayant même assez de superflu pour le cabaret, bien logés, à leur aise ; cependant il n'y en a pas un sur mille qui ait de la terre ou une tête de bétail. Quand vous aurez vu cela, retournez à votre tribune et prêchez, si vous le voulez, en faveur de la petite propriété. Il faut mentionner deux grandes erreurs à ce sujet : ce sont les encouragements donnés aux mariages et l'importance que l'on attache à attirer les étrangers. Aucune d'elles n'est admissible en France. Le grand malheur de ce royaume est une grande population sans ouvrage pour ses bras, sans pain pour sa bouche : pourquoi alors encourager le mariage? Voulez-vous donc augmenter le nombre de ceux dont vous ne savez déjà que faire? La concurrence est déjà si grande pour obtenir les moyens de subsistance, la voulez-vous rendre plus vive encore? C'est à se demander si ce n'est pas le but contraire qu'il faudrait poursuivre, si l'on ne devrait pas s'opposer au mariage de ceux qui ne pourraient justifier de moyens de subsistance pour les enfants qui en viendraient? Pourquoi donc encourager les mariages quand on est sûr qu'ils se feront dans toutes les circonstances où il sera possible qu'ils se fassent? Il n'y a pas d'exemple d'une source de travail régulier, qui, établie, n'ait entraîné des mariages en proportion de son importance. Cette conduite est au moins inutile, elle peut devenir dangereuse. Il en est de même pour les étrangers : serait-il conforme à la raison, lorsque l'on a des paysans à moitié morts de faim, faute d'ouvrage, d'attirer des gens du dehors qui viennent augmenter la demande pour ce pain déjà insuffisant? C'est ce qui aura lieu si les nouveaux venus sont industrieux; s'ils appartiennent aux classes supérieures, leur émigration doit être fort restreinte, et en aucune manière profitable à l'État. Il faut qu'ils quittent leur pays, non point par les encouragements offerts par d'autres, mais par quelques coups de fausse politique à l'intérieur. Les événements, comme les persécutions du duc d'Albe, la révocation de l'édit de Nantes, sont en dehors du cours habituel des affaires. C'est alors le devoir de tout pays de s'ouvrir pour de tels fugitifs, par le seul motif d'humanité, et quelquefois on en recueille de grands avantages, ainsi que cela a eu lieu pour nous. Telles ne sont pas les émigrations dont je veux parler, mais celles que vient d'établir le roi d'Espagne dans la Sierra-Morena. On est allé chercher à grands frais en Allemagne des mendiants que l'on a munis de tout ce qu'il leur fallait pour établir de petites fermes dans ces déserts, tandis que chaque ville espagnole fourmille de vagabonds oisifs, supportés par les charités de l'évêque et des couvents. Supprimez graduellement ces charités qui engendrent la misère et les abus, employez vos pauvres de la même manière, et vous aurez établi dix familles du pays contre une allemande.

Il est très ordinaire d'entendre se plaindre du manque de population en Espagne et dans quelques autres pays, mais ces plaintes résultent habituellement de l'ignorance, car tous les pays mal gouvernés sont, au contraire, trop populeux. L'Espagne l'est grâce à son climat, malgré l'apparente rareté de ses habitants; car, ainsi que nous venons de le montrer, tout pays l'est dont le peuple, surpassant les besoins de l'industrie, doit mourir de faim ou reposer sur la charité des autres (1); sous ce rapport l'Espagne serait peut-être le pays le plus peuplé de l'Europe. Quand cet excès arrive dans un pays, ce n'est pas dans l'importation d'étrangers qu'on y doit chercher un remède; *il est plus près du mal qu'on ne croit.*

(1) Un auteur italien avec lequel j'ai eu le plaisir de causer à Turin, fait remarquer avec justesse : *Quanto la popolazione proporzionata ai*

CONSOMMATION.

Consommation de Paris en bœufs, veaux, moutons et porcs, relevée pour 20 ans dans le registre des entrées.

ANNÉES.	BOEUFS.	VEAUX.	MOUTONS.	PORCS.
1767...	68,763	106,579	358,577	37,899
1768...	69,985	112,949	344,320	32,299
1769...	66,586	111,608	333,916	36,186
1770...	66,818	110,578	335,013	36,712
1771...	65,360	107,598	314,124	30,753
1772...	63,390	101,791	293,946	28,610
1773...	65,324	99,749	309,137	29,391
1774...	68,025	103,247	309,573	30,032
1775...	68,306	109,235	309,662	32,722
1776...	71,208	102,291	328,505	37,740
1777...	71,755	104,600	343,360	35,823
1778...	73,606	107,292	328,868	36,284
1779...	73,468	99,952	324,028	38,211
1780...	71,488	104,825	308,843	41,419
1781...	70,484	99,533	317,681	41,205
1782...	72,107	100,706	316,563	44,772
1783...	71,042	98,478	321,627	39,177
1784...	72,984	100,112	327,034	39,621
1785...	73,846	94,727	332,628	28,697
1786...	73,088	89,575	328,699	39,572

MOYENNES :

Bœufs, 69,883. — Veaux, 103,271. — Moutons, 323,762. — Porcs, 36,332.

Tels sont les objets qui ont payé les droits ; mais les douaniers estiment ce qui passe en contrebande à 1/6e du tout (1).

prodotti della natura e dell'arte è vantaggiosa ad una nazione, altrettanto è nociva una popolazione soverchia. Abbate VASCO, *Risposta al quesito proposto dalla Reale Academia delle Scienze*, etc.

TRADUCTION : Autant une population en rapport avec les produits de la nature et de l'industrie est avantageuse pour un État, autant elle lui est nuisible quand elle dépasse cette limite. In-8°, 1788, p. 85. (*Note de l'auteur.*)

(1) On trouvera étrange que des bœufs vivants soient passés en contrebande; mais il y a de nombreux moyens pour le faire ; l'un d'eux, que

La consommation en farine est de 1,500 sacs par jour, pesant chacun 320 livres ; il faut 9 septiers de blé pour former 4 de ces sacs, c'est donc 3,375 septiers par jour, et 1,231,875 par an. Les statisticiens s'accordent à évaluer la consommation moyenne de tout le royaume à 3 septiers par tête ; mais cela ne nous donne pas la population de la capitale, car la quantité de viande que l'on y trouve doit réduire considérablement cette moyenne. En la supposant de 2 septiers, cela ferait 615,937 âmes. M. Necker comptait à Paris 660,000 âmes. Le recensement de 1790 n'a donné que 550,800, et il y a de nombreuses raisons de penser que la révolution a réduit le nombre à cette proportion. On s'en assure par la consommation actuelle de 1,350 sacs par jour, c'est-à-dire moindre de 1/10e de ce qu'elle était avant ; à 2 septiers de blé, cela fait 554,334, soit 2,000 de différence avec le chiffre du recensement : 2 septiers est donc la moyenne pour Paris ; quoique le nombre d'habitants qu'elle nous donne ne s'accorde pas parfaitement avec celui supposé par M. Necker, il n'en diffère cependant pas autant que ceux qui lui ont été opposés par le docteur Price et l'excellent statisticien M. Howlet. Comme la dernière énumération montre que la population parisienne était (d'après la consommation en blé) de 615,937 âmes, quand le nombre annuel des naissances montait à 20,550, on voit ainsi se confirmer la loi qui veut que la population des grandes villes soit trente fois égale aux naissances. De cette manière on obtient 616,500, c'est-à-dire une différence très négligeable.

Le coefficient de M. Necker se trouve confirmé, il

l'on vient de découvrir, consistait dans un souterrain, reliant une cour de boucher à l'intérieur du mur d'enceinte de la ville, avec une étable au dehors. (*Note de l'auteur.*)

donne à la France une population de 26,000,000, et prouve combien M. Price était dans l'erreur en la portant à 30, aussi bien que dans l'évaluation de celle de l'Angleterre dont M. Howlet lui a montré l'exagération. On dirait que c'est le sort de ce calculateur de se voir réfuter sur tous les points d'économie politique qu'il a traités : la mauvaise influence des clôtures, la dépopulation de l'Angleterre, la population de la France et les prédictions de ruine qu'il a fait tonner sur certaines sociétés par annuités qui ont réussi presque en raison des maux qu'il leur avait annoncés. Suivant la moyenne des 20 dernières années, la consommation du vin a été de 230 à 260,000 muids par an, soit 245,000. En 1789, elle est tombée de 50,000 muids, par la contrebande pendant les troubles. 240,000 muids font 70,560,000 pintes de Paris ou quarts anglais, soit, pour la consommation journalière, 193,315 quarts, et si, suivant l'évaluation des *commis* de barrière, la contrebande monte à 1/6ᵉ, 225,534, c'est 1/3 de quart plus 1/10ᵉ de ce 1/3 par tête. La consommation en viande est très difficile à calculer, parce que l'on ne note pas le poids des bêtes; je puis essayer de l'évaluer ; le lecteur voudra ne prendre ce qui suit que pour de simples conjectures. J'ai vu plusieurs fois des milliers de ces bœufs, et j'en avais conclu à une moyenne de 60 stones; mais, comme il y en a de plus petits, mettons-les de 50 stones ou 700 livres ; laissant la contrebande qui, atteignant 1/6ᵉ sur toutes les denrées, ne peut aller si haut pour le bétail, supposons aussi les veaux de 120 livres, les moutons de 60 livres et les porcs de 100 livres.

Bœufs.........	69,883	à 700 lbs.	=	48,918,100 lbs.
Veaux..........	103,271	à 120 »	=	12,392,520 »
Moutons........	323,762	à 60 »	=	19,425,720 »
Porcs..........	36,332	à 100 »	=	3,633,200 »
TOTAL (1)......................				84,368,540

Divisée par 615,937, cette quantité donne par an, pour chaque personne, 136 lbs de viande, ou un peu plus d'un tiers de livre par jour. Pendant la même période, on a consommé à Londres, par année moyenne, 92,539 bœufs et 649,369 moutons (2). Ces bœufs pesaient probablement 840 lbs et les moutons 100 lbs. C'était donc pour ces deux articles seulement 142,669,660 lbs; encore, en l'absence des taxes de douanes, est-il impossible d'arriver à un nombre exact. La consommation de Brest a été enregistrée pour 1778 : il y avait 22,000 âmes, habitant 1,900 maisons; elle a été de 82,000 *boisseaux*, de 150 lbs de céréales de toutes sortes, de 16,000 barriques de vin et d'eau-de-vie, et 1,000 de cidre et de bière (3). Par tête : 2 $\frac{1}{3}$ septiers ou 240 lbs de céréales par an; 1/3 de quart anglais de vin, eau-de-vie, cidre et bière, par jour. En 1773, Nancy, qui contenait 19,645 âmes, a consommé : bœufs, 2,402; veaux, 9,073; moutons, 11,863; — total, 23,338. C'est plus d'une tête de bétail par individu. En 1738, il y avait 19,831 âmes, la consommation fut: bœufs, 2,309; veaux, 5,038; moutons, 9,549; — total, 16,896 (4); en-

(1) Longtemps après que ceci eût été écrit, j'ai reçu les *Résultats d'un ouvrage*, etc., etc., 1791, par M. Lavoisier, dans lesquels il donne une table de la consommation de Paris, sur je ne sais quelle autorité : il donne comme poids total de la viande, 82,300,000 lbs. (*Note de l'auteur.*)

(2) *Report of the court of common council*, 1786, in-folio, p. 75. (*Note de l'auteur.*)

(3) *Encyclopédie méthodique. Marine*, t. Ier, part. Ire, p. 198. (*Note de l'auteur.*)

(4) *Description de la Lorraine*, par M. Durival, 3 tom. in-4°, 1778, t. II, p. 5. (*Note de l'auteur.*)

viron les 3/4 par tête : proportion ordinaire à Paris. Comme on y envoie le plus beau bétail du royaume, les proportions en nombres devraient être moindres, mais la richesse de cette capitale aurait justifié les suppositions d'une consommation comparativement plus grande.

CHAPITRE XVII

DE LA LÉGISLATION SUR LES GRAINS EN FRANCE

Aucun sujet n'est comparable à celui-ci pour mettre en évidence le degré d'absurdité auquel peuvent arriver des hommes qui, à tout autre propos, feraient preuve d'un grand sens. L'un nous dit (1) (et je m'en tiens aux Français, occupé que je suis de recherches sur leur royaume) que le prix est en proportion exacte avec les quantités de grains et d'argent qui se trouvent à la fois dans le pays, et que, lorsque le froment vaut 36 liv. le septier, c'est une preuve qu'il n'y en a pas la moitié de ce qu'il faudrait pour attendre la moisson (2). Il propose d'avoir des magasins dans tous les marchés et de défendre, sous de très fortes peines, de vendre à un prix plus élevé que 24 liv. Ce serait un moyen infaillible pour le voir s'élever sous peu à 50 et même 100 liv. L'auteur aurait dû savoir que le prix ne dépend pas de la quantité d'argent ; il avait sous les yeux, pendant qu'il écrivait, la hausse produite par de simples alarmes ; car à peine le Mémoire de M. Necker à l'Assemblée nationale était-il répandu, que le cours

(1) *Conseil sur la cherté des grains*, par M. Vaudrey, 1789, in-8°, page 5.

(2) *Ibid.*, p. 7, 8, 10.

s'éleva de 30 p. 100 dans une semaine. Cependant la quantité d'argent, non plus que celle des grains, n'avait pas varié depuis l'apparition de ce Mémoire. On a déjà suffisamment prouvé que le plus petit déficit dans la récolte produit une hausse énorme; j'ajouterai que seule l'appréhension, bien ou mal fondée, de ce déficit produit le même effet. J'en tire une conclusion qui n'est pas sans importance pour tous les gouvernements; c'est de ne jamais déclarer publiquement leurs appréhensions sur la récolte par des proclamations contre l'exportation, des défenses, des règlements pour la vente, des arrêts ou des lois contre les accapareurs ou des vanteries frivoles, comme celles de M. Necker, de la grande importation que l'on se propose de faire. Toutes ces mesures ont la même tendance, elles confirment la crainte de la disette; quand le peuple voit le gouvernement s'alarmer, ses propres frayeurs augmentent; il se soulève contre les accapareurs ou spéculateurs, comme on devrait les appeler, et alors chacune de ses actions a pour résultat immanquable de grandir le mal. Les cours s'élèvent encore, comme cela doit arriver inévitablement quand il surgit d'aussi furieuses oppositions au commerce intérieur des grains et qu'il devient dangereux de s'en mêler. Par ces fureurs insensées de la basse classe, l'abondance d'une province ne peut suppléer aux besoins d'une autre, sans un excédent de prix énorme qui assure, outre le prix de transport, la garde des grains déposés dans les magasins. Pour éveiller ces alarmes, le gouvernement n'a qu'à parler, à lancer un décret témoignant de l'inquiétude; le peuple s'inquiète à son tour et crée la famine qu'il redoute. Il est donc du devoir d'un gouvernement sage et éclairé, s'il conçoit quelques doutes sur l'approvisionnement en grains, de prendre des mesures secrètes et prudentes, soit pour empêcher l'exportation, soit pour encourager l'importation, sans jamais afficher rien au dehors.

L'histoire du commerce des grains en France pendant l'année 1789 a été une des preuves les plus éclatantes de la justesse de ces principes. Partout où j'ai passé, et c'est dans une grande partie du royaume, je me suis informé des causes de la disette, et partout l'on m'a assuré qu'elle était d'autant plus extraordinaire que la récolte, sans être bonne, ne s'écartait pas beaucoup de la moyenne et qu'il fallait, en conséquence, que ce fût l'exportation qui produisît le déficit. Je demandai s'il était sûr qu'il y eût eu une exportation. Personne ne pouvait l'affirmer, mais on croyait que cela s'était fait secrètement. De pareilles réponses suffisaient pour montrer la chimère de ces exportations. Cependant la cherté l'emporta tellement en mai et en juin (non sans manœuvres de gens qui voulaient pousser le peuple au désespoir), que M. Necker jugea bon d'ordonner d'immenses achats de grains par toute l'Europe, et d'annoncer ensuite ses démarches avec une grande emphase dans son *Mémoire instructif*, où il faisait monter à 1,404,463 quintaux, dont 800,000 étaient déjà arrivés, la quantité de grains dont il avait donné ordre de s'assurer. Je vis de mes propres yeux l'effet de cette publication : immédiatement une hausse énorme se prononça. Un jour de marché, à Nangis, le septier de 240 lbs se vendait de 38 à 43 liv.; le jour suivant 1er juillet, il valait 49 liv. ; un jour encore, et, à Coulommiers, la police taxait le grain à 4 liv. 5 s., et 4 liv. 6 sous les 25 lbs; mais, comme les fermiers ne voulaient pas l'apporter au marché, ils le vendaient dans leurs fermes 5 1/2 liv. et même 6 liv. soit 57 liv. le septier. La hausse fut à Nangis, en 14 jours, de 11 liv. par septier. A Coulommiers elle fut bien plus forte. Maintenant faisons observer que ces marchés sont voisins de la capitale, pour laquelle M. Necker faisait de si grands approvisionnements, et où ils auraient dû produire leur meilleur effet s'il eût été dans leur nature d'en produire un bon. Puisque c'est le contraire qui a eu lieu, que le prix sur ces deux marchés s'est élevé de 25 p. 100, nous pouvons conclure avec raison que nulle part leur influence ne fut bonne. Cependant, nous voyons, par les *comptes rendus*, qu'il n'en coûta pas moins de 40 millions de livres. Mais à quoi attribuer cette disette apparente? Très certainement aux paroles suivantes de M. Necker dans son Mémoire : « *A mon arrivée dans le ministère, je me hâtai de prendre des informations sur le produit de la récolte et sur les besoins des pays étrangers* (1). » Ce sont ces recher-

(1) Il a semé de pareilles choses dans son *Mémoire sur l'administration de M. Necker, par lui-même.* Il y dit, p. 367, avec cette ignorance propre aux partisans de la prohibition : « Mon système sur l'exportation « des grains est infiniment simple, ainsi que j'ai eu souvent l'occasion « de le développer; il se borne à n'en avoir aucun immuable, mais à dé- « fendre ou permettre cette exportation selon le temps et selon les « circonstances. » Quand un homme s'engage dans une mauvaise voie, on est sûr qu'il se débattra ainsi pour s'en tirer. Le système simple, que celui qui varie avec *le temps et les circonstances!* Et qui donc les jugera, ce temps et ces circonstances? Un ministre? Un gouvernement? Ils feront les lois d'après les résultats de leurs enquêtes sur les produits de la récolte et sur les besoins des pays étrangers? Quelle présomption, quelle vanité peut pousser un homme à croire que la vérité est du domaine des enquêtes! qu'il en est plus près d'une ligne, d'un point après les avoir faites qu'avant de les commencer! Imaginez, pour un instant, un intendant de province français, ou le lord lieutenant d'Angleterre recevant l'ordre d'une pareille enquête; suivez à table la conversation qui s'engage sur ce sujet; montez à cheval avec lui (le lord-lieutenant, car un intendant n'aurait jamais cette idée) pour consulter les fermiers; remarquez le décousu, la fausseté, le négligé des renseignements qu'il reçoit, et pensez ensuite à la simplicité du système qui s'appuie sur de telles enquêtes. M. Necker écrit comme s'il ignorait la source de ses renseignements. Il aurait dû savoir que les ministres

ches inopportunes, en septembre 1788, qui occasionnèrent tout le mal. Elles pénétrèrent dans tout le royaume, répandirent une crainte générale; les prix s'élevèrent, et quand ils s'élèvent en France, il s'ensuit immédiatement des malheurs; la violence de la populace rend le commerce intérieur dangereux. La carrière du ministre fut arrêtée tout à coup : sa vanité, confinée jusque-là dans ses ouvrages, devint un fléau pour le royaume; l'exportation fut prohibée par la seule raison que, l'année d'avant, l'archevêque de Sens l'avait permise, en contradiction avec cette masse d'erreurs que le livre de M. Necker sur le commerce des grains avait répandues. Il est curieux de le voir, dans son *Mémoire instructif*, avancer « *qu'en* 1787 *la France était livrée au commerce des grains dans tout le royaume avec plus d'activité que jamais, et que l'on avait envoyé*

n'en obtiennent jamais, et qu'ils ne forment pas une autorité aussi sûre pour le royaume qu'un homme bien élevé, habile en agriculture, l'est pour sa paroisse. Quel est cependant celui de ces derniers qui oserait se prononcer sur la 360e partie de la récolte, sur la 20e même ? Les opérations *simples* de M. Necker, malgré une importation énorme à un énorme prix, n'affectèrent pas la 200e consommation de la partie annuelle de ce peuple, du bien-être duquel il s'était voulu charger. Il est de fait que l'ignorance où l'on est quant au 20e, au 30e, au 40e, et bien mieux au 200e de la récolte, rend plus probable l'effet de la liberté illimitée du commerce des grains, que celui de ces enquêtes trompeuses et mesquines, sur lesquelles se reposait le ministre dans son système de simplicité complexe. Que le lecteur continue le passage, p. 369, où l'on parle de *prévoyance du gouvernement*, d'*application*, de *hâter le mouvement du commerce*, d'*attrait prochain*, de *calculs*. Joli support pour une grande nation ! La subsistance devra dépendre des combinaisons d'un déclamateur visionnaire, plutôt que de ses propres efforts. M. Necker mérite d'être lu surtout quand il dépeint ses angoisses à propos de la disette. Que ceux qui le parcourront se rappellent bien que cette disette était son ouvrage, et que, s'il n'avait pas été ministre, si le gouvernement n'avait fait aucune démarche, on n'aurait entendu parler de rien de tel en France. Par ces manœuvres, une année ordinaire se changea en disette, et la disette en famine ; après il se donna tant de mérite d'y avoir porté remède, que le lecteur en ressent du dégoût.

à l'étranger une quantité considérable de grains. » Pour connaître à présent l'odieuse intention avec laquelle ceci est écrit, consultons les registres du *Bureau généra. de la balance du commerce*, nous y trouverons les données suivantes pour le commerce des grains en 1787 :

IMPORTATIONS.		EXPORTATIONS.	
Froment......	8,116,000 liv.	Céréales.......	3,165,600 liv.
Riz...........	2,040,000	Froment.......	6,559,000
Orge.........	375,000	Légumineuses.	949,200
Légumineuses.	945,000	....	»
	11,476,000 liv.		10,674,700 liv.

Ce compte nous montre assez clairement combien étaient fondées les paroles de ce ministre, quand il essayait de rejeter sur les sages mesures de son prédécesseur le mal que lui-même avait fait, et comment, de la liberté du commerce qui avait heureusement régné en 1787, il était résulté une importation surpassant le mouvement inverse. Il montre encore que, quand M. Necker avait conseillé à son souverain de prohiber ce commerce, il avait agi contre ses propres principes et au risque de soulever dans le royaume des alarmes plus dangereuses que quelque exportation que ce soit.

Toute sa conduite est une suite incessante d'erreurs semblables, erreurs que chez un tel homme on ne peut attribuer qu'à cette vanité dominante qui l'a poussé à basarder le bien-être d'une grande nation pour soutenir les principes d'un traité écrit de sa main. Mais enfin, puisqu'il lui a plu de renverser un état de choses fondé sur la nature et de répandre dans le peuple des inquiétudes venant fortifier celles que l'on avait conçues, voyons ce qu'il a fait pour pallier la détresse qu'il avait préparée. Au prix énorme de 45,543,697 liv.

(environ 2 millions sterlings), il importa 1,404,463 quintaux de céréales, qui à 240 lbs. font 585,192 septiers, suffisants au plus à la nourriture d'une année pour 195,064 individus. A 3 septiers par tête pour une population de 26 millions d'hommes, il s'en faudrait de 55,908 septiers que ce fût le pain de 3 jours, la consommation journalière de la France étant de 213,700 septiers : il y a certainement plus de personnes qui sont mortes de faim par suite de ses mesures, qu'il n'en aurait pu nourrir en un an avec ses approvisionnements (1).

Misérable ressource que l'importation pour parer à une famine ! ridicule espoir que celui de nourrir une nation par des secours étrangers, qui, obtenus à prix onéreux, ne gardent aucune proportion avec la fin à laquelle ils sont destinés !

Mais une conclusion bien plus grande découle de ces faits, confirmation expresse du principe déjà énoncé que toutes les *grandes* variations dans le prix des grains viennent des impressions morales et non de l'approvisionnement du marché. Nous venons de le voir, les mesures de M. Necker, loin de procurer une baisse, ont déterminé la hausse, que j'ai vue, de 25 0/0 ; en revanche, elles offraient, toutes vantées qu'elles fussent par le gouvernement, moins de trois jours de vivres. Quelle proportion y avait-il entre ces deux effets d'une même cause ? N'eût-il pas été infiniment plus sage d'avoir laissé le commerce suivre sa pente naturelle, lorsqu'une importation en était déjà résultée, d'avoir caché ses inquiétudes, de n'être pas intervenu, laissant l'offre et la demande se débattre sans bruit et sans

(1) Le nombre doit être grand de ceux qui ont péri par suite de cette hausse, lorsque, dans toutes les parties du royaume, la stagnation des affaires laissait tant de bras sans occupation. (*Note de l'auteur.*)

embarras? De la sorte, on eût épargné 45 millions, et sauvé par centaines de millions les victimes d'une disette factice; car, j'en suis persuadé, si l'on ne s'était mêlé de rien, si l'édit de l'archevêque de Sens n'avait pas été rappelé, en aucun endroit de la France le froment n'aurait atteint 30 liv., au lieu d'aller, comme il fit, à 50 et 57 livres.

Si ces principes contiennent une parcelle de vérité, comment nous feront-ils juger ce ministre en quête de popularité qui vient se vanter, dans son *Mémoire*, que le roi ne voulait pas qu'on servît sur sa table d'autre pain que du pain de méteil? Qu'en devait penser le peuple, sinon que, puisque les choses en étaient à cette extrémité en France, il ne lui restait qu'à mourir? La conséquence est palpable : il s'alluma une rage dévorante contre les accapareurs, on pendit des boulangers, on arrêta des bateaux de grains, on incendia des magasins; puis, conséquence inévitable de ces excès d'une populace qui n'a d'activité que pour se nuire à elle-même, les prix haussèrent encore. C'est le même esprit qui a dicté le passage suivant du *Mémoire instructif* : « *Les accaparements sont la première cause à laquelle la multitude attribue la cherté des grains, et, en effet, on a souvent eu lieu de se plaindre de la cupidité des spéculateurs* (1). » Je ne puis lire ces lignes, aussi fausses qu'erronées, sans être transporté d'indignation. La multitude n'a jamais à se plaindre des spéculateurs,

(1) C'est à peu près la même chose que son envoi à l'Assemblée nationale, le 24 octobre, d'un Mémoire dans lequel les ministres disaient : « Il est donc urgent de défendre de plus en plus l'exportation en France; « mais il est difficile de veiller à cette prohibition. On a fait placer des « cordons de troupes sur les frontières à cet effet. » *Journal des États généraux*, t. Ier, p. 194. Toute expression semblable, rendue publique, enflamme les esprits et se voit suivie d'une hausse certaine. (*Note de l'auteur.*)

elle leur doit, au contraire, et beaucoup. Il n'y a d'accaparement qu'au bénéfice du peuple (1). Toutes les

(1) Je penche à croire qu'aucune sorte d'accaparement n'a été et ne peut être nuisible, privé de l'assistance du gouvernement, et que le gouvernement ne s'y prête jamais sans produire des désastres. Nous avons entendu parler en Angleterre d'essais d'accaparements de chanvre, d'alun, de coton, etc., etc., entreprises mal conçues, terminées toujours par la ruine de leurs inventeurs, mais qui, quelquefois, ont fait du bien je le montrerais si c'en était ici le lieu. Mais accaparer un article de consommation journalière jusqu'à produire des effets fâcheux, c'est ce qui est absolument impossible. L'*accapareur* achète les denrées sur une grande échelle au moment où elles sont le plus bas ; il les emmagasine pour ne les apporter sur le marché que lorsqu'elles sont à haut prix ; c'est de toutes les transactions la plus favorable à une répartition égale pendant l'année. Le blé que cet homme achète est bon marché, sans quoi il ne s'en embarrasserait pas; que fait-il donc? Il ôte du marché une partie superflue de l'approvisionnement et la remet quand elle devient nécessaire; et c'est pour cela que vous le pendez comme un ennemi ?

Pourquoi? parce qu'il a réalisé un profit, très grand peut-être, en intervenant entre le fermier et le consommateur? Mais quel motif le ferait agir, sinon le désir du gain? Le peuple y gagne dans la même proportion de ce profit qui naît du bon marché des grains à une saison, de leur cherté dans une autre. Évidemment, tout commerce qui tend à ramener à l'équilibre ces fâcheuses extrémités, offre d'autant plus d'avantage qu'il y réussit mieux. Par l'achat de grandes quantités, au moment du bon marché, le cours se relève, la consommation se voit forcée à mettre un peu plus de mesure : cela seul peut sauver la nation de la famine ; si, quand la récolte est pauvre, on consomme beaucoup en automne, on souffrira de la faim l'été suivant, et on consommera beaucoup si les grains sont à vil prix. Le gouvernement ne peut pas intervenir en disant : « Contentez-vous à présent d'une demi-livre de pain pour ne pas être réduit plus tard à une demi-once. » Le gouvernement ne peut le faire que par la fondation de greniers de réserves. Pratique funeste: l'expérience de l'Europe entière le déclare, et onéreuse au point que, pour les mêmes sommes employées à encourager l'agriculture, on changerait des déserts en champs fertiles.

Mais des particuliers le peuvent, et ils s'en chargent : leurs achats haussent les cours au temps de la dépression, et diminuent la consommation, service important, seul capable de faire suffire une faible récolte aux besoins de l'année. Ce but atteint, la nation est sauvée ; elle peut payer cher, mais le blé reparaît à temps. Renversez ces termes, supposez qu'il n'y ait pas d'accapareurs, le bon marché dure à l'automne, on n'épargne rien, l'hiver dévore les provisions ; quand vient l'été, misères de 1789 eussent été prévenues, si les accapareurs, en haussant les prix l'automne précédent, avaient réparti plus également l'approvisionnement entre les saisons de l'année.

Dans un pays comme la France, malheureusement subdivisé en petites fermes, la quantité de grains qui se présente en automne sur le marché est toujours bien au delà de ce qui demeure en réserve pour le reste de l'année. Pour remédier à cet abus, le mieux serait d'agrandir les exploitations ; quand ce moyen manque, il ne reste de recours que dans les accapareurs. Ils font des réserves, c'est le plus grand bien pour le peuple, et on ne saurait trop encourager de tels hommes, dont l'industrie supplée aux greniers d'abondance sans présenter aucun de leurs inconvénients (1). On conçoit aisément que dans un pays où le peuple se nourrit surtout de pain, où les passions aveugles de la foule sont excitées par les arrêts des parlements, secondées par

il n'y a plus de réserve: c'est l'histoire de 1789. Le peuple, excité contre la chimère de l'accaparement, contre sa chimère (s'il y en avait eu, on ne serait pas mort de faim), pendit les malheureux négociants pour des méfaits dont ils étaient incapables. Ceci joint au système des petites fermes, qui sont forcées de porter leurs récoltes au marché dès l'automne, sans pouvoir faire de réserves, rend impraticable tout autre remède que de grands accaparements, utiles au public, en proportion des bénéfices qu'ils procurent à ceux qui les entreprennent. Mais, dans un pays de grandes fermes, comme l'Angleterre, il n'est pas besoin de ces blatiers; les fermiers sont assez riches pour attendre leur argent, et réserver des meules qui ne sont battues qu'en été, seule manière de conserver les céréales, la seule où elles ne souffrent aucun dommage.

(1) Un écrivain moderne a très bien dit : « Lorsque les récoltes « manquent en quelque lieu d'un grand empire, les travaux du reste de « ses provinces étant payés d'une heureuse fécondité, suffisante à la « consommation de la totalité, sans sollicitude de la part du gouverne- « ment, sans magasins publics, par le seul effet d'une communication « libre et facile, on n'y connaît ni disette, ni grande cherté. » *Théorie du luxe*, t. I, p. 5. (*Note de l'auteur.*)

des sottises du pouvoir comme j'en ai décrites, où il n'existe pas de grands spéculateurs sur les grains; on conçoit, dis-je, que les approvisionnements doivent être irréguliers et très souvent incapables de suffire. Cette insuffisance doit être en raison exacte de la violence de la populace, et il doit en découler un prix élevé, quelle que soit la quantité des grains du royaume. En juin et juillet 1789, les marchés ne s'ouvraient qu'à l'arrivée des troupes destinées à la protection des fermiers, et, afin d'éviter le tumulte, les magistrats taxaient trop bas le blé, le pain et la viande de boucherie. Absurde procédé. Naturellement les cultivateurs se gardaient de paraître au marché, afin de vendre chez eux le blé au taux qu'il leur plaisait, bien au delà de ce que les magistrats avaient ordonné. Les *cahiers* montrent combien peu ces principes, justifiés par une longue expérience, sont entendus en France; si l'on avait égard aux demandes qui y sont contenues, la famine s'étendrait bientôt par tout le pays. Celui-ci veut que, « comme la France est exposée aux rigueurs de la famine, tout cultivateur soit obligé d'enregistrer ses récoltes de toute espèce par gerbes, bottes, muids, etc., ainsi que la quantité qui en est vendue chaque mois (1). » Celui-là : « que l'exportation soit sévèrement défendue, ainsi que la circulation libre de province à province, mais que l'importation soit toujours permise (2). » Un troisième : « que les lois les plus sévères frappent les accapareurs, cette plaie actuelle du royaume (3). » 12 cahiers s'accordent sur l'utilité de prohiber l'exportation (4), et 15 sur celle de

(1) *Tiers État de Meudon*, p. 36.
(2) *Tiers État de Paris*, p. 43.
(3) *Tiers État de Reims*, art. 110.
(4) *Noblesse du Quesnoy*, p. 24. — *Nob. de Saint-Quentin*, p. 9. —

l'érection de magasins publics (1). De toutes ces absurdités, la plus grande revient à Paris, qui demande la prohibition de la circulation des grains d'une province à l'autre. Une telle requête est vraiment édifiante en offrant à l'attention de l'observateur philosophique l'humanité sous de nouveaux traits, tout à fait dignes des lumières et de l'intelligence propres à la capitale d'un grand empire. M. Necker est bien vraiment le ministre de cette ville! Les conclusions de tels enseignements sont évidentes. Il n'y a qu'une manière d'assurer la subsistance d'un royaume aussi peuplé que la France, aussi mal cultivé (2), ayant une aussi grande partie de son territoire en bois et en vignes; c'est la liberté absolue d'exporter, d'importer dans tous les temps, qu'il faut soutenir à tout prix avec une inflexible fermeté : par elle la Toscane ne s'est pas seulement épargné les famines périodiques, mais elle a joui

Nob. de Lille, p. 20. — *Tiers État de Reims*, p. 20. — *Tiers État de Rouen*, p. 43. — *Tiers État de Dunkerque*, p. 15. — *Tiers État de Metz*, p. 46. — *Clergé de Rouen*, p. 24. — *Tiers État de Rennes*, p. 65. — *Tiers État de Valenciennes*, p. 12. — *Tiers État de Troyes*, art. 96. — *Tiers État de Dourdan*, art. 3.

(1) J'ai vu dernièrement (janvier 1792), dans un journal, que l'un des ministres proposait de fonder de ces magasins; il ne fallait que cela pour compléter l'absurdité du régime du commerce des grains dans ce beau royaume. Les greniers de réserve ne peuvent faire que ce que font les *accapareurs*, mais avec tant de frais, que si le gouvernement ne prend pas le même profit que le spéculateur, il faut de grands impôts pour l'aider; s'il le perçoit, il n'y a aucun avantage. M. Symonds, dans son *Mémoire sur les greniers publics d'Italie*, a prouvé que partout c'était un fléau. Voy. *Annales d'agriculture*, vol. XIII, 299, etc. (*Note de l'auteur.*)

(2) L'assertion du marquis de Casaux : « que le libre commerce des grains, établi par M. Turgot, avait élevé la production agricole de 100 à 150 » (2e *suite de Consid. sur le méc. des soc.*, p. 119), doit être reçue avec attention. Celle de M. Millot : « que les terres produisaient, sous Henri IV, 5 fois plus qu'à présent » (*Éléments de l'hist. génér.* vol. II, p. 488), est une grossière erreur, sans la moindre probabilité. (*Note de l'auteur.*)

sans interruption de 18 ans d'abondance. Grande et magnifique expérience ! si elle a réussi sur un sol montagneux, stérile auprès de celui de la France, quoique très peuplé ; assurément elle remplirait toutes les espérances dans un si grand et si fertile royaume. Mais, pour obtenir un approvisionnement régulier, il faut que le cultivateur soit assuré d'un bon prix peu variable. La moyenne en France varie entre 18 et 22 liv. le septier de 240 lbs (1). En 1789, j'ai recherché pour beaucoup de provinces le prix ordinaire et celui du moment et j'ai trouvé, en ramenant tout au septier de 240 lbs., pour la Champagne, 18 liv. ; la Lorraine,

(1) *Prix du blé à Paris ou à Rosoy pendant* 146 *ans.*

RÈGNE DE LOUIS XIV. — 73 ANS.

	liv.	sous.	d.
De 1643 à 1652	35	14	1
1653 1662	32	12	2
1663 1672	23	6	11
1673 1682	25	13	8
1683 1692	22	0	4
1693 1702	31	16	1
1703 1712	23	17	1
1713 1715	33	1	6
Moyenne générale	28	1	5

RÈGNES DE LOUIS XV ET LOUIS XVI. — 73 ANS.

	liv.	sous.	d.
De 1716 à 1725	17	10	9
1726 1735	16	9	4
1736 1745	18	15	7
1746 1755	18	10	11
1756 1765	17	9	1
1766 1775	28	7	9
1776 1785	22	4	7
1786	20	12	6
1787	22	2	6
1788	24	0	0
Moyenne générale	20	1	4

(*Note de l'auteur.*)

17 1/2; l'Alsace, 22; la Franche-Comté, 20 liv.; la Bourgogne, 18 liv.; Avignon, etc., 24 liv.; Paris, je crois que ce doit être 19 liv. Peut-être pour tout le royaume est-ce 20 liv. Maintenant, sans analyser ce sujet ni recourir à la comparaison avec d'autres pays, la France devrait savoir, au moins une dure expérience le lui a montré, que ce prix ne suffit pas pour donner au cultivateur un encouragement qui assure l'approvisionnement. Cet approvisionnement ne suffit pas dès qu'il n'est que le strict nécessaire, et sans liberté de commerce il n'y a pas de superflu : donc le but d'une exportation libre est l'approvisionnement du marché intérieur. Le bénéfice du commerce des grains n'est pas ce qui importe, c'est de nourrir la nation. Mais il n'y aura pas possibilité de le faire si les cultivateurs ne sont pas encouragés à améliorer leur agriculture, et leur encouragement c'est la certitude d'un bon prix. L'expérience prouve que 20 liv. ne sont pas assez. Quant à la liberté du commerce intérieur, il suffit de la mentionner, tant son utilité est évidente (1).

La nécessité est aussi grande, pour s'assurer un superflu, d'encourager les *accapareurs* (2) que de semer pour récolter; eux seuls empêchent l'encombrement du marché en hiver, son vide en été. Tant qu'ils seront des objets de haine, tant qu'il y aura contre eux des

(1) Les obstacles au commerce intérieur des grains sont trop grands pour être aisément renversés. M. Turgot, dans ses *Lettres sur les grains*, p. 126, mentionne pour Bordeaux un droit absurde de 20 sous par septier destiné à la ville ou déposé pour le commerce extérieur, qui aurait dû arrêter la remarque de l'auteur du *Crédit nat.*, p. 222, qui trouve extraordinaire « qu'à Toulouse, malgré un droit de moulin de 12 sous par septier, le pain soit encore moins cher qu'à Bordeaux. » Sûrement, et de 8 sous. (*Note de l'auteur.*)

(2) Le mot spéculateur serait tout aussi bien que celui de monopoliseur, l'accapareur des Français, celui qui achète le blé bon marché pour le revendre cher. (*Note de l'auteur.*)

lois (lois absurdes de la bouche contre la main qui la nourrit), il ne faut pas s'attendre à des marchés régulièrement fournis.

Nous devons compter sur des famines périodiques dans un pays où la populace impose ses principes violents et aveugles. Paris gouverne l'Assemblée nationale, et dans les grandes villes la masse du peuple est toujours la même, partout ignorante si le pain qu'elle mange se cueille aux arbres comme le gland ou tombe des nues, mais persuadée de son droit absolu à manger le pain que le Tout-Puissant lui envoie. De tout temps le conseil municipal de Londres a raisonné comme la populace parisienne (1).

(1) Passe pour les inconséquences des conseillers municipaux et de la foule ; mais comment pardonner celles des philosophes ? Quand M. l'abbé Rozier déclare « *que la France récolte, année ordinaire, près du double plus de blé qu'elle n'en consomme.* » (*Recueil de mém. sur la cult. et le rouissage du chanvre*, in-8°, 1787, p. 5), il excite le peuple en le persuadant que l'exportation est immense. Que devient ce surplus ? Où sont les 26 millions nourris avec le blé de la France ? Où vont les 78 millions de septiers que la France épargne ? Il lui faudrait trente fois plus de vaisseaux qu'elle n'en a pour les exporter. Ces deux ans se réduisent à treize mois d'une consommation moyenne. La différence entre une bonne et une mauvaise récolte est que la consommation abondante dans le cas de la première est modérée pour l'autre. Le moindre manque dans une province, à peine sensible sous un bon gouvernement et un régime de liberté commerciale répand la hausse par tout le royaume, grâce aux prohibitions et restrictions : si le gouvernement s'en mêle, c'est la famine. L'auteur du *Traité d'économie politique*, in-8°, 1783, p. 592, ne va guère moins loin, en prétendant qu'une bonne récolte en France suffirait à 18 mois. On est étonné des absurdités qui se débitent chaque jour à ce propos. Dans une œuvre en cours de publication on dit qu'une récolte modérée approvisionne l'Angleterre pour trois ans, et une bonne pour cinq. *Encycl. méthod.*, *Écon. pol.*, P. Ire, t. Ier, p. 75. Ceci est copié d'un Italien, ZANONI, *dell' Agricultura*, 1763, in-8°, t. Ier, p. 109, qui, lui, l'a copié mot pour mot des *Essais sur divers sujets intéressants de politique et de morale*, in-8°, 1760, p. 216. C'est ainsi que se propagent les sottises, grâce à des compilateurs sans savoir ni jugement. (*Note de l'auteur.*)

Le système en France, relativement à l'agriculture, est fort curieux.

Pour encourager les placements en terre :

I. — *Frappez de trois cents millions d'impôts la propriété territoriale.*

Pour la mettre en état de soutenir cette charge.

II. — *Prohibez l'exportation des grains.*

Pour que l'agriculture soit riche et entreprenante.

III. — *Divisez la propriété.*

Pour que le bétail soit nombreux :

IV. — *Conservez les communaux.*

Pour que la répartition soit égale entre les marchés d'hiver et ceux d'été :

V. — *Pendez les accapareurs.*

Tel est le Code agricole du nouveau gouvernement français (1). Mais on peut raisonnablement espérer qu'il n'aura pas de durée.

(1) Il n'y a pas à mettre en doute les erreurs d'un tel système ; mais il est remarquable que mon opinion, énoncée tant de fois, de la supériorité du profit possible à l'agriculture française sur tout ce que nous connaissons en Angleterre, ne se trouve pas infirmée par ces cinq erreurs capitales. Les 300 millions feraient 3 shillings par livre sterling, charge très lourde et très impolitique, mais légère en comparaison de nos taxes. La prohibition d'exporter et d'accaparer nuit aux consommateurs et aux petits fermiers dans l'obligation de vendre en automne, mais elle sert ceux qui peuvent attendre. Il est absurde d'encourager les petites fermes, mais cela n'empêche pas les grandes de se monter. Pour les communaux, on peut toujours choisir un endroit qui en soit libre ; leur maintien nuit à la nation, non pas à l'individu qui sait élire convenablement sa résidence. En somme, ce système est trop absurde pour durer, ou il produira les effets contraires à ceux qu'on se propose. (*Note de l'auteur.*)

CHAPITRE XVIII

DU COMMERCE DE LA FRANCE.

L'agriculture, les manufactures et le commerce s'unissant pour former ce qu'on peut appeler la masse de l'industrie nationale, sont tellement liés d'intérêts sous une politique sage, qu'il est impossible de traiter de l'un de ces sujets sans recourir constamment aux autres. Je sens, à mesure que j'avance dans mon œuvre, l'impossibilité où je suis de donner aux lecteurs une idée nette des intérêts de l'agriculture française, sans rapporter en même temps quelques détails sur le commerce et les manufactures. Ayant été à même d'obtenir quelques renseignements non publiés jusqu'ici, je les insère dans cet ouvrage avec l'espoir qu'ils pourront faire plaisir aux négociants, si j'en ai parmi mes lecteurs.

IMPORTATIONS EN FRANCE DANS L'ANNÉE 1784.

	Liv.		Liv.
Bois	216,000	Cendres	1,372,600
Bois de charpente	1,866,800	Soude et potasse	3,873,900
Cerceaux, etc., etc.	92,100	Soude brute	50,700
Douves	628,500	Cendres de tourbe pour engrais	665,100
Planches	2,412,000	Grains	141,500
Poix et goudron	825,200		

	Liv.		Liv.
Millet, etc., etc.......	51,400	Soie de rebut filée....	55,800
Graine de lin	612,600	Laines diverses.......	25,925,000
Houblon..............	272,400	Laines filées..........	119,400
Suif en pains.........	1,133,400	Laines de vigogne.....	259,800
Bourre de soie........	94,900	Lin..................	1,109,500
Chanvre..............	4,385,300	Soie grège...........	29,582,700
Lin et chanvre filés...	2,091,100		

OBJETS MANUFACTURÉS.

Mercerie, fil et bonneterie..............	335,500	Cordages............	99,000
Lainages.............	81,300	Crin................	59,000
Soieries.............	430,700	Peaux en poils.......	2,805,400
Bourre de soie........	252,200	Eaux distill. et huiles.	87,500
Gaze de soie..........	54,700	Essences............	126,500
Foulards de soie.....	115,900	Habits..............	93,200
Rubans de soie.......	374,400	Huile de graines......	248,300
Rubans de laine......	87,500	Bouchons de liège.....	219,300
Rubans de fil.........	1,406,100	Écorces de liège......	97,100
Rubans de fil et laine.	92,700	Peaux...............	873,400
Toiles de lin et chanvre mêlés..........	1,918,600	Peaux de chèvre et de chevreau..........	148,400
Toiles de lin.........	4,849,700	Peaux de veau........	115,200
Linge de table........	99,200	Peaux de lièvre et de lapin..............	78,600
Toile appelée *platile*...	602,100	Plumes d'oie.........	143,900
Toile appelée *treillis*..	892,700	Plume pour literie....	81,700
Toile appelée *coutil*...	432,000	Soies de porc et de sanglier............	148,400
Toile à voile..........	157,700	Voitures.............	783,000
Chandelles...........	50.300		
Cire jaune...........	1,317,900		

COMESTIBLES.

Amandes.............	140,600	Confitures	52,600
Beurre..............	880,100	Fruits et figues sèches.	254,600
Bœuf salé...........	1,716,400	Raisins secs..........	248,300
Porc salé............	181,600	Froment.............	5,347,900
Fromage............	3,352,700	Seigle...............	139,800
Fruits..............	238,100	Orge................	163,800
Citrons et oranges, au nomb. de 17,543,000.	731,000	Huile d'olive.........	25,615,700
		Légumineuses........	550,900

	Liv.
Vermicelle	287,200
Sel	113,800
Comestibles divers	90,800
Bière	383,500
Eau-de-vie de vin	1,151,900
Eau-de-vie de grains	1,086,900
Liqueurs et jus de citron	62,900
Vins divers	684,900
Vins de dessert	362,200
Bétail de toute espèce	31,800
Bœufs	1,355,200
Moutons	1,087,000
Porcs	276,100
Vaches et taureaux	1,264,800
Veaux	89,300
Chevaux	2,052,900
Mulets	148,400
Jus de réglisse	67,300
Noix de galle	313,000
Garance	476,600
Racines d'alizari	226,300
Safran	578,700
Sumac	73,200
Tournesol	87,600
Tabac en feuilles	5,993,100

EXPORTATIONS POUR LA MÊME ANNÉE.

Bois divers	89,600
Planches	66,460
Poix et goudron	255,700
Cendres ordinaires	152,000
Charbon de bois	70,600
Charbon de terre	419,000
Graines	148,900
Colza	144,900
Graines de fleurs	75,700
Graine de lin	248,900
Bourre de soie	94,700
Chanvre	47,200
Lin et chanvre filés	143,400
Laine	1,576,300
Soie	2,657,600
Bonneterie de fil, etc.	175,100
Bonneterie de filoselle	83,400
Bas de laine	365,500
Bonnets de laine	413,100
Bonneterie de soie	3,375,100
Chapeaux	86,200
Bonneterie de laine et crin	910,300
Blondes	2,589,200
Dentelles, fil et soie	445,300
Draperie	15,530,900
Étoffes diverses	122,300
Étoffes de laine	7,491,300
Étoffes de fil et laine	109,300
Étoffes de crin	3,655,700
Étoffes de laine et crin	633,600
Étoffes riches, brocards d'or	1,538,500
Soieries	14,834,100
Soieries mélangées	649,600
Gaze de soie	5,452,000
Gaze de fil et soie	209,000
Mouchoirs de fil et coton	405,800
Foulards de soie	118,000
Rubans de soie	1,231,900
Toile de lin et chanvre mêlés	12,473,200
Toile de lin	1,727,800
Toile fine	346,300
Batiste et linon	6,173,200
Toile, fil et coton	291,400
Toile siamoise	1,047,600
Toile chanvre	344,300
Chandelles	78,700
Cire	449,800
Bougies	90,400
Couvertures de laine	129,800
Cuirs verts	96,300

	Liv.		
Cuirs préparés	304,500	Fruits divers	279,000
Cuirs corroyés	137,700	Fruits divers	131,500
Cuirs tannés	698,100	Fruits secs	69,600
Eaux distill. et huiles	167,500	Pruneaux	791,700
Gants de peaux	63,900	Raisin	324,200
Gants de Grenoble	491,700	Froment	2,608,300
Vêtements	131,100	Seigle	239,400
Huile de graines	368,100	Maïs	52,700
Bouchons de liége	65,500	Sarrasin	633,100
Liège en écorce	110,600	Orge	321,100
Meubles	65,700	Légumineuses	558,600
Vannerie	54,800	Huile d'olive	1,346,100
Tourteaux de colza	547,600	Miel	361,800
Parchemin	76,100	Œufs	75,200
Parfumerie	196,100	Sel	2,189,800
Peaux diverses	123,500	Eau-de-vie de vin	11,035,200
Peaux de chèvre et de		Eau-de-vie de grains	1,045,500
chevreau	156,800	Liqueurs	205,300
Peaux de veau pré-		Vins divers	6,807,900
parées	448,600	Vins de Bordeaux	16,150,900
Peaux de mouton pré-		Vinaigre	124,400
parées	312,500	Bétail	108,600
Peaux de veau cor-		Bœufs (7,659 têtes)	1,088,200
royées	1,571,100	Moutons (104,990 têt.)	1,017,200
Peaux de veau et de		Porcs	965,800
mouton tannées	256,000	Vaches et taureaux	227,000
Plumes préparées	54,600	Chevaux	455,700
Savon	1,376,700	Mulets	1,509,000
Comestibles divers	49,100	Safran	239,200
Amandes	450,800	Huile de térébenthine	46,000
Beurre	118,400	Térébenthine	128,400
Viande salée	121,400	Vert-de-gris	266,300
Farine	1,271,500	Tabacs en feuilles	418,400
Fromage	144,100	Tabac à priser	653,100

N. B. Les provinces de Lorraine, d'Alsace et les Trois Evêchés n'entrent pas dans ce compte, non plus que les exportations et importations des Antilles.

Totaux : E portation..	307,151,700 liv.	
Importation..	271,365,000 »	
Balance	35,786,700 »	ou 1,565,668 liv. sterl.

IMPORTATIONS EN FRANCE POUR L'ANNÉE 1787.

	Liv.		Liv.
Acier de Hollande, de Suisse et d'Allemag.	862,000	Beurre	2,507,000
Cuivre	7,217,000	Bœuf et porc salés	2,960,000
Étain d'Angleterre	885,000	Fromage	4,522,000
Fer de Suède et d'Allemagne	8,469,000	Huile d'olive	16,645,000
Cuivre jaune, même provenance	1,175,000	Eau-de-vie de grains	1,874,000
Plomb d'Angl. et des villes anséatiques	2,242,000	Eau-de-vie de vin	3,715,000
Quincaillerie d'Angleterre et d'Allemagne	4,927,000	Vins	1,489,000
Charb. de terre d'Angleterre, de Flandre et de Toscane	5,674,000	Bière	469,000
Bois de la Baltique	5,408,000	Bœufs, moutons, porcs	6,646,000
Feuillard et merrain	1,593,000	Chevaux et mulets	2,911,000
Liége d'Espagne	262,000	Cuirs verts	2,707,000
Poix et goudron	1,557,000	Peaux non préparées	1,180,000
Cendres, soude et potasse	5,762,000	Poil de chèvre du Levant	1,137,000
Cire jaune	2,260,000	Soies de porc et de sanglier	275,000
Graines de fleurs, de millet et de lin	1,115,000	Suif	3,111,000
Garance et racines d'alizari	962,000	Laines	20,884,000
Froment	8,116,000	Lainages	4,325,000
Riz	2,040,000	Soie grège	28,266,000
Orge	375,000	Soieries	4,154,000
Légumineuses	945,000	Lin	6,056,000
Fruits	3,060,000	Toile de lin	11,955,000
		Chanvre	5,040,000
		Toile de chanvre	6,544,000
		Coton du Brésil, du Levant, de Naples	16,494,000
		Cotonnades	13,448,000
		Tabac	14,142,000
		Drogues, épices, verreries, poteries, livres, plumes, etc.	61,820,000

EXPORTATIONS POUR LA MÊME ANNÉE.

Bois de toute espèce	166,300	Foin de vesce	12,000
Poix et goudron	317,100	Graines de fleurs, de lin, etc.	988,500
Cendres pour amendements	59,400	Graisse	17,300
Charbon de bois	31,300	Houblon	105,600

	Liv.		Liv.
Suif en pains	145,600	Légumineuses	949,200
Bourre de soie	41,500	Huile d'olive	1,732,400
Fil de toutes sortes	241,800	Miel	644,600
Chanvre	117,100	Œufs	99,800
Laine en balles et filée	4,378,905	Sel	2,322,500
Lin	22,800	Volaille	35,700
Poil de lapin	10,400	Cidre	17,500
Soie	628,000	Eau-de-vie de vin	
Amidon	32,200	(114,044 muids)	14,455,600
Chandelles	131,900	Liqueurs	234,000
Chevaux	42,100	Vins divers (159,222	
Cire	307,800	muids)	8,558,200
Cordages	268,000	Vins de Bordeaux	
Cuirs tannés	1,280,300	(201,246 muids)	17,718,100
— verts	116,000	Vins de liqueur	10,000
Eaux distill. et huiles	162,500	Vinaigre	130,900
Colombine	37,000	Bœufs, porcs, mou-	
Esprit de vin	144,700	tons, etc	5,074,200
Essences	10,000	Chevaux, mulets,	
Douves	22,800	ânes, etc	1,453,700
Gants	428,900	Jus de citron	60,000
Huile de lin	174,800	— de réglisse	35,300
Bouchons de liége	139,000	Réglisse en racines	24,600
Tourteaux de colza	449,500	Safran	214,900
Peaux de mouton, de		Racines d'alizari	1,500
veau et de daim,		Crème de tartre	14,900
tannées	2,705,200	Sumac	10,200
Plumes pour literie	51,100	Térébenthine	33,100
Savon	1,752,800	Tournesol	12,200
Amandes	850,500	Vert-de-gris	512,400
Beurre	88,600	Draperie	14,242,400
Viandes salées	487,700	Lainages	5,615,800
Fruits confits	1,518,600	Coton, laine, ba-	
Grains autres que les		tiste, etc	19,692,000
suivants	3,165,600	(batiste seule,	
Froment	6,559,900	5,230,000 liv.).	

TOTAUX, comprenant les articles non détaillés ci-dessus :

EXPORTATIONS	349,725,400 liv.
IMPORTATIONS	310,184,000
Balance	39,541,400 liv., ou 1,729,936 l. st.

N. B. On a calculé les exportations et importations

faites en contrebande et on a trouvé pour la vraie balance 25,000,000 liv. ou 1,093,750 liv. sterl., en exceptant toujours la Lorraine, l'Alsace, les Trois Évêchés et les Antilles.

OBSERVATIONS.

Les comptes précédents pour deux années sont corrects, selon toutes probabilités, pour ce qu'ils renferment; mais nul doute qu'ils ne soient imparfaits. En 1787, l'importation des métaux bruts surpasse 20 millions : en 1784, il n'en est pas question, c'est une omission évidente. Quoique la houille soit portée aux exportations en 1784, on n'en parle pas à l'importation ; autre oubli. En ce qui regarde les articles manufacturés, s'il y a de ces omissions dont on ne se rend pas aisément compte, d'autres, comme celles qui ont rapport au coton, etc., s'expliquent par le traité de commerce. C'est en réunissant l'exportation et l'importation qu'on peut s'en faire une idée nette plutôt qu'en les examinant séparément. De quelque manière qu'on s'y prenne, on ne trouvera jamais la possibilité d'une balance de commerce de 70,000,000 liv. (3,062,500 l. st.) en faveur de la France, comme l'a présentée M. Necker dans son *Administration des Finances*, calcul réfuté victorieusement par le marquis de Casaux dans son *Méchanisme des sociétés*. Examinons à quoi se montent les importations de matières premières, les métaux exceptés.

En 1784, ces articles se montèrent à :		En 1789, à :	
	livres.		livres.
Laine	25,925,000	Laine	20,884,000
Soie	29,582,700	Soie	28,266,000
Chanvre et filasse	5,494,800	Chanvre et filasse	11,096,000
A reporter	61,002,500	*A reporter*	60,246,000

Report	61,002,500	*Report*	60,246,000
Huile	25,615,700	Huile	16,645,000
Bétail et ses produits	18,398,400	Bétail	29,079,000
Grains	5,651,500	Grains	11,476,000
Divers	24,860,700	Tabac	14,142,000
		Divers	24,206,000
	135,558,800		155,794,000

On peut donc dire que la France importe chaque année environ 145 millions liv. (6,343,750 l. st.) de produits agricoles. Je n'étais donc pas loin de la vérité en condamnant l'agriculture française sur presque tous les points, hors la vigne. Pour un pays le mieux situé de l'Europe par rapport à la production de la laine, une importation aussi grande de cet article montre combien il lui manque de troupeaux, combien l'agriculture souffre de n'avoir pas 5 à 6 millions de moutons à faire parquer. Il en est de même du bétail, qui manque et aux besoins des cultivateurs et à la consommation. On trouve, cependant, dans ce commerce du bétail sur pied une chose qui fait honneur au bon sens de l'ancien gouvernement : c'est que, malgré l'insuffisance de laines pour la fabrique nationale, malgré tant d'efforts pour accroître le nombre des moutons et en améliorer la race, jamais on n'a prohibé l'exportation des animaux ni de leur laine, jamais on ne l'a chargée d'un droit que pour en connaître le montant. Il paraît qu'elle s'élevait à 100,000 têtes par an. Cette conduite n'a pas été adoptée, faute d'en connaître d'autre ; la prohibition fut prononcée pendant de longues années; mais, voyant que c'était décourager cette branche de l'agriculture, on a rendu le commerce libre ; de la sorte, les prix sont égaux à ceux des pays voisins et donnent à l'éleveur tout l'encouragement auquel il a droit. L'exportation des lainages pour 1784 a été de 24,795,800 liv., c'est-à-dire moindre que l'importation de laine. En général, la France ne se suffit pas à elle-même, et le traité de commerce ayant ouvert ses marchés à nos lainages, elle est encore bien plus loin de pouvoir se suffire.

Eu égard au climat, au sol, à la population de ce royaume, l'état de cette branche de commerce indique une excessive négligence. Faute d'avoir amélioré ses races de moutons, la laine est mauvaise; il est obligé d'en importer, dont beaucoup n'est pas bonne, et ses manufacturiers ont du désavantage par l'infériorité de son agriculture. Les efforts pour améliorer les races en pensionnant des académiciens et ordonnant des enquêtes sur des choses évidentes, ne sont pas dans la bonne direction. Un cultivateur anglais ayant une ferme à moutons de 3 ou 4,000 acres, ferait en peu d'années, comme je l'ai dit ci-dessus, plus pour l'amélioration des laines que tous les académiciens et tous les philosophes en dix siècles.

COMMERCE AVEC LES ANTILLES.

En 1786, on a importé de ces colonies en France :

Saint-Domingue.....................	131,481,000	livres.
La Martinique......................	23,958,000	»
La Guadeloupe.....	14,360,000	»
Cayenne.............	919,000	»
Tabago......	4,113,000	»
Sainte-Lucie (rien directement)......	»	
	174,831,000 (1)	

(1) Total en 1784, 139 millions de livres. Que veut dire M. Begouen, du Hâvre, de le faire monter à 230, 8 ou 1,200 vaisseaux, 25,000 matelots, et je ne sais quelles autres extravagances! (*Précis sur l'importance des colonies*, in-8°, 1790, p. 3, 5, etc.) Un autre met 800 grands

En sucre, 174,222,000 lbs; — en café, 66,231,000 lbs; — en coton, 7,595,000 lbs. La navigation s'est faite en 569 vaisseaux de 162,311 tonnes, dont Bordeaux (1) emploie 246 vaisseaux de 75,285 tonnes.

EXPORTATION DE LA FRANCE POUR CES COLONIES EN 1786.

Saint-Domingue	44,722,000 liv.
Martinique	12,109,000
Guadeloupe	6,274,000
Cayenne	578,000
Tabago	658,000
TOTAL	64,341,000
Importé de ces îles	174.831,000 liv.
Balance contre la France	110,490,000

Le 30 août 1784, sous le ministère du maréchal de Castries, il fut permis aux étrangers, sous certaines prescriptions, de faire le commerce avec les colonies sucrières de la France; après une vive polémique sur l'effet de cette mesure, voici ce que donna le commerce de 1786 par suite de ce décret :

vaisseaux, 500 petits, et 240 millions! (*Opinion de M. Blin*, p. 7). Je ne sais comment on y est parvenu. (*Note de l'auteur.*)

(1) Je tiens Bordeaux pour plus riche et plus commerçante qu'aucune ville d'Angleterre, excepté Londres. Voici les plus grandes :

		Tonnage.	Matelots.
Newcastle	(en 1787)....	105,000 t.	5,390
Liverpool	—	72,000	10,000
Whitehaven	—	53,000	4,000
Sunderland	—	53,000	3,300
Whitby	—	46,000	4,200
Hull	—	46,000	»
Bristol	—	33,000	4,070
Yarmouth	—	32,000	»
Lynn	—	16,000	»
Dublin	—	14,000	»

(*Note de l'auteur.*)

IMPORTATIONS.		EXPORTATIONS.	
États-Unis.....	13,065,000 liv.	États-Unis.....	7,263,000 liv.
Angleterre....	1,550,000	Angleterre.....	1,259,000
Espagne.......	2,201,000	Espagne.......	3,189,000
Hollande......	801,000	Hollande......	2,030,000
Portugal......	152,000	Suède et Danemark........	391,000
Danemark.....	68,000		14,133,000
Suède.........	41,000		
	20,878,000		

MOUVEMENT MARITIME.

IMPORTATIONS.

	Navires.	Tonn.
États-Unis..................	1,392	105,095
France.....................	313	9,122
Angleterre................	189	10,192
Espagne....................	245	6,471
Hollande, Portugal, Suède et Danemark.................	34	2,229
	2,173	133,109

EXPORTATIONS.

	Navires.	Tonn.
États-Unis..................	1,127	85,403
France.....................	534	13,941
Angleterre................	153	10,778
Espagne....................	249	5,856
Hollande, Portugal, Suède et Danemark................	32	1,821
	2,095	117,799

Comme la culture et les exportations de ces îles surpassèrent en 1786 celles de 1784, la demande de produits manufacturés français aurait dû suivre cette proportion ; ce n'est pas ce qui a eu lieu.

Exportation de toiles aux îles en 1784....	17,796,000 liv.
— — en 1786....	13,363,000

Il en aurait été ainsi sans le décret d'août qui ouvrit

ce marché aux produits manufacturés de l'étranger aussi bien qu'à ses matières premières.

C'est une grande question de savoir si cela a été bien fait ou non. Évidemment le grand argument, c'est que la métropole, conservant le droit exclusif d'approvisionner les colonies, leur vend tout, et s'assure un mouvement maritime. Ce n'est pas pour le sucre et le café que les nations forment des colonies; elles sont assurées de ces denrées tant qu'elles auront de quoi donner en échange. Un Russe ou un Polonais est tout aussi certain d'en avoir qu'un Français ou un Anglais, et leur gouvernement peut trouver dans leur importation un revenu aussi grand que celui des nations qui possèdent ces colonies. Le bénéfice *particulier* de ces colonies, c'est donc le *monopole qu'on s'arroge envers elles.* Il ne sert de rien de dire qu'en permettant aux colons d'acheter où ils le trouvent plus convenable, ils deviendront capables de produire davantage, et la mère-patrie en sera d'autant plus riche. Qu'ils s'enrichissent, que leur culture se perfectionne, l'avantage sera toujours de leur vendre exclusivement; si on le laisse échapper, on perd ce qui rend désirable cette sorte de possessions. Il serait bien que chaque pays ouvrît ses colonies aux autres, mais il vaudrait encore mieux n'avoir pas de colonies du tout. Les Antilles, y compris Cuba, sont assez grandes pour former un État indépendant, et les raisons ne manquent pas pour montrer qu'elles seraient ainsi plus profitables pour les Anglais, les Français et les Espagnols. Cependant, pour en revenir au décret du 30 août, on peut affirmer que la politique qui a poussé le maréchal de Castries à ouvrir les colonies aux étrangers était erronée, et le mal qu'elle a fait a été en raison de l'extension qu'a pris le commerce.

Le résultat du commerce du sucre en France est le même qu'en Angleterre, c'est-à-dire une énorme balance contre la mère-patrie. Nous avons des écrivains qui prétendent que ce commerce doit être jugé à l'inverse des autres, non pas sur les exportations, mais sur les importations. La même idée existe en France. Comme l'importance de ce sujet pour l'économie nationale est de premier rang, je ferai les remarques qui suivent : 1° Les avantages résultant du commerce sont les encouragements de l'industrie nationale, soit agricole, soit manufacturière, et ces encouragements viennent de l'exportation, et non pas de l'importation, à moins qu'elle ne se compose de matières premières, objets d'un travail futur. 2° La richesse réelle de tout commerce consiste dans la consommation des choses dont il s'occupe, et, si la nation est assez riche pour consommer une grande quantité de sucre et de café, elle peut donner une certaine activité à sa propre industrie, en conséquence du commerce que cette consommation occasionne, que le sucre vienne de ses colonies ou de celles d'une autre puissance. 3° Les droits perçus sur les produits des Antilles ne doivent pas faire trouver leur possession avantageuse, car c'est la *consommation* qui paye ses droits et non pas la *possession* de la terre. 4° Le monopole de la navigation n'a de valeur qu'autant qu'il entraîne la construction et l'armement de navires; pour le nombre des marins, envisagés comme hommes de guerre, il faudrait le proclamer, ainsi que les grandes armées de la Prusse et de la Russie, un fléau pour l'humanité, un instrument pour les ambitieux, une cause de misère universelle (1).

(1) On aura à déraciner les préjugés les plus forts, chez nous, avant de faire admettre cette vérité évidente. Ils ont pris naissance dans une lâche frayeur de la France, que, depuis la révolution, le gouvernement

5° Par la possession des colonies, d'immenses capitaux vont fomenter l'agriculture des Antilles aux dépens de celle de France ; les Français souffrent de famines périodiques, parce que l'argent qui devrait faire venir du blé dans le pays, fait venir du sucre à Saint-Domingue. Quelque avantage que les partisans des colonies voient dans leur possession, qu'ils nous montrent que les placements dans l'agriculture de la mère-patrie ne produiraient pas des bienfaits infiniment plus grands.

On a montré, autre part, qu'eu égard au capital engagé, l'agriculture française est de quatre cent cinquante millions inférieure à la nôtre. Y a-t-il une plus grande folie que d'en aller engager encore en Amérique dans l'intérêt d'un commerce qui se solde par une balance de cent millions contre la métropole, quand c'est la pauvreté qui exploite les champs qui *devraient* nourrir les Français? Si l'on vient à dire que la réexportation des denrées coloniales des Antilles est immense et surpasse cette balance, je répondrai d'abord que M. Necker nous donne des raisons de croire que cette réexportation est grandement exagérée ; mais encore, en admettant qu'elle soit si forte qu'on voudra, la France a acheté ces denrées avant de les vendre, elle a payé argent comptant jusqu'à la valeur de balance contre elles, perdant ainsi, en premier lieu avec l'Amérique, ce qu'elle gagne ensuite en exportant au nord. Le gain de ce commerce n'est autre que le profit sur le change et le transport. Mais la perte est grande dans

a propagée par tous les moyens, afin de faire réussir ses projets de dépenses, de prodigalités et de dette publique. Le Portugal, la Sardaigne, les petits États italiens et allemands, la Suède, le Danemark, etc., ont bien pu se défendre malgré leur faiblesse, et nous, nation de 15 millions d'hommes, nous serions subjugués ! (*Note de l'auteur.*)

l'emploi du capital. Dans le commerce ordinaire qu'elle fait avec le Levant ou l'Espagne, elle a le profit ordinaire, sans engager son capital pour la production des objets de ce commerce; mais aux Antilles, elle doit payer la production et l'achat. Si l'on ajoute que Saint-Domingue ne doit pas être assimilé à un pays étranger, à une colonie, mais à une province, et que, d'elle à la France, la balance est la même que des provinces à Paris, alors je réplique que c'est une province si mal située, que c'est folie de détourner les capitaux en sa faveur. En premier lieu, sa distance et la présence des esclaves la rendent peu sûre; si elle échappe aux attaques des Européens, le cours naturel des choses la mettra aux mains des États-Unis. Secondement, il faut une grande marine pour la défendre; elle grève les autres provinces d'une taxe de deux millions sterlings, (cinquante millions de francs). Que coûte au Languedoc la possession de la Bretagne? sa part dans la défense commune. En est-il de même avec Saint-Domingue? La France maintient un armement de deux millions sterlings, tandis que Saint-Domingue ne donne pas un schelling pour la défense de la France, ni même pour sa propre défense. Le bon sens tient la possession d'une telle province pour une cause de ruine et de faiblesse bien plutôt que de richesse et de force. Neuvièmement. J'ai conversé sur ce sujet au Hâvre, à Nantes, à Bordeaux, à Marseille, et je n'ai trouvé personne qui me donnât une raison solide de soutenir ce système, outre le fait que l'agriculture est plus profitable aux Antilles qu'en France : le même argument sert en Angleterre avec une même vérité. Je l'admets; mais d'où cela vient-il? De ce que les impôts, les restrictions, les prohibitions, qui pèsent sur la terre dans la mère-patrie, chassent dans un autre hémisphère les hommes adonnés à l'agriculture, qui veulent retirer un juste profit de leurs capitaux.

Mais changez cette politique misérable et abominable; ôtez du sol jusqu'à l'ombre d'un impôt; que tous reposent sur la consommation; proclamez la liberté du commerce des grains; donnez à chacun le droit de s'enclore; en un mot, donnez au Bourbonnais ce que vous avez donné à Saint-Domingue : vous verrez si les grains et la laine de France ne vous rapporteront pas plus que le sucre et le café d'Amérique. La possession des riches colonies de la France et de l'Angleterre éblouit l'humanité, qui ne voit des choses qu'une seule face, la navigation, la réexportation, le profit du commerce, une grande circulation. Qu'elle retourne la médaille, elle trouvera une véritable déviation des capitaux, une agriculture languissante, des canaux à moitié finis, des routes impraticables. On ne contrebalance pas la Martinique par les *landes* de Bordeaux, Saint-Domingue par celles de Bretagne, la richesse de la Guadeloupe par la misère de la Sologne. Si vous achetez les richesses américaines par la pauvreté de provinces entières, êtes-vous assez aveugles pour y croire gagner? Pas un de ces arguments qui ne nous soit applicable. Je tiens ces colonies nuisibles aux deux royaumes, et l'exemple des États-Unis me justifie par ce fait important, qu'un pays peut perdre le monopole d'un empire éloigné et se relever de sa perte imaginaire, plus riche, plus puissant, plus prospère.

Si ces principes sont justes, et ils ont pour eux une immense quantité de faits, que penser d'une politique qui déclare que la perte du Bengale, ou le retrait de nos fonds des capitaux hollandais, ruinerait l'Angleterre (1)?

(1) *Considérations sur les richesses et le luxe*, in-8°, 1787, p. 492. C'est le même esprit qui a dicté l'opinion que l'Angleterre avait atteint son

EXPORTATION DES PRODUITS DE L'AGRICULTURE FRANÇAISE AUX ANTILLES EN 1787.

		livres.
Vins, eaux-de-vie, etc		6,332,000
Comestibles		769,000
Viandes salées		971,000
Farine		6,944,000
Légumes		300,000
Chandelle		500,000
Bois, cordages, etc		2,869,000
Matières premières pour manufactures		4,000,000
Meubles, draps, etc		2,000,000
Matières premières de l'exportation en Afrique		2,000,000
		26,685,000
Produit des manufactures nationales	20,549,000	
Matières premières, comme ci-dessus	4,000,000	
		16,549,000
Meubles, draps, etc	10,136,000	
Matières premières, comme ci-dessus	2,000,000	
		8,136,000
Exportation pour l'Afrique	17,000,000	
Matières premières, comme ci-dessus	2,000,000	
		15,000,000
Articles divers		7,341,000
		73,711,000

Sur cette somme, 49,947,000 livres étaient les produits de la France.

PÊCHERIES.

Aucun commerce n'est aussi bon que la pêche ; dans aucun un capital donné ne rapporte autant, et on ne trouve, comme ici, ces avantages chimériques venant d'une grande navigation. La France a toujours encou-

plus haut point de prospérité au moment de la guerre, p. 483. (*Note de l'auteur.*)

ragé les pêcheries, et avec raison si elle est dans la bonne voie en cherchant à développer sa puissance sur mer.

		Navires.	Tonnes.
Terre-Neuve et les îles,	1784......	328	36,342
—	1785......	450	48,631
—	1786......	453	51,143

La plupart de ces pêcheries prospèrent; en 1786, elles employaient :

	Navires.	Tonnes.
Pour le hareng....................	928	»
Terre-Neuve, morue...............	391	47,399
Côtes d'Irlande, Dunkerque........	62	3,742
Baleine..........................	4	970

Dieppe prend la plus grande part à la pêche avec ses 556 navires, jaugeant 21,531 tonnes.

COMMERCE AVEC LES ÉTATS-UNIS.

Le commerce que la France fait avec les États-Unis est la seule récompense des 50 millions sterl. qu'elle a dépensés pour assurer leur indépendance. Le cabinet de Versailles entretenait des rêves d'abaissement de la puissance britannique; mais à peine la paix fut-elle faite, que ces chimères s'évanouirent : chaque instant montra que, loin d'avoir perdu par l'émancipation de ses colonies, l'Angleterre avait énormément gagné. Le détail de ce commerce fera voir que la France s'est trompée d'un côté comme de l'autre.

Moyenne de l'importation d'Amérique sur 3 ans précédant la révolution..........		9,600,000 liv.
Moyenne dans les Antilles françaises..............		11,100,000
		20,700,000
Exportat. de la France pour l'Amérique.	1,800,000	
— des Antilles —	6,400,000	
		8,200,000
Balance......		12,500,000

« *Ces républicains, dit M. Arnould* (*De la balance du commerce*, 1791, t. I, p. 234), *se procurent maintenant sur nous une balance de 7 à 8 millions, avec laquelle ils soudoient l'industrie anglaise. Voilà donc pour la France le nec plus ultrà d'un commerce dont l'espoir a pu faire sacrifier quelques centaines de millions et plusieurs générations d'hommes!* »

COMMERCE AVEC LA RUSSIE.

On croit communément, en Angleterre, le commerce que la France fait avec la Russie très avantageux, et il y a des écrivains français qui, eux aussi, représentent la balance comme en leur faveur. Voici la part de la navigation française :

Importations de Russie en France en 1783.......	6,871,900 liv.
— de France en Russie —	6,108,500
Balance contre la France.........	763,400

Il faut remarquer que ceci ne comprend que ce qui entre par bateaux français, les Anglais et les Hollandais ayant la plus grande part à la navigation.

NAVIGATION.

Les lecteurs modernes n'ont plus à prendre grand souci du commerce et de la navigation d'aucun pays; ils sont assurés que l'esprit mercantile qui a saisi les nations, tiendra les gouvernements en veine d'encourager ces intérêts, l'agriculture pouvant rester dans la misère et dans l'oubli. Nous n'avons sur la navigation de la France que de vieilles données qui rendront celles-ci, je l'espère, plus intéressantes.

NAVIGATION EXTÉRIEURE DE LA FRANCE EN 1788.

	Navires.	Tonnes.
Pour le Levant et les côtes de Barbarie....	366	45,285
Pêche à la baleine..................................	14	3,232
Pêche aux harengs..................................	330	9,804
Pêche aux maquereaux..............................	437	4,754
Pour la Sardaigne (*Pêche à la sardine*) (1)...........	1,441	4,289
Poissons frais (Atlantique et Méditerranée)...........	2,668	11,596
Morue...	432	45,446
Europe et Amérique................................	2,038	128,736
Antilles...	677	190,753
Sénégal et Guinée..................................	105	35,227
Indes Orientales, Chine, Ile-de-France et Bourbon. (Compagnie transatlantique)..................	86	37,157
	8,594	516,279

La navigation totale en Europe et en Amérique par navires, soit français, soit étrangers, est de 9,445 navires et 556,152 tonnes.

CABOTAGE POUR LA MÊME ANNÉE.

Navires français........................	22,360	997,666	tonnes.
Navires étrangers......................	60	2,742	»
	22,420	1,000,408	»

N. B. On ne fait pas de distinction entre le nombre des navires et celui des voyages; si un navire est frété cinq fois la même année, il compte comme cinq navires. L'article Sardaigne, avec tant de navires et si peu de tonnage, est, je suppose, la pêche sur les côtes de cette île (1 *bis*).

Il paraît, d'après le tonnage des navires (comme on les appelle) employés dans les pêcheries, que ce ne sont guère que des bateaux; pour le hareng, ils jaugent 30 tonnes; pour le maquereau, 10 tonnes au plus.

(1 et 1 *bis*) Young qui avait été à Bordeaux aurait dû se souvenir des sardines de Royan quand il a vu citer cette pêche particulière au rang des autres.

Voici notre navigation pour l'année finissant le 30 septembre 1787 :

	Navires.	Tonnage.	Matelots.
Vaisseaux anglais...............	8,711	954,729	84,532
— écossais..............	1,700	133,034	13,443
En destination des Indes orient.	54	43,629	5,400
— Irlandais.............	»	60,000	»
	10,465	1,191,392	103,375

Mettant de côté son commerce extérieur, excepté celui des Indes Orientales.

PROGRÈS DU COMMERCE FRANÇAIS (1).

				IMPORTATION. livres.	EXPORTATION livres.
De 1716	à 1720.	Paix....	Moy. annuelle.	65,079,000	106,216,000
1721	1732.	Paix....	»	80,198,000	116,765,000
1733	1735.	Guerre..	»	76,600,000	124,465,000
1736	1739.	Paix....	»	102,035,000	143,441,000
1740	1748.	Guerre..	»	112,805,000	192,334,000
1749	1755.	Paix....	»	155,555,000	257,205,000
1756	1763.	Guerre..	»	133,778,000	210,899,000
1764	1776.	Paix....	»	165,164,000	309,245,000
1777	1783.	Guerre..	»	207,536,000	259,782,000
1784	1788.	Paix....	»	301,727,000	354,423,000

Il ne sera pas inutile de comparer avec l'Angleterre.

	IMPORTATION.		EXPORTATION.	
1717.....	6,346,768	l. st.	9,147,700	l. st.
1725.....	7,094,708	»	11,352,480	»
1735.....	8,160,184	»	13,544,144	»
1738.....	7,438,960	»	12,289,495	»
1743.....	7,802,353	»	14,623,653	»
1753.....	8.625,029	»	14,264,614	»
1763.....	11,665,036	»	16,160,181	»
1771.....	12,821,995	»	17,161,146	»

(1) M, Arnould, du *Bureau de la balance du commerce*, à Paris, affirme, d'après je ne sais quelle autorité, que le mouvement maritime de l'Angleterre, pour 1789, s'est monté à 2 millions de tonnes. (*Note de l'auteur.*)

	IMPORTATION.		EXPORTATION.	
1783.....	13,122,235	»	15,450,778	»
1785.....	16,279,419	»	16,770,228	»
1787.....	17,804,000	»	16,869,000	»
1788.....	18,027,000	»	17,471,000	»
1789.....	17,821,000	»	19,340,000	»
1790.....	19,130,000	»	20,120,000	»

Comme il y a beaucoup de chimérique dans les idées de *balance*, ajoutons les deux colonnes ensemble, et nous verrons que, loin d'avoir décliné, le commerce britannique est plus grand que jamais; toutefois, il faut le remarquer, les progrès n'ont pas été aussi rapides que pour celui de la France, qui dans la dernière période est devenu 3 fois 1/2 ce qu'il était dans la première, tandis que le nôtre dans le même temps n'a fait que doubler. Le commerce français a presque doublé depuis la paix de 1763, le nôtre n'a pas suivi ce mouvement. Maintenant remarquons que les progrès qui dans leur ensemble indiquent la prospérité nationale, ont été infiniment plus grands en Angleterre qu'en France pendant ces 29 ans ; ceci nous prouve que ces progrès et cette prospérité reposent sur quelque autre chose que le commerce extérieur, et comme cet argument découle des faits et non point des théories ou d'opinions préconçues, il devrait refréner cette rage aveugle de commerce à laquelle l'Europe doit peut-être plus de malheurs qu'à tout le reste. Nous voyons que le commerce a fait des pas immenses chez nos voisins, tandis que, d'autre part, l'agriculture en a fait peu ou presque aucun : au contraire, chez nous, elle a pris un grand accroissement, quoique peu favorisée par le gouvernement : celui du commerce lui a été inférieur. Joignez ceci à notre bien-être national qui surpasse tout autre, et cette leçon n'aura pas besoin de commentaires.

DU TRAITÉ DE COMMERCE ENTRE LA GRANDE-BRETAGNE ET LA FRANCE.

J'en mettrai les résultats devant le lecteur, d'après notre douane et d'après les registres du *Bureau de la balance du commerce* de Paris, qui, je le dirai en passant, est incomparablement plus exact dans ses évaluations. S'il s'élevait un doute, je préférerais sans hésitation l'autorité des Français. Il est certain que, pour beaucoup d'articles, l'évaluation est la même que du temps de Charles II, quoique la valeur réelle ait quintuplé.

Rapport anglais.

EXPORTATION DE PRODUITS MANUFACTURÉS ANGLAIS EN FRANCE.

1769........	83,213	liv. st.	18	sh.	4	d.
1770........	93,231	»	7	»	5	»
1771........	85,951	»	2	»	6	»
1772........	79,534	»	13	»	7	»
1773........	95,370	»	13	»	8	»
1774........	85,685	»	13	»	2	»
1784........	93,763	»	7	»	1	»
1785........	244,807	»	19	»	5	»
1786........	343,707	»	11	»	10	»
1787........	713,446	»	14	»	11	»
1788........	884,100	»	7	»	1	»
1789........	830,377	»	17	»	0	»

L'accroissement pour les années 85 et 86 peut être attribué à l'anglomanie, alors à son apogée : du moment que l'honneur national fut satisfait d'avoir effacé ses disgrâces de la guerre de 1756 par les succès de la guerre d'Amérique, l'engouement se propagea pour tout ce qui était anglais. Pour montrer l'importance de ce que nous expédions d'objets manufacturés en France, en regard de ce que nous envoyons au reste du monde, je mettrai ici le compte total, d'après les mêmes autorités :

1786.........	11,830,194 liv. st.	19 sh.	7 d.
1787.........	12,053,900 »	3 »	5 »
1788.........	12,724,719 »	16 »	9 »
1789.........	13,779,740 »	18 »	9 »
1790.........	14,921,000 »	0 »	0 »

Nous savons que ces nombres sont inexacts; mais nous pouvons supposer cette inexactitude la même pour toutes les années, d'où la comparaison de ces années entre elles ne manquerait pas trop d'exactitude. Le compte suivant, dû aux Français, a été fait avec une attention particulière, et, comme on a perçu des droits sur chaque article, le montant peut être plus fort, il ne saurait être moindre.

Rapport français.

IMPORTATIONS ANGLAISES EN FRANCE POUR L'ANNÉE 1788.

Combustibles, matières premières (la houille seule, près de 6 millions de livres)......................	16,553,400 liv.
Matières premières, non produites direct. par le sol..	2,246,500
Objets manufacturés..................................	19,101,900
Objets de manufactures étrangères...................	7,700,900
Boissons...	271,000
Comestibles (viand. salées, beurre, from., grains, etc.).	9,992,000
Produits pharmaceutiques............................	1,995,900
Épices...	1,026,900
Bétail et chevaux....................................	702,800
Tabac..	843,100
Articles divers......................................	187,200
Cotons et marchandises des Antilles (Rien).........	»
	60,621,600

EXPORTATIONS DE LA FRANCE POUR L'ANGLETERRE.

Bois, charbons, matières premières..............	534,100 liv.
Matières premières non tirées directement du sol.	635,200
Objets de manufactures françaises...............	4,786,200 liv.
Objets de manufactures étrangères...............	2,015,100
Boissons.....	13,492,200
Comestibles..................................	2,215,400
Produits pharmaceutiques.......................	759,100
Épices (Rien).................................	»
Bétail et chevaux..............................	181,700
Tabac...	733,900
Articles divers................................	167,400
Cotons des Antilles............................	4,297,300
Objets des Antilles............................	641,000
	30,458,600

EXPLICATION.

Tous les objets manufacturés, quelle que soit leur provenance, importés par navires anglais, ont été abaissés de 1 1/2, ce qui donnera en plus 3,238,800 liv. Il faut aussi augmenter les exportations françaises pour la contrebande, etc. De sorte qu'il y a de fortes raisons de penser que le compte entre les deux nations doit s'établir ainsi :

Exportation de l'Angleterre pour la France........	63,327,600 liv.
Exportation de la France pour l'Angleterre........	33,847,470
Balance contre la France........	29,480,130

Export. totale de l'Angleterre pour la France	en 1789.	58	mill. de liv
Export. des manuf. anglaises pour la France	en 1787.	33	»
» »	en 1788.	27	»
» »	en 1789.	23	»

On voit que les comptes des deux douanes ne diffèrent pas beaucoup.

Je suis plus satisfait de ce compte que si, comme l'imaginait la chambre de commerce de Normandie, il était beaucoup plus favorable à l'Angleterre; car, le profit paraissant durer, il est probable que le traité sera renouvelé et que la paix se maintiendra entre les deux royaumes. La balance du compte des manufactures n'excède pas 14 millions, ce qui est très loin des suppositions faites en France, et doit, d'après le cours ordinaire des choses, devenir encore moindre. Les 18 millions de matières premières et de houille, au lieu d'être nuisibles à l'industrie française, la secondent; dans le pays même on les regarde comme tels, et on déplore l'existence des anciens droits sur la houille; on les voudrait voir abolis. Voici 10 millions d'importations et une balance de 8 pour des produits directs du sol. Si une nation cultive de façon si absurde qu'elle ne se puisse nourrir, elle devrait savoir gré à celle qui s'en charge. Les matières premières, y compris les épices, le bétail, les chevaux, forment presque à elles seules la balance, toute grande quelle est, payée à l'Angleterre. Mais, comme il y a là-dedans autant d'intérêt d'un côté à importer que de l'autre à exporter, l'échange doit être regardé comme également avantageux pour chacun des deux royaumes. Il y a cependant un point où tout n'est pas réciproque, ce sont les payements. Les Français reçoivent pour leurs marchandises tout ce qu'ils veulent, suivant les conventions faites; il n'en est pas de même des Anglais. Les fabricants de Manchester se sont plaints de la manière d'agir de leurs voisins, non seulement pour ce qui regarde le payement, mais aussi le manque de confiance. Leurs produits, exécutés avec soin d'après le modèle convenu, sont rarement reçus sans disputes et sans déductions. Tandis qu'ils reconnaissent la ponctualité des Américains, des Allemands, etc., ils se fient peu au commerce français en général. C'est de même à Birmingham : les fabricants et négociants affirment que le traité ne leur a servi de rien; les Français leur achetant tout autant par contrebande avant qu'après, avec cette différence que les Hollandais, les Allemands, les Flamands, auxquels ils avaient affaire alors, les payaient mieux que les Français. Ces choses rabattent du mérite de ce traité, qui ne peut être évalué au vrai sans la connaissance du commerce clandestin qui se faisait avant sa conclusion. Les manufacturiers en sont les meilleurs juges, et tous s'unissent, d'un bout du royaume à l'autre, pour le condamner ou pour dire qu'il n'a opéré qu'un déplacement, mais pas d'accroissement. On ne peut cependant contester son mérite politique, puisqu'il lie de bonne amitié les deux nations; car la seule chance productive de paix vaut dix des balances que nous venons de mettre au bas de nos comptes.

CHAPITRE XIX.

DES MANUFACTURES EN FRANCE.

Les notes prises par moi dans toutes les grandes villes manufacturières de France sont trop nombreuses pour être insérées ici ; aussi ne toucherai-je qu'un ou deux points importants par-dessus tout.

SALAIRES.

Salaire moyen de tous les ouvriers de manufactures : pour les hommes, 26 sous ; pour les femmes, 15 sous ; pour les fileuses, 9 sous. Ces gains sont sans doute bien au-dessous de ce qu'ils sont en Angleterre, où, selon mon calcul, les hommes reçoivent, en moyenne, 20 d. ou 40 sous, les femmes 9 d. ou 18 sous ; j'ai montré pour les fileuses (*Ann. d'agriculture*, vol. IX) que c'est de 6 1/4 d. ou 12 1/2 s. La grande supériorité des manufactures anglaises, en général, sur celles de France, jointe à ce plus haut prix du travail, est un sujet d'un grand intérêt et d'une grande importance politique. Cela montre que les manufactures ne sont pas favorisées par un bon marché nominal de la main-d'œuvre, puisqu'elles sont le plus florissantes là où elle est au contraire à plus haut prix nominalement. Peut-être même florissent-elles à cause de cela, le travail le plus cher nominalement étant en réalité celui qui coûte le moins. La qualité de l'ouvrage, l'adresse avec laquelle il est fait, entrent pour beaucoup dans la balance ; elles dépendent, en grande partie, de l'aisance dans laquelle vit l'ouvrier. S'il est bien nourri, bien habillé, si sa constitution conserve toute sa vigueur et son activité, il fera mieux sa tâche qu'un homme auquel la pauvreté ne laisse qu'une maigre pitance. La licence est certainement très grande en Angleterre chez les ouvriers des manufactures, elle est bien moindre en France ; ce mal apparent a suivi si régulièrement la croissance des fabriques anglaises que je serais disposé à ne pas le regarder comme si grand, qu'il faille pour le réprimer les lois et les règlements que certains écrivains ont demandés. Oui, il en naît des abus ; mais ils sont si intimement liés aux sources de la prospérité, qu'il pourrait être dangereux d'y toucher. Souvent le mal apparent recouvre un bienfait réel, et en voulant remédier à l'un on attaque l'autre. Cela arrive quelquefois ainsi pour le corps humain, et souvent, je le crois, pour le corps politique.

Un trait remarquable de l'agriculture ou plutôt de l'économie domestique de la France, c'est par tout le royaume la culture du chanvre ou du lin pour l'usage de la maison. Il serait curieux de savoir quelle est l'influence de cette coutume sur la prospérité nationale et jusqu'où elle va. On peut dire en sa faveur que, cette prospérité n'étant que la réunion de la prospérité des familles, ce qui est avantageux à l'individu, le doit être à l'État ; que sûrement c'est un avantage pour les familles pauvres que les femmes et les enfants soient employés à les vêtir plutôt que d'acheter ces articles à un prix qu'elles ne sauraient acquitter. Au moyen de cette industrie une pauvre famille se rend aussi indépendante que possible dans sa situation : chacun aussi est plus chaudement et plus commodément habillé, au moins pour le linge, que si on l'achetait; l'argent est dépensé avec une plus grande prudence que s'il venait uniquement du travail. Ces raisons sont inattaquables; mais il en est d'autres pour la conduite opposée qui méritent également qu'on y fasse attention. S'il est vrai que la prospérité de la nation dépend de celle des individus et que ce qui porte le bien-être dans la chaumière du pauvre ajoute d'autant à la masse de l'aisance générale, on doit admettre également que tout ce qui rend une nation riche et florissante reporte sur les classes inférieures une large part de cette puissance : si, par conséquent, ces petites manufactures domestiques nuisent à l'ensemble des intérêts nationaux, elles doivent nécessairement avoir la même influence sur les particuliers.

Aujourd'hui une société prospère par l'échange des produits de la terre contre ceux des fabriques, et plus cet échange est rapide, plus le bien-être est grand. Si chaque famille dans la campagne a pour son usage un petit coin de chanvre ou de lin, cet échange avec les villes est arrêté, ainsi que la circulation. Cette habitude est-elle bonne pour le chanvre et le lin, elle le sera pour la laine, on aura assez de moutons pour suffire aux besoins du ménage; elle le sera pour le cuir, il y aura un tanneur par village : un peu de vigne donnera la boisson. De la sorte, ou pourvoira à tous les besoins par la simple industrie domestique; aucune famille pauvre (comme on l'appelait fort improprement) n'irait au marché pour *acheter*. Mais elle ne doit pas non plus y aller pour *vendre;* cette partie de la théorie est de toute nécessité, car la ville n'achète que parce qu'elle vend ; si les campagnes ne lui achètent pas à son tour, elle n'achètera pas aux campagnes. C'est ainsi qu'on voit au fond de ces discussions la division de la propriété attaquer toujours les villes, que sir James Stewart appelle les *bras libres* d'une société. Un paysan vivant, avec sa famille sur son bien, pourvoyant à tous ses besoins par sa propre industrie, sans recourir à l'échange, indépendant de tous, offre, il est vrai, un tableau de bonheur rural, mais incompatible avec les exigences de la société moderne ; et si la France ne se composait que d'une semblable population, elle serait la proie du premier envahisseur. Dans un tel système, il n'y aurait pas d'impôts ; par suite, pas de force publique : on se passerait aisément de monnaie ; et celui qui n'a que des terres et des denrées ne pouvant contribuer en nature, il ne contribuerait pas du tout. Quelque plausibles que soient les raisons en faveur de ces manufactures domestiques, celles qui leur sont opposées ne sont pas en moins grand nombre.

En pareille matière, mieux vaut recourir à un exemple qu'à des arguments. Les classes inférieures en France ont beaucoup de ces manufactures domestiques, elles sont misérables. En Angleterre, à peine les connaît-on, les classes inférieures sont à leur aise. Mais dans le pays de Galles, en Écosse, en Irlande et dans quelques-uns de nos comtés les plus arriérés en agriculture, on retrouve cette coutume, et ce sont précisément les pays les plus pauvres. C'est avec regret que je me sens si souvent obligé à différer d'opinion avec un homme d'aussi grands talents que le comte de Mirabeau ; mais, à cette occasion, il se prononce formellement en faveur de ces industries domestiques, s'appuyant sur cette étrange assertion : « *Les manufactures réunies, les entreprises de quelques particuliers qui soldent des ouvriers au jour la journée pour travailler à leur compte, ne feront jamais un objet digne de l'attention du gouvernement.* » (*De la Monarchie prussienne*, t. III, p. 109.) S'il y a du vrai dans cette idée, les fabriques établies dans les villes et dans lesquelles un manufacturier emploie les pauvres, ne servent de rien. Celles de Lyon, de Rouen, de Louviers, d'Elbeuf et de Carcassonne, de Manchester, de Birmingham, de Sheffield, etc., ne comptent pour rien dans la richesse nationale. Je croirais faire perdre son temps au lecteur en réfutant en forme de pareilles opinions. Les faits sont trop notoires, les raisons trop évidentes pour qu'on s'y arrête.

DE L'INFLUENCE DES MANUFACTURES SUR L'AGRICULTURE.

Normandie. — Rouen à Barentin. — Pays excellent et très manufacturier, mais cultivé d'exécrable façon ; les champs sont couverts de mauvaises herbes et de chiendent.

Yvetot. — Magnifique pays, à peine rencontrerait-on des loams plus riches et plus profonds ; mais, contre l'usage de France, où les bons sols sont bien exploités, celui-ci est traité d'une manière misérable, les moissons qu'il porte le déshonorent.

Le Hâvre. — Tout le pays depuis Rouen, le pays de Caux, est un district plutôt manufacturier qu'agricole ; dans les ressources de ses habitants, la ferme ne vient qu'après la fabrique. Les petites propriétés, et par suite la population, y sont très nombreuses : de là, des prix, des loyers hors de proportion avec les rendements. Les grands propriétaires divisent aussi leurs biens selon les demandes et l'accroissement de rentes qu'il en peut résulter; mais, pour le payement, ils doivent s'en rapporter plus à la prospérité d'une manufacture qu'au produit de la terre. Ce pays est très curieux, en ce qu'une grande fabrique, une grande activité et une grande population y ont nui à l'agriculture. Tel a été le résultat dans le pays de Caux, dont le sol est des plus beaux de France : si c'eût été un district de rochers, pauvre, stérile, il en serait, au contraire, arrivé le plus grand bien. Les cultivateurs de ce pays ne sont pas seulement manufacturiers, ils aiment aussi le commerce; les plus riches spéculent au Hâvre sur les cotons et même sur les produits des Antilles. C'est un très grand malheur; la richesse qu'ils acquièrent ne tourne pas à l'amélioration de leur sol, mais à des spéculations plus hardies, à une fabrication plus étendue. Peu leur importe que l'oseille sauvage et les chardons couvrent leurs champs s'ils sont intéressés dans quelque expédition d'Amérique.

Bretagne. — Saint-Brieuc. — Me trouvant ici en compagnie d'un marchand de toile et d'autres personnes connaissant bien la province, je leur demandai des renseignements sur l'état de l'agriculture des parties centrales, de celles surtout où l'on tissait le lin; c'est une des fabrications les plus considérables d'Europe. Tout ce que j'avais vu me paraissait si misérable, si désert, que je ne pouvais m'imaginer le reste que beaucoup meilleur. On me dit que la province était partout la même, sauf dans le diocèse de Saint-Pol-de-Léon; que là où se fabriquait la toile, l'agriculture était le plus négligée; les gens se reposent plus sur leur métier que sur leur terre, et, dans l'impossibilité où ils sont de soigner également l'un et l'autre, la dernière est livrée à l'abandon. Dans ce district les *landes* sont immenses.

Lorient. — On m'a encore assuré dans cette ville que les *landes* étaient excessivement étendues près de Pontivy, de Loudéac, de Moncontour, de Saint-Quentin, où l'on tisse le lin, et que la partie cultivée l'était aussi mal que ce que j'avais pu voir de plus grossier en ce genre, les tisserands faisant les plus mauvais cultivateurs de la province.

Auvergnac. — Une personne qui connaissait à fond toute la Bretagne m'a répété que la manufacture de toile se trouvait toujours au milieu des terres les plus mal exploitées, ce qu'elle attribuait à l'habitude de faire toujours du chanvre et du lin dans les meilleures terres, en négligeant les céréales. Quand on fait comme ici, on y compte et on a moins de soin pour le chanvre ou le lin.

D'Elbeuf à Rouen. — Désert.

M. l'abbé Raynal a remis à la *Société royale d'Agriculture* de Paris 1,200 livres pour être données en prix à qui traitera le mieux la question suivante : *Une agriculture florissante influe-t-elle plus sur la prospérité des manufactures, que l'accroissement des manufactures sur la prospérité de l'agriculture?* Je ne rechercherai pas comment les écrivains qui concourent pour le prix décideront la question, mais les faits que je viens de noter semblent nous mettre à même d'en faire l'examen. Je tiens, pour moi, que la France a eu, de 1650 à 1750, les manufactures les plus florissantes de l'Europe ; elles étaient si considérables, et quelques-unes d'entre elles conservent encore une telle importance, que déjà, pour ce royaume, nous n'avons qu'à en appeler aux faits pour répondre à cette question. Ce siècle d'activité manufacturière, qu'a-t-il fait pour l'agriculture? Je le puis dire hautement : rien. Toutes les données sur la comparaison entre l'agriculture ancienne et son état actuel sont en faveur de ce dernier; cependant, en le supposant aussi bon en 1750 qu'à présent, je n'hésite pas à affirmer que, si de telles fabriques encouragées presque pendant un siècle n'ont pu créer une meilleure culture que celle que j'ai vue en France, c'est que les manufactures peuvent se développer beaucoup sans exercer aucune action favorable pour l'agriculture. Telle est la conclusion à laquelle on arrive par un coup d'œil général sur le royaume ; mais examinons-le plus en détail. Les plus grandes fabrications de France sont le coton et la laine en Normandie, la laine en Picardie et en Champagne, le lin et le chanvre en Bretagne, la soie et la quincaillerie dans le Lyonnais. Maintenant, si les manufactures sont un véritable encouragement pour l'agriculture, les districts dont nous venons de parler seront les mieux cultivés du pays. Je les ai visités, et tous sans exception, sont tellement pitoyables que, bien loin de voir pour la culture un bienfait dans les fabriques, on y verrait plutôt un fléau. Eu égard à la fertilité du sol, qui est grande, je n'ai pas vu de pays plus mal cultivés que la Picardie et la Normandie. Les immenses fabriques d'Abbeville et d'Amiens n'ont pas fait enclore un seul champ, ni banni la jachère d'un seul acre. Voulez-vous voir un désert, allez à Elbeuf, à Rouen. Le pays de Caux, doué du meilleur sol du monde, où toute chaumière, toute cabane a son métier, ne présente que de mauvaises herbes, de la saleté et de la misère, un sol si outrageusement traité, que sans sa richesse extraordinaire il serait épuisé depuis longtemps. L'agriculture champenoise est proverbiale, tant elle est mauvaise : j'y ai vu de grandes et florissantes manufactures. Passons en Bretagne, nous n'y verrons qu'une lande triste et désolée aussi *sombre* que la bruyère et le genêt la peuvent faire. Vous êtes cependant au milieu d'une des plus grandes industries de l'Europe, et en jetant les yeux autour de vous, vous croiriez à peine que les habitants se nourrissent par l'agriculture ; ils vivraient de chasse, que le pays ne serait pas autre.

De là, traversant le royaume, allez à Lyon. Tout le monde sait les importantes fabriques qui s'y trouvent, ainsi qu'à Saint-Étienne, « *De toutes les provinces de France*, dit M. Roland de la Platière (1), *le Lyonnais est la plus misérable.* » Ce que j'en ai vu ne me dispose pas à parler à l'encontre. La remarque d'un autre écrivain français (2) m'offre une seconde preuve : « *L'Artois est une des provinces les plus riches du royaume. C'est une vérité incontestable — elle ne possède point de manufactures.* » Je n'aurai point la présomption de prononcer que l'agriculture de ces pays est mauvaise, *parce* qu'ils abondent en manufactures, quoique tel me semble être le cas pour le pays de Caux. Je me contente de rapporter ce que j'ai vu : dans ces endroits, les manufactures sont des plus importantes, l'agriculture des plus misérables. Dans mon voyage en Irlande, dont j'ai publié le journal, j'examinai avec soin les fabriques de toiles du Nord : elles m'offrirent le même tableau que la Bretagne. La culture y est si méprisable que j'ai fait voir par un calcul que, livrée en parcours aux moutons à raison de deux têtes par acre, toute la province donnerait en laine seulement plus que ne rapporte la toile (3). Partout où se tisse la toile, la culture ne vaut rien, dit cet excellent observateur, le lord chief baron Forster (4).

(1) *Journal physique*, t. XXXVI, p. 342.

(2) *Mémoire sur cette question : Est-il utile, en Artois, de diviser les fermes ?* par M. Delegorgue, 1786, p. 23.

(3) *Voyage en Irlande*, 2e édit. in-8°, vol. II, p. 304.

(4) *Ibid.*, vol. VI, p. 123.

Le comte de Tyrone (1) a un domaine dans le comté de Derry, au milieu des manufactures, et un autre dans celui de Waterford, où il n'y en a pas, et je tiens de lui que si ses terres du Derry étaient dans le Waterford ou délivrées des fabriques, il en retirerait un bon tiers en plus. Si nous passons en Angleterre, nous trouverons quelque chose de semblable, sans aller au même point ; les districts manufacturiers sont les plus mal cultivés du royaume. Pour avoir de belles fermes, n'allez pas dans le Yorkshire, le Lancashire, le Warwickshire ou le Gloucestershire, où les fabriques dominent, mais dans le Kent, où il n'y en a pas trace d'une, dans le Berkshire, le Herefordshire et le Suffolk, où il y en a à peine. Le Norwich forme une exception, étant le seul district manufacturier du royaume qui soit parfaitement cultivé : ce que l'on doit attribuer à ce que l'industrie se renferme absolument dans la ville et ne s'étend que peu dans les campagnes (les filatures exceptées), confirmation absolue de nos précédentes observations.

Les deux comtés de Kent et de Lancaster nous offrent deux exemples excellents : le premier très industrieux et très mal exploité, l'autre bien tenu sans l'ombre d'une fabrique. L'Italie nous fournira des exemples encore plus à propos. Les contrées les plus riches et les plus florissantes de l'Europe, par rapport à leur étendue, sont le Piémont et le Milanais. Là se trouvent réunis tous les signes d'un état prospère, une grande population bien employée et à l'aise, une grande exportation au dehors, une grande consommation à l'intérieur, des routes magnifiques, des villes puissantes et nombreuses, une circulation active, des capitaux à bas intérêts et une main-d'œuvre élevée.

(1) *Voyage en Irlande*, etc., t. I, p. 515.

En un mot, il n'y a rien de ce qui fait la prospérité de Manchester, de Birmingham, de Rouen et de Lyon qui ne soit répandu partout dans ces deux pays. A quoi faut-il l'attribuer? ce ne sera certainement pas aux manufactures, on n'en voit pas trace : quelques fabriques à Milan et les moulins à soie du Piémont qui les alimentent, ont assez peu d'importance pour qu'on les passe sous silence. Ce ne sera pas non plus le commerce; la mer est loin, et le fleuve navigable qui y mène traverse, après ces deux États, ceux de cinq souverains à chacun desquels il faut payer des droits. Ce ne sera pas davantage à leur gouvernement, le despotisme : le despote (1) de Milan fait de ce pays la bête de somme de l'Allemagne ; les revenus vont à Vienne. et on en tire tous les draps, même ceux des troupes que Milan paye. L'agriculture seule est l'origine de cette richesse, une agriculture élevée à une assez grande perfection pour maintenir une société moderne florissante dans le luxe, et donner aux deux pays, proportionnellement à leur étendue, le double du pouvoir de la France et de l'Angleterre. Le Piémont soutient une cour et une armée de 30,000 hommes. Dans aucune autre partie de l'Europe, la même étendue et la même population n'en font autant, de la moitié. Mais ces territoires sont-ils réellement sans manufactures? Non, pas plus qu'aucune contrée au

(1) L'expression n'a rien de trop sévère, appliquée au dernier empereur sous le règne duquel j'ai visité le Milanais. Elle ne siérait pas au sage et bienveillant Léopold, qui a donné des raisons d'espérer que le sien sera une bénédiction pour tous les pays qui pourront lui être soumis. (*Note de l'auteur.*)

Ce système était trop dans la nature des choses pour changer : il n'avait rien d'accidentel, rien ne pouvait donc y mettre fin que la rupture des liens qui enchaînaient l'Italie à l'Autriche. Young a visité la haute Italie et la Toscane lors de son dernier voyage en France, nous nous proposons de publier ces remarques.

monde; il n'y a pas de nation qui en soit exempte. Ce n'est pas non plus ce que nous recherchons : nous voulons montrer seulement que les manufactures du Milanais et du Piémont ne viennent que de l'agriculture, que c'est elle qui les soutient et les alimente et qu'au contraire, loin de lui servir, elles l'exposent à des restrictions et à des monopoles, car les gouvernements d'ici ont été saisis de la même rage que ceux d'autres royaumes, et ont cherché par ces moyens à fomenter une exportation. Heureusement, ils n'ont pas réussi; autrement, il est à croire que ces restrictions eussent été poussées à un point nuisible à toute prospérité. Ces deux exemples viennent bien à propos en montrant deux États dans l'opulence supportés par la seule agriculture, sans autre industrie ni commerce que ce qu'en doit avoir un territoire parfaitement cultivé. On ne doit pas s'attendre à d'aussi grands résultats pour de médiocres efforts ; au contraire, ceux qui ont converti ce sol magnifique en jardins ont été grands et méritoires. Les canaux, rien que pour l'irrigation, sont des ouvrages souvent plus considérables que ceux que nous voyons chez nous pour la navigation, et l'attention donnée à la prise incessante de leurs eaux est aussi digne d'être admirée que de servir de modèle.

De là les faits suivants que l'on ne saurait contester :

I. — L'agriculture française était encore dans un état misérable après un siècle d'encouragements heureux et exclusifs aux manufactures.

II. — Les districts manufacturiers de France et d'Angleterre sont les plus mal cultivés (1).

(1) Que l'on compare ces conclusions de Young avec celles que le

III. — Les meilleures cultures d'Angleterre et quelques-unes des meilleures en France se voient là où il n'y a pas de manufactures.

IV. — La dispersion des métiers dans les chaumières, comme en France et en Irlande, est fatale à l'agriculture, sauf le tissage qui se pratique universellement ainsi.

V. — L'agriculture seule, à un haut degré de perfection, peut établir et supporter une nation dans un grand pouvoir et une grande richesse.

De ces propositions découlent des corollaires :

I. — La meilleure manière d'améliorer l'agriculture n'est pas d'encourager l'industrie et le commerce, puisqu'ils peuvent arriver à un grand développement sans que la culture sorte de la misère.

II. — Une agriculture florissante assure inévitablement la création d'une industrie et d'un commerce suffisants à l'existence de grandes villes et à tout ce qui peut former une grande et puissante société. L'enseignement pour les gouvernements se déduit en deux mots : Assurer d'abord la prospérité de l'agriculture par l'égalité (1) de l'impôt et une liberté absolue de culture (2) et de commerce (3); secondement, ne rien

correspondant du *Times*, M. J. Caird, tirait, il y a quelques années, de sa visite aux comtés de l'ouest, comme le Lancastre, etc. Young a le grand défaut de vouloir trop vite généraliser : il voit bien les faits et en juge assez pertinemment la plupart du temps ; mais il est loin d'en tirer des conclusions inattaquables.

(1) Il n'y a d'égalité que par les impôts sur la consommation : il ne saurait être question de dîmes. (*Note de l'auteur.*)

(2) Elle comprend la liberté de s'enclore et celle de cultiver telle plante qu'il plaît au fermier, sans aucune restriction. (*Note de l'auteur.*)

(3) Liberté absolue d'exportation. (*Note de l'auteur.*)

faire pour encourager le commerce et les manufactures, rejeter surtout les monopoles. Nous affirmons, sur l'autorité de faits incontestables, que tout pays dont le gouvernement suivra fermement cette conduite atteindra la plus haute félicité.

CHAPITRE XX

DE L'IMPOT EN FRANCE.

La difficulté que l'on trouve à comprendre les affaires de finances en France m'a conduit à essayer de les débrouiller en les ramenant aux différents chapitres en usage chez nous. Le détail en serait trop long pour qu'on l'insérât, mais le sujet lui-même est trop important pour qu'on le passe absolument sous silence.

IMPÔTS TERRITORIAUX SOUS L'ANCIEN GOUVERNEMENT.

	Livres.		Liv. sterl.
Vingtièmes	55,565,264	ou	2,430,980
Tailles	81,000,000		3,543,750
Impositions locales	1,800,000		78,750
Capitation	22,000,000		962,500
Décimes	10,600,000		463,750
Divers	600,000		26,250
	171,565,264		7,505,980

Voici maintenant le calcul du *Comité de l'Imposition* à l'Assemblée nationale (Rapport. Pièces justif., n° 1) :

	Livres.		Liv. sterl.
Vingtièmes	55,565,264		»
Décimes	10,000,000		»
Autres impôts	23,844,016		»
Tailles	73,816,179		»
Capitation	6,133,274		»
Dimes	110,000,000		»
Moitié des *gabelles*	30,000,000		»
— des entrées sur le cuir	4,500,000		»
	313,858,733	ou	13,740,112

On voit assez que c'est un compte un peu enflé sur plusieurs articles, et que le comité avait quelques desseins en vue en faisant ce rapport.

S'appuyant sur les principes économistes, il a proposé un impôt territorial de 300,000,000 pour le service de l'année 1791, et cette proposition a été soutenue en disant que le sol payait encore davantage sous l'ancien régime. Ce raisonnement, toutefois, est erroné, et le prélèvement de cent dix millions, montant des dîmes (abolies sans conditions par l'Assemblée), que la terre devra fournir, est une oppression sans autre fondement que son existence antérieure. Il y a une autre exagération à compter encore le sel et le cuir : pourquoi donc, par la même raison, n'y pas comprendre les droits sur le vin? Le cultivateur qui ne le récolte pas chez lui, doit l'acheter; en l'achetant, il paye les aides : faudra-t-il les lui compter? Certes non, pas plus que d'autres impôts mis sur la consommation, qui appartiennent évidemment à une autre classe et ne doivent point trouver place dans ce détail.

IMPÔTS DE CONSOMMATION.

	Livres.		Liv. sterl.
Sel	58,560,000	ou	2,562,000
Vins et eaux-de-vie, etc.	56,250,181		2,460,444
Tabac	27.000,000		1,181,205
Cuirs	5,850,008		255,937
Papier et cartes à jouer	1,081,509		47,315
Amidon et poudre	758,049		33,164
Fer	980,000		42,875
Huile	763,000		33,381
Glaces	150,000		6,562
Savon	838,971		36,704
Toiles et étoffes	150,000		6,562
Octrois, entrées, etc	57,561,552		2,518,317
Bétail	630,000		27,562
Douanes	23,440,000		1,025,500

	Livres.	Liv. sterl.
Péages	5,000,000	218,750
Timbre	20,244,473	885,695
Droits locaux	1,133,162	49,575
	260,390,905	11,391,548

Il est digne de l'attention du lecteur de remarquer que, de cette longue liste, on ne retient dans le système actuel que les douanes et le timbre.

REVENU GÉNÉRAL.

	Livres.		Liv. sterl.
Impôt territorial	171,565,264	ou	7,505,980
Domaines	9,900,000		433,125
Imp. de consommation	260,390,905		11,391,548
Cote personnelle	44,240,000		1,935,500
Monopoles	28,513,774		1,247,496
Divers, y compris les pays d'États	12,580,000		550,375
Imp. en dehors du gouvernement	95,900,000		4,195,625
	623,089,943		27,259,649
Frais de perception	57,665,000		2,522,843
TOTAL	680,754,943		29,782,492

Tel était le revenu dont Louis XVI avait l'entière disposition ; mais les abus du système financier l'anéantissaient entre les mains du maître d'une armée de 250,000 hommes et de 25,000,000 de sujets. Que les souverains méditent les effets de ce crédit public, dont les écrivains, manieurs d'argent, faiseurs d'affaires, Necker à leur tête, nous ont fait de si beaux panégyriques! système qui ne s'est jamais introduit dans un pays que pour en anéantir la prospérité : il a ruiné l'Espagne, la Hollande, Gênes, Venise et la France ; il menace la puissance et la constitution de l'Angleterre ; il a affaibli l'Europe, un royaume excepté, qu'ont sauvé les talents d'un seul de ses souverains. On ne peut envisager les revenus, la population et les avantages naturels que possède la France, sans bénir la bonté divine de ce qu'un prince comme Frédéric II ne s'est pas assis sur le trône de Louis XV. Un esprit aussi pénétrant eût pressenti, comme il l'a fait pour son pays, les dangers du crédit public ; il eût étouffé le monstre et aurait ainsi établi un pouvoir formidable à ses voisins, que toute l'Europe eût reconnu.

CHANGEMENT DANS LES REVENUS PAR SUITE DE LA RÉVOLUTION.

L'état général donné par le premier ministre des finances, du 1er mai 1789 au 30 avril 1790, comparé avec celui de 1788, nous montrera les déductions qui se sont faites ainsi que les nouvelles additions.

	1789	1790
1 Fermes générales	150,107,000 liv.	126,895,086 liv.
2 Régie générale des aides	50,220,000	31,501,988
3 Régie des domaines	50,000,000	49,644,573
4 Ferme des postes	12,000,000	10,958,754
5 Ferme des messageries	1,100,000	661,162
6 Ferme de Sceaux et de Poissy	630,000	780,000
7 Ferme des affinages	120,000	»
8 Abonnement de la Flandre	823,000	822,219
9 Loterie	14,000,000	12,710,855
10 Revenus casuels	3,000,000	1,157,447
11 Marc d'or	1,500,000	760,889
12 Salpêtre	800,000	303,184
13 Recette générale	157,035,890	27,238,524
14 Pays d'États	24,556,000	23,848,261
15 Capitation et 20es abonnés	575,000	1,213,505
16 Impôts aux fortifications	575,000	676,399
17 Bénéfice des monnaies	500,000	824,301
18 Droits attribués à la Caisse de commerce	636,355	305,418
19 Forges royales	80,000	401,702
20 Intérêts : l'Amérique	1,600,000	»
21 Débets des comptables	»	2,291,860

	1789	1790
22 Parties non réclamées à l'Hôtel de Ville..................	»	240,262
23 Petits recouvrements.........	»	»
24 Quinze-Vingts..............	180,000	257,000
	470,038,245	293,493,389
25 Vaisselle plate portée à la Monnaie........		14,256,040
26 Dons patriotiques.........................		361,587
27 Contribution patriotique (1)...............		9,721,085
		317,832,101

La déduction du revenu de 1790 sur celui de 1789 se monte donc à 176,544,856 liv. (7,723,837 liv. s.).

1791. — Le comité des impositions, après avoir calculé les dépenses probables pour 1791, proposa de les lever comme il suit :

(*Rapport fait le 7 décembre* 1790, in-8°, p. 6. — *Rapport fait le* 19 *février* 1791, in-8°, p. 7.)

Contribution foncière..............	287,000,000 liv.
Contribution mobilière.............	60,000,000
Droits d'enregistrement............	50,246,478
Timbre.............................	20,764,800
Patentes...........................	20,182,000
Loterie............................	10,000,000
Douanes............................	20,700,000
Poudre, salpêtre, marc d'or et affinages..........................	1,000,000
Mont-de-piété......................	5,375,000
Postes et messageries..............	12,000,000
Contribution patriotique...........	34,562,000
Domaines...........................	15,000,000
Salines............................	3,000,000
Intérêts américains................	4,000,000
Fermes génér. du sel et du tabac..	29,169,462
Total...	573,000,000 liv. ou 25,068,750 l. st.

(1) Le Comité de l'imposition porte cette *contribution patriotique* comme une ressource de 35 millions pour 1791. *Rapport du 6 décembre* 1790, *sur les moyens de pourvoir aux dépenses pour* 1791, page 5.

Il ressort des *Mémoires présentés à l'Assemblée nationale au nom du comité des finances, par M. de Montesquiou*, le 9 septembre 1791, in-4°, qu'en 1790, le revenu n'étant que de 253,091,000 liv., il fallait recourir aux anticipations et aux assignats.

INTÉRÊT DE LA DETTE.

Voici le compte du comité des finances, selon les derniers renseignements :

			CAPITAL.	INTÉRÊTS.
Rentes viagères			1,018,233,400 liv.	101,823,846 liv.
Rentes perpét. —		Rentes constituées.	94,912,340	4,745,617
»	»	de l'Hôtel-de-Ville.	2,422,987,301	52,735,856
»	»	Dettes liquidées...	12,351,643	544,114
»	»	Gages et traitem.	2,603,210	93,645
»	»	Communautés.....	3,066,240	153,312
»	»	Indemnités........	27,306,840	1,365,342
»	»	Emp. Pays d'États.	126,964,734	6,276,087
			3,708,430,768 (1)	167,737,819
		Dette exigible.....	1,878,816,534 (2)	92,133,239
			5,587,247,302 (3)	259,871,058
		En liv. sterlings...	244,442,099	11,369,357

On a émis pour 400,000,000 d'assignats, que le comité n'a pas voulu mettre dans le compte précédent.

(1) Le Comité prétend qu'en laissant s'éteindre les annuités, et en achetant les rentes perpétuelles à raison de 20 années, on pourrait racheter cette dette pour la somme de 1,321,191,817 livres. — *État de la dette publique*, in-4°, 1790, p. 8. (*Note de l'auteur.*)

(2) M. de Montesquiou fait monter la dette exigible à 2,300,000,000 livres, p. 58 ; la dette totale à 3,400,000,000 livres, auxquels s'ajoutent 1,800,000,000 livres d'assignats, soit 5,200 millions ; mais on a brûlé 215 millions d'assignats, p. 46. (*Note de l'auteur.*)

(3) M. Arnould, dans son livre *De la Balance du commerce*, 1791, donne 4,152,000,000 livres comme chiffre de la dette ; mais, comme il ne cite pas ses autorités, je m'en réfère aux documents qui précèdent. — (*Note de l'auteur.*)

L'aperçu des recettes et dépenses de l'année 1791, par M. Dufresne, ministre des finances, donne le compte des dépenses probables pour 1791, suivant les décrets de l'Assemblée ; les voici selon lui :

Frais du culte		70,000,000 liv.
Pensions aux religieux et religieuses.		70,000,000
Justice		12,000,000
Directions de départ. et de districts. .		9,360,000
Liste civile, pensions, bureaux, académies, etc., etc		67,041,363
Autres payem. et intérêts de la dette.		192,265,000
Paris	9,323,800	360,770,500
Guerre et marine	134,432	
		589,172,000 ou 25,776,274 l. st.

Les mémoires généraux du 9 septembre 1791 nous donnent sur certains points plus d'éclaircissements que tous les autres. Il paraît que la vente des biens nationaux a donné 964,733,114 liv. ; c'est un fait curieux ; mais l'idée que le tout montera à 3,500,090,000 liv. est loin d'être certaine ; sur ce qui a été vendu, on n'a reçu encore que 735,054,754 liv. Cette somme de 40 millions sterlings au moins contribuera certainement et au delà de tout calcul à donner de l'assurance au nouveau régime, en lui attachant le nombre immense des acheteurs et leurs familles ; si à cela on ajoute l'ensemble du *tiers-état* du royaume, c'est-à-dire, quatre-vingt-dix pour cent de la population, il est clair que tout espoir de contre-révolution doit chercher au dehors un secours impuissant à conquérir la France, s'il n'est aidé par une insurrection générale et bien concertée des mécontents.

DU SYSTÈME DES FINANCES.

On voit par ce qui précède que sous l'ancien régime,

la France suivait la ruineuse coutume d'engager ses revenus tout autant qu'un autre pays qu'une plus grande liberté pouvait pousser dans cette voie. C'est cependant cette habitude qui, sans presque aucun aide, a renversé un gouvernement par la plus extraordinaire des révolutions.

Si Louis XIV, au milieu de la splendeur de son règne et de sa carrière conquérante, avait pu prévoir que son second successeur expierait ses profusions, captif aux mains de ses sujets, il eût rejeté avec horreur la conduite qu'il avait adoptée, on ne l'eût point vu afficher le manque des sentiments propres à un souverain vraiment grand, vraiment ambitieux. Nous verrons, après ce mémorable exemple offert aux nations, si l'on persistera aveuglément à traiter ainsi les finances. Chaque heure maintenant rend cette conduite plus dangereuse, et les révolutions qu'elle traîne à sa suite sont plus menaçantes pour les dynasties que ne l'a été celle de la France. Si la paix se maintient dans ce pays, la dette s'éteindra, car les annuités viagères y ont une large part; mais, si la guerre s'allume, le peuple, délivré des impôts, s'y soumettra de nouveau difficilement, et d'autres assemblées plus assurées que celle-ci n'auront plus tant d'égards pour les créanciers de l'État; il en sera peut-être ce qu'il en doit être en Angleterre. Jamais gouvernement ne fera banqueroute de propos délibéré; mais quand les impôts sont tels que le peuple n'y peut plus suffire et, sentant son pouvoir, se met en rebellion ouverte, on devine ce qui arrive. Quelle sera donc notre conclusion? Que les dettes, ou plutôt les guerres qui les occasionnent, sont si fatales, si destructives, qu'il faut à tout prix les éviter; si malheureusement on ne le peut pas, c'est par des taxes annuelles, jamais par des emprunts, qu'on y doit pourvoir, et jamais que pour la défense du territoire national. En un mot, il faut renoncer à toute domination extérieure, à toute cette politique commerciale de conquête, de colonies et de dettes publiques.

DE LA QUANTITÉ DE NUMÉRAIRE EN FRANCE.

Les écrits de M. Necker nous donnent la quantité de monnaie que l'on a frappée en France; mais, de cette connaissance à celle du numéraire actuellement existant dans le royaume, on sent bien que des conjectures seules peuvent être formées.

Monnayé de 1726 à 1780. — Or..........	957,200,000 liv.
— — Argent......	1,489,500,000
	2,446,700,000
Monnayé en 1781, 1782 et 1783...........	52,300,000
	2,500,000,000
Existence en 1784.......	2,200,000,000

M. Necker pense que l'accroissement en numéraire pendant les quinze années écoulées de 1763 à 1777 a été pour la France égal à celui de l'Europe. D'après les recherches de M. Clavière (1) et celles de M. Arnault (2), il paraît que, lors de l'ouverture des États généraux, la masse des métaux monnayés était de deux milliards (quatre-vingt-sept millions cinq cent mille liv. st.). L'idée que se faisait M. Necker sur la balance du commerce de France, qu'il évaluait à trois millions sterlings par an, était fondée sur des données très insuffisantes : le mémoire de M. Casaux a montré que les faits déduits par le ministre de cette balance n'exis-

(1) *Opinion d'un créancier de l'État.*
(2) *De la Balance du commerce*, t. II, p. 206.

taient que dans son imagination (1). L'importance que, dans le dixième chapitre de ce livre, cet écrivain attache à la possession de grandes quantités d'or et d'argent, la conduite politique qu'il trace pour arriver à ce résultat, comme de vendre beaucoup aux autres nations en achetant peu d'elles, de charger de droits le commerce extérieur, de se faire des colonies; l'ensemble de ce système, en un mot, ne trahit pas peu de petitesse et sent plus le banquier que le grand homme d'État ou même le politique habile. On est sûr de trouver dans les ouvrages de M. Necker un étalage éloquent d'idées étroites, jamais l'ampleur d'un vrai talent, ni les vues grandioses d'un vrai génie. Son ministère et ses écrits offrent l'arrangement d'un esprit méthodique, propre aux petites affaires, mais perdu dans les grands événements causés par le nouveau système qui se fait place au milieu du tourbillon d'une révolution.

Le numéraire, or et argent, de la Grande-Bretagne ne s'élève probablement pas à moins de quarante millions sterlings; mais il n'y a pas de comparaison à établir entre les deux royaumes, la grande masse des affaires chez nous se traitant avec du papier, tandis qu'en France tout ou presque tout se faisait en argent avant l'émission des assignats. M. Hume raisonne probablement très juste quand il dit que le papier tend à bannir les espèces. Tout royaume doit avoir un capital circulant en rapport avec son industrie; s'il n'est pas en billets, il sera en métal; mais, dans le premier cas, il

(1) La refonte ordonnée par M. de Calonne, en 1785, montre que M. Necker, même comme banquier, n'est pas très correct quand il se hasarde dans les conjectures. Il donnait à peine 300,000,000 pour la fonte et l'exportation des louis, qui s'élève à 650,000,000. Il met la monnaie d'or (celle d'argent y comprise pour 81, 82 et 83) à 1,009,500,000, tandis que M. de Calonne la montre de 1,300,000,000 liv.

ne sort pas du royaume pour s'échanger contre d'autres valeurs : d'un autre côté, on dit, il est vrai, que, dans le second, les espèces sortent du royaume, non pas sans profit, mais comme toutes les autres marchandises, en donnant un bénéfice annuel. Si cette raison est bonne, et elle renferme au moins quelque vérité, la France, en gardant chez elle un capital de quatre-vingt-dix millions sterlings, pour satisfaire un besoin que l'Angleterre satisfait à moitié moins au moyen des billets, perd le bénéfice qu'elle pourrait retirer de quarante-cinq millions sterlings, si elle les employait comme nous le faisons.

On donne de notre grande circulation en billets une explication qui paraît renfermer beaucoup de vérité, surtout au moment actuel. Le papier-monnaie a pris ce développement extraordinaire dans notre pays parce que la balance de son commerce avec les étrangers ne lui procurait pas assez vite le numéraire nécessité par les accroissements de son industrie. C'est ce qui doit s'être produit, surtout depuis la guerre d'Amérique, dans cette période d'une rapidité sans exemple dans les progrès de notre nation. En pareille circonstance, l'extension donnée à la monnaie de papier, au lieu de diminuer la quantité des espèces, l'accroît en facilitant les opérations du commerce. Un autre mal, plus funeste, c'est la tendance à thésauriser quand on se sert principalement des métaux précieux. M. Necker pose comme un fait hors de doute que d'immenses sommes en or sont cachées en France, et certaines circonstances, à l'époque de la refonte sous M. de Calonne, ont prouvé cette assertion. La circulation habituelle de Paris ne dépasse pas 80 ou 100,000,000 liv., comme nous le voyons par l'ouvrage sur l'*État de la France*, p. 80, ce qui s'accorde avec l'énorme montant des espèces en

France pour montrer combien il y en a d'amassées. On voit clairement que cela vient d'un manque de confiance dans le gouvernement et d'un manque d'encouragements à placer ses fonds dans l'industrie nationale, et que cette pratique tend à doter le pays d'une masse de métaux précieux bien supérieure à ses besoins.

Il existe en Europe deux exemples prouvant qu'un pays attirera toujours le numéraire suffisant à ses besoins si la création du papier-monnaie n'y met obstacle : ce sont la Prusse et Modène. Le trésor du roi de Prusse, calculé à 15 millions sterlings, représente le triple du capital circulant dans son royaume. Selon toutes les probabilités, si ce trésor n'eût pas été retiré de la circulation, le numéraire ne monterait pas actuellement à un thaler de plus, par cette simple raison que les transactions n'en semblent pas exiger davantage. L'industrie, en se développant, a puisé chez ses voisins tout l'argent dont elle avait besoin et à proportion que le roi en amassait; sans le roi, le pays n'en eût pas demandé plus et ne l'aurait pas reçu. Modène offre le même phénomène, en rapport avec son étendue et ses richesses. On dit que le trésor du duc surpasse de beaucoup le numéraire en circulation dans ses domaines. Je demandai, à Modène même, si l'on en sentait le manque; on m'assura que, au contraire, il y avait tout ce qu'il fallait aux transactions. Concluons de cet examen que le numéraire est loin chez nous de sa proportion naturelle par l'immensité de nos affaires faites avec du papier. Il y a peu d'importance à attacher à la possession de grandes quantités d'or ou d'argent, si ce n'est dans un trésor national, et encore l'exemple de l'Angleterre nous permet d'en douter dans tous les cas; car la France n'a rien fait, soit à l'intérieur soit à l'extérieur, avec son numéraire, que nous n'ayons obtenu, peut-être mieux avec notre papier. Un gouvernement sage devrait donc s'inquiéter d'employer utilement son peuple; ce point essentiel obtenu, il pourrait en toute sûreté laisser les espèces trouver leur niveau, sans se soucier que ce soit l'or ou le papier qui circule. Il n'y a pas de danger que les billets se multiplient outre mesure tant qu'on les reçoit; la seule demande règle leur émission. Si le gouvernement en force le cours, le cas est différent : le papier a cours forcé, c'est donc qu'on ne le demande pas, qu'on ne devrait plus en émettre; il y a fraude, et on ne doit recourir à la fraude publique qu'à la dernière extrémité. Tels sont les assignats émis par l'Assemblée nationale; cette mesure, bien que dangereuse, pouvait être nécessaire pour assurer la nouvelle constitution; mais, je n'hésite pas à le dire, une banqueroute ouverte eût été, sous d'autres rapports, beaucoup plus sage et suivie de moindres maux. Sur 34 villes commerciales qui présentèrent des adresses à propos des assignats, 7 seulement furent en leur faveur (1). Le projet rencontra une égale opposition de la part de la noblesse (2), des lettrés (3) et des gens d'affaires (4). Toutefois, les prévisions d'un énorme déchet ne se sont point vérifiées. Au mois de septembre 1790, M. Decretot en met la masse à 400,000,000, avec une perte de 10 pour 100 à Bordeaux ; de 6 pour 100 à Paris, selon M. de Condorcet : tous deux concluaient de là à une perte incroyable si l'émission continuait ; cependant, en mai 1791, alors que des centaines de millions en

(1) *De l'état de la France*, par M. de Calonne, in-8°, 1790, p. 82.

(2) *Opinion de M. de la Rochefoucauld sur l'assignat-monnaie*, in-8°.

(3) *Sur la proposition d'acquitter les dettes en assignats*, par M. de Condorcet, in-8°, p. 14.

(4) *Opinion de M. Decretot sur l'assignat*, in-8°, p. 8.

avaient accru le chiffre, la perte était encore de 7 à 10 pour 100 seulement (1). On fut également trompé en ne voyant pas arriver la cherté que l'on craignait; bien au contraire, le blé baissa, on doit se le rappeler. Le marquis de Condorcet supposait qu'en un seul jour il monterait de 24 liv. le septier à 36 liv. (2). A la dissolution de la première assemblée, il y avait 1,800,000,000 d'assignats.

EN QUOI CONSISTE LE MÉRITE D'UN IMPÔT.

Depuis quelque temps il a paru en France beaucoup d'écrits sur la nature des impôts, et bien des fois on a exposé à la tribune de l'Assemblée nationale les principes qui devraient guider les hommes d'État auxquels il est donné de décider des questions de cette importance. On regrette que les membres de cette assemblée qui jouissent de la plus grande influence aient sur ces matières adopté les opinions d'une secte philosophique qui fit grand bruit en France il y a vingt ou trente ans, au lieu de rechercher par eux-mêmes les faits d'où ils auraient dû tirer leurs conclusions. Ce n'est pas à moi, voyageur, d'approfondir une question si complexe, qui demanderait de si longs détails et un examen si minutieux; mais elle est maintenant d'un tel poids pour ce pays qu'un rapide *coup d'œil* ne saurait qu'être utile. Voici, selon moi, les qualités à rechercher pour un impôt : 1° égalité, 2° facilité de payement, 3° encouragement à l'industrie; 4° perception aisée; 5° difficulté de passer les bornes raisonnables.

1. *Égalité.* — Le premier point essentiel est l'égalité.

(1) Elle est devenue plus grande par la suite. (*Note de l'auteur.*)

(2) *Sur la propriété*, etc., par M. DE CONDORCET, p. 21.

Il est absolument nécessaire que tout membre de la société contribue aux besoins communs en proportion de sa capacité, pourvu que cette contribution ne mette point d'obstacle au progrès de son industrie (1). Quiconque s'est un peu occupé de ce sujet en convient; mais c'est quand il s'agit de déterminer cette capacité, que la difficulté commence. Les impôts sur la propriété et sur la consommation semblent posséder ce mérite : on les verra cependant varier prodigieusement; car, dans tous les pays, une longue expérience a prouvé la difficulté infinie qu'il y a pour évaluer la propriété, et la tyrannie indispensable pour arriver à un peu d'exactitude. Par cette raison, tous les impôts sur la terre, avec leur apparence d'égalité, sont cruellement inexacts : si on les perçoit sur le produit brut en *nature*, ils pèseront dix fois plus sur les terres pauvres que sur les autres, et la valeur saisie par l'État n'est pas en rapport avec les frais de la production. Si on les perçoit sur la rente, la facilité des fraudes les rend générales et perpé-

(1) Éloignons le peu d'obscurité qui couvre cette définition. Par *capacité* il ne faut entendre ni capital ni revenu, mais certain superflu, comme l'appelle Davenant, qui se résout en consommation. Supposez un manufacturier gagnant 2,000 l. st. par an, vivant avec 500 et mettant le reste dans sa manufacture : il est clair que l'État ne doit pas taxer ces 1,500 l. st. Les 500 l. st. seules doivent contribuer ; mais si cet homme meurt et que son fils vive en gentilhomme, tout le revenu y sera sujet. Observons cependant que les droits d'entrée ne retombent pas sur le manufacturier ; il s'en fait tenir compte par le consommateur. De même, si un propriétaire faisant valoir ses biens se contente, pour vivre, d'une petite partie du profit, plaçant le reste en améliorations, les taxes ne doivent toucher que ce qu'il dépense pour lui, autrement elles le privent de l'instrument avec lequel il sert l'État. Il faut donc restreindre le sens de ce mot capacité. On voit l'absurde nature des impôts sur la terre en ce qu'un prodigue, un vaurien, ne paie rien de plus que son laborieux voisin qui change en jardin un désert.

(*Note de l'auteur.*)

tuelles; si, pour les éviter, on enregistre les baux, cela retient d'en faire et porte atteinte à l'agriculture. Si on évalue au moyen d'un *cadastre*, la dépense est énorme (1) et peu d'années la rendent inutile par des changements impossibles à corriger, jusqu'à ce qu'enfin le seul mérite de la taxe soit son *inégalité*, ainsi qu'on le voit dans le Milanais, en Piémont, en Savoie, en Angleterre, où tout essai pour rétablir l'égalité ruinerait l'agriculture et produirait une oppression infinie.

Loin d'être égales, les impositions territoriales ont, au contraire, une telle inégalité que c'est la propriété *nominale*, et non pas la *réelle*, qui supporte l'impôt; les hypothèques y échappent, quoique s'élevant aux 3/4 du bien; et si, pour remédier à cette cruauté, on permet aux propriétaires de se décharger sur le prêteur, comme dans le cas des 20es en France, ou le règlement est éludé par des conditions particulières, ou l'argent ne se trouve plus à emprunter pour le plus utile des placements. Enfin, la terre est visible et ne peut se cacher, tandis que les fortunes en argent sont insaisissables et échappent à tous les impôts, sauf ceux de consommation qui sont les plus égaux et les plus

(1) Cependant la noblesse de Lyon et celle de l'Artois, ainsi que le tiers-état de Troyes, demandent un cadastre général pour la France. *Cahiers, Lyon*, p. 17; *Artois*, p. 18; *Troyes*, p. 7. Le Comité de l'imposition en demande un aussi. *Rapport*, p. 8. Il en a coûté 2,592,000 l. (113,355 l. st. 15 sh.) pour le Limousin seul; pour la France, ce serait, au même taux, 82,944,000 liv. (3.628,800 l. st.), et demanderait dix-huit ans avec 3,072 ingénieurs. *Essai d'une méthode générale pour étendre les connaissances des voyageurs*, par M. MEUNIER, 1779, in-8°, t. I, p. 199. Le *cadastre* du roi de Sardaigne revient, dit-on, à 8 s. l'arpent. *Administ. provinc.*, LE TRONE, t. II, p. 256. Les *Cahiers* demandent un *cadastre*, dans le langage des *économistes*, comme si cela se faisait d'un coup et sans frais; et cette opération, qui demanderait dix-huit années, il la faudrait répéter tous les neuf ans, selon M. LE TRONE! (*Note de l'auteur.*)

justes; ils se proportionnent avec tant de soin et d'exactitude aux besoins de chacun (1), que l'on peut les prendre comme mesure de son revenu. Au moins est-il sûr qu'il n'y a pas de meilleure manière de l'estimer? A la vérité, il y a des avares qui, possédant beaucoup, consomment peu; mais il est vraiment impossible que l'impôt atteigne de pareils hommes sans recourir à des procédés tyranniques; et, de plus, qu'importe? on ne verra jamais des générations d'avares; plus le père a épargné, plus le fils dépense, de sorte qu'après une certaine période tout se balance, et l'État ne perd rien. Mais aussi la justesse de cette égalité dans l'impôt est la plus grande possible, car elle se mesure sur les dépenses volontaires de chacun. Celui qui dépense avantageusement pour l'État et ses progrès paye peu de chose ou rien; celui qui se livre au luxe, sa contribution s'élève en raison de ses prodigalités. Inutile d'ajouter que les douanes et les droits ont le même effet; les timbres vont plus loin encore; les entrées et les octrois seraient sur la même ligne s'ils ne s'appliquaient aux villes exclu-

(1) L'objection du Comité des impositions, que le rendement en est incertain, est une des meilleures preuves de son mérite. Exigerez-vous un impôt déterminé d'un revenu qui ne l'est pas? Ce serait de la tyrannie. *Rapport du Comité de l'imposition concernant les lois constitutionnelles des finances*, 20 décembre 1790. In-8°, p. 19. Je ne sais pas d'objection faite aux impôts de consommation qui ne s'applique avec plus de force aux impôts sur la propriété. On dit que les entrées font hausser le prix des produits manufacturés et font obstacle au commerce extérieur et à la consommation intérieure : il y a du vrai; mais il est vrai aussi que, malgré cela, l'Angleterre est la nation la plus industrielle, la plus commerçante du globe, même avec des douanes qu'il faudrait changer. On dit qu'ils affectent la consommation du pauvre plus particulièrement : c'est à un abus, ce n'est pas à un défaut inhérent qu'on s'adresse; certes, en Angleterre, ils sont, sous ce rapport, cruels, honteux et tyranniques. Des entrées modérées, bien assises, n'auraient d'autres inconvénients que ceux de tous les impôts; mais, immodérés et mal répartis, les impôts nuiront, sur quelque chose qu'on les mette. (*Note de l'auteur.*)

sivement, au lieu de frapper tout le monde en quelque résidence que ce soit : distinction heureuse aux yeux de ceux qui pensent que les villes sont un mal. On doit voir sans démonstration que les impôts personnels sont de la dernière inégalité par l'impossibilité où l'on est de les proportionner aux conditions de la vie. Les monopoles ont plus ou moins d'égalité, selon que tout le monde y est plus ou moins soumis : la poste est très légale et un des meilleurs impôts.

2. *Facilité de payement.* — À cet égard, il n'y a qu'un seul mode d'imposition qui ait du mérite : celle que l'on met sur la consommation se confond avec le prix, et le consommateur la paye sans s'en apercevoir. Il sait le prix d'une bouteille de vin ou d'eau-de-vie, d'un jeu de cartes, d'une roue de voiture, d'une livre de chandelle, de thé, de tabac à priser, de sel, et il en achète ce qu'il peut; il ne lui importe en rien que le prix représente les frais de production, le bénéfice du marchand, ou la taxe nationale; il n'a pas besoin de la séparer par le calcul, et il paye tout en bloc. Cette facilité est grande aussi, en ce qu'il n'acquitte le droit qu'au moment où il se sent disposé à consommer le produit, parce qu'il en a les moyens; c'est vrai au moins pour la majorité des hommes. Les impôts sur la propriété, et surtout sur la propriété territoriale, sont bien inférieurs sous ce point de vue. Pour le propriétaire qui se les fait avancer par son tenancier jusqu'au payement des termes, la facilité est on ne peut plus grande; mais ils sont d'autant plus onéreux pour ce dernier; leur injustice est palpable. Cela ne se fait pas sentir beaucoup en Angleterre, où les fermiers sont assez riches pour n'y pas prendre garde; mais, dans les pays où ils sont pauvres, c'est un lourd fardeau. Quant au propriétaire qui fait valoir, sa convenance n'est pas consultée ; il doit

payer, non pas parce qu'il a vendu ses produits, sa terre ne lui rapporterait pas un sou qu'il devrait payer encore; non pas parce qu'il achète, et montre en cela qu'il le peut; non : simplement parce qu'il est propriétaire, ce qui ne prouve nullement qu'il soit en état de payer. Bien plus, il paye quand il n'a de la propriété que le nom et pas les profits; voilà qui montre assez les défauts de ce mode d'assiette. Il faut admettre cependant que les impôts levés en nature, comme les dîmes, s'acquittent facilement; ils ont au moins ce mérite parmi tant d'objections qui se présentent contre eux. Mais, à notre époque, nul gouvernement ne peut faire de perception en nature, et s'il les abandonne aux particuliers, c'est une source de vexations que des esclaves seuls sauraient supporter. Les impôts personnels sont aussi défectueux; l'existence d'un homme, ou son droit à un titre, ne prouvent pas qu'il soit capable de payer ce qu'on lui demandera d'une façon indéterminée.

3° *Encouragement à l'industrie.* — L'assiette des impôts peut décourager et abattre l'industrie, ou, au contraire, ne lui causer aucun mal; à ce point de vue, vient le placement des capitaux. Si une branche d'industrie est surchargée de droits, les bénéfices qu'elle procure en seront tellement amoindris que tous hésiteront à y prendre part. La première chose que l'on doit considérer, c'est : quelle est l'industrie la plus importante pour la nation? Quelques erreurs qu'ils aient pu faire dans la pratique, les écrivains et les politiques de tous les pays sont tombés d'accord, en théorie, sur ce point, excepté Colbert, M. Necker et M. Pitt. Il n'y a pas de doute que l'agriculture occupe le premier rang, et qu'une nation sera heureuse en raison des capitaux qu'elle aura placés sur la terre. Ceci décide la valeur des impôts territoriaux : à mesure qu'ils s'abattent sur la terre, il y a moins de profit à la posséder, et le capital en est bientôt banni. Si la répartition est exacte, elle atteint les améliorations du cultivateur; il la fera entrer dans son calcul avant de faire des avances, et s'il se décide, ce sera pour des objets qui n'y seront pas trop exposés. Le sol, dans un tel pays, restera entre les mains de gens dont il formera l'unique capital, et l'expérience nous a montré de quelle importance pour la terre était la richesse du cultivateur. On peut, par des impôts, ou peu judicieusement placés, ou excessifs, sur la consommation, anéantir une industrie; mais alors l'impôt rend si peu, que le gouvernement souffre dans la même mesure. Les droits sur le cuir étaient ruineux en France; chez nous on les percevait sans difficulté. L'inconvénient des impôts de consommation vient surtout de ce qu'ils exigent, dans les mains des manufacturiers, de grands capitaux, non pas pour *payer* les droits, mais pour les *avancer* jusqu'à ce que le consommateur les ait remboursés. Par ce moyen, les impôts de consommation sont supérieurs aux autres. L'homme habile qui prend une terre ne peut pas rentrer dans ses taxes par l'élévation du prix de son bétail et de ses grains, tandis que ces taxes entrent complètement dans le prix des autres objets, à moins que le fabricant ne consomme lui-même ses produits. Les impôts personnels, au point de vue du découragement de l'industrie, sont très imparfaits; les monopoles (excepté la poste), ruineux; car ce sont des prohibitions d'industries que l'État se réserve à lui-même. Le droit de battre monnaie est nuisible ou non, selon la fidélité qu'on y met.

4° *Facilité de perception.* — Sous ce rapport, les impôts fonciers ont un avantage clair et manifeste; car il est impossible de cacher la propriété, et la perception en est aussi peu coûteuse qu'aisée à opérer. C'est ce petit avantage (mis en regard des maux qui l'accompagnent) qui a fait recourir à eux dans tous les pays. Les droits de douane et de débit sont difficiles et onéreux à percevoir. Le timbre est bon à ce point de vue : chez nous il n'en coûte que 51,691 l. st. pour recevoir 1,329,905 l. st. Les taxes personnelles sont aussi faciles à recueillir; voilà leur seul mérite : les monopoles sont partout dispendieux, nouvelle raison pour les rejeter.

5° *Difficulté de pousser les impôts à l'extrême.* — Il faut compter parmi les mérites d'un impôt le pouvoir de rectifier son propre excès; il en est ainsi des taxes sur la consommation : elles s'anéantissent par l'encouragement qu'elles donnent à la fraude et à la contrebande en s'élevant par trop haut. Au contraire, la propriété ne saurait se soustraire aux charges les plus ruineuses et les plus oppressives. Le corollaire général à tirer de ce chapitre, c'est que, de tous les impôts, les meilleurs sont ceux de consommation, les plus mauvais ceux qui grèvent la propriété.

SUR LA PROPOSITION DES ÉCONOMISTES D'ASSEOIR TOUS LES IMPÔTS SUR LE SOL.

S'il y a quelque peu de vrai dans les idées qui précèdent, ce système doit être grossièrement abusif. Je ne sais si c'est M. Locke qui a donné naissance à cette doctrine que tous les impôts, quels qu'ils soient, finissent par retomber sur le sol; mais quiconque l'a inventée ou soutenue a contribué à établir une des plus dangereuses absurdités qui aient jamais fait rougir le sens commun. Il serait oiseux de réfuter cette maxime en détail; sir James Stuart l'a réduite en poussière dans ses *Principes d'économie politique.* C'était d'après cette fausse théorie que les économistes proposaient de confondre tous les impôts de la France en un seul impôt territorial. Accordez cette donnée vicieuse que tout retombe à la fin sur le sol, et leur conclusion est forcée, que mieux vaudrait, pour la simplicité et la réduction des frais, s'adresser directement au sol; mais, comme leur principe est erroné, la conclusion qu'ils en tirent tombe avec lui : *Mais que prétendez-vous donc obtenir par cette régie si menaçante et si dispendieuse? De l'argent. Et sur quoi prenez-vous cet argent? Sur des productions? Et d'où viennent ces productions? De la terre. Allez donc plutôt puiser à la source et demandez un partage régulier, fixe et proportionnel du produit net du territoire* (Le Trône, t. I, p. 323). Quel enchaînement d'erreurs grossières dans un passage aussi court! Il s'en trouve presque autant que de paroles. C'est la contre-partie qui est vraie; ces impôts ne sont pas levés sur des productions, ces productions ne viennent pas de la terre, et en imposant le sol vous ne remontez pas à la source : il vous faudrait pour cela imposer également le sol étranger. Quelle niaiserie que cette continuelle répétition du même jargon, sans y ajouter un mot de l'illustre écrivain anglais dont je viens de citer la réfutation.

Que l'Assemblée nationale mette 27 vingtièmes en impôt territorial, puis que le royaume désolé s'adresse pour des secours à la *nouvelle science*, à la *physiocratie*, au *tableau économique* de ces visionnaires! La noblesse de Guyenne prétend qu'un impôt *en nature sur les fruits* est le meilleur (cahier p. 20); le clergé de Châlons-sur-Marne fait la même demande (cahier p. 11) et veut qu'il remplace tous les autres; mais la noblesse de la même ville s'y oppose (cahier p. 11). L'abbé Raynal, avec tout son talent, tombe dans l'erreur commune et appelle le *cadastre* une belle institution (1). M. de Mirabeau (2) s'est constitué le défenseur de ce système en faisant voir de grands inconvénients dans les impôts de consommation : chacun en conviendra, je ne sais que deux taxes qui en soient tout à fait exemptes, la poste et les barrières (*turnpikes*) (3). Mais il est absurde de s'arrêter aux inconvénients des impôts de consommation sans montrer s'ils surpassent ou non ceux des autres. Il y avait en France pour 260,000,000 d'impôts de consommation : ils sont au delà chez nous; la seule question est maintenant de savoir si l'on supportera un supplément égal dans les taxes territoriales pour se délivrer des inconvénients que vous signalez. M. Necker a répondu pour la France de manière à fermer à tout jamais la bouche des économistes. En Angleterre il ne peut y avoir qu'une façon de penser : nous supportons les impôts tels qu'ils sont assis; mais, s'ils s'absorbaient en un seul grevant la terre, ce serait l'anéantissement de l'agriculture et la ruine du pays.

Nous savons par expérience que les cultivateurs ne

(1) *Etablissement des Européens*, in-4°, tome IV, p. 640.

(2) *De la Monarchie prussienne*, tome IV, p. 53.

(3) Young ne pouvait plus mal choisir ; l'un de ses exemples est loin de venir au secours d'une théorie qui aurait besoin de bien meilleurs arguments pour être admissible. La moindre promenade en Angleterre suffit à faire voir les inconvénients de toutes sortes de ces *turnpikes*. Se figure-t-on entre autres ce que c'est que d'avoir, par une nuit de décembre, à réveiller le péager pour qu'il vous ouvre la barrière ? Ce système est tellement mauvais qu'il vient de se former une association qui en poursuit la suppression, au moins dans la banlieue des grandes villes. Dans les montagnes d'Écosse, où les routes, tracées dans un but stratégique, après le soulèvement de 1745, ont été faites par le gouvernement, on ne voit pas qu'elles soient plus mal tenues ou que leur entretien soit plus onéreux; les péages n'y sont cependant pas perçus.

peuvent pas rentrer dans les avances qu'ils font sous forme d'impôt ; cette vérité, fondée sur des faits incontestés, est décisive : comment 20 millions supporteront-ils un impôt territorial de 17 millions sterlings? De quel poids sera le jargon mystique d'une théorie (1) opposé aux faits innombrables, que, dans son état actuel, nous présente chaque pays de l'Europe? La discussion roule sur ce point de savoir si l'impôt que paye le cultivateur pour sa terre lui est remboursé ou non par le consommateur. Lorsque M. Necker nous montre que, si l'on suivait les idées économiques, on devrait percevoir en France 28 *vingtièmes*, et lorsqu'on voit en Angleterre (2) la rente payée aux propriétaires n'excéder que d'un cinquième le montant des taxes, nous savons parfaitement combien il est impossible de partager de telles idées. Pour cela, il faudrait que le cultivateur retirât, en vendant ses produits, d'énormes avances, qui, à elles seules, formeraient un fardeau très lourd. Mais, comme il est évident que cela ne se peut faire, que le produit de la terre imposée à 4 sh. la l. st. se vend exactement comme celui imposé 4 d., et qu'au moins en Angleterre les prix ne varient pas, que l'impôt territorial soit de 1 sh. ou de 4 sh. par l. st., ni en France, qu'il soit de 1 ou de 3 *vingtièmes*, nous sommes en droit de traiter ces idées de visions, de dire qu'une telle extension de l'impôt territorial est impraticable, et que tout essai pour réaliser ces plans sera ruineux pour l'agriculture et, par suite, pour l'État tout entier.

(1) Ces livres *scritti in un certo dialetto mistico.* — *Imposto secondo l'ordine della natura*, in-12, 1771, p. 15. (*Note de l'auteur.*)

Traduction. — Ces livres écrits dans un certain jargon mystique. — Impôts selon les lois de la nature.

(2) En y comprenant la taxe des pauvres et les dîmes, les impôts surpassent la rente de la terre. (*Note de l'auteur.*)

Quant à l'impossibilité de remplacer chez nous toutes les taxes par un impôt territorial unique, je puis m'en référer à un exemple pris chez nous et de l'exactitude duquel je réponds. J'ai inséré dans les *Annales d'agriculture*, n° 86, un compte des taxes par moi payées pour mon domaine de Suffolk ; et de ce compte il résulte que ce coin de terre, qui me rapporte net 229 liv. st. 12 s. 7 d., paye à l'État 219 liv. 18 sh. 5 d. En déduisant des quinze millions et demi de livres sterlings, formant le revenu net de la Grande-Bretagne, les impôts qui entrent dans cette dernière somme, il restera dix millions et demi de liv. sterlings ; et comme l'impôt territorial actuel de deux millions de livres sterlings me grève de quarante livres par an, une addition de dix millions et demi de livres sterlings multiplierait cette somme par cinq et demi : cela ferait deux cent vingt liv. sterlings, et il me resterait pour revenu net neuf livres par an ! Jamais peut-être les économistes n'ont rencontré une preuve si convaincante de l'inanité de leurs projets. Tels sont cependant, je le vois avec peine, les principes qui semblent guider l'assemblée en matière de finances. A leur grand honneur, cependant, tous les membres ne semblent pas vouloir aller si loin que quelques-uns. « *Puisque l'intérêt bien entendu de ces trois grandes sources de la prospérité des nations, appuyé des noms imposants de Quesnay, de Turgot, de Gournay, de Mirabeau le père, de la Rivière, de Condorcet, de Schmidt et de Léopold, et développé de nouveau, dans ces derniers moments, avec une logique si rigoureuse par M. Farcet, n'a pas encore persuadé cette arbitraire, inconséquente et despotique reine du monde, qu'on appelle l'opinion* (1). » On ne peut s'empêcher de sourire en voyant la figure

(1) *De quelques améliorations dans la perception de l'impôt*, par M. Dupont, p. 7.

que fait le grand Léopold; on le met à l'arrière, je pense, parce que jamais, heureusement pour sa mémoire, il n'a mis en pratique l'impôt unique des économistes.

Les abus infâmes de la perception des *gabelles*, *droits d'aide* et *droits de traite*, etc., sont sûrement l'origine du préjugé si général en France contre les taxes de consommation. On a supposé essentielles les cruautés qui les accompagnaient; mais l'expérience nous a depuis longtemps appris le contraire dans notre pays. Loin de moi la prétention qu'elles soient ce qu'elles devraient être; dans bien des cas, elles traitent durement les débitants de marchandises imposées, et elles portent atteinte à la liberté : mais chacun sait que les taxes sur le sol ne sont pas exemptes de reproches aussi forts. Quand le percepteur exige des sommes au delà du pouvoir de l'individu, qu'il lui saisit ses meubles pour les vendre, peut-être à moitié prix; quand les pauvres gens bouchent leurs fenêtres, et, se refusant le luxe de la lumière du jour, croupissent dans l'humidité et les ténèbres, plutôt que d'acquitter un impôt onéreux sur les habitations : à la vue de tant de souffrances, on ne croira pas que les seuls impôts de consommation en soient la cause; il n'en est d'aucune sorte, hors la poste et les *turnpikes*, qui ne soit un grand mal, et la seule question est de chercher, dans tant de maux, le moindre.

La division des propriétés en France est encore un obstacle insurmontable à ce projet des économistes : si on les taxe à leur valeur réelle sur la possession de quelques acres, il s'ensuit une grande misère; l'homme qui tire de son champ ce qui lui est nécessaire n'a rien à épargner pour les impôts directs; il faut, afin de les payer, recourir à un autre travail, travail précaire dans un pays où la population est excessive. Si, pour éviter ces maux, on fait exception en sa faveur, la petite propriété, origine de cette misère, en reçoit un nouvel encouragement, il n'y a pas de politique plus cruelle. Le seul moyen d'obvier à ces deux reproches serait de défendre la division du sol au delà de la limite où il ne supporte plus l'impôt, ou bien encore d'abandonner toute charge directe sur le sol. Dans les pays où abondent les impôts fonciers, il n'y a pas tant de propriétaires, par cette simple raison que le profit donné par la terre est au-dessous de celui que donne tout autre placement : alors les capitalistes échappent à l'impôt en vivant de leurs rentes ; il en faut trouver qui les fassent contribuer, et il n'y en a pas d'autres que les droits, les *entrées*, les douanes, l'enregistrement, etc., etc., ce qui frappe la consommation. On peut en dire autant des étrangers vivant dans le royaume ; ces droits les atteignent comme nos nationaux, et, dans un pays comme la France, qui les a toujours attirés et qui les attirera toujours, ce n'est pas insignifiant. Mais peut-être, de toutes les objections faites à l'impôt territorial, la plus forte est l'obstacle qu'il oppose au progrès de l'agriculture, s'il est également réparti ; s'il ne l'est pas, sa criante injustice, le vice le plus choquant en pareille matière. Les plus grands partisans de cette mesure reconnaissent la nécessité de cette répartition ; c'est ce qui pousse l'abbé Raynal à appeler le *cadastre une belle institution*, et un écrivain plus récent déclare que « *il n'est point de pays où il ne soit nécessaire d'inventorier tout le territoire dans le plus grand détail, d'enregistrer chaque portion, d'en connaître les mutations, d'en évaluer le revenu et où, si on désire de conserver l'imposition égale et proportionnelle, il ne soit indispensable de suivre la progression du revenu* (1). » Plus tard, il s'explique en demandant un cadastre tous les neuf ans, et il critique celui du roi de Sardaigne (2), parce qu'il n'a pas été renouvelé. Un autre de ces politiques remarque l'excellence des dîmes comme impôts, en ce que le revenu de l'État s'accroît avec l'amélioration de l'agriculture (3). Dans le même esprit, l'abolition des droits sur la consommation se trouvait demandé par les *cahiers* (4). Je remplirais un volume de citations analogues en consultant le déluge d'écrits qui inonde la France depuis vingt-cinq ans ; je me contente des écrivains actuels. Si l'Assemblée nationale, suivant la proposition de son comité, vote l'impôt de 300,000,000 variable, mais sans pouvoir dépasser ce maximum, ce simple fait de soulager le pauvre cultivateur négligent, aux dépens de son riche et industrieux voisin, arrêtera court toute amélioration agricole ; et si, le faisant varier, elle veut que l'État bénéficie de ces améliorations, l'effet sera le même, personne ne se sentant disposé à hasarder des capitaux dont les profits seraient taxés par le gouvernement.

J'ai mentionné plusieurs écrivains en les condamnant au nom de l'agriculture; il est juste de dire que la France en possède d'autres dont les ouvrages ne méritent pas ces reproches. M. Necker, dans son *Traité de l'Administration des finances*, se prononce pour les impôts de consommation, en démontrant l'impossibilité d'établir un impôt territorial unique. Le marquis de

(1) Le Trone, *Admin. prov.*, t. Ier, préf. XIV.

(2) *Ibid.*, p. 235.

(3) *Plan d'adm. des finances*, par M. Malport. 1787, p. 34.

(4) *Noblesse de Lyon*, pag. 16. — *Bugey*, pag. 28. — *Tiers-etat de Troyes*, art. 13. — *Etampes*, art. 33. — *Nimes*, p. 44. — Il n'y a pas un impôt en France dont quelque *Cahier* ne demande la suppression.

Casaux (1) a également essayé de prouver, avec une grande vigueur d'intelligence, que les impôts, qui en France reposent sur la terre, devaient être reportés sur la consommation. Quelques-uns des meilleurs auteurs de cette *Encyclopédie*, où se montra d'abord la science physiocratique, sont de même opinion. *Les impôts proportionnés à la consommation des produits sont les plus justes, les plus productifs, les moins onéreux, parce qu'on les acquitte journellement et imperceptiblement* (2). Le passage suivant du *Cahier de la noblesse* de Quercy fait honneur à son bon sens : « Considérant que l'impôt indirect a l'inappréciable avantage d'être acquitté d'une manière insensible et spontanée; que le contribuable ne le paye qu'au moment où il en a les moyens; qu'il frappe sur les capitalistes, dont le genre de fortune échappe à tout autre impôt; que, la mesure des consommations étant en général celle des richesses, il atteint par sa nature à une justesse de répartition dont l'impôt direct n'est pas susceptible, etc., etc. (p. 6). » Ce sont des principes d'or, condensés en quelques paroles avec ce qu'ils ont de plus saillant.

DE LA SIMPLICITÉ DANS L'ASSIETTE DES IMPOTS.

Tant de cahiers s'accordent avec les économistes pour demander un seul impôt territorial à raison de sa simplicité, qu'il est bon de chercher ce que vaut cette idée de simplicité. Nul ne doute des avantages d'une perception aisée et peu coûteuse ; mais il y a lieu de croire qu'on les achèterait, sous un autre rapport,

(1) *Méchanisme des Sociétés*, in-8°, 1785, p. 222.
(2) *Encyclopédie*, in-folio, t. VIII, p. 602.

à un prix mille fois plus élevé qu'ils ne valent. Je n'aime pas à avoir recours au raisonnement seul et à m'appuyer entièrement sur lui, quand j'ai en mains des faits dont je puis tirer une conclusion. Nos impôts sont très variés, bien plus que ceux de France, surtout pour les droits et les enregistrements; leur montant, eu égard à la population, est le double de ce qu'il est dans ce pays; cependant, nous les supportons plus aisément que les Français. On ne peut attribuer ceci qu'à plusieurs causes, parmi lesquelles l'infinité des choses sujettes aux taxes. Cette simple multiplicité tend à rendre la charge plus égale ; et si j'avais à définir un bon système d'impôt, je dirais qu'il doit toucher légèrement à tout, lourdement à rien. En d'autres mots, cette simplicité que l'on vante est justement ce qu'il faut le plus éviter. Suivant ce mode d'impôt unique, qu'on en frappe la terre, les personnes, la consommation, il y aura toujours des catégories d'individus qui en seront moins atteintes, et cette inégalité retombera de tout son poids sur les autres. Personne n'est plus hostile que moi aux impôts sur la terre; mais tel est l'avantage d'un système très varié, que je ne les voudrais pas voir entièrement disparaître. Un prélèvement de 6, 9 deniers et même 1 schelling par livre sterling, serait une charge si légère que l'agriculture s'y prêterait sans cesser de progresser. L'impôt des fenêtres est des plus détestables, mais je n'en dirais rien si l'on se contentait de 3 deniers par chaque. Malheureusement, en France, on veut tout le contraire, la simplicité. Il eût été plus sage de ne rien supprimer entièrement, pas même les *gabelles*, de rejeter les abus amenés par l'affermage des revenus, d'introduire dans la perception la douceur d'un gouvernement libre, de changer le mode de cette perception du tout au tout;

on aurait ainsi enlevé ce que les anciennes taxes avaient d'oppressif, sans recourir à un impôt territorial. Ce sujet est fécond, et digne des plumes qui s'y sont exercées ; mais les esquisses d'un voyageur n'admettent que de légères indications.

CHAPITRE XXI.

DE LA RÉVOLUTION FRANÇAISE

Le scandale éclatant des *lettres de cachet* et des emprisonnements à la Bastille, pendant tout le règne de Louis XV, les ont fait prendre, chez nous, par les personnes peu au fait, pour les traits les plus saillants du despotisme en France. On les a portées, il est vrai, à une extrémité incroyable, jusqu'à ce point de les vendre en blanc-seing, afin que l'acheteur en usât à sa volonté, et pût, pour satisfaire une vengeance, arracher un homme du sein de sa famille et le plonger dans un cachot, où il mourût inconnu, après y avoir vécu oublié (1).

(1) Une anecdote que je tiens de source certaine montrera la prodigalité du gouvernement à l'égard de ces actes arbitraires. Lorsque lord Albemarle fut envoyé à Paris, en 1753, pour y régler la délimitation des colonies américaines, à propos de laquelle la guerre éclata trois ans plus tard, il rendit un jour visite au ministre de la guerre, et pendant que celui-ci terminait une conférence, on le fit attendre dans le cabinet de travail. Cette pièce, comme tous les cabinets en France, était fort petite. Sa Seigneurie, en s'y promenant de long en large, ne put s'empêcher de voir sur la table une longue liste très lisible des prisonniers de la Bastille, dont le premier était un Gordon. Quand le ministre entra, lord Albemarle s'excusa de son indiscrétion involontaire; l'autre répliqua qu'il n'y en avait aucune, ces noms n'étant pas un secret. Lord Albemarle lui dit alors qu'il avait vu y figurer un Gordon qui, selon toute apparence, étant un sujet Anglais, le forçait à demander quelques détails à son propos. Le ministre répondit qu'il n'en savait rien, mais qu'il

De tels excès ne sauraient être ordinaires en aucun pays, et ils se réduisaient à rien depuis l'accession au trône du présent roi. La grande masse du peuple, j'entends les classes moyennes et inférieures, avaient peu à souffrir de pareils instruments de tyrannie; peu d'individus y pouvaient éveiller la jalousie, et s'il n'y avait eu d'autres sujets de plaintes, on n'aurait pas pris les armes. Les abus de la perception des impôts étaient criants et universellement répandus. Le royaume se divisait en généralités à la tête de chacune desquelles se trouvait un intendant armé de tous les pouvoirs de la couronne, sauf le militaire, mais préposé surtout aux finances. Les généralités se divisaient en élections dirigées par un subdélégué à la nomination de l'intendant. Les rôles de la taille, de la capitation, des vingtièmes et d'autres taxes étaient répartis entre les paroisses et les individus par l'intendant, qui pouvait exempter, changer, ajouter ou diminuer à son plaisir. Un pouvoir aussi monstrueux, constamment en activité, et dont personne n'était garanti, devait, par la nature des choses, dégénérer dans bien des cas en tyrannie absolue. Il va sans dire que les amis, les connaissances, les serviteurs des intendants et de ces subdélégués, et les amis de ces amis dans une suite innombrable, devaient être favorisés aux dépens de leurs pauvres voisins, de même que les grands seigneurs bien en cour, desquels l'intendant attendait une protection, n'éprouvaient nulle difficulté à rejeter sur de moins favorisés leur part dans les charges communes.[1]

s'en informerait, et, à la visite suivante de lord Albemarle, il lui expliqua que, n'ayant trouvé personne capable de le renseigner, il avait interrogé le prisonnier lui-même, qui avait affirmé solennellement ne pas connaître la cause de son emprisonnement, qui durait depuis trente ans; sur quoi il avait ordonné de l'élargir... Ce fait n'a pas besoin de commentaires. (*Note de l'auteur.*)

Il m'est revenu, de diverses parties du royaume, plusieurs exemples de scandales éclatants qui m'ont fait frémir à la pensée de l'oppression à laquelle ces faveurs injustes ont condamné le plus grand nombre. Ne prenons pas ces cas extraordinaires; demandons nous seulement quel doit avoir été l'état du pauvre peuple soumis à de lourds impôts, dont le clergé et la noblesse étaient exempts de droit? N'était-ce pas pour lui une cruelle dérision de sa misère, de voir exempter ceux qui pouvaient le mieux payer, et justement parce qu'ils pouvaient payer? Le recrutement, que les cahiers appellent une injustice sans exemple (*Nob. Briey*, p. 6, etc.), était un autre fléau terrible pour les paysans, et comme les hommes mariés en étaient exempts, cela contribuait à augmenter cette pauvre population qui ne paraissait au monde que pour en être enlevée par la faim. Les *corvées*, ou service des routes, ruinaient annuellement plusieurs centaines de cultivateurs; le nivellement d'une vallée de la Lorraine en réduisit 300 à la mendicité. Toutes ces oppressions ne tombaient que sur le *tiers-état*, la *noblesse* et le *clergé* n'étant soumis ni aux *tailles*, ni à la milice, ni aux *corvées*. Le code pénal des finances faisait frissonner par l'horreur de la disproportion entre la peine et le délit. Quelques extraits suffiront à caractériser l'ancien gouvernement de la France.

1. Faux sauniers, armés et réunis au nombre de cinq pour la Provence : *amende de* 500 *liv. et* 9 *ans de galères;* pour le reste du royaume, *la mort.*

2. Faux sauniers, armés, mais en nombre inférieur à cinq : *amende de* 300 *liv. et* 3 *ans de galères.* — Récidive : *la mort.*

3. Faux sauniers. sans armes, mais avec des chevaux, des charrettes ou des bateaux : *amende de* 300 *liv.; à défaut*, 3 *ans de galères.* — Récidive : 400 *liv. et* 9 *ans de galères;* en Dauphiné, *galères à vie;* en Provence, 5 *ans.*

4. Faux sauniers, portant le sel à dos, et sans armes : *amende de* 200 *liv.; à défaut, fouet et marque.* — Récidive : *amende*, 300 *liv.*, 6 *ans de galères.*

5. Femmes mariées ou non, fraudant le sel : 100 *liv.* — Récidive : 300 *liv.* — Deuxième récidive : *fouet et bannissement à vie. Maris responsables par corps et biens.*

6. Enfants pris en fraude. De même que pour les femmes, *le père et la mère en répondent et sont fouettés à défaut de paiement.*

7. Faux sauniers nobles. *Ils sont dégradés et leur maison rasée.*

8. Employés (je suppose employés des gabelles) : *la mort.* Ceux qui aident à voler le sel dans le transport sont *pendus.*

9. Soldats fraudant avec leurs armes : *pendus.* Sans armes : *galères à vie.*

10. Achat de sel fraudé pour revendre : *mêmes peines que pour la fraude.*

11. Les employés aux gabelles, *à deux, ou seuls et assistés de deux témoins, sont autorisés à faire perquisition même chez les privilégiés.*

12. Toutes les familles, tous les individus sujets à la *taille* dans les provinces de *grandes gabelles*, sont enregistrés, et leur consommation pour *pot et salière* (c'est-

à-dire rien que pour les besoins journaliers, non compris la salaison des viandes, etc., etc.), fixée à 7 lbs, qu'il leur est enjoint de prendre, qu'ils en aient besoin ou non, sous peine d'amendes variables selon les cas (1).

Les capitaineries étaient un fléau désastreux pour tous ceux qui occupaient une terre. On entendait par là le droit donné par le roi aux princes du sang sur tout le gibier d'un district, même sur des terres qui ne leur appartenaient pas, même sur des fiefs octroyés longtemps auparavant, en sorte que tous droits de chasse se trouvaient anéantis par cette création. C'était peu de chose en comparaison des conséquences qui en découlaient. Lorsqu'il est question de la conservation du gibier, il faut savoir que par gibier on entendait des bandes de sangliers, des troupeaux de cerfs, non pas renfermés par des murs ou des palissades, mais errant à leur guise sur toute la surface du pays, cause de destruction pour les récoltes, de malheur pour le paysan, qui, pour avoir essayé de conserver la nourriture de sa famille, se voyait envoyé aux galères. Rien que dans les paroisses de la *capitainerie* de Monteeau, les dégâts du gibier se montaient à 184,263 liv. par an (2) pour

(1) M. le baron de Cormeré (*Recherches et Considérations*, tome II, p. 187) calcule, et on peut s'en rapporter à lui, qu'en moyenne, chaque année, on emprisonnait 2,340 hommes, 896 femmes, 201 enfants ; en tout, 3,437, dont 300 étaient envoyés aux galères, t. Ier, p. 112. Le sel confisqué sur ces malheureux se montait à 12,633 quintaux, qui, au

prix de 8 livres, font	101,064 liv.
2,772 lbs de viande salée à 10 s.	1,386
1,086 chevaux à 50 liv.	54,300
52 charrettes à 150 liv.	7,800
Amendes	53,297
Saisies mobilières	105,530
(*Note de l'auteur.*)	323,317

(2) *Tiers-état de Meaux*, p. 49.

quatre paroisses seulement. S'étonnerait-on après cela d'entendre le peuple dire : « *Nous demandons à grands cris la destruction des capitaineries et celle de toute sorte de gibier* (1). » Que penserons-nous en voyant solliciter comme une faveur la permission *de nettoyer ses grains, de faucher les prés artificiels, et d'enlever ses chaumes sans égard pour la perdrix ou tout autre gibier* (2)? » Disons maintenant au lecteur anglais, pour qu'il comprenne ceci, que de nombreux édits prohibaient le sarclage et le binage, de peur de troubler les perdrix ; la fumure avec des vidanges, de peur que le gibier nourri par le grain qui en viendrait ne prît mauvais goût ; la fenaison avant un certain temps (trop long souvent), et l'enlèvement des chaumes, pour qu'il ne restât pas sans abri. Cette tyrannie, qui s'étendait sur 400 lieues de terrain, était si grande que bien des cahiers s'accordaient à en demander l'abolition (3).

Telles étaient les vexations que les classes inférieures recevaient directement du pouvoir royal ; mais, si lourdes qu'elles fussent, on peut se demander si celles qui leur venaient par le clergé et la noblesse n'étaient pas encore plus oppressives. Rien n'égale les plaintes dont les cahiers sont remplis à cet égard. Ils parlent de la justice rendue au manoir du seigneur comme renfermant toute espèce de despotisme : étendue indéterminée de juridiction, appels sans fin, incompatibles avec la liberté et le bonheur, et condamnés par tout le monde en général (4) ; augmentation du nombre des

(1) *De Mantes et de Meulan*, p. 38.

(2) *Ibid.*, p. 40, et *Noblesse et Tiers-état de Péronne*, pag. 42 ; *des trois ordres de Montfort*, p. 28.

(3) *Clergé de Provins et de Montereau*, p. 35 ; — *de Paris*, p. 25 ; — *de Mantes et Meulan*, p. 45, 46 ; — *de Laon*, p. 11 ; — *Noblesse de Nemours*, p. 17 ; — *de Paris*, p. 22 ; — *d'Arras*, p. 29.

(4) *Rennes*, art. 12.

procès, de leur longueur; ruine des parties, non seulement par d'énormes frais, mais aussi par des pertes de temps. Les juges étaient le plus souvent d'ignorants praticiens siégeant *au cabaret*, et absolument à la disposition des seigneurs (1). Rien ne surpasse l'énergie avec laquelle sont flétries les oppressions seigneuriales à l'occasion de leurs droits féodaux; ce sont : *des vexations, le plus grand fléau des peuples* (2), *un esclavage affligeant* (3), *un régime désastreux* (4). On demande l'abolition à toujours de la féodalité. Le paysan était accablé par elle. Rentes fixes et onéreuses; poursuites vexatoires pour les recouvrer; appréciations fausses pour les augmenter; rentes *solidaires* et *revenchables*, *chéantes* et *levantes; fumages;* droits à chaque mutation, aussi bien en ligne directe qu'en ligne collatérale, *retraite féodale;* droits sur les ventes jusqu'au 8e et même au 6e denier; *rachats*, injurieux dans leur origine, et plus encore dans leur extension; *banalité* (5) du moulin, du four et du pressoir; *corvées* par coutume, *corvées* par usage du fief, *corvées* établies par décrets injustes, *corvées* arbitraires et même fantastiques; servitudes, prestations onéreuses et extravagantes; prélèvements impossibles; *aveux, minus, impunissement;* procès ruineux et sans terme; le seigneur menaçant toujours de ses besoins financiers; un servage vexatoire, outrageant, violent, destructeur, sous lequel les paysans,

(1) *Nivernais*, art. 43.

(2) *Tiers-état de Vannes*, p. 24.

(3) *Tiers-état de Clermont-Ferrand*, p. 52.

(4) *Tiers-état d'Auxerre.*

(5) Par cette horrible loi, le peuple était tenu de porter les grains au moulin du seigneur, le raisin à son pressoir, le pain à son four; aussi le pain était-il souvent mauvais et le vin plus souvent encore, surtout en Champagne, où, faute d'être pressé à l'heure convenable, le raisin qui eût donné du vin blanc ne donne plus que du vin rouge. (*Note de l'auteur.*)

presque au même niveau que les esclaves de Pologne, ne peuvent être que vils, misérables et opprimés (1). Ils demandent aussi l'usage libre des moulins à bras, en espérant que la postérité ignorera à jamais que la féodalité de Bretagne, armée du pouvoir judiciaire, n'a pas eu honte, de nos jours, de briser ces moulins et de vendre à des misérables le droit annuel d'écraser une mesure d'orge ou de sarrasin entre deux pierres (2).

Nous ignorons en Angleterre jusqu'aux termes qui désignent ces vexations, venues probablement longtemps après la fin du régime féodal chez nous ; ils sont intraduisibles. Quelles peuvent être les tortures que le paysan breton appelle *chevauchées*, *quintaines*, *soule*, *saut de poisson*, *baiser de mariée*, *chansons*, *transport d'œuf sur une charrette*, *silence des grenouilles* (3), *corvée à miséricorde*, *mi-lods*, *leide*, *couponage*, *cartelage*, *barage*, *fouage*, *maréchaussée*, *ban-vin*, *ban d'août*, *trousses*, *gélinage*, *civerage*, *taillabilité*, *vingtain*, *sterlage*, *bordelage*, *minage*, *ban de vendanges*, *droit d'accapte* (4) ? Dans mon passage à travers les provinces de France (5),

(1) *Tiers-état de Rennes*, p. 159.

(2) *Ibid.*, p. 57.

(3) Voici qui est curieux : quand la dame du lieu est en couches, le peuple est obligé de battre l'eau des marais pour faire taire les grenouilles ; ce devoir, très onéreux, se convertissait en argent. (*Note de l'auteur.*)

(4) *Résumé des cahiers*, t. III, p. 316 et 317.

(5) Grâce à la complaisance d'un ami, le traducteur peut donner la signification de quelques-unes de ces expressions, que l'on ne trouve ni dans l'*Encyclopédie*, ni dans le *Dictionnaire du Droit coutumier en France*.

Quintaines. — A la Pentecôte, on mettait sur un poteau très-élevé un objet que le meunier et d'autres habitants aisés du village devaient atteindre avec des perches. Celui qui manquait le but et cassait sa perche payait au seigneur 60 sous d'amende.

Soule. — Droit pour le seigneur de couper les osiers le long des ruisseaux du village.

j'avais été frappé des plaintes des cultivateurs sur les exactions féodales dont leur industrie était surchargée; mais je ne m'imaginais pas la multiplicité des entraves qui les retenaient dans la misère et l'abjection. Je l'appris ensuite dans mes entretiens avec les seigneurs, dans leurs plaintes sur les progrès de la révolution. Je sus alors que le principal revenu de bien des domaines

Saut de poisson. — *Probablement* droit du seigneur au produit du premier coup de filet.

Baiser de mariée. — Le fiancé devait le racheter.

Chansons. — *Probablement* l'obligation de chanter pour divertir le seigneur.

Corvée à miséricorde. — Transport des mendiants et des estropiés hors de la paroisse.

Mi-lods. — Impôt de mutation sur la vente des immeubles. La coutume de Bretagne était la plus douce : elle ne prélevait que 5 au lieu de 10 0/0 qu'on payait autre part.

Leide. — Ce mot ne se trouve nulle part.

Couponage. — *Probablement* une espèce de patente pour la vente au détail.

Cartelage. — *Probablement* une amende sur les rixes.

Parage, et non pas *barage.* — Participation égale de plusieurs héritiers à la jouissance d'un fief, tandis que le plus âgé, comme possesseur véritable, prêtait seul le serment et payait les droits.

Fouage. — Droit sur la suie et la fumée. Il est connu aussi hors de France.

Maréchaussée. — Police des grands chemins.

Banvin. — Le seigneur avait le droit de vendre son vin deux jours plus tôt que ses vassaux, et donnait en quelque sorte le cours. Le vassal qui ne lui laissait pas cet avantage lui devait une amende en argent ou en vin.

Trousses. — Obligation de battues pour la chasse. — L'auteur aurait pu mettre ici le trousseau, ou contribution pour le mariage de la fille du seigneur.

Gélinage. — Inconnu. Peut-être aussi devoir d'aider à la chasse des gélinottes.

Civerage. — Droit sur l'avoine. En Alsace, *Bethafer.*

Bordelage. — Impôt sur les héritages.

Minage. — *Peut-être* droit sur les mines.

Ban de vendanges. — Droit de fixer leur époque.

Droit d'accapte. — *Peut-être* d'accaparer; droit d'acheter les blés.

(Traduction allemande de ZIMMERMANN.)

ne consistait qu'en services féodaux dont l'influence pernicieuse mettait presque à néant l'industrie populaire. Quant au clergé et aux dîmes, je lui dois une justice à laquelle le nôtre ne peut prétendre. Quoique le dixième ecclésiastique fût exigé plus sévèrement en France qu'en Italie, il ne l'a jamais été cependant avec cette dégoûtante avidité qui le distingue en Angleterre.

Prélevé en nature, cet impôt, comme je l'appris dans mes voyages, n'atteignait jamais un dixième du produit : il n'était guère que le 12e, le 13e et même le 20e. Nulle part les nouvelles cultures n'y étaient sujettes, ainsi les navets, les choux, le trèfle, la chicorée, les pommes de terre, etc. Dans beaucoup d'endroits, les prairies étaient exemptes, de même que les vers à soie. Les oliviers étaient imposés quelquefois, libres le plus souvent. Les vaches ne payaient rien, les agneaux seulement du 12e au 21e; la laine, rien. On ne connaît pas chez nous cette modération dans la perception de cette taxe odieuse. Mais, si léger qu'il fût, ce fardeau, ajouté à ceux sous lesquels gémissait le peuple, le rendait si misérable qu'il ne pouvait changer qu'en mieux. Ce n'étaient pas là les seuls maux qu'il avait à supporter. L'administration de la justice était infâme de partialité et de corruption. Il m'est arrivé, en causant avec des personnes sensées de toutes les provinces, de les trouver satisfaites du gouvernement sur quelques points, jamais sur celui-là; elles étaient unanimes pour déclarer qu'il ne fallait s'attendre à rien moins qu'à de la loyauté et de la bonne foi.

La conduite des parlements était odieuse et coupable. Dans presque toute cause, l'intérêt l'emportait, et malheur à qui n'avait, pour se concilier la faveur de ses juges, ni une belle femme, ni autre chose. Beaucoup d'écrivains ont prétendu que, sous l'ancien régime, la propriété était aussi bien garantie en France qu'en Angleterre ; il en pouvait être ainsi en tant que l'on parlait de violences faites par le roi, le ministre et les grands seigneurs ; mais pour les décisions des cours de justice, il n'y avait pas l'ombre de sûreté, à moins que les parties ne fussent également tout à fait inconnues, également d'une probité parfaite ; en tout autre cas, le mieux recommandé l'emportait.

Un peu de réflexion montrera quelles en étaient les horribles conséquences. Il y avait aussi dans la constitution des cours de justice quelque chose de fort peu commun chez nous, et qui, sous un gouvernement comme celui de la France, devait paraître singulier. Elles pouvaient lancer des édits sans le consentement du roi, et le faisaient constamment. Ces édits avaient force de loi sur l'étendue de leur juridiction, et, de tous, étaient les plus respectés ; car, par une affreuse tyrannie, toute infraction était portée à la connaissance des législateurs eux-mêmes, et exposée à la dernière sévérité. Les Anglais que je rencontrai en France en 1789 étaient surpris de voir quelques-uns de ces corps prohibant la circulation des grains de province à province, dans le même temps que le roi, par un organe aussi populaire que M. Necker, décrétait cette liberté à la requête de l'Assemblée nationale elle-même. Mais il n'y avait en cela rien d'étonnant : telle a été leur pratique constante.

Le parlement de Rouen porta un arrêt contre l'abattage des veaux ; c'était absurde, et l'administration s'y opposa ; mais il ne fut pas moins en vigueur, et si un boucher avait osé y contrevenir, la rigueur de sa sentence lui eût bien fait voir qui était son maître. Au temps de Louis XV, la cour favorisait l'inoculation ; le parlement de Paris se prononça contre par un arrêt dont la crainte retint plus de gens que la faveur de Versailles n'en engagea. Les exemples sont sans nombre; le fanatisme, l'ignorance, la fausseté de principes de ces corps étaient inouïs, et je puis dire que, sauf la question des impôts, la cour n'eut jamais à se débattre avec les parlements, sans que ceux-ci ne fussent dans leur tort. Leur organisation, par rapport à la justice, était si réellement corrompue, que les juges prononçaient dans les causes particulières dans lesquelles eux-mêmes étaient parties : ils commettaient ainsi de cruelles injustices que le roi n'eût pas osé se permettre.

Impossible de justifier les excès du peuple : il s'est laissé entraîner à des cruautés; il serait inutile de chercher à nier des faits trop prouvés pour admettre le moindre doute. Mais est-ce bien au peuple que l'on doit tout imputer, ou bien aux oppresseurs qui l'ont tenu si longtemps dans le servage?

Celui qui veut être servi par des esclaves, et des esclaves misérables, doit savoir qu'il place sa propriété et sa vie dans une position tout autre que celui qui préfère le service d'hommes libres et heureux; celui dont les festins se donnent au bruit des gémissements ne doit pas se plaindre si, au moment de l'insurrection, ses filles lui sont ravies et ses fils massacrés. Quand il arrive de tels désastres, c'est plutôt à la tyrannie du maître qu'à la cruauté des serviteurs qu'il les faut attribuer. Cela est pour la France de la dernière exactitude. Tous les journaux mentionnent le meurtre d'un seigneur, l'incendie de son château; le nom du personnage attire l'attention; mais où irons-nous chercher la liste des exactions de ce seigneur sur ceux qui voyaient leurs enfants tomber autour d'eux faute de pain? Où trouverons-nous la minute des citations adressées à ces pauvres gens pour comparaître devant le financier qui les déchirait, et le seigneur qui les accablait de sa justice dérisoire? Où trouver les jugements de l'intendant et de ses subdélégués, qui déchargeaient l'homme bien en cour pour charger d'autant un voisin misérable? Qui s'est donné la peine de suivre, pour les mettre au jour, toutes les ramifications du triple despotisme royal, seigneurial, ecclésiastique, atteignant jusqu'en ses dernières extrémités ce corps épuisé de misère?

En pareil cas les victimes sont trop ignobles pour être remarquées, la masse trop confuse pour exciter la pitié. Est-ce ainsi, cependant, que devrait et sentir et penser un philosophe? devrait-il prendre l'effet pour la cause, et, réservant sa pitié pour le petit nombre, ne montrer aucune compassion envers le vulgaire, parce qu'il ne souffre pas par individus, mais par millions? Je le répète, les excès populaires ne sont pas justifiables. Certainement il eût été plus convenable à des hommes, à des chrétiens, d'user avec modération du pouvoir qu'ils venaient de saisir; mais c'est ce que ne fera nulle part la populace. Les masses portent tout à l'extrême, et comme chaque gouvernement sait la violence qui s'ensuit, il devrait doublement prendre soin d'empêcher que le peuple ne se mêle aux troubles publics. Il souffre beaucoup et longtemps avant de se lever; rien, en effet, n'allume plus la flamme que l'oppression de certaines classes, qui donnent aux hommes capables l'occasion de diriger une masse puissante; le mécontentement se propage bientôt, et si le gouvernement n'y prend garde, c'est à lui que revient la responsabilité des incendies, des dévastations, des massacres qui arrivent. Pour juger sainement la Révolution, il faut considérer avec attention les maux de l'ancien régime : quand on s'en est pénétré, que l'on a compris l'étendue de l'oppression sous laquelle gémissait le peuple, oppression qui l'atteignait de tous les côtés, on n'essayera pas, je pense, de prouver que la Révolution n'était pas devenue indispensable pour le bien du royaume. Personne (1) ne serait fondé en droit à combattre cette assertion : les abus demandaient un redressement efficace, qui ne pouvait avoir lieu sans l'établissement d'un nouveau gouvernement. C'est une question tout à fait différente de savoir si la forme de celui qu'on a chóisi est la meilleure. Il est assez clair que le détail que je viens de donner appelait des réformes. Pour terminer cette énumération de servitudes criantes, je ne saurais mieux faire que d'employer les paroles du tiers-état de Nivernais, qui salue l'aurore de la liberté par une éloquence digne du sujet.

« *Les plaintes du peuple se sont longtemps perdues dans l'espace immense qui le sépare du trône ; cette classe, la plus nombreuse et la plus intéressante de la société; cette classe qui mérite les premiers soins du gouvernement, puisqu'elle alimente toutes les autres ; cette classe*

(1) Plusieurs l'ont fait, mais avec si peu de crédit que je laisse le passage tel qu'il a été écrit il y a longtemps. Les abus enracinés de tous les gouvernements européens fournissent tant d'hommes disposés à les chérir, à les supporter, à les défendre, que ce n'est pas miracle si, par tout pays, je dirais presque dans tout cercle, la tyrannie trouve des avocats. Quelle foule de gens, en Angleterre, intéressés de manière ou d'autre à la représentation actuelle, aux dîmes, aux priviléges, aux corporations, aux monopoles, à l'impôt! non-seulement à ces choses en elles-mêmes, mais aux abus qui en découlent, et qui tirent de ces abus leur profit et leur rang dans le monde ! La grande masse du peuple est cependant exempte de cette influence et s'éclairera par degrés : assurément, on finira par voir dans toute l'Europe qu'au moyen d'une alliance entre la liberté et la propriété contre la tyrannie royale, aristocratique ou populaire, on peut résister avec succès aux alliances qui, pour parvenir au pillage et au despotisme, se proposent de nous asservir. (*Note de l'auteur.*)

à laquelle on doit tous les arts nécessaires à la vie et ceux qui en embellissent le cours ; cette classe, enfin, qui, en recueillant moins, a toujours payé davantage, peut-elle, après tant de siècles d'oppression et de misère, compter aujourd'hui sur un sort plus heureux? Ce serait, pour ainsi dire, blasphémer l'autorité tutélaire sous laquelle nous vivons que d'en douter un seul moment. Un respect aveugle pour les abus établis ou par la violence ou par la superstition, une ignorance profonde des conditions du pacte social, voilà ce qui a perpétué jusqu'à nous la servitude dans laquelle ont gémi nos pères. Un jour plus pur est près d'éclore : le roi a manifesté le désir de trouver des sujets capables de lui dire la vérité; une de ses lois, l'édit de création des assemblées provinciales du mois de juin 1787, annonce que le vœu le plus pressant de son cœur sera toujours celui qui tendra au soulagement et au bonheur de ses peuples ; une autre loi, qui a retenti du centre du royaume à ses dernières extrémités, nous a promis la restitution de tous nos droits, dont nous n'avions perdu et dont nous ne pouvions perdre que l'exercice, puisque le fond de ces mêmes droits est inaliénable et imprescriptible. Osons donc secouer le joug des anciennes erreurs, osons dire tout ce qui est vrai, tout ce qui est utile ; osons réclamer les droits essentiels et primitifs de l'homme; la raison, l'équité, l'opinion générale, la bienfaisance connue de notre auguste souverain, tout concourt à assurer le succès de nos doléances. » Nous avons vu la convenance ou plutôt la nécessité d'un changement dans le gouvernement ; recherchons maintenant, en peu de mots, les effets de la révolution sur les principaux intérêts du royaume.

Tout ce qui est honneurs, pouvoir, profits dérivés de la noblesse féodale, et qui, en France, surpassait ce que nous connaissions chez nous depuis 1640, tout cela gît dans la poussière; rien n'a été épargné (1), et le nombre est grand de ceux que cela a jetés dans la ruine la plus complète. Cependant, comme ces droits n'étaient que de vraies exactions, rendant la possession d'une terre formidable à ses voisins et également nuisible à l'agriculture et aux droits de tous, leur destruction mérite bien l'épithète, si fort à la mode en France : c'est une régénération. Aucun homme de bons sentiments ne peut regretter la chute de cet abominable système qui faisait la paroisse esclave du manoir. Mais la révolution a été plus loin, et toutes ses conséquences ne sont pas également justifiables. Les fermages, qui sont aussi légaux sous le nouveau régime que sous l'ancien, ne se paient plus avec régularité. On m'a informé dernièrement (août 1791), de manière que je n'en puisse douter, que les paysans ont formé, jusqu'à 50 milles de Paris, de très puissantes associations et très étendues pour refuser les loyers, disant en propres termes : « Nous sommes assez forts pous nous soustraire à ce payement, tandis que vous ne l'êtes pas

(1) Notons ici que les ordres de chevalerie furent d'abord conservés : quand l'Assemblée nationale, avec une condescendance qui lui fait honneur, refusa de les abolir, parce que c'était une distinction personnelle et non héréditaire, elle commit une faute grossière. Elle aurait dû demander au roi la fondation d'un nouvel ordre, celui de la *Charrue*. Il ne manquera pas de petits esprits pour rire de cette idée et croire qu'un chardon, une jarretière ou un aigle signifient beaucoup plus et sont plus honorables. Je ne dis rien des ordres en dehors du bon sens et de la chronologie, comme ceux du Saint-Esprit, de Saint-André, de Saint-Patrick ; je les laisse à ceux qui vénèrent d'autant plus ce qu'ils comprennent le moins. Le prince qui le premier fondera cet ordre rural ne recueillera pas peu d'honneur; Léopold, qui pendant vingt années a gagné en Toscane tant de gloire solide, pourrait l'instituer comme empereur : chez lui, cela ne sentirait pas l'affectation ; mais j'aurais mieux aimé la charrue mise en honneur par une Assemblée libre : c'eût été un trait distinctif de la philosophie d'un nouvel âge et d'un nouveau régime. (*Note de l'auteur*).

assez pour nous y contraindre. » On conviendra que, dans le pays où cela se passe, la propriété est bien peu sûre. Il en résultera de tristes conséquences : les arriérés, en s'accumulant, formeront des sommes trop fortes, pour que le propriétaire consente à les perdre et le paysan à les acquitter ; et ce dernier n'aimera guère le gouvernement qui voudra faire respecter l'ordre et la loi. En outre, par le nouveau système d'impôts, la terre est grevée de 300,000,000, soit 4 schellings par livre sterling. Sous l'ancien régime, les *vingtièmes* ne montaient pas à la septième partie de cette somme. A quelque point de vue qu'on se place, on verra que, par la révolution, les propriétaires ont éprouvé de grandes pertes. Que beaucoup d'entre eux le méritent, on n'en doutera pas en voyant leurs cahiers demander hardiment la confirmation des droits féodaux (1), la défense à d'autres que les nobles de porter des armes (2), la continuation des abus du recrutement (3), la prohibition de défricher les terres vagues et d'enclore les communaux (4). On veut aussi que la noblesse seule parvienne dans l'armée et dans l'église, etc. (5), que les

(1) *Evreux*, p. 32. — *Bourbonnais*, p. 14. — *Artois*, p. 22. — *Bazas*, p. 8. — *Nivernais*, p. 7. — *Poitou*, p. 13. — *Saintonge*, p. 5. — *Orléans*, p. 19. — *Chaumont*, p. 7.

(2) *Vermandois*, p. 41. — *Quesnoy*, p. 19. — *Sens*, p. 25. — *Evreux*, p. 36. — *Sézanne*, p. 17. — *Bar-sur-Seine*, p. 6. — *Beauvais*, p. 13. — *Bugey*, p. 34. — *Clermont-Ferrand*, p. 11.

(3) *Limoges*, p. 36.

(4) *Cambrai*, p. 19. — *Pont-à-Mousson*, p. 38.

(5) *Lyon*, page 13. — *Touraine*, page 31. — *Angoumois*, page 13. — *Auxerre*, page 13. — L'auteur de l'*Esquisse historique sur la Révolution française* dit : « Les ennemis les plus acharnés de la noblesse n'ont encore produit aucun *cahier* dans lequel les nobles insistassent sur leur droit exclusif aux grades militaires » (in-8°, 1792, p. 68). A la même page, ce même monsieur prétend qu'il est impossible, pour un Anglais, d'étudier 4 ou 500 cahiers. On voit cependant combien il est indispensable de les examiner avant d'écrire sur la Révolution. (*Note de l'auteur.*)

lettres de cachet ne soient pas abolies (1), que la presse soit surveillée (2), et enfin, que la liberté soit retirée au commerce des grains (3).

La révolution a encore été plus nuisible au clergé; un mot suffira à en faire comprendre la portée : elle a été un bienfait pour le bas clergé, une catastrophe pour le reste. Il n'est pas aisé de savoir ce qu'il a perdu, non plus que ce que l'État a gagné. M. Necker calculait son revenu à 130 millions, dont 42 ½ seulement allaient aux *curés*. Sa puissance a été exagérée; un écrivain récent dit qu'il possédait la moitié du royaume (4). Le nombre des ecclésiastiques était aussi peu connu que leur revenu; un écrivain dit 400,000 (5); un autre, 81,400 (6); un troisième, 80,000 (7).

On a supposé, en Angleterre, que le clergé français avait mérité son sort par sa mauvaise conduite. Cette idée n'est pas juste. Il est improbable, impossible plutôt, qu'un corps si nombreux, possédant de grands revenus, ait été exempt de vices; mais il garde toujours, ce qui est plus rare en Angleterre, une décence extérieure très grande. On ne trouvait pas dans son sein des braconniers, des chasseurs de renards, qui, après avoir suivi les chiens toute la journée, donnent le soir à la bouteille, et, sortant de table, gardent à peine assez d'aplomb pour la chaire. On n'a jamais vu en France

(1) *Vermandois*, p. 23. — *Châlons-sur-Marne*, p. 7. — *Gien*, p. 9.

(2) *Crépy*, p. 10.

(3) *Saint-Quentin*, p. 9.

(4) *De l'autorité de Montesquieu dans la Révolution présente*, in-8°, 1789, p. 61.

(5) *Etats généraux convoqués par Louis XVI*, par M. Turgot, première suite, p. 7.

(6) *Qu'est-ce que le Tiers-état ?* 3e édit., par M. l'abbé Sieyès, in-8°, page 51.

(7) *Bibliothèque de l'homme public*, par M. de Condorcet, etc., etc., tome III.

comme chez nous demander par affiches : « Une cure dans un pays giboyeux, où le service fût peu assujettissant et le voisinage agréable. » Le véritable exercice d'un curé de campagne, c'est l'agriculture, qui, demandant de la vigueur et de l'activité, fatigue assez pour donner au bien-être son meilleur assaisonnement. Un curé chasseur, comme il arrive souvent en Angleterre, peut être un brave homme, *un bon garçon;* mais, certes, une semblable occupation, la vue de comédies obscènes, les pirouettes de la gigue au milieu d'une soirée, ne semblent pas les objets auxquels ont dû être affectées les dîmes (1).

Cependant, en parcourant les cahiers du clergé, on voit le mauvais esprit dont ce corps était animé. On y prétend, par exemple, que la presse devrait être plutôt restreinte qu'affranchie (2); qu'il faudrait renouveler et tenir à l'exécution des lois faites contre elle (3); que l'âge des vœux devrait être remis, comme autrefois, à seize ans (4); que les *lettres de cachet* sont utiles et même nécessaires (5); qu'il faudrait révoquer la liberté des clôtures (6), de l'exportation des grains (7), et construire des greniers publics (8); empêcher la division des communaux (9).

(1) Rien ne scandalise plus le clergé du continent que de voir ses collègues anglais dansant aux bals, et la *femme* d'un évêque, livrée au même plaisir, leur paraît aussi absurde que nous le paraîtrait l'évêque lui-même, en surplis, au milieu d'un quadrille. Il est probable que nous sommes dans notre tort et les uns et les autres. (*Note de l'auteur.*)

(2) *Saintonge*, p. 24. — *Limoges*, p. 6.

(3) *Lyon*, p. 13. — *Dourdan*, p. 5.

(4) *Saintonge*, p. 26. — *Montargis*, p. 10.

(5) *Limoges*, p. 22.

(6) *Metz*, p. 11.

(7) *Rouen*, p. 24.

(8) *Laon*, p. 11. — *Dourdan*, p. 17.

(9) *Troyes*, p. 11.

La Révolution s'est montrée plus sévère pour les manufacturiers que pour toute autre classe. La concurrence heureuse des fabriques anglaises en 87 et 88, la confusion qui s'éleva à cette époque dans tout le royaume, et atteignit le revenu de tant de propriétaires, d'employés et d'ecclésiastiques, la fuite de tant de personnes, diminuèrent la consommation des trois quarts. Ceux qui n'avaient pas souffert réduisirent néanmoins leurs dépenses en face d'un état de choses incertain ; la guerre civile en perspective suggérait à chacun que sa sûreté, sa subsistance future dépendaient de l'argent qu'il aurait mis en réserve. Il s'ensuivit le renvoi d'un grand nombre d'ouvriers. J'ai noté dans mon voyage la misère affreuse que je rencontrai à Lyon, à Abbeville, à Amiens, etc. ; on me dit que c'était encore pis à Rouen : il n'en pouvait être autrement. Le désordre, la mort pour des milliers de familles, auraient pu être évités, selon moi. Cela venait de ce que les choses avaient été portées à l'extrême, la noblesse chassée, le pouvoir royal, non pas réglé, mais anéanti. Les violences n'étaient pas nécessaires, elles ont nui à la vraie liberté en faisant la part du pouvoir trop grande à Paris et à la population des villes.

La Révolution doit, selon la nature des choses, avoir *en fin de compte* des effets remarquablement heureux pour les petits propriétaires ; et si le nouveau gouvernement avait adopté d'autres principes que ceux des économistes sur l'assiette des impôts, en proclamant à la fois une liberté absolue de s'enclore et de commercer sur les grains, le résultat ne se fût pas fait attendre si longtemps. Le comité des impôts (1), en l'exactitude

(1) *Rapport, le 6 décembre 1790, sur les moyens de pourvoir aux dépenses pour 1791*, p. 4.

duquel j'ai pleine confiance, fait mention de la prospérité agricole dans la même page où il déplore l'arrêt de toute autre branche d'activité nationale. D'après un calcul modéré, il est resté entre les mains de la classe agricole, sur le compte des impôts de 1789 et 1790, au moins 300,000,000 ; les *corvées* ont été aussi négligées que les taxes : il faut ajouter les dîmes de deux ans qu'on ne peut estimer à moins de 300,000,000 ; l'abolition des droits féodaux et des payements de toute sorte pour le même temps, comme de tous les services, ne donne pas moins de 100,000,000. Mais tous ces articles, si grands qu'ils soient et montant à 800,000,000, forment un total moindre que ce que les hauts prix de 1789, causés par les belles opérations de M. Necker, ont fait venir aux mains des cultivateurs.

Il est vrai qu'il en faut déduire la diminution inévitable de la demande sur tout produit de la terre non strictement nécessaire à la vie, sur le luxe et tout ce qui y tient. Mais, ce décompte fait, la balance en faveur des petits propriétaires de la campagne est fort grande. Faut-il dire le bénéfice qu'ils retireront de cet accroissement de capital? L'agriculture sera plus florissante par cette richesse, par la liberté dont jouiront ceux qui l'exercent, par la destruction des lois qui l'enchaînent, et même par le malheur des autres industries, qui fera refluer vers elle des sommes immenses. On se fera mieux une idée de ces principaux faits en considérant la division de la terre en France, dont la moitié, les deux tiers peut-être étaient occupés par de petits propriétaires qui payaient des cens et des droits féodaux. Placés dans un bien-être soudain, ils rehaussent la prospérité nationale ; si la France échappe à la guerre civile, elle trouvera en eux des ressources que les politiques ne peuvent voir de loin. Le cas est différent pour les fermiers, dont les propriétaires, suivant la loi commune, exigeront tôt ou tard une rente plus forte; mais on ne pourra leur ravir au moins les bienfaits de leur émancipation. La confusion, née presque entièrement du mode d'imposition adopté par l'Assemblée, a eu jusqu'ici (1791) pour résultat de laisser les petits propriétaires libres de toutes charges. Quelque désastreux qu'en ait été l'effet sur les affaires nationales, cette classe y aura beaucoup gagné.

Quant à l'agriculture en général, je doute fort du bon effet de la révolution (la *liberté* s'appliquant également à tous les intérêts, sans être encore suffisamment établie pour protéger la *propriété*). Hors l'abolition des dîmes, je vois s'étever pour elle beaucoup de maux nouveaux; les restrictions, les prohibitions sur le commerce des grains, l'impôt territorial variable, la défense de s'enclore, sont, en principe, des maux qui peuvent en engendrer d'autres, et réduisent de beaucoup la félicité que l'on pouvait atteindre. Espérons que le bon sens de l'Assemblée amendera peu à peu ce système : si elle ne le fait, l'agriculture ne saurait être prospère.

L'influence de la révolution sur le revenu public est un point important, examiné au long par M. de Calonne, et on a déjà dit en France que trente mille familles ruinées par l'abolition des impôts du sel et du tabac ont beaucoup contribué à propager la misère. En une seule année ce revenu a baissé de 175 millions : ce n'était pas *une perte sèche;* ceux auxquels on a compté des assignats en place n'ont perdu que le change, cinq à dix pour cent (1). Y aura-t-il perte pour les malheureux qui

(1) Depuis que ceci a été écrit, en décembre 1791 et janvier 1792, les assignats sont tombés de 34 à 38 0/0 contre payement en argent, et de 42 à 50 0/0 contre paiement en or, à cause de leur grande émission, du mon-

payaient autrefois ces impôts à la sueur de leur front et au prix du pain de leurs enfants, quand c'était la tyrannie qui exigeait les taxes et les levait dans le sang? Croient-ils avoir perdu, parce qu'ils ont conservé en 1789 cent soixante-quinze millions de plus qu'en 1788 et qu'ils en conserveront cent soixante-quinze autres en 1790? N'est-ce pas là du bien-être, de la richesse, de la vie, pour ces classes qui reçoivent de la révolution ce que leur refusait l'ancien régime, quoi qu'en disent les détracteurs de toute idée nouvelle? Les revenus du clergé peuvent, à bon droit, être considérés comme ceux de la nation; les prêtres, qui touchent en moins la différence entre les cent quarante millions actuels et le montant des dîmes, peuvent se trouver malheureux, sans doute; mais qu'en disent les fermiers du royaume? Ne trouvent-ils pas leur culture soulagée d'un fardeau énorme, leur industrie affranchie? ne se sentent-ils pas plus maîtres de leurs produits? Consultez l'habitant de Paris ou de Londres, vous n'entendrez parler que de la ruine de la France; mais entrez dans la chaumière du métayer ou dans la ferme, vous n'entendrez qu'une seule réponse de Calais à Bayonne : « Si chez nous (1) on abolissait tout d'un coup les dîmes, le clergé en souffrirait sans doute, mais l'agriculture, et tous ceux qui en vivent, prospéreraient d'une façon inconnue jusqu'ici. »

tant du papier privé, de la falsification et de la perspective de la guerre. (*Note de l'auteur.*)

(1) En France, on s'imagine faussement que le revenu de l'Église est peu de chose dans notre pays. La Société roy. d'Agr. l'évalue à 210,000 liv. st., tandis qu'il ne doit pas être moins de 5,000,000 liv. st. *Mém. présenté par la Soc. roy. d'Agr. à l'Assemblée nationale*, 1789, p. 53. Un de nos hommes des plus grands et des plus sages persiste à l'évaluer *à beaucoup moins* de 2 millions. Par différentes recherches dont je m'occupe encore, j'ai des raisons de croire cette opinion fondée sur des données insuffisantes. (*Note de l'auteur.*)

EFFETS A VENIR.

Ce ne serait pas peu de présomption de vouloir prédire l'issue de la révolution actuelle en France; je ne suis pas imprudent à ce point; mais il y a de certaines considérations que l'on peut présenter à ceux qui aiment plus que moi à spéculer sur les événements futurs. La présence d'une aristocratie dans une constitution produit les trois avantages évidents qui suivent : d'abord, l'importance d'une grande noblesse, importance fixe, héréditaire, s'opposant aux prétentions dangereuses, aux vues illégales d'un roi, d'un président, d'un chef victorieux et populaire. Des assemblées, élues sous l'influence des castes inférieures, accorderaient beaucoup plus à un tel prince qu'un sénat aristocratique bien constitué. Secondement : les assemblées dont je viens de parler sont trop sujettes à prendre des décisions hâtives et imprudentes, surtout en cas de guerre avec les nations voisines; nous savons que le peuple les appelle trop légèrement. Une aristocratie que la couronne n'influence pas *par de honteux moyens* résiste comme un roc à ces fureurs et a un intérêt direct à encourager et à soutenir les maximes de la paix. Cette remarque s'applique à bien d'autres sujets dans lesquels une mûre délibération doit contre-balancer l'impétuosité populaire.

Je suppose toujours un corps aristocratique bien constitué sur la base de propriétés suffisantes, en même temps qu'un pouvoir royal *limité*, qui ne puisse, comme chez nous, jeter toute la propriété dans le même plateau de la balance. Troisièmement : tout le bien qui découle de l'existence d'un pouvoir exécutif distinct du pouvoir législatif doit dépendre absolument d'un corps intermédiaire et vraiment indépendant entre le peuple et le pouvoir exécutif. Tout le monde conviendra que, sans cela, le peuple est à même, quand il le veut, d'anéantir le pouvoir exécutif, et d'en assigner les attributions, *comme dans le Long Parlement*, à des comités de ses propres représentants; ou bien, ce qui revient au même, il peut paraître armé devant le roi, comme à Versailles, et le forcer à souscrire les propositions qui lui sont présentées : en pareil cas, les avantages de la division des pouvoirs sont perdus. Il est évident que, dans une constitution comme celle que la France vient de se donner, le pouvoir royal peut être anéanti aussi aisément, aussi promptement que l'on inflige une réprimande à un secrétaire coupable d'infidélité dans ses écritures. Lorsqu'une constitution est bonne, il faudrait se garder, comme de la dernière importance, d'y apporter le moindre changement; il n'y a qu'à l'égard des mauvaises que l'on peut procéder avec moins de précaution.

Il y a lieu de regarder comme des avantages ces effets produits par un élément aristocratique dans les conseils de la nation; mais voyons s'ils ne seraient pas contrebalancés par des maux possibles, probables même. Par exemple, ne peut-il pas arriver que l'aristocratie fasse avec la couronne cause commune contre le peuple, c'est-à-dire qu'elle influence, par ses propriétés et son pouvoir, la partie du peuple qui dépend d'elle, pour se tourner contre la partie indépendante? N'est-ce pas ce qui arrive en Angleterre maintenant? Quelle est dans notre constitution la cause infâme qui nous a lancés dans des guerres perpétuelles, dont personne n'a tiré profit, excepté cette vermine qui ne prospère que chez les nations en décadence, les entrepreneurs, les fournisseurs d'armée, les payeurs (les faiseurs d'affaires), les agioteurs, les courtiers; canaille qui assiège les ministres, et au profit de laquelle on ruine le reste de la nation? Ceux qui prétendent (1) qu'une constitution peut être bonne en souffrant de pareilles choses devraient au moins admettre qu'une constitution qui ne les souffrirait pas serait meilleure (2).

Supposant donc à l'aristocratie de bons et de mauvais côtés, il est tout naturel de chercher si les Français n'établiront pas quelque chose comme un sénat, qui en offrirait les avantages sans en avoir les désavantages. Si l'on n'en vient pas là, jamais des représentants populaires ne seront amenés, avec le consentement de leurs constituants, à abandonner le pouvoir dont ils jouissent. L'expérience seule, et une longue expérience, peut résoudre les doutes que chacun nourrit sur ce sujet. Que savons-nous, en réalité, d'un gouvernement qui n'a point éprouvé le choc des guerres heureuses ou non? La constitution anglaise a passé par cette épreuve et a été jugée insuffisante, ou plutôt sans valeur aucune,

(1) On ne le devrait pas tolérer, par cette simple raison, qu'une telle extravagance publique engendre des impôts qui, tôt ou tard, poussent le peuple à la résistance, résistance destructive de la Constitution. Sûrement on ne réputera pas bonne une chose qui, aux yeux des moins prévoyants, porte en elle-même ses germes de mort. 240 millions st. de dette publique en un siècle, c'est un fardeau insupportable et qui nous ruinera. (*Note de l'auteur.*)

(2) « Le pouvoir direct du roi d'Angleterre est considérable, dit M. Burke, son pouvoir indirect l'est aussi. Quand a-t-il manqué d'être respecté, courtisé, craint même dans toutes les cours d'Europe? » C'est par de tels passages que cet élégant écrivain prête aux attaques victorieuses d'adversaires qui n'ont pas la centième partie de son talent. Qui met en doute la puissance d'un prince qui, en moins d'un siècle, a dépensé un milliard et grevé son peuple d'une dette de 240 millions? On ne discute pas l'existence du pouvoir, mais ses excès. Quelle est la Constitution qui engendre ou tolère ces prodigalités? On se sert du mal même pour nous prouver que le poison est salutaire? (*Note de l'auteur.*)

puisque en un siècle le peuple a été accablé d'une dette si énorme (1), que chacun de ses bons effets s'en trouve compromis; en sorte que, si le peuple ne fait quelques changements à sa constitution, il est à craindre qu'elle ne le ruine. Quand la pratique, l'expérience ont prononcé si défavorablement, il serait vain d'en appeler à la théorie, surtout à propos d'un sujet où les prédictions d'un de nos écrivains les plus capables se sont trouvées fausses de point en point. Dans les États monarchiques de l'Europe, il est hautement improbable qu'un gouvernement contenant quelque égalité soit établi d'ici à de longues années, le peuple étant en général fier de ses souverains, alors même qu'ils l'oppriment (2).

A l'égard des conséquences futures de cette révolution extraordinaire, comme exemple donné aux nations, il n'en faut pas douter, l'esprit qui l'a produite se propagera tôt ou tard en Europe, selon les lumières du peuple, et sera nuisible ou bienfaisant, selon les mesures préalables prises par les gouvernements. C'est sans contredit de tous les sujets le plus intéressant pour toutes les classes, et même pour tout individu, de nos jours : la grande division qui partage le monde est la propriété. Les événements qui se sont accomplis en France se sont montrés, sous plusieurs rapports, subversifs de ce principe; ils ont été amenés par la basse classe en opposition directe avec l'Assemblée; cependant la constitution s'était établie, par l'élection de représentants, d'une façon plus régulière qu'on ne saurait

(1) Cette dette et nos énormes impôts sont la meilleure réponse de l'Assemblée nationale à ceux qui voudraient introduire en France notre Constitution avec tous ses défauts. Ce n'est pas sans raison qu'un écrivain populaire a dit qu'un gouvernement comme le nôtre obtient plus de revenus que s'il était purement despotique ou purement libre. (*Note de l'auteur.*)

(2) Dr Priestley's *Lectures on Hist.*, in-4°, 1788, p. 317.

s'y attendre dans d'autres pays. Là les révolutions seront compromises par les insurrections de la multitude, par le refus de service des soldats appelés pour les contenir, et leur alliance avec les insurgés. Une telle flamme, rapidement propagée dans tout un pays, sera plus hostile, plus fatale à la propriété que tout ce qui a encore prévalu en France. On conviendra de la probabilité de semblables événements ; on ne doutera pas non plus des désastres qu'ils causeront ; car ils ne tendront pas à l'établissement d'une Assemblée nationale, d'une libre constitution, mais à une anarchie, une confusion universelle. Le premier pas de la démocratie serait, chez nous, de demander place dans les conseils de paroisses et de s'y voter les fonds qu'il lui plairait : ce serait en réalité une loi agraire. Peut-il y avoir assez d'apathie chez les gouvernants pour croire que leurs vieilles maximes seront toujours de mise ? Peut-on ignorer assez le cœur humain, être assez aveugle à la marche naturelle des choses, pour rejeter *toutes* les innovations, de peur qu'elles n'en amènent de plus grandes ?

Il n'y a pas de gouvernement qui ne repose, en dernier ressort, sur la force militaire ; si elle lui manque, ne voit-on pas ce qui arrivera ? Il faut que l'on adopte un nouveau système ou tout ce que nous connaissons de gouvernements sera arraché jusqu'aux fondements. Ce système doit consister d'abord à intéresser toute la nation, sauf cette partie sans aucune propriété (1), au maintien du gouvernement établi, en le lui rendant supportable autant que le comporte la sécurité des pro-

(1) La représentation fondée sur la population est aussi absurde en théorie que nuisible en pratique ; elle fait gouverner le savoir par l'ignorance, la justice et la loi par la force brutale. Ce sont les lumières, l'intelligence, la sagesse qui doivent commander les nations, et elles se trouvent surtout dans les classes moyennes ; chez les grands elles sont affaiblies par les préjugés et l'habitude ; chez le peuple par l'ignorance. (*Note de l'auteur.*)

priétés. Il ne faut pas aller plus loin ; car il est tellement de l'intérêt de *ceux qui n'ont pas* de partager avec *ceux qui ont* qu'aucun gouvernement ne pourra tenir la balance égale (1). L'intérêt des premiers est dans une démocratie pure et dans le partage des biens, chemin sûr de l'anarchie et du despotisme.

On voit facilement quels sont en Angleterre les moyens d'attirer au gouvernement le respect et l'amour des gouvernés. Il faut réduire de beaucoup les taxes ; abolir ou diminuer les droits sur la bière, le cuir, la chandelle, le savon, le sel et les fenêtres ; anéantir à jamais le système des emprunts en imposant les rentes sur l'État (la constitution qui admet une dette publique porte en elle-même sa destruction) ; se débarrasser de la dîme (2) et du test ; réformer la représentation par-

(1) Ceux qui n'ont pas suivi les affaires de France pourraient prendre la représentation fondée sur la terre et les impôts pour ce que je demande, mais rien ne s'en éloigne davantage ; peu importe le nombre choisi, du moment que les électeurs sont sans propriétés. Cependant, M. Christie dit, vol. Ier, p. 196, que la propriété doit servir de base à la représentation, et pense qu'il en est ainsi, bien que des électeurs n'aient pas un shelling ? Ce n'est pas qu'il faille proportionner l'influence à la grandeur des possessions, mais il faut éloigner du pouvoir ceux qui ont intérêt à la division de la propriété. Voilà la grande difficulté moderne : garantir la propriété tout en respectant la liberté de ceux qui n'y ont point de part. En Angleterre, cela s'effectue par le mince revenu que laisse à chacun le pillage public (les pauvres, le curé et le roi en prennent de 50 à 60 0/0), mais le reste est sûr. En Amérique, les pauvres, le curé et le roi ne prennent rien ou presque rien, et tout est sûr. En France, *tout* semble être à la merci de la populace. (*Note de l'auteur.*)

(2) L'exaction des dîmes est une attaque si absurde, si tyrannique contre la propriété, qu'il est impossible qu'on la supporte un demi-siècle de plus. On ne saurait endurer de se voir contraint de donner chaque année 1000 l. st. à un homme qui fait faire par un remplaçant ce qui serait mieux fait pour 100 liv. La manière dont on prélève ces 1000 liv. est la plus pernicieuse à la propriété et à la liberté, plus convenable pour le xe siècle que pour le XVIIIe. L'Italie, la France, l'Amérique ont donné au monde de nobles exemples, les pays qui ne les suivront pas

lementaire et en abréger la durée; ne pas laisser dominer le peuple sans propriété, mais se garder aussi de cette corruption d'où nous viennent notre dette et nos impôts ; déchirer tout monopole, toute patente de corporation; rendre le gibier au maître de la terre, n'eût-il qu'un acre ; enfin réformer les lois tant civiles que criminelles. C'est en ces points que pèche notre constitution ; si on y porte remède, elle vivra aussi longtemps que celle de Venise; mais, si on laisse s'étendre ce cancer, je ne lui donne pas vingt ans.

Pour garder la propriété et assurer le nouveau système, il faudrait reprendre les lois sur la milice. Lorsque le gouvernement seul est armé, le despotisme est établi, comme dans toutes les monarchies européennes. Quand ceux-là seuls qui possèdent ont la force, comment garantir le peuple de l'oppression? Quand ce sont, au contraire, ceux qui ne possèdent rien, comment se garantir de leurs attaques? Le meilleur moyen de prévenir ces maux est peut-être d'enrôler dans une milice nationale tous ceux qui possèdent, en permettant en même temps à tout citoyen de porter des armes, pourvu qu'il ne s'établisse pas d'organisation. Nous voyons à Berne le peuple armé contenir ainsi l'aristocratie. Une armée a toujours été dangereuse, et pourrait l'être doublement maintenant : disciplinée, elle soutenait le despotisme; indisciplinée, elle peut s'unir au peuple sans propriété pour causer la ruine et l'anarchie. Il ne semble y avoir de garantie contre elle que dans une milice nationale, où la propriété se trouve aussi bien dans les rangs que dans l'état-major (1). Une telle force armée,

leur seront bientôt aussi inférieurs en culture qu'ils le sont en politique. (*Note de l'auteur.*)

(1) Les dernières émeutes de Birmingham devraient convaincre tout homme désireux de la paix qu'une milice fondée sur la propriété est

dans notre île, monterait à peu près à 100,000, hommes et suffirait à réprimer ces émeutes dont l'objet pourrait être, aujourd'hui ou plus tard, de faire changer la propriété de mains (1).

nécessaire. Si elle avait existé, on n'aurait pas vu de honteuses scènes venir déshonorer notre siècle et notre nation. Ces émeutes nous apprennent combien est imparfait ce système politique qui, deux fois en dix ans, a laissé deux des plus grandes villes d'Angleterre au pouvoir d'une méprisable populace. L'armée doit être toujours à distance pour la plus grande partie du royaume; mais la milice devrait être sur place et facile à réunir au premier signal. (*Note de l'auteur.*)

(1) Des écrivains qui voudraient propager le goût des révolutions et les mettre partout à l'ordre du jour, affectent de confondre les gouvernements de France et d'Amérique, comme s'ils étaient établis sur les mêmes principes. Si cela était, il serait curieux que le résultat fût en apparence si différent; mais un court examen nous convaincra qu'il y a à peine quelque chose de commun entre ces deux gouvernements, hors le principe général de liberté. En France, la populace prend part aux élections, et dans une telle proportion que peu de gens sont exclus; les conditions pour siéger, soit dans une assemblée provinciale, soit à l'Assemblée nationale elle-même, sont si aisées que la chaîne entière, depuis l'électeur de première classe jusqu'au représentant du pays, peut se compléter sans que la propriété y paraisse à aucun degré. Tout au contraire, en Amérique il n'y a pas un seul État dans lequel les citoyens actifs ne soient pas propriétaires. Dans le Massachussets et le New Hampshire, il faut un freehold de 3 liv. de revenu, ou une autre propriété de 60 liv. de valeur. Le Connecticut est un pays de freeholders riches, et conserve les formes de l'ancien gouvernement. Dans l'État de New-York, les électeurs du Sénat doivent avoir une propriété de 100 l. exempte de dettes; ceux de l'Assemblée, des freeholds de 40 l. de revenu, *imposés et payant des taxes;* dans le Maryland, la possession de 50 acres de terre ou une autre propriété de 30 l.; en Virginie, 25 acres cultivés avec une maison; dans la Caroline du Nord, pour le Sénat, 50 acres; pour l'Assemblée, le paiement d'impôts. Et dans tous les États, des conditions plus grandes pour l'éligibilité. (*Note de l'auteur.*)

Il faut se souvenir qu'en général les impôts étant peu nombreux, la nécessité de les payer exclut beaucoup plus d'électeurs qu'elle ne le ferait en Europe. La législature des États, excepté la Pensylvanie, se compose de deux chambres. Le congrès suit la même forme. On trouve ainsi et promptement une explication de cet ordre, de cette régularité, de cette sûreté dans la propriété qui frappe les yeux en Amérique, C'est un spectacle bien différent de celui de la France, où règne la confusion, où la propriété est loin d'être sûre, où la population fait des lois capri-

Ceci soit dit pour un gouvernement libre ; les despotes qui veulent se sauver de la destruction doivent émanciper leurs sujets, parce qu'il n'y a pas de force militaire capable d'assurer longtemps l'obéissance d'esclaves trop maltraités. Pendant que les gouvernements donnent à leurs peuples des constitutions dignes d'être conservées, ils devraient, renonçant tout à fait aux idées de conquête, faire qu'une petite armée serve leurs bons desseins, comme une grande eût servi leur ambition. Cette petite armée devrait se composer, à tous les degrés, de gens intéressés à l'ordre : si elle ne renfermait que des nobles, ce serait une aristocratie militaire aussi dangereuse au prince qu'au peuple ; il faudrait donc chercher dans toutes les classes, à la seule condition

cieuses et les exécute en dépit de celles des représentants, où, en ce moment (mars 1792), l'anarchie se montre prête à dégénérer en guerre civile. Ces deux grandes expériences devraient convaincre tout le monde que l'ordre et la propriété ne peuvent avoir de garanties si le droit d'élection est personnel, au lieu de reposer sur la propriété ; et quand on songera, comme il le faudrait faire, à réorganiser notre représentation, on devra se proposer de retirer le pouvoir des mains du roi et de l'aristocratie, non pas pour le donner à la foule, mais à la classe moyenne. Le propriétaire d'un domaine de 50 livres de revenu annuel a autant d'intérêt à ce que l'ordre et la propriété soient protégés qu'en a le possesseur de cinquante mille livres sterlings, tandis que ceux qui en sont totalement dénués n'aiment que la confusion qui peut donner naissance à un partage. De là la nécessité urgente du moment de constituer une milice dont le dernier soldat ait sa part de propriété, contre-poids nécessaire des assemblées de cabaret, où l'on se cotise pour entendre lire les *Droits de l'homme*, ce qui signifie (en Europe et non pas en Amérique) le droit au pillage. Que l'on considère de sang-froid l'état de la France produit par la représentation de la masse qui n'a rien, on y rencontre des scènes inconnues au delà de l'Atlantique. Voyez l'Assemblée nationale d'un grand empire, traversant une des phases critiques de son existence, voyez-la écouter les harangues de la populace parisienne, des femmes du faubourg Saint-Antoine ; voyez le président s'abaisser à leur répondre et à les flatter ! Le congrès a-t-il jamais présenté un semblable tableau ? Est-ce un gouvernement bien constitué celui qui perd de la sorte des moments si précieux? Le lieu des sessions de l'Assemblée (Paris) suffit à mettre en danger la Constitution. (*Note de l'auteur.*)

que nous avons exprimée. Un bon gouvernement, ainsi appuyé, pourra être durable, les autres seront brisés par le nouvel esprit qui fermente en Europe. Le lecteur de bonne foi a vu que dans tout ce que j'ai avancé sur le sujet si critique d'une révolution immense et sans exemple, je lui ai assigné le mérite que je lui reconnais, d'*avoir aboli l'ancien régime*, et non pas d'en avoir établi un nouveau. Tout ce que j'ai vu, et beaucoup de ce que j'ai entendu en France, m'a donné la conviction la plus profonde qu'un changement était devenu nécessaire pour le bonheur du peuple, un changement qui limitât l'autorité royale, restreignît la tyrannie féodale, ramenât l'Église dans l'État, corrigeât les abus de finance, purifiât l'administration de la justice, donnât au peuple du bien-être et l'importance qui le lui assure.

Tout ami de l'humanité en eût désiré autant. Mais si, pour y arriver, il fallait bouleverser la France, ou anéantir les distinctions, abolir la monarchie, attaquer les propriétés, fouler aux pieds le roi et la famille royale, et par dessus tout, s'engager dans une voie qui mette les effets de la révolution, bons ou mauvais, au hasard d'une guerre civile, c'est une autre question. Selon moi, ces violences n'étaient pas nécessaires; sans elle, la France aurait pu être libre : une cour nécessiteuse, un ministre faible, un prince timide n'auraient su refuser aux demandes des États rien d'essentiel à la prospérité nationale. Le pouvoir de la bourse aurait suffi à faire tout ce qu'il y avait à faire. Les communes l'auraient emporté, mais non sans un contre-poids, un contrôle sans lequel tout pouvoir, quel qu'il soit, n'est pas *constitutionnel*, mais *tyrannique*. Lors donc que je me hasarde à croire que la révolution aurait pu s'accomplir sur des principes meilleurs, parce qu'ils sont plus durables, je n'enveloppe pas l'Assemblée nationale tout entière dans cette condamnation dont l'ont frappée quelques écrivains extrêmes, parce qu'il est certain qu'elle n'a guère fait au delà de ce que demandait le peuple.

Avant de condamner la révolution en bloc, il faut voir jusqu'où s'étendaient les demandes des trois ordres dans leurs *cahiers*, surtout depuis qu'on se fait de ces *cahiers* mêmes une arme contre l'Assemblée nationale. Voici quelques-unes des améliorations qu'ils exigent : jugement par jury (1), avec l'*habeas corpus* anglais ; la délibération par tête (2) et non par ordre, demandée *par la noblesse elle-même ;* illégalité et suppression de toutes les taxes, en les accordant pour un an (3) ; abolition, à tout jamais, des capitaineries (4) ; établissement d'une *caisse nationale séparée, inaccessible à toute influence du pouvoir exécutif* (5) ; suppression des intendants (6) ; ratification obligée de tous les traités de commerce par les États (7) ; suppression des ordres mendiants (8) ; suppression de tous les moines et vente de tous leurs biens (9) ; suppression à jamais des dîmes (10) ; abolition de tous droits, payements, services

(1) *Nobl. Auxois*, p. 23. — *Artois*, p. 13. — *Tiers-état de Péronne*, p. 15. — *Noblesse du Dauphiné*, p. 119.

(2) *Noblesse de Touraine*, p. 4. — *Senlis*, p. 146. — *Pays de Labour*, p. 3. — *Quesnoy*, p. 6. — *Sens*, p. 3. — *Thimerais*, p. 3. — *Clergé du Bourbonnais*, p. 6. — *Bas Limousin*, p. 10.

(3) *Nobl. et Tiers-état*, trop nombreux pour être cités.

(4) *Id.*

(5) *Nobl. de Sézanne*, p. 14. — *Tiers-état de Metz*, p. 42. — *Auvergne*, p. 9. — *Riom*, p. 23.

(6) *Nobl. du Nivernais*, p. 25.

(7) *Nobl. du bas Limousin*, p. 12.

(8) *Tiers-état du haut Vivarais*, p. 18. — *Nobl. de Reims*, p. 16. — *Auxerre*, p. 41.

(9) *Nobl. de Toulon*, p. 18.

(10) Trop nombreux à citer.

féodaux (1) ; allocation d'un *traitement pécuniaire* aux députés (2) ; permanence de l'Assemblée (3)! démolition de la Bastille (4); suppression des *aides* sur le vin, l'eau-de-vie, le tabac, le sel, le cuir, le papier, le fer, l'huile et le savon (5) ; abolition des apanages (6) ; aliénation du domaine royal (7) ; suppression des *haras* royaux ; augmentation de la paye des soldats (8) ; division du royaume en districts et élections proportionnées à la population et aux impôts (9) ; vote aux assemblées de paroisses pour les citoyens payant un certain chiffre d'impôts (10) ; nécessité pour les états généraux de consulter les droits de l'homme (11) ; obligation pour les députés de refuser toute place, pension, grâce ou faveur (12).

De ces instructions données par la nation, je ne veux pas tirer la justification de tous les décrets de l'Assemblée nationale, mais faire voir que la plus grande partie de ses décrets, et beaucoup de ceux qu'on a le plus violemment attaqués, y étaient contenus (13). Répliquer

(1) *Nobl. de Nomeny en Lorraine*, p. 10.

(2) *Nobl. de Mantes et Meulan*, p. 16. — *Provins et Montereau*, art. 1. — *Rennes*, art. 19.

(3) *Nobl. de Paris*, p. 14.

(4) *Nobl. de Vitry-le-Français*, ms. — *Lyon*, p. 16. — *Bugey*, p. 28. — *Nobl. de Paris*, p. 22.

(5) *Nobl. de Ponthieu*, p. 32. — *Nobl. de Chartres*, p. 19. — *Auxerre*, art. 74.

(6) *Nobl. du Bugey*, p. 11. — *Montargis*, p. 18. — *Paris*, p. 16. — — *Bourbonnais*, p. 12. — *Nobl. de Nancy*, p. 23. — *Angoumois*, p. 20. — *Pays de Labour*, f° 9.

(7) *Nobl. de Beauvais*, p. 18. — *Nobl. de Troyes*, p. 25.

(8) *Nobl. de Limoges*, p. 31.

(9) *Tiers-état de Lyon*, p. 7. — *Nismes*, p. 13. — *Cotentin*, art. 7.

(10) *Tiers-état de Rennes*, art. 15.

(11) *Tiers-état de Nismes*, p. 11.

(12) *Tiers-état de Pont-à-Mousson*, p. 17.

(13) M. Burke dit : « Quand les différents ordres dans les bailliages se réunissaient pour choisir et instruire leurs représentants, ils formaient

que la nation tout entière n'y a point pris part, mais seulement de petites réunions, cela n'est pas un argument. Comme les plus violents ennemis de la révolution, et en particulier MM. Burke et de Calonne, ont tiré de ces cahiers ce qui convenait à leur dessein de condamner tout ce qui se passait dans ce royaume, on peut s'en servir pour soutenir l'opinion contraire. Je ne ferai qu'une observation sur ces demandes. Les assemblées qui les formulèrent n'ont jamais dit en termes formels qu'il fallait que le roi résignât, et que son autorité passât aux représentants. Mais que l'on considère de sang-froid ce que peut être une monarchie en face d'une assemblée permanente ayant le pouvoir d'abolir la dîme, de supprimer les intendants ; non seulement de voter mais encore de garder les fonds publics ; d'aliéner le domaine du roi, de supprimer ses haras, d'abolir les *capitaineries* et de détruire la Bastille. Il est évident que l'assemblée appelée à cette œuvre est *seule* en possession du pouvoir législatif ; il est évident qu'on lui demande autre chose que d'adresser des pétitions au roi, auquel cas on se serait servi des expressions si communes autre part dans les cahiers : *S. M. aura la bonté*, etc.

Le résultat de ces recherches doit être pour les hommes modérés que l'abolition de la dîme, des servitudes et des droits féodaux, de la *gabelle*, du droit sur le tabac, des entrées, des taxes sur les manufactures, de tous les droits de transit, des infâmes procédures dans les vieilles cours de justice, des mesures despotiques de la vieille monarchie, des lois de recrutement, des monas-

le peuple de France. A cette époque, aucune de leurs instructions ne mentionnait, ne faisait allusion à ce qui a attiré sur l'Assemblée usurpatrice l'exécration de la partie pensante du genre humain. » (*Note de l'auteur.*)

tères et couvents, de tant d'abus innombrables, est un avantage de première importance pour la nation et lui assure à jamais un degré peu commun de prospérité. Les hommes qui n'en conviennent pas ont, ou des desseins sinistres, ou *quelque chose de trouble dans l'esprit.* D'un autre côté, l'immense ruine causée sans nécessité à des milliers de familles par la violence, la terreur, le pillage et l'injustice, cette ruine prouvée par l'absence des métaux précieux, la stagnation des affaires, la misère générale, est un mal trop grand pour qu'on essaye de le pallier. L'extension donnée au crédit public, ce cancer funeste de l'État, le déluge de papier-monnaie, l'anéantissement par la violence de la frivole distinction des rangs (1), le nouveau système d'impôt, d'apparence si menaçante pour la propriété territoriale, les restrictions du commerce des grains; toutes ces choses sont autant d'enlevé à la félicité publique et pèsent d'autant plus qu'elles n'étaient pas nécessaires pour accomplir la révolution.

Les hommes prudents ne s'empresseront pas de prophétiser sur la nature et la durée de la constitution établie; c'est une expérience nouvelle (2), il ne faut pas

(1) L'inégalité reste aussi grande qu'avant l'abolition des titres, mais fondée sur une base moins honorable, la richesse. La noblesse était mauvaise, sans l'être autant que l'a dit M. Christie; elle n'attendit pas les États-généraux pour renoncer à ses privilèges pécuniaires. (*Lettres sur la Révolution de France*, vol. I, p. 74.) La première séance des États eut lieu le 5 mai 1789, et le 20 décembre 1788, la noblesse assemblée au Louvre s'était adressée au roi dans cette intention. (*Note de l'auteur.*)

(2) Après tout ce qui a été dit ces dernières années en Angleterre, et surtout en France, sur les constitutions et les gouvernements, le lecteur attentif aura été frappé de ce qu'aucun des partisans des systèmes les plus avancés n'ait rien dit pour convaincre les hommes sans préjugés que l'expérience n'est pas si nécessaire en politique qu'en agriculture ou dans d'autres sciences. On a beaucoup parlé en faveur de l'Amérique, et avec raison, *aussi loin que s'étend l'expérience*; mais il faut la consi-

la juger avec de vieilles idées. Ici nous avons mis en regard ses effets bons ou mauvais, de façon à ce que l'œil en juge aisément. Là-dessus nous pouvons raisonner (1).

dérer comme encore imparfaite, ne dépassant pas l'énergie du courage personnel en accord avec une circulation peu active. Nous savons par M. Payne que le général Washington refusa tout salaire comme commandant en chef des troupes et comme président de l'Assemblée : c'est un exemple qui honore le gouvernement, le pays, la nature humaine : mais en verra-t-on de pareils dans 200 ans? Les États-Unis exportent maintenant pour 20,000,000 de dollars; quand ils exporteront pour 500 millions, quand de grandes richesses, de grandes villes, une circulation rapide, de grandes fortunes privées auront pris naissance, retrouvera-t-on de pareils spectacles? Leur gouvernement sera-t-il aussi juste que maintenant? Cela se peut. Il sera probablement excellent; mais nous n'en avons ni conviction ni preuve : l'avenir seul le saura. L'expérience n'a pas eu son cours. Puis il faudrait accompagner ces remarques par celle-ci : que le gouvernement britannique a été expérimenté, et avec quel résultat? Une dette de 240,000,000 sterling, sept guerres, la conquête du Bengale et de Gibraltar, 30 millions sterlings de charges pour la dîme, les droits, la taxe des pauvres, les monopoles. (*Note de l'auteur.*)

(1) Les injures grossières vomies incessamment par certains pamphlets et certains journaux sur la nation française et ses Assemblées devraient être rejetées par tout ami du pays soigneux des intérêts futurs. Cela est poussé parfois à un excès si scandaleux, que nous excitons ainsi le dégoût de milliers d'hommes qui pourront après avoir occasion de voter et d'agir sous ces impressions défavorables contre un pays qui, sans provocation, les a couverts d'opprobres. Ce serait au moins de la prudence, de la part d'une nation dont l'activité sera amortie par une dette de 240,000,000, d'employer le langage le plus modéré. (*Note de l'auteur.*)

ANNÉE 1792

Peut-être sera-t-il agréable au lecteur d'avoir sur l'état de la France, au commencement de cette année 1792, quelques notes que je tire de la correspondance d'amis dans lesquels j'ai pleine confiance.

Agriculture. — Les petits propriétaires qui font valoir leurs propres terres sont dans une position très aisée et très améliorée ; les fermiers y participent en proportion de ce que leurs propriétaires n'ont pu convertir en accroissement de fermage les droits dont la terre s'est trouvée affranchie. Les propriétaires de prairies, de bois, de tout ce qui ne payait pas la dîme autrefois, gagnent moins au changement que les autres. Quant au payement des loyers, il faut distinguer entre le N. et le S. de la Loire ; au N. on les acquittait, mais au S. bien des propriétaires n'ont pu recevoir un sol, et il y a cette différence remarquable, que ce sont les gens vivant hors de leurs domaines et peu aimés eux-mêmes, ou employant des intendants détestés, qui sont le plus mal partagés. Les autres qui résident, ou qui, quoique éloignés, ont su se faire aimer, sont payés à proportion des facultés du *métayer*. On dit que la dernière récolte

(1791) a été faible ; dans une bonne année en Picardie, 40 gerbes donnent un septier de froment de 240 lbs ; il en faut aujourd'hui 50 ou 60. Le prix prouve cependant que cela ne peut être général ; car, le 7 janvier 1792, le prix du blé était de 22 à 28 liv. en assignats à 36 0/0 de perte, preuve remarquable que la monnaie de papier suffit à tous les besoins pour les objets de nos nécessités physiques d'une consommation journalière. La perte sur ces assignats est plus grande que ne l'ont jamais prédite ceux qui annonçaient une hausse énorme sur les denrées de première nécessité. Que la science est encore peu avancée ! et combien peu les hommes d'un grand talent sont capables de prévoir les effets d'un événement donné ! La vente des biens nationaux s'est ralentie dans ces derniers temps, circonstance étrange, puisque la rapidité de leur transfert aurait dû être en raison de la dépréciation des assignats ; tant qu'on peut acquérir de la terre pour de la monnaie, plus cette monnaie tombe de valeur, plus il y a d'avantages à l'échanger. Alors qu'il y avait une assez grande activité dans ces transactions, les prix venus à ma connaissance variaient entre 20, 30 et même plus d'années de revenu, taux auquel les placements devaient être très avantageux.

Commerce et manufactures. — Pour cette branche, la baisse des assignats a produit des effets contraires à ce que les gens les mieux instruits croyaient devoir arriver. Dès l'abord, dans la première confusion, rien ne souffrit plus que les manufactures ; mais on me dit que maintenant (1792) elles ont plus d'activité que lorsque l'état des affaires était moins alarmant. Ce qui, suivant les idées ordinaires, devait leur faire le plus de tort, la dépréciation des assignats, leur a, au contraire, rendu une certaine vie. Cette dépréciation, par son excès, a fait préférer les payements en nature aux autres; les manufacturiers payant leurs ouvriers en assignats, avec lesquels on achetait le pain à un prix proportionné à la récolte, pouvaient vendre leurs produits avec assez de bénéfice pour créer une animation réelle. Curieuse combinaison politique, qui semble montrer que, dans les circonstances où les maux menacent le plus, il se fait une réaction, un contre-courant en opposition au flot général ; et le remède découle ainsi du fléau lui-même. Comparez ceci avec la dépression des affaires en Angleterre dans toutes ses luttes avec les autres nations, dépression si bien expliquée par le talent de M. Chalmers, et vous serez frappé d'une certaine ressemblance. La perte causée par les assignats ne s'est pas produite dans le commerce intérieur, mais dans celui du dehors. En conséquence de cela, le cours du change s'est, à la fin, tellement élevé que la perte a été grande pour le royaume, sans atteindre néanmoins à ce que l'on s'était imaginé en croyant les relations restées aussi importantes que par le passé. Ce n'est pas peu se tromper : le mal du change contraire, comme tous les autres fléaux politiques, se corrige de lui-même ; quand il est trop contraire à un peuple, celui-ci nécessairement diminue sa consommation de marchandises étrangères, et, au contraire, les étrangers augmentent leur consommation de ce qu'ils tirent de chez lui, en voyant la facilité de le payer. Pendant le mois de janvier 1792, le cours entre nous et Paris a été d'environ 18 en moyenne ; en prenant le pair à 30 (ce qui n'est pas tout à fait exact), cela fait 40 0/0 contre la France ; déduisez-en 36 0/0 pour la dépréciation des assignats, et l'apparente énormité du mal se réduit à 4 0/0.

Pendant le mois de janvier 1791, le cours était de 25 1/2, ou 15 au désavantage de la France; en déduisant 5 pour les assignats, cela faisait réellement 10. Ainsi, le cours de janvier 1792 est de 6 0/0 plus favorable à la France que celui de 1791 ; cette remarque ne s'étend pas à d'autres cas, non plus qu'aux désastres financiers de l'intérieur. Il semble qu'il en faille conclure que les désastres d'une situation si peu comprise chez nous se réparent, du moins envers l'étranger, par les causes que je viens de mentionner. Remarquons aussi que le prix du blé et des autres marchandises pour lesquelles il n'y a pas de concurrence étrangère ne s'élève que par disette, soit réelle, soit imaginaire; tandis que la hausse est énorme sur ce qu'achète ou peut acheter l'étranger. Par exemple, le drap d'Abbeville a haussé de 30 à 42 livres l'*aune*, et le prix du cuivre, marchandise étrangère, s'est accru de 70 0/0, selon la pétition des manufacturiers normands à l'Assemblée nationale. Une telle fabrication peut souffrir; mais si elle vend ses marchandises proportionnellement aux autres choses, le mal trouve son remède en lui-même.

Finances. — Le trait caractéristique est l'immensité de la dette qui s'accroît à chaque heure. Celle qui porte intérêt peut être d'environ 5 milliards, et les assignats, ou la dette ne portant pas intérêt, peuvent être évalués en gros à 1 1/2 milliard, en tout 6 1/2 milliards, ou bien 284,375,000 liv. st., dette si énorme que le revenu le plus régulier et le mieux payé peut seul y suffire.

Le *déficit* annuel est *à présent* d'environ 250,000,000; mais il est susceptible d'être amélioré par une perception mieux organisée. Voici les comptes du mois de février 1792 :

Recette................................	20 millions
Dépenses extraordinaires de 1792............	12 »
— — de 1791............	2 »
Avances au départ. de Paris...............	1 »
Déficit......................................	43 »
	58 millions.

J'ai peur qu'un essai pour supporter ces charges inouïes ne mène à inonder le royaume de papier, jusqu'à ce que, comme avec les dollars du congrès américain, la circulation cesse tout à fait. Il n'y a de remède qu'une banqueroute ; c'est la meilleure mesure, la plus aisée, la plus bienfaisante pour la nation ; c'est aussi la plus juste et la plus honorable ; tous les expédients sont en réalité plus préjudiciables au peuple et laissent le gouvernement tout aussi embarrassé qu'avant d'y avoir recours. Si la *milice bourgeoise* de Paris y a trop d'intérêts opposés pour la permettre, il ne reste plus qu'un appel en dernier ressort à la nation, en lui déclarant qu'il faut RUINER LE CRÉDIT PUBLIC OU ÊTRE RUINÉ PAR LUI. Si l'Assemblée nationale n'a pas assez de vertu et de courage pour sauver la France, elle restera toujours, quoique libre, dans un état de faiblesse politique.

On trouve, à l'impôt territorial des *économistes*, autant de difficultés en pratique que d'absurdité en théorie. On me dit qu'il cause une grande confusion dans toutes les parties du royaume (février 1792).

L'impôt de 300 millions mis sur le revenu de la France ne serait guère que de 2 sh. 6 d. par l. st., fardeau trop lourd certainement, selon de justes principes politiques, mais qui, une fois bien réparti et maintenu sans variations, n'eût pas été très oppressif. Mais, en se laissant entraîner par le jargon de *produit net*, en le rendant variable, on a soulevé tous les inconvénients, toutes les incertitudes. L'Assemblée a divisé le total entre les départements; les départements, leurs quotes parts entre les districts ; les districts, entre les municipalités qui se sont assemblées pour faire la répartition entre les individus. Le même décret qui fixait l'impôt à 300,000,000 enjoignait aussi qu'il n'allât pas au delà du cinquième du *produit net*. Tout homme put donc rejeter ce qui dépassait cette proportion ; en conséquence, on ne trouva nulle part, que sur les grandes fermes du Nord, la cote assignée par les municipalités ; les petits propriétaires, si nombreux en France, se réfugièrent derrière les équivoques du *produit net*, de sorte que le mois de décembre, qui aurait dû produire 40 millions, n'en rapporta en réalité que 14. Voilà ce que s'est trouvée dans la pratique cette absurde chimère, quoique agissant sous l'influence d'une démocratie pure, représentative seulement de nom (1).

Le fait est que cet impôt, mal conçu, mal appliqué, qui, dans des mains plus habiles et dans un pays régulièrement constitué, comme la partie *colonisée* de l'Amérique, eût été productif, ne donnera jamais ce qu'on en attendait en France. Les gens sans propriété sont intéressés à ce que les plus petits propriétaires qui peuvent à peine payer ne le fassent pas, ce qui est un grand écueil pour ces sortes d'impôts quand la terre est très divisée. Avec le pouvoir placé en de telles mains, le trésor reste vide. Supposons cependant ces énormes difficultés vaincues et les petites propriétés évaluées et taxées d'après un plan praticable : dès ce moment, il faut procéder chaque année à une semblable évaluation; car, si quelqu'un est plus à même

(1) Il importe peu que ce soit de nom ou de fait, si, comme dans les Constitutions américaines, la garantie de propriété effective ne s'y retrouve à chaque pas. (*Note de l'auteur.*)

d'améliorer ses terres, ses voisins rejetteront sur lui une portion de l'impôt, et quoique nous ne soyons qu'au début, cela est déjà arrivé, et en vérité cela tient à la nature de l'impôt, tel qu'il a été décrété par l'Assemblée (1). De là des répartitions annuelles, une confusion annuelle, des disputes annuelles, une oppression, une haine annuelles : ceci parce que l'Assemblée n'a pas adopté un mode simple et praticable de répartition venant d'elle-même, au lieu de le laisser aux discussions de cinq cents autres assemblées sur le plan purement théorique des économistes.

Loi sur les grains. — L'Assemblée nationale a reçu, dans ces derniers temps, des plaintes répétées des départements sur la rareté et le haut prix des grains ; elle a discuté ce sujet, voté des résolutions que l'on a imprimées pour prouver au peuple que l'on s'est occupé de prohiber l'exportation. Cette conduite est celle de M. Necker, et, comme la récolte est faible, on peut s'attendre qu'elle amènera la famine. Dans la *Gazette nationale* du 6 mars 1792, je lis un compte rendu de la séance de l'Assemblée : « *Inquiétudes. — Précautions prises. — Commissaires envoyés. — Veiller à la subsistance du peuple. — Fonds pour acheter des grains à l'étranger, dix millions*, etc. » C'est tout à fait l'aveuglement de M. Necker. Si ces démarches sont nécessaires (par impossible), pourquoi le dire, l'imprimer? Pourquoi alarmer le peuple en lui montrant vos alarmes? Une perte de 40 millions n'a pas, dans les mains de

(1) « *Aussitôt que les opérations préliminaires seront terminées, les « officiers municipaux et les commissaires adjoints feront, en leur âme « et conscience, l'évaluation du revenu net des différentes propriétés « foncières de la communauté, section par section.* » (*Journal des États généraux*, t. XXVI, p. 510.) (*Note de l'auteur.*)

M. Necker, fourni à trois journées de vivres pour la France; 10 millions ne suffiront pas à un jour! mais le bruit qu'on en fait causera plus de frayeur que la perte réelle du quintuple, et je suis certain, sans avoir besoin d'être en France, et en m'appuyant sur les principes, que ces mesures prises pour la baisse amèneront la hausse. Un exemple remarquable entre tous, pour montrer la différence entre la France et les États-Unis, entre les représentants de la seule population et ceux de la propriété : « *Monsieur, pour prévenir les inquiétudes qui pourraient arriver l'année prochaine et les suivantes, l'Assemblée doit s'occuper dès ce moment d'un plan général sur les subsistances.* » Il n'y a qu'un plan, la liberté absolue; selon que vous l'adopterez ou que vous le rejetterez, vous montrerez de qui vous êtes le représentant. Proclamez la liberté du commerce, et de ce moment décrétez qu'on fasse avaler son encrier au premier représentant qui prononcera le mot de vivres.

Défense d'exporter les matières premières. — Les dernières nouvelles que j'ai reçues de France confirment ce qu'avaient annoncé nos journaux, que l'Assemblée nationale avait résolu de porter une loi pour cet objet. Il paraît que les manufacturiers de plusieurs villes, prenant avantage de l'abaissement de l'industrie nationale, ont fait des plaintes à l'Assemblée, et demandé, entre autres moyens de secours, de défendre l'exportation du coton, de la soie, de la laine, du cuir et de toutes les matières premières en général. Il y a eu de l'opposition de la part de quelques membres, plus versés que les autres en économie politique; mais en vain : bientôt nous verrons paraître le projet de décret, et je suis assuré qu'il passera. Ayant traité au long de cette question dans plusieurs articles des *Annales d'A-*

griculture, je n'en dirai que quelques mots pour convaincre la France, s'il est possible, des tendances nuisibles de ce système qui, une fois adopté, donnera des résultats auxquels ce royaume ne s'attend guère. Comme il est inutile de recourir aux arguments lorsque l'on a des faits sous la main, je me contenterai de décrire l'effet d'une semblable prohibition sur nos laines : 1° le prix en baisse de 30 0/0 au-dessous de ce qu'il est dans tous les pays voisins, ce qui, selon des documents incontestables, équivaut à un impôt territorial de 3 à 4 millions sterlings, c'est-à-dire que pareille somme est enlevée aux cultivateurs pour la donner aux manufacturiers.

2° Et ce n'est pas pour rendre les manufactures florissantes, car il est curieux que, de toutes les fabriques anglaises, celle des lainages est la moins prospère et s'est toujours plainte davantage, le public le sait.

Cette mesure a donc failli à ce qu'on en attendait, et c'est parce qu'elle a failli en Angleterre qu'on la veut adopter en France. Le monopole des laines indigènes donne aux manufacturiers un si grand profit, qu'ils ne s'inquiètent pas d'autres débouchés que le marché intérieur, et c'est de là que vient qu'aucune laine étrangère, excepté celle d'Espagne (quand elle n'est pas produite ici), n'entre en Angleterre. Il en arrivera de même en France ; le prix du marché tombera, la propriété territoriale sera *volée*, et le manufacturier, accoutumé aux douceurs du monopole, n'importera plus comme auparavant ; la fabrique ne prendra pas d'extension, et le résultat final sera de donner à l'industrie un grand bénéfice sur peu d'affaires : elle y gagnera, mais la nation sera en perte. 3° La fabrique la plus florissante d'Angleterre est celle des cotons, qui est si loin du régime du monopole que les $\frac{18}{20}$ de la matière première sont importés en payant un droit, et ce que nous produisons nous-mêmes sort en franchise. Au second rang (peut-être au premier) vient la quincaillerie ; le fer anglais est exporté franc de droit; le fer étranger paye à l'entrée 2 l. st. 16 sh. 2 d. par tonne = 70 fr. les 1,000 kil. ; le charbon de terre anglais s'exporte en quantité énorme; de même pour le verre. La soude anglaise sort sans droits, celle de l'étranger paye en entrant 16 sh. 6 d. la tonne = 20 fr. les 1,000 kil. ; la soie grège, id., 3 sh. la lb. = 0 fr. 65 c. le kilog. Les chanvres et les lins bruts d'Angleterre ne sont pas taxés à la sortie ; ce qui en vient de l'étranger l'est; les chiffons pour le papier s'exportent sans droits; l'étain, le plomb, le cuivre destinés à l'exportation sont ou libres ou frappés d'un léger droit. Les progrès immenses accomplis dans ces différentes industries, particulièrement celles de la quincaillerie, du coton, du verre, du lin, de la poterie (où il n'y a pas de monopole possible sur la matière première), toute l'Europe les connaît; ces fabrications prennent rang parmi les plus importantes du monde et ont marché rapidement. Remarquez, à côté de cela (car c'est digne de l'attention de la France), qu'il n'y a pas eu de tels progrès dans l'industrie des lainages (1); notre conduite à cet égard est donc évidemment mauvaise et c'est cette conduite que l'on voudrait suivre en France! 4° La liberté du commerce est nécessaire pour les matières premières, comme elle l'est pour les grains, non pas afin de les envoyer à l'étranger, mais afin d'en assurer la produc-

(1) Exportations : 1757 — 4,758,095 liv.
1767 — 4,277,462
1777 — 3,743,537
1787 — 3,687,795

Voyez, pour un examen complet, *Ann. d'Agr.*, vol. X, p. 235. (*Note de l'auteur.*)

tion chez nous; ce n'est pas encourager le fermier à produire que d'abaisser ses prix en faveur du fabricant. 5° La France importe pour 50 à 60 millions de soie et de laine par an et n'en exporte pas ou presque pas : pourquoi prohiber une exportation qui n'a pas lieu dans des temps ordinaires? Ou cette exportation se fait ou elle ne se fait pas; si c'est ce dernier cas qui domine, pourquoi défendre ce qui n'existe pas? Si elle se fait, c'est que le fabricant ne peut plus acheter comme auparavant; est-ce une raison pour que le cultivateur cesse de produire? car c'est ce que vous voulez lorsque vous empêchez l'étranger de venir acheter. Pourquoi favoriser ainsi les manufacturiers? De quel droit le demandent-ils? Ils sont habiles et ont de bonnes raisons pour agir ainsi, celles de leurs confrères : anglais l'abaissement du prix, par le moyen duquel ils s'enrichiraient aux dépens des propriétaires! 6° Toutes les villes de France réunies ne contiennent que 6,000,000 d'habitants, et les villes manufacturières seules 2,000,000 ; pourquoi les 20,000,000 de paysans seraient-ils dupes au profit du dixième, composé de citadins? 7° Dans plusieurs endroits de ce livre, j'ai montré l'état misérable de l'agriculture française, par suite du manque de moutons; le nouveau système serait un curieux moyen d'encourager leur élevage *en diminuant le bénéfice qu'on a de les garder*. 8° Les manufacturiers français, sous l'*ancien régime de liberté*, prenaient les matières premières à l'étranger pour plusieurs millions, en outre de ce que leur fournissait le pays; s'ils ne veulent pas seulement l'abaissement des prix, que veulent-ils? Peuvent-ils désirer davantage? Si leur industrie n'est pas aussi florissante sous la nouvelle constitution que sous l'ancien régime, est-ce un motif suffisant de restreindre et de prohiber celle des autres, de piller les cultivateurs pour s'indemniser de leurs pertes? Et si cette demande paraît logique dans le bureau du fabricant, cela la rend-il valable aux yeux d'une *Assemblée nationale*.

Une des recherches les plus intéressantes pour un voyageur, c'est de déterminer combien le même capital placé en agriculture rapporterait dans les différents pays. Personne, à ma connaissance, ne s'est appliqué à ce problème important et difficile! Le prix de la terre, l'intérêt du capital, le prix de toute sorte de produits et le montant des impôts doivent entrer dans le calcul avec un certain degré de précision pour servir à l'analyse de ce fait. Pendant bien des années je m'y suis exercé en différents pays. Si, en Angleterre, on achète à trente ans de revenu de la terre louée 12 sh. l'acre, et que l'on cultive soi-même, en gagnant cinq fois le loyer, on n'a que 4, 5, et au plus 6 0/0 de son argent; je parle ici de cultures moyennes et non pas de cas particuliers, et je comprends le bétail comme la terre.

Je tiens du meilleur fermier, et de l'homme le plus vénérable qu'ait produit le nouveau monde, certains détails qui me font affirmer avec confiance qu'un capital semblablement placé dans les États du centre des Provinces unies rendrait le double et même le triple qu'en Angleterre. Il est très difficile de mettre la France en comparaison, mais si l'Assemblée avait fait pour l'agriculture du royaume ce que la France avait droit d'attendre de la liberté, le compte eût été avantageux. En achetant pour trente ans de revenu, et en prenant autant de bétail qu'en Angleterre, puis faisant sur les produits une déduction de 6 0/0, ce qui est très près de la vérité, le capital total eût rapporté de 5 1/2 à 6 1/2 0/0.

Je mets l'impôt territorial à 3 sh. par l. st., proportion de cet impôt au revenu total du royaume (1). Il est vrai que le cours du change ferait une énorme différence ; car, le cours étant à 15, ce quantum au lieu de 5 1/2 devient 11 0/0, si le capital est envoyé d'Angleterre ; mais comme cette perte immense de 50 0/0 vient des circonstances politiques, ce capital courrait des chances proportionnées. Mais mettez en ligne de compte les lois de l'Assemblée sur la défense des communaux, la variabilité de l'impôt territorial (suffisante par elle-même pour empêcher toute idée semblable), la prohibition d'exporter les grains, les entraves mises au commerce intérieur, le pillage des greniers par la populace, et surtout la prohibition d'exporter les matières premières, et vous verrez que l'Amérique offre un placement en terre infiniment plus avantageux que la France.

C'est la meilleure preuve du peu de jugement de l'Assemblée nationale dans ces mesures impolitiques. J'étais très porté à m'établir en France pour cultiver la terre ; mais cet impôt et cette prohibition d'exporter la laine ont abattu mes espérances de vivre sous ce beau climat, exempt des exactions d'un gouvernement que je crois, sous ce rapport, aussi absurde que le nôtre. L'Amérique est donc le seul pays qui donne un profit raisonnable et où l'homme qui sait calculer puisse penser

(1) Cet impôt variable, il est impossible d'en déterminer le montant avec exactitude ; cultivez comme vos voisins français ; *c'est tant*. Améliorez, *vous payez d'autant plus et eux d'autant moins*. Tout ce qu'on a dit contre la dîme serait également bien placé ici. Quoique par la loi actuelle cette imposition ne puisse dépasser 4 schellings par livre sterling, il serait aisé de faire voir que celui qui améliore ne saurait suffire à ces 4 schellings par livre, qui s'élèvent avec les améliorations, et qu'en conséquence c'est un impôt sur les améliorations, d'autant plus mauvais que ce n'est pas l'État, mais la municipalité qui l'exige. Le voisin, avec lequel vous êtes en de mauvais termes, peut vous taxer ; les droits réunis ne sont ni si haineux ni si tyranniques. (*Note de l'auteur.*)

à placer son capital. Que tout eût été différent si l'Assemblée nationale eût adopté d'autres principes, évité les impôts territoriaux (1), gardé la liberté du commerce des grains, qui produit plus d'importation que d'exportation ; laissé chacun s'enclore à sa guise; abandonné les matières premières aux chances du commerce! Le profit d'un placement en France aurait surpassé celui de l'Amérique ou de tout autre pays du monde, et d'immenses capitaux y auraient afflué de toutes parts; on n'aurait plus entendu parler de disette et de famine, et la richesse eût répondu à tous les besoins du temps.

***, 26 avril 1792.

Au dernier moment que me laisse libre la préparation de cet ouvrage avant de le publier, on annonce que la France vient de déclarer la guerre à la maison d'Autriche : les personnes de ma compagnie prédisent la destruction des Français : « Ils seront battus, ils n'ont pas de discipline, pas de subordination ; » et je vois que c'est une idée générale. Avec les précautions que

(1) Il y avait, dans un pays très divisé comme la France, un moyen de se populariser, en remplaçant l'impôt territorial. Il n'y en a pas de plus lourd pour les petits propriétaires, et les *économistes* auraient dû prévoir qu'ils ne le payeraient pas. Des impôts de consommation, assis comme ils le sont chez nous, et non selon l'odieux système de l'ancien régime français, c'est-à-dire payés en petite proportion, ne se seraient pas aperçus. Mais les *économistes*, fidèles à leur système, ont tout fait pour exciter les préjugés contre ces taxes, et le peuple a été assez aveugle pour croire qu'il valait mieux payer pour le pain de ses enfants, ou, ce qui est pis, pour la terre, qui devrait le produire et ne le produit pas, que pour le sel, le tabac ; que mieux valait payer un droit fixe, qu'il eût ou non de l'argent, qu'un droit qui, mêlé au prix d'un objet de luxe, se paye quand on le veut. Les *économistes* promettent dans leurs écrits le libre commerce des grains, la liberté absolue d'exportation en retour de leur impôt territorial ; voyez-les au pouvoir, ils imposent la charge et ne se souviennent plus de l'indemnité. (*Note de l'auteur.*)

j'ai prises pour éviter l'air *prophétique* dans les pages qui précèdent, je n'irai pas m'en aviser à présent; mais je puis me hasarder à dire que cette attente générale sera bien difficile à réaliser. Accordez ce qu'il vous plaira au pouvoir de la discipline dans les manœuvres, cela ne va pourtant pas au delà du champ de bataille. Mais pourquoi la France, gardée comme elle l'est par la plus importante ligne de forteresses que connaisse le monde, hasarderait-elle des batailles? On sait par expérience la valeur des troupes indisciplinées derrière des murailles et des *ouvrages* fortifiés : où trouvera-t-on des ressources à 700 milles du pays pour attaquer ces situations? J'ai été à Lille, à Metz, à Strasbourg, et si les renseignements que j'ai reçus étaient exacts, il faudrait 100,000 hommes avec un équipage de siège complet pour prendre en trois mois une de ces villes convenablement approvisionnée et défendue. L'expérience nous a appris comment les Autrichiens et les Prussiens, conduits par les plus grands capitaines, se sont tirés de sièges entrepris près de leurs frontières. Que feront-ils contre des places dix fois plus fortes et à 700 milles de chez eux? C'est une affaire de livres sterlings et de schellings et non point de discipline.

Beaucoup de personnes comptent sur le mauvais état des finances françaises; mais il ne vient que d'essais malheureux pour conserver le crédit public. L'Assemblée nationale verra où ils mènent, à la ruine, à la misère; la nation passe avant tout; le crédit public qu'est-il auprès?

Les divisions, les factions, les troubles intestins forment l'espérance des autres. Cela ne devrait pas être. De telles difficultés remplissent les journaux pendant la paix, on s'en fait une idée terrible; mais dans la guerre cela devient trahison, et la corde enlève du monde et des gazettes et le nouvelliste et ses nouvelles.

Le fer et le feu à la main, les Autrichiens et les Prussiens s'unissent pour porter la guerre chez vingt-six millions d'hommes rangés derrière une centaine des plus formidables citadelles du monde. Si je me trompais, si les Français aimaient le despotisme, il y aurait quelques chances, et alors ce serait par la France que la France tomberait : mais qu'ils mettent un peu d'ensemble, l'attaque sera hérissée de difficultés dans un pays où tout homme, toute femme, tout enfant est un ennemi qui défend sa liberté.

Allons plus loin : supposons que le drapeau allemand victorieux flotte sur Paris. Où est la sécurité de l'Europe? A-t-on oublié le partage de la Pologne? Laissera-t-on l'alliance de deux ou trois grandes puissances élever en Europe une menace contre tout le reste? Les personnes qui souhaitent de si bon cœur une contre-révolution en France ne seraient peut-être pas si enchantées de voir le drapeau prussien sur la tour de Londres ou les Autrichiens à Amsterdam. C'est cependant ce qui pourrait arriver alors. Si la France était en un danger réel, ce que je ne crois pas, ce serait le devoir, l'intérêt direct de ses voisins de la secourir.

Les partis anglais se sont épuisés à propos de la question française ; mais il n'y en aurait plus, sitôt que ce peuple courrait risque de cesser d'exister. La balance du monde est à présent dans nos mains, nous n'avons qu'à parler pour l'assurer.

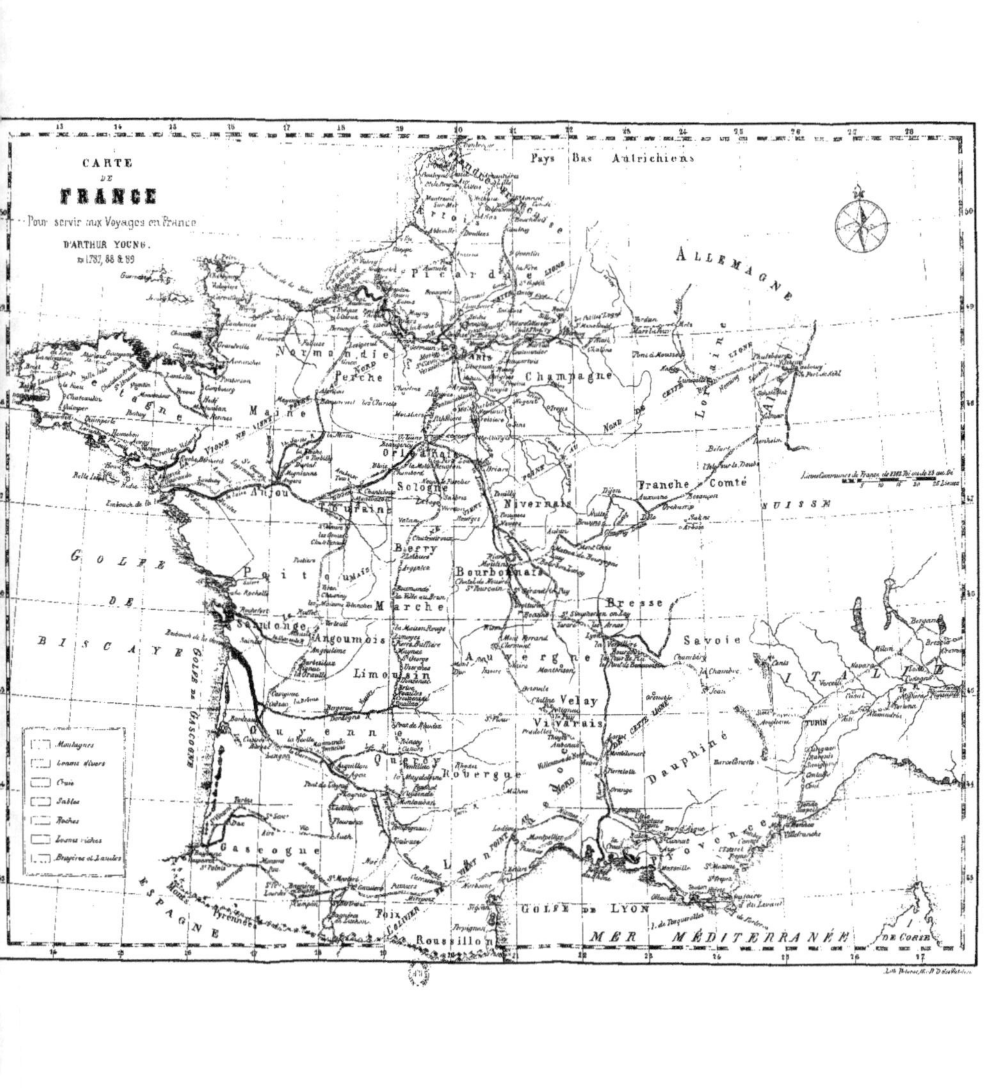
CARTE
DE
FRANCE
Pour servir aux Voyages en France
D'ARTHUR YOUNG.
en 1787, 88 & 89
Pays Bas Autrichiens
ALLEMAGNE
Picardie
Normandie
Perche
Champagne
Maine
Anjou
Touraine
Sologne
Nivernais
Franche Comté
SUISSE
Berry
Bourbonnais
Poitou
Marche
Bresse
Savoie
Saintonge
Angoumois
Limousin
Auvergne
Velay
Vivarais
ITALIE
TURIN
Guyenne
Quercy
Rouergue
Dauphiné
Gascogne
Provence
Foix
Roussillon
GOLFE DE BISCAYE
GOLFE DE GASCOGNE
ESPAGNE
GOLFE DE LYON
MER MÉDITERRANÉE
PARIS
Montagnes
Loams divers
Craie
Sables
Roches
Loams riches
Bruyères et Landes

NOTE

Versailles, 8 avril 1882.

De nos jours encore l'Angleterre a eu la balance du monde remise en ses mains : elle aurait pu suivre le généreux et sage conseil d'A. Young, il ne lui en eût coûté qu'un peu de résolution. Les influences aussi tendres qu'intimes qui, depuis plus de quarante ans, contrebalancent si souverainement sa volonté éclairée, ont encore prévalu. Un de ses hommes d'État, hôte de la France, s'est avancé jusqu'à courtiser les vainqueurs lors du rapprochement inopiné de la Prusse et de l'Autriche. S'il a été impertinent envers nous, on a été fort dédaigneux envers lui. Puisse l'Angleterre se souvenir de cet accueil, renoncer aux allures hargneuses à l'égard de ceux qui défendent comme elle la paix et la civilisation : ensemble nous avons abandonné les faibles, et de l'écrasement du Danemark date une époque de rapine et de violence, puissions-nous ensemble, par une conduite et virile et loyale, ramener en Europe le règne du droit et de la liberté !

9 janvier 42

TABLE DES MATIÈRES

CONTENUES DANS LE DEUXIÈME VOLUME

4178-81. — Corbeil, Typ. et stér. Crété.

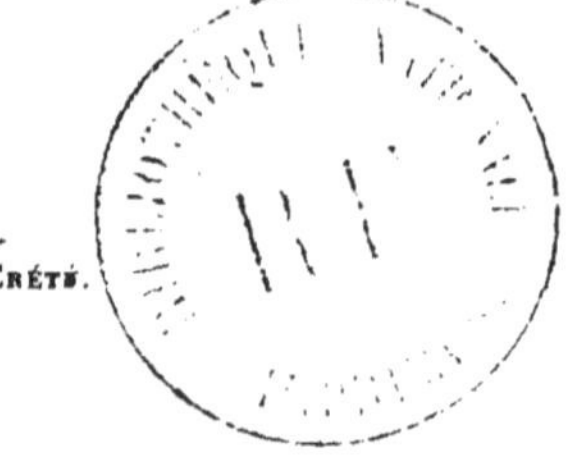

www.ingramcontent.com/pod-product-compliance
Lightning Source LLC
LaVergne TN
LVHW011939220826
846092LV00001B/39